山区风电场工程技术丛书

山区风电场工程
勘测设计技术与实践

黎发贵　庞　锋　沈春勇　等 编著

中国三峡出版传媒
中国三峡出版社

图书在版编目（CIP）数据

山区风电场工程勘测设计技术与实践 / 黎发贵等编著 .
— 北京：中国三峡出版社，2023.5
（山区风电场工程技术丛书）
ISBN 978-7-5206-0269-3

Ⅰ.①山… Ⅱ.①黎… Ⅲ.①山区—风力发电—发电厂—
工程勘测—设计—研究 Ⅳ.① TM614

中国国家版本馆 CIP 数据核字（2023）第 013558 号

责任编辑：彭新岸

中国三峡出版社出版发行
（北京市通州区新华北街156号　101100）
电话：（010）57082645 57082577

http://media.ctg.com.cn

北京中科印刷有限公司印刷　新华书店经销
2023 年 6 月第 1 版　2023 年 6 月第 1 次印刷
开本：787 毫米 ×1092 毫米　1/16　印张：28
字数：537千字
ISBN 978-7-5206-0269-3　定价：180.00元

山区风电场工程技术丛书
编委会

《山区风电场工程勘测设计技术与实践》
编撰人员

主　　编：黎发贵

副 主 编：庞　锋　　沈春勇　　吕艳军　　程　强

张　峰　　林发贵　　许　昌　　刘永前

参编人员：熊　晶　　苟胜国　　赵再兴　　吴述彧

赵　瑜　　古婷婷　　王瑞锋　　张世坤

孙高龙　　胡　辉　　温林子　　冯　旭

王志光　　孙　荣　　董依帆　　胡　荣

常　强　　饶维冬　　徐睿志　　龙　超

陈德慧　　杜　云　　陈忠富　　陈　潇

张林杰　　张　彪　　孔德志　　李清石

刘祥刚　　冯弟飞　　吴明艳　　冯　刚

夏　豪　　赵　俊　　范国福　　宁华晚

王　勇　　王洪军　　王　瑾　　陈　凡

刘　欣　　黄　洁　　刘心怡　　王　洋

本书主要参编单位：

中国电建集团贵阳勘测设计研究院有限公司

河海大学

华北电力大学

贵州大学

丛书序

中国电建集团贵阳勘测设计研究院有限公司（以下简称贵阳院）成立于1958年，是世界500强企业——中国电力建设集团（股份）有限公司的重要成员企业。贵阳院持有工程勘察、工程设计、工程咨询3项综合甲级资质以及工程监理等20余项专项甲级资质，拥有水利水电、市政、建筑、电力等行业工程施工总承包壹级资质，并拥有国家水能风能研究中心贵阳分中心、贵州省可再生能源院士工作站等多个国家级和省部级科技创新平台。现有员工4000余人，拥有一批技术精湛的知名专家和一支高素质的专业人才队伍。

贵阳院致力于全球"能、水、城"领域工程的全生命周期价值服务，主要承担大中型水利水电、新能源、交通、市政、建筑、环境及岩土工程等领域的规划、勘测、设计、科研、监理、咨询、工程总承包等业务，业务范围遍及全国各地以及东南亚、南亚、非洲、拉美、中东等地区。贵阳院始终秉承"责任、务实、创新、进取"的核心价值观，努力打造以技术和管理为核心竞争力的国际一流工程公司，坚持以先进的技术、精良的产品、良好的信誉、优质的服务竭诚为社会各界服务。

贵阳院不断强化"创新驱动、数字赋能"两大支撑，大力开展技术创新，围绕水利水电与新能源开发、环境保护、市政建筑、工程安全、清洁能源基地规划、工程数字化及智能建造等业务领域，持续构建核心技术支撑体系。历经65年的沉淀和总结，形成了国际、国内领先的10余项核心技术优势，其中山区风电工程规划设计、工程建设及运行维护一体化技术处于国际领先水平。

我国风能资源十分丰富，有关评估成果显示，我国陆地70m高度的风能资源可开发量约有50亿kW，风能资源开发潜力巨大。我国地形复杂多样，山地地形面积约占全国国土面积的2/3，山地地区的风能资源技术可开发量超过10亿kW，其开发潜力也十分巨大，山区也是我国风电大力发展的一个重要区域。

贵阳院自2005年开始涉足风电领域的勘测设计等工作，在完成的风电场工程项目中，大部分项目为山区风电场工程项目，在项目具体实施过程中，围绕山区风电场的风能资源观测与评估难、风机布置与选址难、设备运输难、施工建设难、运行维护难等技术难点，联合有关高校、科研院所、设备厂家等单位开展了大量相关研究。通过近 20 年来在山区风电场的工程勘测设计、工程建设以及运行管理工作，积累了丰富的工程实践经验，逐步形成了山区风电产业化、规模化、一体化和标准化体系。"山区风电场工程技术丛书"主要是对贵阳院在山区风电场的工程勘测设计、工程建设以及运行管理中的关键技术进行了较为全面的总结、提炼，丛书内容丰富翔实，对我国山区风电的开发建设具有良好的指导和借鉴作用，可供从事山区风电场工程勘测设计、工程建设和运行管理的工程技术人员以及高等院校的新能源相关专业人员学习和参考。

中国电建集团贵阳勘测
设计研究院有限公司　董事长

2023 年 2 月 18 日

序

  风能是清洁的、储量极为丰富的可再生能源，也是开发技术成熟、具备规模化开发和商业化发展前景的可再生能源。大力开发利用风能资源，对增加能源供应、保障能源安全、调整能源结构、保护生态环境、促进经济发展、建设和谐社会、实现"双碳"战略目标等方面将起到重要的作用。

  近十几年来，世界各国对风能资源的开发利用高度重视，全球风电呈现快速发展趋势。全球2021年风电累计装机容量达8.37亿kW；我国在2005年颁布《中华人民共和国可再生能源法》后，风电发展进入了一个快速发展期，我国2021年风电累计装机容量达3.28亿kW，占全球风电装机容量的39.2%，已连续12年居全球第一。

  我国风能资源十分丰富，风能资源开发潜力巨大，除在风能资源好、开发建设条件好的平原地区大力发展风电外，风能资源相对丰富、地形较复杂的山区也是我国风电大力开发的一个重要区域。我国地形复杂多样，山地地形面积约占全国国土面积的2/3，山地地区的风能资源技术可开发量也十分可观，其风能资源可开发量约占陆地风能资源可开发总量的20%，因此加大山区风电的开发是十分必要的。

  中国电建集团贵阳勘测设计研究院有限公司组织编撰的"山区风电场工程技术丛书"分册之一的《山区风电场工程勘测设计技术与实践》是一本全面总结山区风电场工程勘测设计的专著，内容翔实，图文并茂，条理清晰，适用性强。该书编撰单位通过对山区风电场工程的工程规划、工程勘测、电气设计、土建设计、施工组织设计、环境保护与水土保持设计以及数字信息技术在山区风电场工程中的应用等方面的全面总结和提炼，形成了一本内容全面、专业性较强的风电专著。该专著对国内外从事风电勘测设计特别是从事山区风电勘测设计的工程技术人员以及高等院校新能源相关专业人员具有较强的指导和参考作用，同时，对提高我国风电技术水平、促进风电产业发展、培养风能专业人才也会起到积极的作用。衷心希望中国电

建集团贵阳勘测设计研究院有限公司风电勘测设计技术人员在山区风电勘测设计实践中不断探索和总结山区风电勘测设计经验，提升风电工程勘测设计技术水平，为我国风电行业发展做出更大的贡献。

中国工程院　院士　刘志璆

2023 年 3 月 10 日

前言

　　能源是经济和社会发展的重要物质基础，新能源是未来能源发展的重要方向，风电发电作为新能源中的重要组成部分，近十几年来呈现出快速发展趋势。到 2021 年，全球风电累计装机容量达 8.37 亿 kW，我国风电累计装机容量达 3.28 亿 kW，占全球风电装机容量的 39.2%，连续 12 年居全球第一。

　　我国风能资源十分丰富，最新的评估成果显示，我国陆地 70m 高度的风能资源可开发量约为 50 亿 kW，风能资源开发潜力巨大。我国对风能资源的开发利用高度重视，除了在风能资源好、开发建设条件好的平原地区大力发展风电外，风能资源相对丰富、地形较复杂的山区也是我国风电大力开发的重要区域。我国地形复杂多样，山地地形面积约占全国国土面积的 2/3，山地地区的风能资源技术可开发量超过 10 亿 kW，开发潜力巨大。

　　中国电建集团贵阳勘测设计研究院有限公司自 2005 年涉足风电领域的勘测设计工作以来，在完成的风电场工程勘测设计项目中，大部分项目为山区风电场工程。通过近 20 年的山区风电场工程勘测设计，积累了大量的工程实践经验。本书主要对山区风电场工程勘测设计中的一些主要和特殊技术进行了总结、提炼，以供从事山区风电场工程勘测设计的工程技术人员以及高等院校新能源相关专业人员参考。

　　本书共分为 7 章，主要由中国电建集团贵阳勘测设计研究院有限公司各相关专业人员编写，河海大学、华北电力大学和贵州大学等单位人员参与了其中部分编写、校审工作。本书第 1 章由黎发贵牵头负责，并负责该章的编写；第 2 章由黎发贵和吕艳军牵头负责，张世坤、吕艳军、胡荣、杜云、董依帆、王瑞锋等人编写；第 3 章由吴述彧和苟胜国牵头负责，林发贵、饶维冬、张林杰、常强、张彪、陈潇等人编写；第 4 章由熊晶和程强牵头负责，程强、孙高龙、徐睿志、陈忠富等人编写；第 5 章由熊晶和王瑞锋牵头负责，张峰、温林子、冯旭、胡辉等人编写；第 6 章由赵再兴牵头负责，王志光、孙荣等人编写；第 7 章由苟胜国和古婷婷牵头负责，龙超、古婷婷、吕艳军、陈德慧等人编写。全书的校审主要由各专业的副总工程师、经验丰富的工程勘测设计人员承担；中国电建集团贵阳勘测设计研究院有限公司负责分管新能源业务工作的院领导庞锋、沈春勇对本书的编撰提供了指导，并对本书的部分内容进行了审核；全书的内容审定、统稿、定稿等由黎发贵总负责。

本书在编撰过程中，得到了中国电建集团贵阳勘测设计研究院有限公司、河海大学、华北电力大学和贵州大学等单位的有关领导和专家的大力帮助和指导，还得到了风电行业内部分专家的帮助和支持，本书编撰还参阅了与山区风电场工程勘测设计相关的大量文献和资料，并引用了其中部分成果。在本书编撰基本完成后，中国工程院刘吉臻院士为本书作了序。在此谨对本书给予指导、帮助、支持、关心的所有人士表示衷心感谢。

由于编著者的编写水平有限，书中难免有不足和疏漏之处，恳请广大读者给予批评指正。

编者

2023 年 3 月

目 录

第1章 •••
引　论

1.1 风

风是空气流动引起的一种自然天气现象，也是人类最熟悉的一种自然现象，它无处不在。在气象学上，也有人把风称作"气流"。

1.1.1 风的形成

风是地球上的一种空气流动现象，它是由太阳辐射热引起的。太阳光照射在地球表面上，使地表温度升高，地表的空气受热膨胀变轻而往上升，热空气上升后，低温的冷空气横向流入，上升的空气因逐渐冷却变重而降落，由于地表温度较高又会加热空气使之上升，这种从高气压向低气压流动的气流就形成了风。

空气流动一般包括较有规律的大范围空气运动和无规律的小范围涡旋运动。风通常指大范围空气相对地面的水平运动。尽管大气运动很复杂，但它始终遵循大气动力学和热力学规律。影响风形成的气候主要有大气环流、季风环流和局地环流。

1. 大气环流

风的形成是空气流动的结果，空气流动的原因是地球绕太阳运转，由于日地距离和方位不同，地球上各纬度所接受的太阳辐射强度也就各异。赤道和低纬度地区比极地和高纬度地区太阳辐射强度大，地面和大气接受的热量多，因而温度高。这种温差形成了南北间的气压梯度，在北半球等压面向北倾斜，空气向北流动。

地球自转形成的地转偏向力叫作科里奥利力，简称偏向力或科氏力。在此力的作用下，北半球气流向右偏转，南半球气流向左偏转。所以，地球大气的运动，除受到气压梯度力的作用外，还受地转偏向力的影响。地转偏向力在赤道为0，随着纬度的增高而增大，在极地达到最大。当空气由赤道两侧上升向极地流动时，开始因地转偏向力很小，空气基本受气压梯度力影响，在北半球，由南向北流动，随着纬度的增加，地转偏向力逐渐加大，空气运动也就逐渐向右偏转，也就是逐渐转向东方，在纬度 30° 附近，偏角达到 90°，地转偏向力与气压梯度力相当，空气运动方向与纬圈平行，所以在纬度 30° 附近上空，赤道来的气流受到阻塞而聚积，气流下沉，使这一地区地面气压升高，这就是所谓的副热带高压。

副热带高压下沉气流分为两支，一支从副热带高压向南流动，指向赤道。在地转偏向力的作用下，北半球吹东北风，南半球吹东南风，风速稳定且不大，约 3～4 级，这就是所谓的信风，所以在南北纬 30° 之间的地带称为信风带。这一支气流补充了赤道上升气流，构成了一个闭合的环流圈，称为哈德来（Hadley）环流，也叫作正环流圈，此环流圈南面上升、北面下沉。另一支从副热带高压向北流动的气流，在地转偏向力的作用下，北半球吹西风，且风速较大，这就是所谓的西风带。在 60°N 附近处，西风带遇到了由极地向南流来的冷空气，被迫沿冷空气上面爬升，在 60°N 地面出现一个副极地低压带。

副极地低压带的上升气流，到了高空又分成两股，一股向南，一股向北。向南的气流在副热带地区下沉，构成一个中纬度闭合圈，正好与哈德来环流流向相反，此环流圈北面上升、南面下沉，所以叫反环流圈，也称费雷尔（Ferrel）环流圈；向北的气流，从上升到达极地后冷却下沉，形成极地高压带，这股气流补偿了地面流向副极地低压带的气流，而且形成了一个闭合圈，此环流圈南面上升、北面下沉，与哈德来环流流向类似，因此也叫正环流。在北半球，此气流由北向南，受地转偏向力的作用，吹偏东风，在 60°～90°N 之间，形成了极地东风带。

综上所述，由于地球表面受热不均，引起大气层中空气压力不均衡，因此，形成地面与高空的大气环流。各环流圈伸屈的高度，以热带最高，中纬度次之，极地最低，这主要是由于地球表面增热程度随纬度增高而降低的缘故。这种环流在地转偏向力的作用下，形成了赤道到纬度 30°N 环流圈（哈德来环流）、30°～60°N 环流圈和纬度 60°～90°N 极地环流圈，这便是著名的"三圈环流"，如图 1-1 所示。

当然，所谓的"三圈环流"是一种理论的环流模型，由于地球上海陆分布不均匀，因此，实际的环流比上述情况要复杂得多。

2. 季风环流

在一个大范围地区内，盛行风向或气压系统有明显的季节变化，这种在一年内随着季节不同有规律转变风向的风称为季风。季风盛行地区的气候又称季风气候。

季风明显的程度可用一个定量的参数来表示，称为季风指数，它是根据地面冬夏盛行风向之间的夹角来表示，当夹角在 120°～180° 之间，便属季风，然后用 1 月

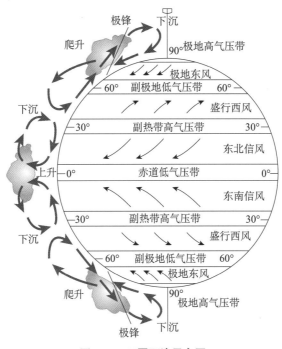

图1-1 三圈环流示意图

和7月盛行风向出现的频率相加除2，即$I=(F_1+F_7)/2$为季风指数，如图1-2所示。当I小于40%为季风区（一区），I在40%～60%范围为较明显季风区（二区），I大于60%为明显季风区（三区）。

由图1-2可知，全球季风明显的地区主要有南亚、东亚、非洲中部、北美东南部、南美巴西东部以及澳大利亚北部等，其中以印度季风和东亚季风最为著名。有季风的地区都可出现雨季和旱季等季风气候。夏季时，吹向大陆的风将湿润的海洋空气输进大陆，往往在那里被迫上升成云致雨，形成雨季；冬季时，风自大陆吹向海洋，空气干燥，伴以下沉，天气晴好，形成旱季。

我国位于亚洲东部，东临太平洋，南临印度洋，由于冬、夏的海陆温差大，因此，季风明显。我国主要受东亚季风和南亚季风的影响，在冬季，陆地比海洋冷，大陆气压高于海洋，气压梯度力自大陆指向海洋，风从大陆吹向海洋；夏季则相反，陆地很快变暖，海洋相对较冷，陆地气压低于海洋，气压梯度力由海洋指向大陆，风从海洋吹向大陆，如图1-3所示。

影响我国季风的因素还有行星风带位置的季节转换以及青藏高原等。我国冬季主要在西风带的影响下，强大的西伯利亚高压笼罩着我国，盛行偏北风；夏季西风带北移，我国在大陆热低压控制之下，副热带高压也北移，盛行偏南风。青藏高原占我国陆地约1/4，平均海拔在4000m以上，对周围地区具有热力作用。在冬季，高原上温度较低，周围大气温度较高，这样形成下沉气流，从而加强了地面高压系统，使冬季风增强；在夏季，高原相对于周围自由大气是一个热源，加强了高原周围地区的低压系统，使夏季风得到加强。另外，在夏季，西南季风由孟加拉湾向北推进时，沿着青藏高原东部的南北走向的横断山脉流向我国的西南地区。

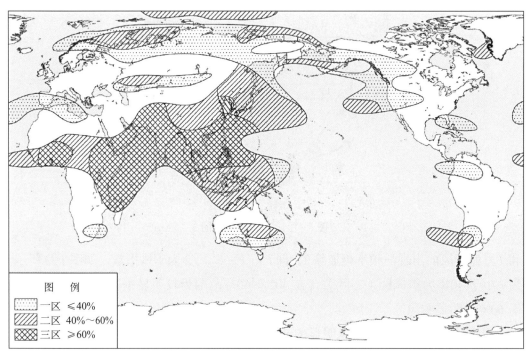

图例
一区 ≤40%
二区 40%~60%
三区 ≥60%

图 1-2　全球季风地理分布示意图

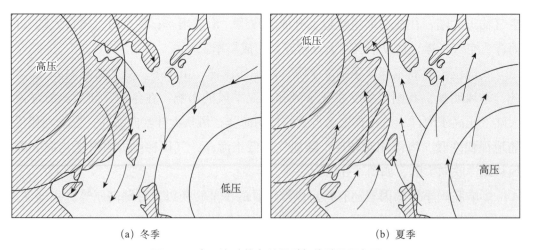

(a) 冬季　　　　　　　　　　　(b) 夏季

图 1-3　东亚海陆热力差异引起的季风示意图

3. 局地环流

特殊的局地地形和气候环境常会形成局地环流，如海陆地形、湖陆地形、山地地形等，此类地形形成的局地环流会产生海陆风、湖陆风、山谷风和焚风等。

1.1.2 风的类型

按风的成因划分，风的类型主要有季风、海陆风、山谷风、焚风、干热风、旋风、龙卷风、热带气旋和台风（飓风）等。前4种风是风力发电利用的主要风类型，龙卷风、热带气旋和台风（飓风）是会对风力发电产生较大破坏和影响的风类型，龙卷风在我国很少发生，而台风在我国每年都会发生，平均每年会有6~7个台风登陆我国，因此，本书只对前4种风和台风做简要介绍。

1. 季风

季风是随着季节交替而盛行风向有规律地转换的风，它主要是海陆间热力环流的季节变化造成的。在冬季，大陆比海洋冷，大陆气压比海洋高，风从大陆吹向海洋，这叫冬季风；在夏季，正好相反，大陆比海洋热，风从海洋吹向大陆，这叫夏季风。我国是受季风影响显著的国家，冬季多偏北风，夏季多偏南风。这就给我国大部分地区带来了冬干夏湿的季风气候特色。东亚海陆热力差异引起的季风如图1-3所示。

2. 海陆风

在近海岸地区，白天风从海上吹向陆上，夜间又从陆上吹向海上，这种昼夜交替、有规律地改变方向的风称为海陆风。这是由于太阳照在地球上，白天陆地上的气温比海面上高，陆地上的热空气不断上升，海面上的冷空气不断流到陆地上来补充，这种从海上向陆地的空气流动形成了海风。而晚上，陆地上的气温下降很快，海面上气温下降很慢，因而海面上的气温比陆地上要高，陆地上的冷空气流向海面，这种大气的流动形成了陆风。把这种在一天中海陆之间的周期性变化的环流合称为海陆风。海陆风的形成如图1-4所示。

此外，在大湖附近，同样日间自湖面吹向陆地的风称为湖风，夜间自陆地吹向湖面的风称为陆风，合称湖陆风。

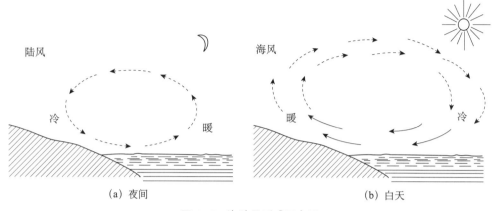

图 1-4　海陆风形成示意图

3. 山谷风

在山区，白天风沿山坡、山谷往上吹，夜间则沿山坡、山谷往下吹，这种在山坡和山谷之间随昼夜交替而转换风向的风叫山谷风。由于白天山坡受热快，其上方的空气温度高于山谷上方同高度处的空气温度，坡地上的暖空气从山坡流向谷地上方，谷地的空气则沿着山坡向上补充流失的空气，这时由山谷吹向山坡的风，称为谷风。夜间，山坡因辐射冷却，其上方空气的降温速度比山谷上方同高度的空气快，冷空气沿坡地向下流入山谷，称为山风。山谷风的形成原理与海陆风相似。山谷风的形成如图 1-5 所示。

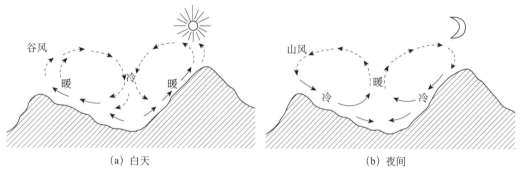

图 1-5　山谷风形成示意图

4. 焚风

当气流跨越山脊时，由于气流下沉，背风面上容易产生一种暖（或热）而干燥的风，这种风称为焚风。这种风不像山谷风那样经常出现，它是在山岭两面气压不同的条件下才会发生。焚风的形成如图 1-6 所示。

图 1-6 焚风形成示意图

当山岭的一侧是高气压，另一侧是低气压时，空气会从高气压区向低气压区流动。但因受山岭阻碍，空气被迫上升，气压降低，空气膨胀，温度也随之降低。空气每上升 100m，气温则下降约 0.6℃。当空气上升到一定高度时，水汽遇冷凝结，形成雨水。空气到达山脊附近后，则变得稀薄干燥，然后翻过山脊，顺坡而下，空气在下降的过程中变得紧密且温度增高。空气每下降 100m，气温则会上升约 1℃。因此，空气沿着高大的山岭沉降到山麓的时候，气温常会有大幅度的提升。迎风和背风的两面即使高度相同，背风面空气的温度也总是比迎风面的高。当背风山坡刮炎热干燥的焚风时，迎风山坡却常常下雨或下雪。

5. 台风

在气象学上，按世界气象组织的定义，热带气旋中心持续风速在 12 级及以上的热带气旋称为台风或飓风。通常把在太平洋上生成的热带气旋称作台风，在大西洋上生成的热带气旋称作飓风。台风（飓风）是形成于热带海洋上的大规模强烈风暴，表现为近似圆形的空气漩涡，直径最大可达到 2000km，顶部可达 15～20km。台风是一个深厚的低气压系统，它的中心气压很低，低层有显著向中心辐合的气流，顶部气流主要向外辐散。台风的结构，从中心向外依次分为台风眼区、云墙区、螺旋雨带区。台风及台风结构如图 1-7 所示。

中国气象局规定，从 1989 年 1 月起，采用国际热带气旋等级划分标准。国际标准规定：热带气旋中心附近最大平均风力小于 8 级称为热带低压，风力 8～9 级称为热带风暴，10～11 级称为强热带风暴，12 级及以上称为台风。台风又细分为一般台风（最大风力 12～13 级）、强台风（最大风力 14～15 级）、超强台风（最大风力≥16 级）。

 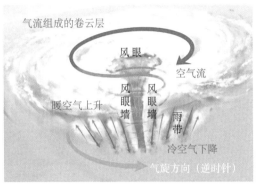

图 1-7　台风及台风结构示意图

台风的风速大于 32.7m/s，它的破坏力极强，人们对它难以控制，而且台风的发生和存在又有很强的偶然性，直接利用它来发电目前存在很多风险和困难，所以至今尚无直接利用台风发电的先例，不过，还是有人在研究利用台风发电的发电机。

一个中等强度的台风所释放的能量相当于上百个氢弹释放能量的总和。台风蕴藏着巨大的能量，虽然现在难以直接利用台风的能量，但是台风外围边沿还是非常适合用来进行风力发电的。

■ 1.1.3　风力等级

1. 风力等级的划分

风力是指风吹到物体上所表现出的力量的大小。根据风吹到地面或水面的物体上所产生的各种现象，将风力的大小分为不同等级，称为风力等级，又简称为风级。在我国 2012 年 6 月发布的国家标准 GB/T 28591—2012《风力等级》中，依据标准气象观测场 10m 高度处的风速大小，将风力的大小分为 18 个等级，最低为 0 级，最高为 17 级。风力等级划分如表 1-1 所示，风力等级特征及换算（蒲福氏风力等级）如表 1-2 所示。

表 1-1　风力等级划分表

风力 / 级	风速 / （m/s）	风力 / 级	风速 / （m/s）	风力 / 级	风速 / （m/s）
0	0.0～0.2	6	10.8～13.8	12	32.7～36.9
1	0.3～1.5	7	13.9～17.1	13	37.0～41.4
2	1.6～3.3	8	17.2～20.7	14	41.5～46.1
3	3.4～5.4	9	20.8～24.4	15	46.2～50.9
4	5.5～7.9	10	24.5～28.4	16	51.0～56.0
5	8.0～10.7	11	28.5～32.6	17	≥56.1

表1-2 风力等级特征及换算表（蒲福氏风力等级表）

风力等级	海面状况 海浪高/m		海岸船只征象	陆地地面物征象	相当于空旷平地上标准高度10m处的风速		
	一般	最高			m/s	km/h	knot
0	—	—	静	静，烟直上	0.0～0.2	小于1	小于1
1	0.1	0.1	平常渔船略觉摇动	烟能表示风向，但风向标不能转动	0.3～1.5	1～5	1～3
2	0.2	0.3	渔船张帆时，每小时可随风移行2～3km	人面感觉有风，树叶有微响，风向标能转动	1.6～3.3	6～11	4～6
3	0.6	1.0	渔船渐觉颠簸，每小时可随风移行5～6km	树叶及微枝摆动不息，旗帜展开	3.4～5.4	12～19	7～10
4	1.0	1.5	渔船满帆时，可使船身倾向一侧	能吹起地面灰尘和纸张，树枝摇动	5.5～7.9	20～28	11～16
5	2.0	2.5	渔船缩帆（即收去帆之一部分）	有叶的小树摇摆，内陆的水面有小波	8.0～10.7	29～38	17～21
6	3.0	4.0	渔船加倍缩帆，捕鱼须注意风险	大树枝摇动，电线呼呼有声，举伞困难	10.8～13.8	39～49	22～27
7	4.0	5.5	渔船停泊港中，在海者下锚	全树摇动，迎风步行感觉不便	13.9～17.1	50～61	28～33
8	5.5	7.5	进港的渔船皆停留不出	微枝折毁，人行向前，感觉阻力甚大	17.2～20.7	62～74	34～40
9	7.0	10.0	汽船航行困难	建筑物有小损（烟囱顶部及平屋摇动）	20.8～24.4	75～88	41～47
10	9.0	12.5	汽船航行颇危险	陆上少见，见时可使树木拔起或使建筑物损坏严重	24.5～28.4	89～102	48～55
11	11.5	16.0	汽船遇之极危险	陆上很少见，有则必有广泛损坏	28.5～32.6	103～117	56～63
12	14.0	—	海浪滔天	陆上绝少见，摧毁力极大	32.7～36.9	118～133	64～71
13	—	—	—	—	37.0～41.4	134～149	72～80
14	—	—	—	—	41.5～46.1	150～166	81～89
15	—	—	—	—	46.2～50.9	167～183	90～99
16	—	—	—	—	51.0～56.0	184～201	100～108
17	—	—	—	—	56.1～61.2	202～220	109～118

蒲福氏风力分级多用于航海和气象学，而在风电行业中，使用更多的是IEC风

力分级。IEC 风力分级与蒲福氏风力分级的表达方式正好相反：级别越高，风力越弱。这种分级表述的是一个地区风力资源的潜能，将一段时间内的风力进行平均，给出折算后的风速，用于衡量该地区的风力资源。IEC 风力分级如表 1-3 所示。

表 1-3　IEC 风力分级表

单位：m/s

风力级别	年平均风速 V_{ave}	50 年一遇最大 10min 平均风速 V_{ref}	50 年一遇最大 3s 风速 V_{e50}	年最大 3s 风速 V_{e1}
IV	6.0	30.0	42.0	31.5
III	7.5	37.5	52.5	39.375
II	8.5	42.5	59.5	44.625
I	10.0	50.0	70.0	52.5

2. 风速与风级的关系

风速与风级之间的关系除可以查表外，还可以通过计算公式进行推算。

平均风速与风级之间的关系为：

$$\overline{V}_N = 0.1 + 0.824N^{1.505} \tag{1-1}$$

式中　N——风的级数；

$\overline{V}_N$——N 级风的平均风速，单位为 m/s。

若要计算 N 级风的最大风速 $V_{N_{max}}$，其近似计算公式为：

$$V_{N_{max}} = 0.2 + 0.824N^{1.505} + 0.5N^{0.56} \tag{1-2}$$

若要计算 N 级风的最小风速 $V_{N_{min}}$，其近似计算公式为：

$$V_{N_{min}} = 0.824N^{1.505} - 0.56 \tag{1-3}$$

1.1.4　风的测量

风是一个用方向（风向）和速度（风速）表示的矢量（或称向量）。风向是指风来的方向，除静风外，通常可用 16 个方位表示。风速是指空气在单位时间内移动的距离。

风的测量包括风向测量和风速测量。风向测量是指测量风的来向；风速测量是测量单位时间内空气在水平方向上所移动的距离。对风的测量，可采用常规的传感器方式或自动测风系统方式进行测量。

1. 风向测量

风向标是一种应用最广泛的风向测量装置，它有单翼型、双翼型和流线型等。风向观测是根据风向标与固定主方位杆之间的相对位置进行观测的。风向杆的安装方位通常是指向正北或正南。

风向通常用16个方位表示，风向的16个方位分别为北东北（NNE）、东北（NE）、东东北（ENE）、东（E）、东东南（ESE）、东南（SE）、南东南（SSE）、南（S）、南西南（SSW）、西南（SW）、西西南（WSW）、西（W）、西西北（WNW）、西北（NW）、北西北（NNW）、北（N），在16个方位中，相邻方位间的角差为22.5°。静风记为"C"。风向也可用方位度数（角度）表示，以正北为基准，顺时针方向记录风向角度，东风为90°，南风为180°，西风为270°，北风为360°或0°。风向16方位图如图1-8所示。

各种风向的出现频率通常用玫瑰图来表示，玫瑰图一般用极坐标制作。风向玫瑰图如图1-9所示。

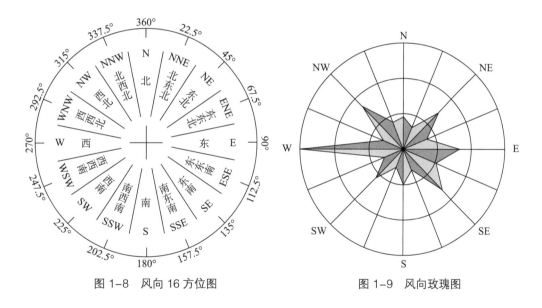

图1-8 风向16方位图　　　　图1-9 风向玫瑰图

2. 风速测量

风速计（风速仪）是应用广泛的风速测量装置，主要有旋转式风速计、散热式风速计、声学风速计、压力式风速仪、超声波风速仪、激光风速仪等。在常规的风速测量中，以旋转式风速计使用最为广泛。

风速的记录是通过信号转换的方法来实现，主要有4种方式：机械式、电接式、电机式和光电式。

各国表示风速的单位不尽相同，主要有 m/s、n mile/h、km/h、ft/s 和 mile/h 等，我国表示风速的常用单位为 m/s。各种不同风速单位之间的换算关系如表 1-4 所示。

表 1-4　各种风速单位换算表

单　位	m/s	n mile/h	km/h	ft/s	mile/h
m/s	1	1.944	3.600	3.281	2.237
n mile/h	0.514	1	1.852	1.688	1.151
km/h	0.278	0.540	1	0.911	0.621
ft/s	0.305	0.592	1.097	1	0.682
mile/h	0.447	0.869	1.609	1.467	1

风速大小与风速计安装高度和观测时间有关。世界各国气象观测风速基本上都以 10m 高度处观测为基准，但取多长时间的平均风速作为观测风速并不统一，有取 1min、2min、10min 平均风速，有取 1h 平均风速，也有取瞬时风速等。

我国气象上观测记录风速的方式主要有 3 种：一日 4 次定时 2min 平均风速、自记 10min 平均风速和瞬时风速，通常定时观测的风速取整数，自动观测记录的风速取 1 位小数。

在风能资源计算中，一般采用自记 10min 平均风速；在安全风速计算中，通常采用最大风速（10min 平均最大风速）或瞬时风速。

■ 1.1.5　障碍物和地形对风的影响

1. 障碍物对风的影响

当风遇到建筑物、树木、岩石等类似障碍物时，风速和风向均会发生改变。在障碍物后缘会产生很强的湍流，该湍流在下游方向远处逐渐减弱，由于障碍物造成的风湍流及其风速变化的轮廓线如图 1-10 所示。气流湍流不仅会减小风机的有效功率，还会增加风机的疲劳载荷。

湍流强度和延伸长度与障碍物的高度有关。如图 1-10 所示，在障碍物的迎风侧，湍流影响区长度可高达障碍物高度的 2 倍，背风侧湍流延伸长度可达障碍物高度的 10~20 倍。障碍物高宽比越小，湍流衰减越快；高宽比越大，湍流区越大。在高宽比无限大的极端情况下，湍流区长度可以达到障碍物高度的 35 倍。

在垂直方向，湍流影响范围的最大高度达障碍物高度的 2 倍。当风机叶片扫风最低点所处的高度是障碍物高度的 3 倍时，障碍物对风机的影响可以忽略。但若风机前有较多障碍物时，平均风速因障碍物而发生改变，此时必须考虑障碍物对风机性能的影响。因此，在风电场选址时，应考虑到附近区域的障碍物，塔的高度必须足够高，以便克服障碍物造成的湍流区的影响。

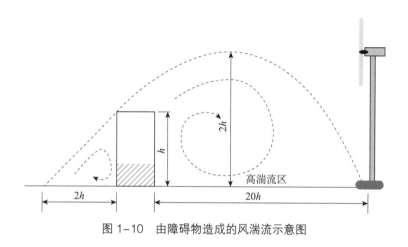

图 1-10 由障碍物造成的风湍流示意图

2. 地形对风的影响

山脊、丘陵和悬崖地形对风的廓线影响较大。如图 1-11 所示，光滑的山体会加快穿越的气流，这是因为风通过山脊时受阻压缩而引起加速。山体的形状决定了加速的程度，表面裸露时，对风速的加速效应明显。若山体的迎风坡坡度在 6°～16°，山体对风速的加速效应明显，可充分利用这种效应来开展风力发电。若山体的迎风坡坡度超过 27° 或低于 3°，山体对风速的加速不明显，不利于风力发电。

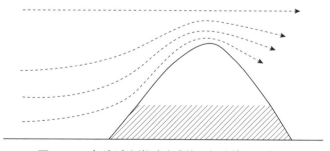

图 1-11 气流过山脊时造成的风加速效应示意图

对于长而坡度平缓的山脊，其顶部及迎风面的上半部分一般是较好的风电开发区域；而其背风面，因存在湍流而不宜布置风机，如图 1-12（a）所示。

地形对风的影响的另一重要因素是山脊走向。若风的盛行风向与山脊线垂直，则地形对风速的加速效应明显；若风的盛行风向与山脊线平行，则对风速无加速效应。

与盛行风向垂直的山脊，在山体的缺口处，当气流通过通道收敛部位时，风速会提高，这样的部位俗称为风口，如图 1-12（b）所示。当风穿越风口这样的地形位置时，会产生喷管效应，风速会增强，形成狭管风。风口的几何参数，如宽度、长度、坡度等，都是对风加速程度的主要决定因素。若两座高山之间的缺口面向来风方向，则风口处是一个极佳的布置风机位置。两高山表面越光滑、植被越少，粗糙度越小，则对风的加速效果越好。

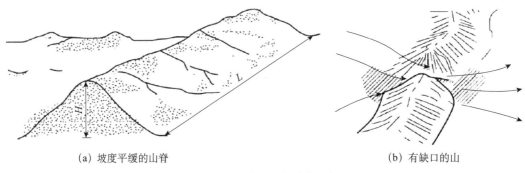

(a) 坡度平缓的山脊　　　　　　　　　　　　　(b) 有缺口的山

图 1-12　山体对风的影响示意图

1.2　风能资源

■ 1.2.1　风能资源概念

风能是指地球表面空气流动所产生的能量，它是太阳能的一种转化形式。由于太阳辐射造成地球表面各部分受热不均匀，引起大气层中压力分布不平衡，在气压梯度作用下，空气沿水平方向从高压地区向低压地区流动，便形成了风。全球的风能蕴藏量大，分布广泛。

风能资源是指拥有风能的数量。风能资源的大小由风能密度和可利用的风能年累积小时数所决定，风能密度是单位迎风面积可获得的风的功率，它与风速的三次方和空气密度成正比关系。据估计，到达地球的太阳能中，虽然只有大约 2% 的能

量转化为风能，但其总量仍巨大，全球的风能资源可开发量比地球上可开发利用的
水能资源总量还要大 10 倍。

1.2.2 风能资源特性

风能资源与其他能源资源相比，既有其明显的优点，又有其突出的局限性（弱
点），风能资源主要具有以下特性。

1. 储量丰富、潜力大

据世界气象组织估计，全球约 27% 的陆地风能资源较为丰富，可利用的陆上风
能资源量约为 200 亿 kW，约为地球上可利用的水能资源量的 10 倍。我国约 20% 的
国土面积具有较丰富的风能资源，据最新的研究显示，我国可开发利用的陆上风能
资源总量约 50 亿 kW。

2. 分布广泛、差异大

地球上任何地方都会受到太阳辐射的影响，空气因受太阳辐射影响而形成风，
因此，地球上任何地方都会有风。因受气候、地形等条件影响，风能资源空间分布
差异非常明显，一个邻近的区域，有利地形下的风能资源往往是不利地形下的几倍
甚至几十倍。

3. 可以再生、清洁环保

可再生能源是指可循环使用或不断得到补充的自然能源，如太阳能、风能、水
能、潮汐能、生物质能等。因此，风能是一种可再生能源，它是一种过程性能源，
难以直接储存，不用就过去了。

风力发电只是降低了地球局地表面气流的速度，对整体大气环境的影响较小。
风电机组运行产生的噪声在距离风电机组 500m 以外已基本可以忽略。因此，风力
发电属清洁能源，对环境的负面影响非常有限。

4. 能量密度低

由于风能来源于空气的流动，而空气的密度是很小的，因此，风能的能量密度
也很小，它大约只有水能的 1/800，这是风能的一个主要缺陷。在各种能源中，风

能的含能量是极低的，这给利用带来一定的困难。因此，风力发电机组的单机容量一般都相对较小，约为水力发电机组的1/10。

5. 稳定性差

风受天气变化、地形、海陆等因素的影响，每时每刻都在不断变化中，由于气流的瞬息万变，风的脉动、日变化、年变化以及年际变化都十分明显，波动大，极不稳定，使得利用风能所发电力通常表现为具有随机性、波动性和间歇性，由此表明，风能的稳定性差。

■ 1.2.3 风能资源等级划分

风能资源随地形、地理位置、气候等环境的不同，其差异较大。根据风能资源类别划分标准，通常按年平均风速或风功率密度等指标划分风能资源的等级。我国早期以年平均风速为主要指标将全国各地的风能资源大体划分为4类区域，具体如表1-5所示。后来提出以年有效风功率密度和年有效风速时数为主要指标的划分方法，同样将我国的风能资源划分为4类区域，具体如表1-6所示。

表1-5 我国风能资源区域划分表

等级	资源区	平均风速 /（m/s）	分布地区
I	丰富区	＞6.5	东南沿海、山东半岛、辽东半岛、三北北部区、松花江下游区
II	较丰富区	5.5～6.5	东南沿海内陆区、渤海沿海、三北南部区、青藏高原区
III	可利用区	3.0～5.5	两广沿海区、大小兴安岭地区、中部地区
IV	贫乏区	＜3.0	云贵川、南岭山地区、雅鲁藏布江和昌都区、塔里木盆地西部区

表1-6 我国风能资源分区表

项　目	风　能　分　区			
	丰富区	较丰富区	可利用区	贫乏区
年有效风功率密度 /（W/m²）	≥200	200～150	150～50	≤50
年风速大于3m/s 累积时数 /h	≥5000	5000～4000	4000～2000	≤2000
年风速大于6m/s 累积时数 /h	≥2200	2200～1500	1500～350	≤350
占全国面积百分比 / %	8	18	50	24

一般来说，平均风速越大，风功率密度越大，风能可利用小时数就越高，开发

利用价值也就越高。从我国的风能资源分区看，风能资源丰富区和较丰富区具有较好的风能资源，为理想的风电开发区域；风能资源可利用区，有效风功率密度相对较低，但是对电能紧缺地区还是有相当的利用价值。实际上，较低的年有效风功率密度也只是对宏观的大区域而言，而在大区域内，由于特殊的地形和特殊的气候等，在局部的小区域也有可能存大风区，因此，应具体问题具体分析，通过对这种地区进行精确的风能资源测量，详细了解分析实际情况，也可选出可开发建设的风电场，项目收益也可满足投资要求。而对于风能资源贫乏区，由于风功率密度很低，一般无风力发电开发利用价值。

2009年，我国为推动风电产业健康可持续发展，在出台风电电价政策时，按风能资源优劣分行政区域对我国陆上风能资源进行了较详细的划分，将我国风能资源划分为4类资源区，具体如表1-7所示。在后续出台的风电电价政策中，对其中部分地区的风能资源类别进行了一些调整，主要调整如下：2015年，将新疆维吾尔自治区的昌吉回族自治州由Ⅰ类资源区调整为Ⅲ类资源区，甘肃省张掖市由Ⅱ类资源区调整为Ⅲ类资源区；2016年，将云南省由Ⅳ类资源区调整为Ⅱ类资源区。

表1-7 我国2009年风能资源区域划分表

资源区	指导电价/[元/(kW·h)]	各资源区所包括的地区
Ⅰ类资源区	0.51	内蒙古自治区除赤峰市、通辽市、兴安盟、呼伦贝尔市以外的其他地区；新疆维吾尔自治区乌鲁木齐市、伊犁哈萨克族自治州、昌吉回族自治州、克拉玛依市、石河子市
Ⅱ类资源区	0.54	河北省张家口市、承德市；内蒙古自治区赤峰市、通辽市、兴安盟、呼伦贝尔市；甘肃省张掖市、嘉峪关市、酒泉市
Ⅲ类资源区	0.58	吉林省白城市、松原市；黑龙江省鸡西市、双鸭山市、七台河市、绥化市、伊春市、大兴安岭地区；甘肃省除张掖市、嘉峪关市、酒泉市以外其他地区；新疆维吾尔自治区除乌鲁木齐市、伊犁哈萨克族自治州、昌吉回族自治州、克拉玛依市、石河子市以外的其他地区；宁夏回族自治区
Ⅳ类资源区	0.61	除Ⅰ、Ⅱ、Ⅲ类资源区以外的其他地区

在我国的国家标准和行业标准中，对风能资源的优劣有较详细的划分。如2002年发布的国家标准GB/T 18710—2002《风电场风能资源评估方法》中，以风功率密度对风能资源进行了等级划分，具体如表1-8所示。2018年发布的能源行业标准NB/T 31147—2018《风电场工程风能资源测量与评估技术规范》中，该标准在原国家标准GB/T 18710—2002《风电场风能资源评估方法》的基础上，对风能资源等级进行

了进一步的细化，主要对原风功率密度等级的 1 级进行了进一步细分，将原风功率密度等级的 1 级细分为 1 级、D-3 级、D-2 级和 D-1 级，同时增加了 70m、80m、90m、100m 和 120m 高度的风功率密度等级值，具体如表 1-9 所示。

表 1-8　风功率密度等级表

风功率密度等级	10m 高度		30m 高度		50m 高度		应用于并网风力发电
	风功率密度 /(W/m²)	年平均风速参考值 /(m/s)	风功率密度 /(W/m²)	年平均风速参考值 /(m/s)	风功率密度 /(W/m²)	年平均风速参考值 /(m/s)	
1	<100	4.4	<160	5.1	<200	5.6	
2	100～150	5.1	160～240	5.9	200～300	6.4	
3	150～200	5.6	240～320	6.5	300～400	7.0	较好
4	200～250	6.0	320～400	7.0	400～500	7.5	好
5	250～300	6.4	400～480	7.4	500～600	8.0	很好
6	300～400	7.0	480～640	8.2	600～800	8.8	很好
7	400～1000	9.4	640～1600	11.0	800～2000	11.9	很好

注：1. 不同高度的年平均风速参考值是按风切变指数的 1/7 推算的。

2. 与风功率密度上限值对应的年平均风速参考值，按海平面标准大气压及风速频率符合瑞利分布的情况推算。

表 1-9　风功率密度等级划分标准表

风功率密度等级	10m 高度		30m 高度		50m 高度		70m 高度	
	风功率密度 /（W/m²）	年平均风速 /（m/s）	风功率密度 /（W/m²）	年平均风速 /（m/s）	风功率密度 /（W/m²）	年平均风速 /（m/s）	风功率密度 /（W/m²）	年平均风速 /（m/s）
D-1	<55	3.6	<90	4.2	<110	4.5	<120	4.7
D-2	55～70	3.9	90～110	4.5	110～140	4.9	120～160	5.1
D-3	70～85	4.2	110～140	4.9	140～170	5.3	160～200	5.5
1	85～100	4.4	140～160	5.1	170～200	5.6	200～240	5.9
2	100～150	5.1	160～240	5.9	200～300	6.4	240～350	6.7
3	150～200	5.6	240～320	6.5	300～400	7.0	350～460	7.3
4	200～250	6.0	320～400	7.0	400～500	7.5	460～570	7.9
5	250～300	6.4	400～480	7.4	500～600	8.0	570～690	8.4
6	300～400	7.0	480～640	8.2	600～800	8.8	690～920	9.2
7	400～1000	9.4	640～1600	11.0	800～2000	11.9	920～2280	12.5

风功率密度等级	80m 高度		90m 高度		100m 高度		120m 高度	
	风功率密度/（W/m²）	年平均风速/（m/s）	风功率密度/（W/m²）	年平均风速/（m/s）	风功率密度/（W/m²）	年平均风速/（m/s）	风功率密度/（W/m²）	年平均风速/（m/s）
D-1	<130	4.8	<140	4.9	<150	5.0	<160	5.1
D-2	130～170	5.2	140～180	5.3	150～190	5.4	160～200	5.5
D-3	170～210	5.6	180～220	5.7	190～230	5.8	200～250	5.9
1	210～250	6.0	220～270	6.1	230～280	6.2	250～300	6.3
2	250～370	6.8	270～400	7.0	280～410	7.1	300～450	7.3
3	370～490	7.5	400～520	7.6	410～540	7.7	450～580	7.9
4	490～600	8.0	520～650	8.2	540～670	8.3	580～720	8.5
5	600～740	8.6	650～770	8.7	670～800	8.8	720～880	9.1
6	740～970	9.4	770～1000	9.5	800～1070	9.7	880～1140	9.9
7	970～2350	12.6	1000～2450	12.8	1070～2570	13.0	1140～2750	13.3

注：1. 不同高度的年平均风速参考值是按风切变指数为 1/7 推算。

2. 与风功率密度上限值对应的年平均风速参考值，按海平面标准大气压及风速频率符合瑞利分布的情况推算。

1.2.4 风能资源储量及分布

1. 全球风能资源储量及分布

地球上的风能资源十分丰富，相关资料统计显示，每年来自外层空间的辐射能为 1.5×10^{18} kW·h，其中约 2.5% 即 3.8×10^{16} kW·h 的能量被大气吸收，产生大约 4.3×10^{12} kW·h 的风能。据世界气象组织 1981 年发布的全球风能资源估计成果，在地球 1.07 亿 km² 陆地面积中，有约 27% 的地区 10m 高度的年平均风速高于 5m/s，风能可开发量约 200 亿 kW。

风能资源受地形的影响较大，全球风能资源丰富区多集中在沿海和开阔大陆的收缩地带，如美国的加利福尼亚州沿岸和北欧一些国家。世界气象组织于 1981 年发表了全球范围风能资源估计成果，按平均风能密度和相应的年平均风速，将全球风能资源分为 10 个等级。8 级以上的风能高值区主要分布于南半球中高纬度洋面和北半球的北大西洋、北太平洋以及北冰洋的中高纬度部分洋面上，大陆上的风能则一般不超过 7 级，其中以美国西部、西北欧沿海、乌拉尔山顶部和黑海等地的风速较大。

全球沿海地区的风能资源最为丰富，除了某些特殊区域（如赤道地区）以外，大部分区域的 10m 高度风速都能达到 6～7m/s 以上，甚至很多区域的风速能够达到 9m/s 以上。按照风速的不同，基本可以分为以下几个大的区域。

（1）风速极大区域。该区域的风速一般在 8～9m/s 以上，主要包括欧洲的大西洋沿海以及冰岛沿海、美国和加拿大的东西海岸以及格陵兰岛南端沿海、澳大利亚和新西兰沿海、东北亚地区（包括俄罗斯远东地区、日本、朝鲜半岛以及中国）沿海、加勒比海地区岛屿沿海、南美洲智利和阿根廷沿海、非洲南端沿海等区域。该区域的风能资源具有很高的开发价值。

（2）风速较大区域。该区域的风速一般在 6～7m/s 以上，主要包括南美洲中部的东海岸、南亚次大陆沿海以及东南亚沿海等区域。该区域的风能资源有一定的开发价值。

（3）风速较小区域。该区域的风速在 5m/s 以下，主要包括赤道地区的大陆沿海、中美洲的西海岸、非洲中部的大西洋沿海以及印度尼西亚沿海等区域。该区域的风能资源开发价值不大。

2. 我国风能资源储量及分布

我国对风能资源的观测研究工作始于 20 世纪 70 年代，中国气象局先后于 20 世纪 70 年代末和 80 年代末进行过 2 次全国性的风能资源调查，利用全国 900 多个气象站的实测资料，给出了全国离地 10m 高度的风能资源量。该成果显示，我国 10m 高度的风能资源总储量为 32.26 亿 kW，陆地风能资源可开发量约为 2.53 亿 kW，估计近海风能资源可开发量约为 7.5 亿 kW。

2004—2006 年，中国气象局组织开展了第 3 次全国风能资源调查，利用全国 2000 多个气象站近 30 年的观测资料，对原有的计算成果进行了修正和重新计算，调查计算结果表明：我国可开发风能资源总储量约 43.5 亿 kW，其中，可开发和利用的陆上风能资源储量有 6 亿～10 亿 kW，近海可开发利用的风能资源储量有 1 亿～2 亿 kW，共计约 7 亿～12 亿 kW。

2009 年 12 月，中国气象局正式公布全国风能资源详查阶段成果，该成果显示，我国陆上 50m 高度潜在风能可开发量约 23.8 亿 kW，近海 5～25m 水深线范围内的风能可开发约 2 亿 kW。我国气象部门 2015 年完成的新一轮全国风能资源评估成果显示，我国陆地 70m 高度平均风功率密度 $200W/m^2$ 及以上的风能资源技术可开发量约为 50 亿 kW。

我国风能资源丰富区主要分布在东南沿海及附近岛屿、内蒙古和甘肃走廊、东北、华北、西北和青藏高原等地区。

（1）"三北"（东北、华北、西北）风能丰富带。该地区包括东北三省、河北、内蒙古、甘肃、青海、新疆等省区近200km宽的地带，该地带风能资源丰富。该地区可设风电场的区域地形平坦，交通方便，没有破坏性风速，是我国连成一片的最大风能资源丰富区，适于大规模开发利用。

（2）东南沿海地区风能丰富带。冬春季的冷空气、夏季的台风都能影响到我国的东南沿海地区的沿海及其岛屿，该地带是我国风能资源最丰富的地带之一，年有效风功率密度在200W/m²以上，如台山、平潭、东山、南鹿、大陈、南澳、马祖、马公、东沙等地区，年可利用风速小时数约在7000～8000h。东南沿海由海岸向内陆约50km范围内是风能资源丰富地区，再向内陆则风能锐减。

（3）内陆局部风能丰富区。除我国两大风能丰富带之外，大部分地区的风功率密度都较小，一般在100W/m²以下，年可利用风速小时数在3000h以下。但在一些局部地区，由于湖泊和特殊地形原因，造成此类地区的风能资源也较为丰富，成为我国风能资源丰富区之一，此类地区有江西的鄱阳湖、湖南的衡山、湖北的九宫山和利川、安徽的黄山、云南的太华山、贵州的乌蒙山等，但此类地区较为分散，可进行风电开发的面积也不像两大风能丰富带那么大，可开发规模往往也相对较小。

（4）海拔较高的风能可开发区。青藏高原腹地也是我国风能资源相对丰富区之一。另外，我国西南地区的云贵高原海拔2000m以上的高山地区，风能资源也较为丰富。但这些地区面临的主要问题是地形条件复杂，受道路和运输条件限制，建设难度大，再加上海拔高、空气密度低等因素，此类地区的风能资源开发难度大。

（5）海上风能丰富区。海上风速高，很少有静风期，可以有效利用风电机组的发电容量。一般估计海上风速比平原沿岸高20%，其发电量高70%，我国海上风能丰富地区主要集中在福建、浙江、广东、江苏沿海地区，这些地区距离电力负荷中心近，电力接入较便利，电力消纳难度小。

1.3 风电发展历程、现状及展望

■ 1.3.1 风电发展历程

人类利用风能的历史已有数千年，在蒸汽机发明以前，风能曾作为重要的动力，用于船舶航行、提水饮用和灌溉、排水造田、磨面和锯木等。埃及、中国等国是最早利用风能的国家。

随着煤炭、石油、天然气的大规模开采和廉价电力的容易获取，各种曾经被广泛使用的风力机械，由于成本高、功率低、使用不方便等缺点，无法与蒸汽机、内燃机和发电机等竞争，渐渐被淘汰。

近一个多世纪以来，风力发电逐渐成为风能最重要的利用方向。19世纪末，丹麦首先开始探索风力发电，1891年丹麦科学家 Pcul La Cour 发明了用风车发电的装置，即早期的风力发电机，为现代风力发电奠定了雏形。该风力发电机采用蓄电池充放电方式供电，丹麦人用此风力发电机建成了世界上第一座风力发电站，获得成功后，进行了推广应用，到1910年，丹麦已建成100座容量5～25kW的风力发电站，风力发电量占全国总发电量的1/4。从1891年到1930年小容量的风力发电机组技术已基本成熟，并得到了广泛的推广和应用。

20世纪30年代，德国、法国、苏联等国家也先后研制出了卧轴式风力发电机，发电机功率从10kW到100kW不等，但大多数都是试验性的。美国在1941年制造出了1台额定输出功率为1250kW的双叶片大型风力发电机，叶片直径53.3m，塔架高45m，1941年10月安装在佛蒙特州拉特兰的格兰德帕圆顶山上，山地海拔610m。该风电机组以常规电站方式并入电网，直到1945年3月因一片风机叶片金属疲劳被大风吹断脱落而停止运行，共运行了3年多时间。另外，法国、德国和苏联等国家也研制过百千瓦级的风电机组。这一时期，由于风电机组运行不够稳定，容易出现故障及事故，这一新生事物并未在全世界受到人们的关注和推广应用。

直到1973年出现全球石油危机，为寻找替代化石燃料的能源，丹麦、德国、瑞典、英国、美国、西班牙等工业发达国家又重新开始加大对风能开发利用、大型风电机组的研究，投入大量经费，动员高科技人才，利用计算机、空气动力学、结构力学和材料科学等领域的新技术研制现代风力发电机组，开创了风能利用的新时期。各国陆续研制出数百千瓦到数千千瓦的风力发电机，并得到广泛推广应用。随着风电技术的发展，以及大单机容量风机机型的优势，单机容量3MW以上的大容量风机已成为目前风电市场上的主力机型，占风电市场份额的90%以上。目前最大的风电机组单机容量已超过10MW，已有部分国家（公司）在研制20MW级的风电机组。

我国利用风力用于生产生活的时间很早，但利用风力进行发电的时间比国外晚。我国对风力发电的研究始于20世纪50年代末，在经历半个多世纪的发展后，我国的风电产业取得了举世瞩目的成就。

20世纪50年代末到60年代，我国主要对风电开发技术进行了探索性研究，由于受当时经济和技术条件的限制，该时期研发的风力发电机没有实现并网，但为后来我国的风电研发和开发提供了宝贵经验。

20世纪60年代末到80年代，在国家相关部门的支持下，我国主要对离网型小型风力发电机的相关技术进行了深入研发，研发出的小型风力发电机在我国的边远农牧区、海岛等地区得到了推广应用，并出口亚洲和非洲的一些国家和地区。离网型小型风力发电机解决了我国边远无电地区的生产生活用电问题，对保证边远无电地区居民的基本生活用电起到了重要作用。

从20世纪80年代开始，我国持续加大风机技术的研发投入，在已掌握的离网型风电技术基础上，开始开展并网型风电的相关技术研究和科技攻关。20世纪80年代中后期，我国并网型风电才慢慢起步，先是引进了定桨距恒速风电机组及技术，90年代引进了变桨距恒速风电机组及技术，之后又引进了变速恒频风电机组及技术，通过引进、消化、吸收，我国逐步掌握了风能开发利用以及风电机组的相关技术。进入21世纪，我国进一步加大了风能开发利用的科技攻关投入力度，掌握了风能开发利用和风电机组的最新技术，其中部分最新风电技术还拥有自主知识产权，目前对于各类风电机组我国都能制造生产，我国的风电技术处于国际领先水平。我国并网风电的发展主要经历了以下几个阶段。

（1）初期试点、示范阶段（1986—1993年）。此阶段是在我国离网型风电发展阶段研发小型风电机组的经验基础上，开始开展对并网型风电的开发和利用，主要是利用国外赠款及贷款建设小型试验性示范并网风电场，政府在政策和资金等方面给予了大力扶持。我国第一座并网型风电场于1986年5月在山东荣成市马兰建成，并投产发电，该风电场安装了3台丹麦Vestas公司生产的V15-55/11型风电机组，风机单机容量为55kW，风电场装机容量共165kW。该风电场成为我国风电历史上的里程碑，2015年该风电场风电机组全部退役，运行时间29年。在该风电场之后，我国风电才真正进入发展时期。

（2）产业化探索阶段（1994—2003年）。1993年底，电力部在汕头全国风电工作会议上提出风电产业化及风电场建设前期工作规范化的要求，1994年规定电网管理部门应允许风电场就近上网，并收购全部上网电量，上网电价按发电成本加还本付息、合理利润的原则确定，高出电网平均电价部分，其差价采取均摊方式，由全网共同负担，电力公司统一收购处理。由于投资者利益得到保障，贷款建设风电场开始发展。后来国家计委规定发电项目按照经营期核算平均上网电价，银行还款期延长到15年，风电项目增值税减半为8.5%。但是随着电力体制向竞争性市场改革，风电由于成本高，政策不明确，该阶段发展缓慢。

（3）国产化推动阶段（2004—2008 年）。此阶段风电电价采用审批电价和招标电价并存的方式。其中，为了推动风电设备国产化和风电大规模商业化开发，国家发展改革委从 2003 年起，推出了陆上风电特许权招标开发风电模式，共开展了 5 期陆上风电特许权招标，招标项目 15 个、总装机规模 330 万 kW（含配送项目）。由于前 4 期陆上风电特许权招标"价格战"导致特许权招标的风电项目电价明显低于一般风电项目的审核电价。第 5 期陆上风电特许权招标的项目电价改为招标电价"中间价"模式，所谓"中间价"就是根据所有通过初评的投标人的投标上网电价，去掉一个最高价和一个最低价，剩余投标人的投标上网电价的平均值即为特许权招标项目的"中间价"，以此电价计算投标人的投标电价得分，投标电价越接近"中间价"，得分越高。通过特许权招标方式选择投资商和开发商，扩大了风电开发规模，提高了风电设备国产化制造能力，约束了发电成本，降低了电价，此方式也推动了我国陆上风电的快速发展。通过 5 期陆上风电特许权招标后，基本达到了预期的目的，加之由于陆上风电特许权招标存在一些问题，2008 年后，国家就不再开展陆上风电特许权招标。

（4）产业规模化指导电价阶段（2009—2020 年）。从 2006 年开始，《中华人民共和国可再生能源法》正式生效，同时，国家陆续颁布了一系列的法律法规，制定了一系列与风电相关的规划等，从而大大促进了风电产业的发展，使我国风电也步入了快速增长期。从 2009 年开始，由国家发展改革委和国家能源局发布每年度不同风资源区域的风电上网指导电价（又称上网标杆电价）。此阶段我国风电呈现出快速、规模化的发展势头，风电装机规模由 2008 年的约 12GW，到 2020 年达到了 180GW 以上，短短十来年的时间，风电装机规模提高了约 15 倍。

（5）产业规模化平价电价阶段（2021 年以后）。随着风电技术的快速进步、风电产业规模化发展的提升、风电建设成本的下降等，为推动风电产业健康可持续发展，国家在 2019 年出台的风电上网电价政策中明确：自 2021 年 1 月 1 日开始，陆上风电项目全面实行平价上网，国家不再补贴；海上风电项目自 2022 年开始，国家不再补贴。自 2021 年开始，随着风电平价上网政策的推行，以及实现节能减排、碳达峰碳中和等能源战略目标的要求，我国风电产业仍将以规模化为主的方式持续发展。

■ 1.3.2 风电发展现状

1. 风电开发现状

全球风能理事会（GWEC）发布的《GLOBAL WIND REPORT 2022》（《全球风能报告 2022》）显示，2021 年，全球风电累计装机规模突破 800GW，达到 837GW，同比 2020 年增长 12.8%，其中，陆上风电装机规模约 780GW、海上风电装机规模约 57GW。2021 年全球新增风电装机规模 93.6GW，为历史第二高年份，较 2020 年同期下降 1.8%，其中，陆上风电新增装机规模约 72.5GW，海上风电新增装机规模约 21.1GW。2021 年，以欧洲、拉丁美洲、非洲及中东等地区的年新增风电装机为历年最高，创历史最高纪录。全球 2010—2021 年新增及累计风电装机容量变化如图 1-13 所示。

2021 年，全球新增的风电装机规模中，从结构上看，陆上风电新增装机规模约 72.5GW，占全球风电总新增装机规模的 77.5%；海上风电新增装机规模约 21.1GW，同比 2020 年增长 205.8%，为历史新高，占全球风电总新增装机规模的 22.5%。从地区上看，中国、美国、巴西、越南、英国的风电新增装机规模居前 5 位：中国的风电新增装机规模占比最大，为 52%；美国次之，为 14%；巴西、越南、英国的风电新增装机规模占比分别为 4%、4%、3%。

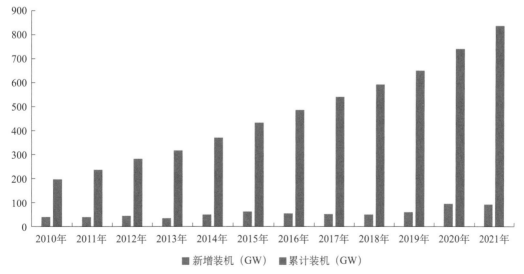

图 1-13 全球 2010—2021 年新增及累计风电装机容量变化图

我国并网风电从 20 世纪 80 年代中后期开始发展，1986 年，我国第一座并网型风电场在山东荣成市建成，装机容量 165kW。进入 21 世纪后，我国风电产业进入快速发展阶段，特别是《可再生能源法》等相关法律法规和政策、规划的出台和实施，推动了我国风电产业进入一个规模化高速发展阶段。

根据我国国家能源局公布的电力工业年度统计信息和行业协会的统计资料，2021 年，我国风电累计装机规模突破 3 亿 kW，达到约 3.28 亿 kW，同比 2020 年增长 16.7%，其中，陆上风电装机规模约 3.02 亿 kW，海上风电装机规模约 0.26 亿 kW，取得了举世瞩目的成就。我国风电总装机规模连续 12 年居全球第一。2021 年，我国新增风电装机规模 47.57GW，为历史新增风电装机第二高年份，较 2020 年同期下降 33.6%，其中，陆上风电新增装机规模约 30.67GW，海上风电新增装机规模约 16.90GW。我国 2010—2021 年新增及累计风电装机容量变化如图 1-14 所示。

2. 风电技术发展现状

风电技术涉及空气动力学、自动控制、机械传动、电机学、力学、材料学等多个学科，它是一个综合性的高技术系统工程。

19 世纪末，丹麦开始研究风力发电技术，1973 年出现世界石油危机后，煤和石油等化石能源日益枯竭，空气污染等环境问题也日趋严重，风力发电作为可再生的清洁能源受到越来越多的重视。随着空气动力学、材料学、发电机技术、计算机和控制技术的发展，风力发电技术快速发展，风机单机容量从最初的数十千瓦级发展到目前的数兆瓦级、十兆瓦级，兆瓦级风机已成为风电市场上的主流产品；功率控制方式从定桨距失速控制向全桨叶变距和变速控制发展；运行可靠性从 20 世纪 80 年代初的 50%，提高到 98% 以上，并且在风电场运行的风电机组全部可以实现集中控制和远程控制。在风电领域，目前风电技术已十分成熟，未来的技术难点和热点将主要集中在风电机组的大型化以及先进控制策略和优化等方面。

我国在风电技术发展上经历了"引进技术—消化吸收—自主创新"三大阶段，现已基本掌握了风电装备制造的全部技术，部分技术还拥有自主知识产权，具备兆瓦级风机的自主研发能力，目前我国风电机组整机制造和关键零部件配套已能基本满足国内风电发展需求，但在变流器、主轴轴承等方面我国还有一定的欠缺，这些技术要求较高的部件仍需进口。因此，我国在风电装备制造技术上还需进一步增强自主创新，加强风电核心技术攻关，尤其是加强风电关键设备和技术的攻关。

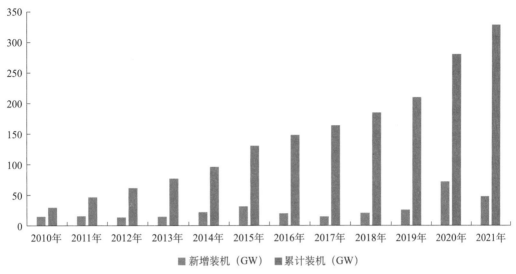

图 1-14 我国 2010—2021 年新增及累计风电装机容量变化图

1.3.3 风电发展展望

随着环保和保护地球的需要，从 1990 年世界气候大会和 1992 年里约热内卢联合国环境与发展大会以来，人们对环境保护越来越关注、越来越重视，风能作为清洁、无污染的可再生能源，越来越受到人们的青睐，也越来越受到世界各国的重视，风能的开发利用在未来仍将会得到更大的发展。

根据世界风能协会（WWEA）、中国风能协会（CWEA）等机构的分析，未来全球风电开发仍将保持较快的发展速度，陆上风电开发市场除美国继续依靠 PTC 政策之外，中国将由平价项目主导，其他国家则以风电项目竞标或招标方式为主。在亚洲，除中国外，印度、越南、菲律宾、印度尼西亚等国将是未来 5～10 年风电发展的重要市场；在欧洲，西欧（德国、法国、西班牙、英国等）、北欧（挪威、瑞典）及非欧盟国家（土耳其、俄罗斯）将是未来 5～10 年风电发展的重要市场；非洲及中东地区的南非、埃及、肯尼亚、埃塞俄比亚、摩洛哥和沙特阿拉伯，大洋洲的澳大利亚和新西兰，拉丁美洲的巴西、阿根廷、智利、墨西哥和哥伦比亚等国家也是未来 5～10 年风电发展的重要市场。海上风电在未来 5～10 年将会得到快速发展，中国和部分欧洲国家（英国、德国、丹麦、荷兰）将是海上风电发展的主要国家，美国、韩国、日本、中国台湾、越南等国家或地区也将会有较快的发展。

中国在未来的 5～10 年是能源转型和绿色发展的关键期，按照 2020 年 12 月气候雄心峰会上提出的"到 2030 年非化石能源占一次能源消费比重将达到 25%，风电、太阳能发电总装机容量将达到 12 亿千瓦以上"的目标要求，今后 10 年中国可再生能源将成为能源消费增量的主体，风电和光伏的年均新增装机规模将达到 1 亿 kW 以上，风电市场的发展前景十分广阔。

目前，风力发电技术已十分成熟，未来风电的发展趋势将会是：随着风力发电技术的不断进步和发展，风电产业将日益朝着一体化、国际化、大型化、规模化、智能化方向发展；在技术上，风力发电机组将向可靠性高、寿命长、功能全、智能化方向发展；风电机组的原理和结构也将发生变化，未来的风电机组将向结构简单、紧凑、柔性、轻盈化方向发展；风电开发将会是陆上风电与海上风电并举，海上风电将会呈现出更加快速的发展趋势。在我国未来 10 年，随着大力推进风电产业的发展，山区风电也必将会得到大力发展。

在风电技术发展方向上，随着风电装机规模的不断增加和产业技术创新能力的持续提升，未来风电技术及装备的发展方向及趋势主要体现在以下几方面。

（1）风电机组继续保持向大型化、定制化和智能化方向发展。

（2）随着海上风电逐步走向深远海，漂浮式海上风电技术将会得到进一步发展和应用。

（3）风电机组智能化的关键是软件的开发应用，未来软件开发的投入将大幅度增加。

（4）风电机组设计制造将趋向于标准化和模块化。

（5）风电机组的发电机采用中速永磁同步发电机，发电机与齿轮箱集成或半集成的设计技术应用，在可靠性、成本、尺寸、重量等关键指标中达到较好的平衡，在超大型风电机组中展现出发展趋势。

（6）直驱技术受发电机体积、重量的限制，无法进行大型化；双馈型和鼠笼型发电机技术受齿轮箱的限制，单机功率无法进一步增大；半直驱型发电机技术将会在下阶段成为主流技术。

（7）叶片与整机融合开发将成为发展趋势。大型叶片的开发与风电机组整机的系统迭代优化越来越紧密，整机设计将逐渐与叶片设计融合发展。

（8）随着风电齿轮箱的大型化，滑动轴承在风电齿轮箱中的应用将是未来的主要趋势。为提高传动比，齿轮箱将采用多级行星结构，有利于使齿轮箱体积更小、重量更轻等。

1.4 风电场工程设计阶段划分及主要工作内容

1.4.1 工程设计阶段划分

我国风电场工程设计阶段划分是参照水电工程进行的，风电场工程设计阶段划分为规划阶段、预可行性研究阶段、可行性研究阶段、招标设计阶段、施工图设计阶段等。其中，规划阶段、预可行性研究阶段和可行性研究阶段的工作属于项目核准前需开展的工作，又可称为前期工作；招标设计阶段和施工图设计阶段的工作属于项目实施阶段的工作。规划阶段的工作通常由政府组织开展，也有由开发企业组织开展的，规划成果是风电开发企业开展风电开发的重要依据。对于具体的风电场工程项目，一般不包括规划阶段。

我国地域辽阔，各地的风电场工程建设条件差异较大，各地和各项目开发业主对项目开发进度和要求也有所差异，因此，在具体风电场工程项目实施过程中，各地的风电场工程设计阶段有所差异。为积极推进风电开发建设，大部分地区和项目开发业主对风电场工程设计阶段略做了一些简化，一般不单独开展项目预可行性研究阶段的工作，而将该阶段工作并入到可行性研究阶段。同时，也有一部分项目开发业主将招标设计阶段和施工图设计阶段合并进行。另外，也有一部分项目开发业主在招标设计阶段要求增加初步设计内容，或在招标设计阶段后增加初步设计阶段，在整个具体风电场工程项目建设完成后，项目开发业主通常还要求编制项目工程竣工图，即增加竣工图设计阶段。

1.4.2 各设计阶段主要勘测设计工作内容

在风电项目开发过程中，勘测设计工作始终贯穿其中，它是风电项目开发是否能取得成功的关键因素。风电场工程各设计阶段的主要勘测设计工作内容如下。

1. 规划阶段

风电场工程规划阶段主要根据国家和地方的有关风电政策和行业的有关规定，在充分调查和收集基础资料的基础上，确定规划原则、规划范围和规划水平年，对拟规划区域的风能资源、工程地质、交通运输、施工安装等建设条件进行分析后，提出拟规划区域的开发规模、建设初步方案、接入电力系统初步方案、环境影响初步评价、规划投资及效益初步分析、规划目标、建设布局及开发实施时序、规划实施保障等规划成果。该阶段勘测设计工作通常包括以下内容：

（1）收集开展规划所需的相关资料。相关资料主要包括拟规划风电场及周边的比例尺不小于1∶50 000的地形图，附近长期气象观测站的气象资料（特别是测风资料），已有的测风资料、风能资源普查及评价成果、风电场选址成果，工程地质资料，交通运输资料，电力电网资料（现状、规划及地理接线图等），当地国民经济和社会发展资料，土地利用现状及规划资料，自然环境保护、生态红线、重要林草分布、重要矿产资源分布、文物分布以及军事等环境敏感资料，当地政策文件等资料。

（2）根据收集的相关资料，对其进行初步分析后，初选出拟规划区域的各规划风电场场址。

（3）对拟规划区域初选的各规划风电场进行现场踏勘。考察各规划风电场及项目所在地区的自然地理条件、交通运输条件、施工建设条件、接入电网条件、建设用地政策等。现场踏勘考察结束后，宜编制踏勘考察报告。

（4）对拟规划区域的各规划风电场的风能资源、工程地质、交通运输和施工安装等建设条件进行分析，对敏感因素进行排查。

（5）初步估算拟规划区域的各规划风电场的装机容量和年发电量。

（6）提出拟规划区域的各规划风电场的电力汇集以及接入电力系统初步方案。

（7）对拟规划区域的各规划风电场的环境影响进行初步评价。

（8）对拟规划区域的各规划风电场进行投资匡算和效益初步分析。

（9）经综合比较后，确定拟规划区域风电场的建设布局、开发时序。

（10）陆上风电项目按能源行业标准NB/T 31098—2016《风电场工程规划报告编制规程》编写并提出风电规划报告。

（11）在风电规划阶段，通常拟规划区域的风能资源观测资料很少，甚至没有开展风能资源观测，因此，在此阶段，规划编制单位通常还需为其编制测风方案，开展风能资源观测工作，以便为后续项目勘测设计提供基础资料。

2. 预可行性研究阶段

风电场工程预可行性研究阶段主要根据项目业主要求，按照风电场工程预可行性研究阶段的有关规定，通常在风电规划的基础上，开展该阶段相关勘测设计工作。该阶段主要查明项目的风能资源分布状况，排查影响风电场开发的限制性因素，初步确定项目的主要技术方案，初步论证项目开发建设的可行性，并初步估算项目的工程投资，对项目的经济效益进行初步评价等，最终提出项目预可行性研究设计成果。该阶段工作在很多地方通常不要求单独开展，常常与项目可行性研究阶段一并开展。风电场工程预可行性研究阶段勘测设计工作通常包括以下内容：

（1）根据项目业主要求和风电场工程预可行性研究阶段的有关规定，勘测设计单位通常会编制项目预可行性研究阶段勘测设计工作大纲，该大纲主要用于指导该设计阶段的勘测设计工作。

（2）在风电规划工作基础上，进一步补充收集相关资料。需补充收集的资料通常主要包括前期风电规划成果、现场测风资料等。若开展项目预可行性研究阶段工作时，未开展风电规划工作，则还应补充收集风电规划阶段要求收集的相关资料。

（3）对风电项目进行现场踏勘，考察风电项目的自然地形地质条件、交通运输条件、施工建设条件、接入电网条件等。

（4）本设计阶段一般不开展项目地形图测绘，通常只收集项目区域的1∶10 000地形图，供工程设计使用。

（5）本设计阶段以工程地质调查和地质测绘为主，开展少量的工程地质勘察工作，初步查明风电场的基本地质条件，对场区的工程地质条件及主要工程地质问题进行初步评价，并对场区的稳定性和建设适宜性做出初步评价。为选定风电场场址提供工程地质资料，以满足项目本设计阶段的有关要求。

（6）根据当地社会经济发展、电力电网条件和项目建设条件，通过对项目工程开发建设条件和电力消纳等方面的分析，提出项目的工程任务与建设规模，并论证项目开发建设的必要性和可行性。

（7）根据国家和地方的相关风电政策，结合项目的开发建设条件，排查制约项目工程开发建设的敏感因素，经技术、经济分析比较后，确定风电场的场址范围，选定风电场场址。

（8）根据收集到的气象资料、项目测风资料等，对项目的风能资源进行计算、分析与评估，给出项目风能资源是否具有开发价值的结论意见。对于部分项目业主和地方政府有时会要求提交单独的项目风能资源评估报告。

（9）根据项目建设条件和当时的风机制造技术水平等，对项目进行风机初步比选，提出项目本阶段推荐的风机布置方案，并计算推荐方案的风电场年上网发电量。

（10）根据初步确定的项目装机规模和电网接入条件，初步拟定项目接入电网的位置，风电场升压站（或开关站）的位置、出线电压等级及回路数、主接线形式、主变压器容量与台数；初步提出项目主要电气设备的选用原则，风电场集电线路方案，风电场及其升压站（或开关站）保护、监控、电源及通信等系统的配置方案，初选集电线路的导线（或电缆）型号及参数，提出项目主要电气设备清单。

（11）根据收集到的工程地质资料和初步地质勘察成果，对项目区域的地质构造稳定性、地震动参数值及地震基本烈度做出评价，初步查明项目场址的地形地貌、地层岩性、地质构造、岩体风化程度、不良地质作用、岩土体的物理力学性质，对项目场址工程地质条件做出初步评价，提出岩土体物理力学参数的建议值、项目工程地质的初步结论意见，以及下阶段工程地质工作建议。

（12）根据推荐的风电场风机布置方案及机型、风电场升压站（或开关站）电气初步布置等，依据土建工程有关设计规程规范，确定项目的设计安全标准，初步确定风机基础和箱变基础的基础型式、风电场升压站（或开关站）的位置及内部建筑总体布局方案，提出风电场升压站（或开关站）各建筑物的建筑标准及结构型式，估算项目主要土建工程量。

（13）根据项目建设条件和推荐的风机布置方案，初步分析项目的施工条件、交通运输条件等，提出工程施工总布置方案、工程建设用地方案、主体工程施工方案，初步拟定工程施工总进度，对分项施工进度进行初步安排。

（14）根据国家和地方有关环境保护和水土保持的要求和规定，结合项目实际情况，对项目的环境现状、水土流失现状及其影响进行初步分析，对项目的环境影响进行初步预测，确定项目工程的主要环境保护目标，初步提出项目的环境保护、水土保持的相关措施和专项投资，对项目的减排效益进行测算，对项目的环境影响给出初步评价意见。

（15）根据项目设计的工程量、设备量，以及项目所在地的价格信息，确定投资估算编制的原则、依据和价格水平及费用单价标准等，对项目的工程投资进行估算，提出项目的工程总投资、主要技术经济指标等成果。

（16）根据项目的发电量和投资估算成果，采用现行的财务评价依据和参数等，对项目的经济性进行初步财务评价，并给出初步评价的结论意见。

（17）陆上风电项目按能源行业标准 NB/T 31104—2016《陆上风电场工程预可行性报告编制规程》编写并提出项目预可行性研究报告及相应设计图纸。

3. 可行性研究阶段

风电场工程可行性研究阶段主要根据项目业主要求，按照风电场工程可行性研究阶段的有关规定，通常在风电场工程预可行性研究或风电规划的基础上，开展该阶段的相关勘测设计工作，它是风电项目开发建设过程中最重要的阶段之一。该阶段主要需完成满足本阶段设计要求的勘测工作，并从技术、经济、社会、环境等方面完成对项目的全面分析论证，提出项目可行性评价结论和可行性研究设计成果。该阶段勘测设计工作通常包括以下内容：

（1）根据项目业主要求和风电场工程可行性研究阶段的有关规定，勘测设计单位通常会编制项目可行性研究阶段勘测设计工作大纲，该大纲主要用于指导该设计阶段的勘测设计工作。

（2）在项目预可行性研究或风电规划前期工作基础上，进一步补充收集相关资料。需补充收集的资料通常主要包括前期项目预可行性研究阶段勘测设计成果、风电规划成果、项目现场测风资料等。若开展项目可行性研究阶段工作时，未开展项目预可行性研究阶段勘测设计工作，甚至未开展风电规划工作，则还应补充收集项目预可行性研究阶段和风电规划阶段要求收集的相关资料。

（3）对风电项目进行现场踏勘，深入考察风电项目的自然地形地质条件、交通运输条件、施工建设条件、接入电网条件等。

（4）若项目未开展预可行性研究阶段勘测设计，或虽已开展预可行性研究阶段勘测设计，但未开展项目地形图测绘，则通常在本阶段应开展满足工程设计要求的地形图测绘。

（5）开展满足项目本设计阶段要求的工程地质勘察。

（6）根据当地社会经济发展、电力电网条件和项目建设条件，按照前期规划成果、预可行性研究设计成果或经本阶段初步分析，确定项目的开发原则、工程任务与规模，进一步论证项目开发的必要性和可行性。

（7）根据收集到的气象资料、项目测风资料等，对项目的风能资源进行计算、分析与评估，给出项目风能资源是否具有开发价值的结论意见。对于部分项目业主和地方政府有时会要求提交单独的项目风能资源评估报告。

（8）根据项目地形测绘成果、工程地质勘察成果，对项目区域及项目场址的工程地质条件进行分析评价，并给出相应的评价结论。对于部分项目业主有时会要求提交单独的项目工程地质勘察报告。

（9）根据项目建设条件和当时的风电机组制造技术水平等，对项目进行风电机组机型比选，提出风机布置方案并进行优化，最终确定项目本设计阶段推荐的风机布置方案，并计算推荐方案的年上网发电量。

（10）根据论证分析确定的项目装机规模、电网接入条件，确定开发项目的接入电力系统方式、风电场升压站（或开关站）的电气主接线、风电场集电线路方案，对风电场及其升压站（或开关站）的电气一次、电气二次、调度与通信等进行设计，选定主要电气设备的型号、规格和数量，并提出项目的电气设备清单。

（11）根据项目设计方案和配置的设备及布置，拟定本项目的工程消防设计方案和施工期消防规划方案。

（12）根据推荐的风电场风机布置方案及机型、风电场升压站（或开关站）电气布置等，依据土建工程有关设计规程规范，确定项目的工程总体布置、风机基础和箱变基础的基础型式及尺寸大小、风电场升压站（或开关站）建筑物的结构型式和布置及主要尺寸，开展项目土建工程设计，并提出项目的土建工程量。

（13）根据项目建设条件和推荐的风机布置方案，分析项目的施工条件、交通运输条件、施工安装条件和方法等，确定项目的施工总布置、对外交通运输方案、工程建设永久用地和临时用地、主体工程施工方法、主要设备安装方法、施工总进度、施工资源供应等，完成项目的施工组织设计，提出项目的施工工程量、征用地量和主要施工机械设备量等。

（14）根据国家和地方有关环境保护和水土保持的要求和规定，结合项目实际情况，开展项目的环境保护和水土保持设计，提出针对项目的相应措施和专项投资，并给出项目的环境保护和水土保持评价分析结论。

（15）根据劳动安全和工业卫生的有关要求和规定，结合项目实际情况，拟定项目的劳动安全和工业卫生方案，提出针对项目的相应措施和专项投资，并给出项目劳动安全和工业卫生的分析结论及建议。

（16）根据项目设计的工程量、设备量，以及项目所在地的价格信息，确定概算编制的原则、依据和价格水平及费用单价标准等，编制项目的工程设计概算，提出项目的工程总概算和分项、分年概算成果。

（17）根据项目的发电量和概算成果，采用现行的财务评价依据和参数等，对项目的经济性进行财务评价，对项目的社会效果进行分析，并给出评价分析结论意见。

（18）根据项目设计成果，对项目的节能降耗进行分析，并给出主要结论。

（19）根据项目设计成果和项目业主的相关要求，确定项目工程招标及分标原则、招标范围、招标方式和招标组织形式等。

（20）部分地方政府有时会要求编制项目的社会稳定风险分析，若有此要求，则按相关要求在项目可行性研究报告中编制该部分内容，一般同时会要求编制项目社会稳定风险分析专题报告。

（21）陆上风电项目按能源行业标准 NB/T 31105—2016《陆上风电场工程可行性报告编制规程》编写并提出项目可行性研究报告及相应设计图纸。

在风电场工程可行性研究阶段，除完成上述项目可行性研究勘测设计外，为了后续项目核准（备案）和工程开工建设，通常还需完成接入电力系统专题报告、环境影响评价专题报告（表）、水土保持方案专题报告、压覆矿产资源专题报告、地质灾害危险性评估专题报告、安全预评价专题报告、社会风险稳定评价专题报告、文物专题报告、土地预审专题报告、土地勘界专项报告、林地（草地）勘测专项报告等专题、专项报告。由于项目情况和各地政府的要求的不同，需编制的专题、专项报告也不尽相同，应根据项目的具体情况和当地政府的有关要求确定。所有需编制的专题、专项报告，一般由项目业主另行单独委托设计咨询单位或专业咨询机构来完成。

4. 招标设计阶段

风电场工程招标设计阶段主要根据项目业主要求，按相关规程规范，开展项目的招标设计工作。该设计阶段主要根据项目业主对项目的分标和招标要求，为项目业主编制各分标标段招标文件中的技术规范文件（规范书），通常需对以下设备或工程编制技术规范文件：①风力发电机组设备（及附件）。②塔筒（或塔架）。③主变压器。④箱式变压器。⑤高、低压开关柜。⑥电力电缆。⑦零星电气设备（监测监控设备、自动化设备、照明设备、通信设备等）。⑧进场道路及场内道路工程。⑨风机基础及风机吊装平台工程。⑩箱变基础工程。⑪风机安装工程。⑫集电线路工程。⑬风电场升压站（开关站）土建工程。⑭风电场升压站（开关站）电气设备及安装工程。⑮消防设备及安装工程。

5. 初步设计阶段

风电场工程初步设计阶段主要根据项目业主要求和项目业主招标确定的主要设备（主要是风电机组），通常还需开展风电场风机微观选址和详细工程地质勘察，在完成此工作后，开展项目的初步设计工作。在该设计阶段，也有不开展项目详细工程地质勘察工作，甚至不开展风电场风机微观选址工作的。

该阶段设计工作主要是在原项目可行性研究设计阶段成果的基础上，根据已确定的风机机型和相关资料、成果，进一步深化原设计成果。因国家和行业的风电场工程设计阶段划分中没有该设计阶段，因此，在国家和行业的技术标准体系中，也没有该设计阶段的相关规程规范，该设计阶段的设计通常主要根据项目业主的要求，参考风电行业的风电场工程可行性研究设计阶段和施工图设计阶段的相关规程规范，开展该阶段的相关勘测设计工作。

6.施工图设计阶段

风电场工程施工图设计阶段主要根据项目业主要求和项目工程施工要求，按相关规程规范，在前面设计阶段的设计成果基础上，根据工程招标确定的风机机型、详细的工程地质勘察成果等，开展详细的工程设计，为工程施工建设提供详细的设计图纸，以保障工程的建设。该阶段勘测设计工作通常包括以下内容：

（1）风电场风机微观选址。

在风电场工程施工图设计阶段前，若未开展风电场风机微观选址工作，则应在此阶段开展风机微观选址工作，并应遵守能源行业标准 NB/T 10103—2018《风电场工程微观选址技术规范》中的有关规定，同时，可参考贵州省地方标准 DB52/T 1633—2021《山地风电场风机微观选址技术规程》。

风电场风机微观选址工作通常在风电项目可行性研究设计阶段后、风机招标已完成，并已确定风机机型后进行，一般是由项目业主方牵头，设计单位和风机厂家参加，有时地方政府（村级或乡级地方政府）也会参加，根据初定的风电场风机布置方案，多方在风电场现场共同对每个风机机位逐一进行踏勘选址并确认，在现场主要对每个风机机位的地形地貌、工程地质条件、交通运输条件、施工安装条件、土地属性等工程建设条件，以及土地占（征）用情况进行认真踏勘并确认，同时，对现场选定的各风机机位进行建设条件分析、风机安全性评价复核和发电量复核，经计算分析和评价复核，在各风机机位都满足各项要求后，由项目业主方、设计单位和风机厂家共同确认风电场的最终风机布置方案，最后由风机厂家提出风电场风电机组安全性评估专题报告，由设计单位牵头主持编制并完成风电场微观选址报告。

（2）工程地质详细勘察。

在此设计阶段前，若未开展项目的详细工程地质勘察工作，则在此阶段应开展该项工作。项目的详细工程地质勘察通常应在风电场风机微观选址工作结束后和风电场风机布置方案完全确定后开展，原则上需对每个风机机位和风电场升压站（开关站）进行详细的勘探、勘察，查明其地质条件，对场内道路和集电线路进行一定的勘探、勘察，基本查明其地质条件。工程地质勘察的内容、深度等应按能源行业标准 NB/T 31030—2012《陆地和海上风电场工程地质勘察规范》等有关规程规范执行。详细的工程地质勘察成果是工程设计最基础的资料之一，因此，通常项目业主会要求编制并提交项目的工程地质详细勘察报告。

（3）土建设计。

风电场土建设计主要包括风机基础设计、风机基础基坑开挖及基础地基处理设计、风机吊装平台设计、箱变基础设计、风电场升压站（开关站）土建及建筑结构设计、风电场场内道路和场外道路设计等。在施工图设计阶段，需提交各土建工程项目相应的详细设计图纸及其文字说明、工程量等。

（4）电气设计。

风电场电气设计主要包括电气一次设计、电气二次设计及通信设计、集电线路设计等。在施工图设计阶段，需提交各电气项目相应的详细设计图纸及其文字说明、电气设备及材料清单等。

7. 竣工图设计阶段

风电场工程竣工图设计阶段主要是在项目工程建设完成、工程竣工时，根据国家有关规定和项目业主的有关要求，通常由项目建设单位（项目业主）负责组织，工程施工安装单位负责竣工图的编制工作，也有部分项目由工程施工安装单位和工程设计单位，或工程施工安装单位和工程监理单位，或工程施工安装单位和工程设计单位以及工程监理单位共同完成项目工程竣工图的编制工作，也可由项目建设单位或工程施工安装单位委托工程设计单位编制。设备制造竣工图文件由设备制造单位负责编制。实行工程总承包的项目，竣工图由工程总承包单位负责编制。

该阶段工作主要是将项目实际施工建设所形成的工程实际竣工面貌用图纸和文字表达出来。竣工图是反映工程竣工时工程实际情况的图纸及其图纸说明，由于在工程施工过程中，工程难免有修改和变动等，为了使项目业主和项目今后的使用者能够比较清晰地了解工程建设、工程各类设施和设备的实际建设安装情况，风电场工程项目的竣工图应按能源行业标准 NB/T 10207—2019《风电场工程竣工图文件编制规程》进行编制，在工程竣工验收前，由竣工图编制单位负责移交给项目建设单位（项目业主）。

1.5 山区风电场工程特性

由风力发电机组或风力发电机组群组成的发电站称为风力发电场，通常简称为风电场。风电场按照地理位置通常可分为陆上风电场和海上风电场，陆上风电场根据风电场场址区域地形不同，通常可将陆上风电场分为平原风电场和山地风电场。

平原风电场一般是指在风电场场址及周边 5km 半径范围内的地形高度差小于 50m、最大坡度小于 3° 的区域。我国"三北"（东北、华北、西北）地区和长江中下游平原、黄淮平原的风电场大部分属于平原风电场。

山地风电场是指风电场场址处于山地地形区域的风电场，山地风电场又称为山区风电场。山地是指地壳上升背景下由外力切割而成的山岭、山间谷地和山间盆地的总称，通常山地的海拔在 500m 以上，相对高差在 100m 以上，地形起伏大、坡度陡峻、沟谷幽深，一般多呈脉状分布。山地风电场可细分为丘陵风电场、高山风电场、高原风电场、峡谷风电场等。我国中南部地区、西南部地区以及东部部分地区的风电场绝大多数属于山地风电场。

山区风电场地处山地地形区域，它与平原风电场有着不同的特性，主要体现在以下几方面。

1. 工程自然特性

（1）地形复杂。由于山区风电场所处地形为山地地形，通常其地形高差起伏较大、坡度较大、地形变化较复杂，地表有曲折、转弯和折角等，因此，山区风电场通常表现为地形较为复杂。

（2）气候复杂。山地与平原相比，其气候特性主要表现在：因受地形的影响，阴、雨、晴等天气多变，气温、气压等气候也多变，通常随着海拔的增加，大气压力和气温降低，空气密度也相应减小。因此，山区风电场的气候特性通常表现为气候较为复杂。

（3）风能资源复杂。风能资源受地形和气候的影响较大，山区风电场的地形条件和气候条件的复杂性，决定了山区风电场的风能资源通常也较为复杂。对于山区风电场，由于地形和气候的原因，通常风电场场区内的风速差异较大，近地面（50m 以下）风切变较大，而 50m 以上高度的风切变较小，甚至会出现负切变；山区风电场的湍流强度通常较大，变化也较大；部分山区风电场场内的风向差异也较大。在同一山区风电场内，因地形、高差、气候等原因，造成风电场内风能资源较为复杂，同一山区风电场内不同位置的风能资源往往差异较大，使得场址范围内可供风机布置的位置相对较少。

2. 工程开发特性

（1）开发规模小。因受地形条件限制，山区风电场一般以山梁、山脊、台地等为一个开发单元，风机布置较为分散，点多面广，难以形成大规模、集中式开发的风电场，单个山区风电场的开发规模大多在 50MW 以下，项目规模较小，项目开发难以产生规模效益。

（2）并网条件差。山区风电场一般处于远离城镇的山区，距拟接入电网相对较远，加之我国风电开发总体起步相对较晚，而近年来风电发展又较快，风电规划晚于电网规划，电网规划中又未充分考虑风电电源的接入，电网建设周期一般长于风电项目的建设周期，导致山区风电项目的并网接入条件相对较差。

（3）交通条件差。山区风电场绝大多数远离城镇，在地理位置上较为偏僻，交通不便，造成建设及运行管理通常较为困难。

（4）工程投资高。由于山区风电场的地形、地质条件复杂，工程设计和工程施工难度大，造成山区风电项目的工程建设投资较高，通常山区风电项目的单位千瓦建设投资比平原风电场高 1000 元左右。

3. 工程设计特性

对于山区风电场，由于风电场场址的地形地质条件和风能资源条件通常较为复杂，加之交通不便等因素，在项目工程设计中，风电场的风能资源评估、风机微观选址、风机选型与布置、风电场发电量计算、风机吊装平台设计、场内外道路设计、风电场升压（开关）站选址与设计、场内集电线路设计、施工组织设计等方面比平原风电场复杂、困难，因此，同等规模的山区风电项目与平原风电项目相比，其设计周期长、设计难度大、设计费用高。

4. 工程建设特性

电场场区地形地质条件通常较为复杂，加之交通不便等因素，使得山区风电场的工程施工难度大、重大件设备运输困难。因此，山区风电场工程建设的施工组织、实施、管理等方面比平原风电场复杂、困难，同等规模的山区风电项目与平原风电项目相比，其建设周期长、建设难度大。

5. 工程运行管理特性

对于山区风电场，由于风电场场区地形和场内交通条件通常较差，气候环境恶劣，风电场的风机较分散，加之风电场通常远离城镇等因素，相对平原风电场，山区风电场的设备运行环境条件和人员工作条件差，而风电场的运行要求越来越高，因此，山区风电场工程的运行维护管理比平原风电场复杂、困难、工作量大。

6. 开发建设优势

虽然山区风电场开发建设存在诸多困难，但它也有一定的优势，其优势主要体现在以下方面：

（1）用地矛盾相对较小。可开发的山区风电场场址多位于高山山脊、山梁和台地等地区，这些地区往往远离经济较发达的城镇，场址土地较为贫瘠，人类活动相对较少，风电开发建设与土地利用规划、人类活动之间的矛盾相对较小。

（2）与水电具有互补性。我国南方和西南地区的水能资源丰富，而水电丰枯出力差距较大，一般的径流式水电站的枯季出力不足丰季出力的 20%，调节性能较好的大型水电站的枯季出力也只有丰季出力的 50% 左右，电网丰枯季矛盾较为突出，而与此相反，我国南方和西南地区枯水季的风电出力相对较大，这在一定程度上可缓解电网丰枯季的矛盾，缓解南方和西南地区枯季缺电局面，这种风电与水电的互补特性，有利于改善我国的电源结构。因此，山区风电值得大力发展。

（3）风电电力消纳难度较小。我国的山区风电场主要位于我国南方和西南地区，而我国南方和西南地区的风电开发规模总体较小，且该区域的水能资源十分丰富，水电与风电又具有一定的互补性，电网调节性能也相对较好。因此，在我国南方和西南地区开发建设的风电绝大多数都能就地消纳或与水电打捆外送，风电电力消纳难度较小。

1.6 山区风电场工程勘测设计的特殊性

山区风电场由于场址地形地貌、地质环境、气候、风能资源等方面的自然条件通常较平原风电场复杂，加之山区风电场的交通条件和施工条件差等原因，山区风电场工程整个勘测设计过程较平原风电场存在较大的差异，具有一定的特殊性，通常工程规划、工程勘测、电气设计、土建及施工组织设计、环境保护与水土保持设计等方面的勘测设计比平原风电场要求做得更深入、更细致，其勘测设计工作量比同等规模的平原风电场大很多。具体体现在以下几方面：

1. 工程规划

山区风电场在工程规划方面的特殊性主要体现在风能资源测量与评估、宏观选址及规划、风机选型与布置及发电量估算、风机微观选址等方面。

（1）风能资源测量与评估。

风能资源受地形和气候的影响较大，山区风电场因其固有的地形和气候等特性，决定了山区风电场风能资源的复杂性。为较准确地掌握和评估山区风电场的风况特征和风能资源分布，通常在山区风电场需要设立较多的测风塔，一般1个100MW左右的平原风电场通常只需设立1座测风塔，而1个50MW左右较复杂的山区风电场通常需设立3座测风塔；在风能资源评估计算分析时，通常不能选用适合平原风电场的风能资源评估软件（如WAsP软件），而应选用适合山区风电场的以计算流体力学模型为核心的风能资源评估软件（如WT软件、WindSim软件）。因此，与平原风电场相比，准确评估一个山区风电场的风能资源需做的工作多，评估难度大。

（2）宏观选址及规划。

山区风电场因地形地貌复杂、气候多变、风能资源分布复杂等原因，往往造成现场规划选址踏勘困难、风能资源观测难度较大、风能资源评估准确性不高，同时，大多山区风电项目还涉及生态红线、自然保护地、国家公益林等制约因素，这给风电场宏观选址及规划带来了较大的难度。

（3）风机选型与布置及发电量估算。

山区风电场通常具有地形复杂、风能资源高值区分布零散、风况空间分布差异大等特征，因此，山区风电场风机选型与布置及发电量估算往往需充分掌握项目风能资源特点及风能特征参数，才能较准确估算出风电场的发电量，与平原风电场相比，山区风电场发电量估算的工作量大，且估算的难度也大。

（4）风机微观选址。

山区风电场的风机机位通常位于场地狭小的山顶或山脊上，而山区风电场在未建设前，通常其自然条件差，地形地貌复杂，无道路交通等，因此，相比于平原风电场，山区风电场的风机微观选址难度大，工作量也大。

2. 工程勘测

山区风电场在工程勘测方面的特殊性主要体现在地形绘测、工程地质勘察、地质灾害危险性评估等方面。

（1）地形测绘。

山区风电场大部分处在人烟稀少的山区、地物相对较少、交通不便，但风力较大，普遍存在测绘区域范围广、高差大、外业作业条件恶劣、植被覆盖较密集、测绘工期长等特点，因此，山区风电场的地形测绘较平原风电场工作量大且工作困难。

（2）工程地质勘察。

山区风电场因项目地处山区，相比于平原风电场，通常其自然条件差，地形地貌复杂，地层岩性和地质构造多样，常常还存在不良地质现象，场区适宜布置风机的位置多位于场地狭小的山顶或山脊上，因此，山区风电场需开展的工程地质勘察的工作量大，且工作较为困难。

（3）地质灾害危险性评估。

山区风电场的风机通常布置在山顶或山脊区域，其地势相对较高，地质条件复杂，现状地质灾害多样，且后期风电场建设可能会引发或加剧地质灾害的发生。地质灾害评估中的野外调查、现状分析时间长，且较困难，地质灾害规模范围划分难以做到精确。与平原风电场比，工作量大、评估困难。

3. 电气设计

（1）电气一次设计。

山区风电场风机布置多根据场区地形，选取风能资源较好的区域进行风机布置，通常山区风电场的风机较为分散，电气一次设计，特别是山区风电场的集电线路设计和防雷设计较平原风电场复杂、困难，且工作量大。

（2）电气二次设计。

山区风电场的电气二次设计与其他类型风电场的电气二次设计差异不大，在电气二次设备选型和布置时，需考虑山区风电场普遍存在场区范围较大、风机布置较分散、气候较恶劣等特点，合理选取和布置电气二次设备。力求安全可靠、技术先进、经济适用、满足电网要求，并与电气主设备的规模相适应。

（3）场内及集电线路设计。

山区风电场因地处山区，通常其场内自然条件差，地形地貌复杂，地形变化大、高差大，风电场集电线路的方式与路径的选择、线路与杆塔的设计等方面均较平原风电场困难，工作量大。

4. 土建及施工组织设计

（1）风机基础与吊装平台设计。

山区风电场的风机点多位于陡峭山脊、独立山包及山间缓坡地带上，基础建基面下伏岩土层以基岩居多，但也会遇到深厚覆盖层、软弱土层或夹层、矿产采空区及可溶岩区溶槽溶洞等复杂地质情况。风机基础设计常需根据每个机位点的不同地质条件，通过技术经济比选后，选择安全、经济、适用、可操作的基础型式。风机吊装平台需要因地制宜，在满足吊装需求的前提下，根据每个机位点的特殊地形进行单独设计。因此，山区风电场在风机基础与吊装平台设计方面的工作量比平原风电场大很多，而且较为困难。

（2）风电场升压（开关）站设计。

山区风电场因地处山区，其场内自然条件差，地形复杂、高差大，地势险峻，场区内地势开阔、地形平缓的场地极少。因此，山区风电场升压（开关）站的站址选择及站内布置通常较困难，站内的电气设备及建（构）筑物的布置通常采用紧凑方式布置。

（3）场内外道路设计。

山区风电场因地处山区，通常远离城镇，对外交通条件较差，其场内的自然条件通常也较差，场内地形复杂且高差大，场内通常无交通。因此，山区风电场通常需要做场内外道路交通专题设计，与平原风电场相比，山区风电场的场内外道路交通设计工作量和难度大得多。

（4）施工组织设计。

山区风电场场区内地貌特征一般以山地、高原台地、峡谷以及低中山剥蚀地貌为主，沟壑发育，地势整体高低不平，地形高差较大，通常存在多个山峰峰顶，场区气候多变，各种极端天气时有发生。因此，山区风电场工程施工组织设计具有较大的难度。

5. 环境保护与水土保持设计

山区风电场因地处山区，工程建设时对环境的扰动及影响比平原风电场大，加之对生态环境保护的要求也越来越高。因此，山区风电场项目通常需做环境保护和水土保持专题设计。在项目实施时，需开展环境恢复和水土流失治理等，山区风电场的治理难度较大，环境恢复也较为困难，环境保护与水土保持专题设计的工作量也较大。

第2章●●●
山区风电场工程规划

2.1　风电场风能资源测量与评估

　　风电场风能资源测量与评估是风电场开发建设前最基本的工作之一，风能资源测量与评估的准确与否，直接关系到风电场效益，是风电场建设成功与否的关键。山区风电场地形复杂，其风能资源特性与分布相比于平原风电场更为复杂和多变，容错率更低，对风能资源观测和评估的准确性要求更高。因此，山区风电场风能资源测量与评估的工作步骤、工作内容及工作方法相比于平原风电场有很大的不同，本节主要就山区风电场风能资源测量与评估的相关问题进行阐述。

■ 2.1.1　风能资源测量

2.1.1.1　风能资源测量原则及步骤

　　山区风电场风能资源分布复杂多变，一般来说，山区风电场风能资源通常在水平距离 100m、垂直高差 20m 范围内变化较小，超过上述范围，风况会发生较大的变化。因此，对于任何一座 50MW 及以上的风电场，在全场密集设立测风塔既不科学又不现实。采取外推方式，才是风电场设计的根本之路。由于计算软件的局限性，需要风电场内的测风塔具有较好的代表性，才能确保风电场的设计风险较小。

　　风能资源测量为后续风能资源评估提供基础数据，其数据的准确性和全面性对风能资源评估结果的准确性至关重要。从这个意义上说，山区风电场的测风塔数量越多越好，但每设立 1 座测风塔是需要花费一定费用的，通常设立 1 座测风塔的费用在 20 万元左右，过多的测风塔会花费较多的费用。因此，在设立测风塔时，需要在节约项目前期投资和提高风能资源评估的准确性方面综合考虑，做到测风塔建设费用较低，同时，又能满足风能资源评估准确性对测风塔数量的要求。

　　山区风电场风能资源测量参考以下原则和步骤，可有效提高测风塔的代表性和风能资源测量的准确性。

（1）资料收集。在设立测风塔之前，应充分收集场址区域及周边 10km 范围内的地形图、风电场区域内中尺度数据、周边已有的测风数据和已经运行风电场的数据等资料，了解场址区的常年主导风向和风能资源的大致水平。

（2）场区地形分类。一般来说，山区风电场地形可分为隆升地形、峡谷地形、迎风地形、背风地形等。不同地形的风能资源水平差异较大：对于隆升地形，在隆升地形的顶部应布设测风点；对于峡谷地形，在峡谷的最低位置和最高位置应布设测风点；对于迎风地形和背风地形，在迎风坡、背风坡的适当位置应布设测风点。根据已有实例资料分析，迎风地形和背风地形的风能资源水平较山脊位置处的风能资源低 50% 左右，在这两种地形区域，若需安装风机，则应进行测风，以验证风能资源是否具有开发价值。

（3）初步确定潜在可开发区域，初拟测风方案。根据场区地形分类，以及初步了解的风能资源水平和主导风向，初步确定风电场的潜在可开发区域，并对风电场潜在可开发区域进行测风塔初步布设，初拟风电场测风方案。

（4）现场踏勘。根据初拟的风电场测风方案，对风电场进行现场踏勘，现场了解风电场场址区的地形状况、植被状况、交通情况等，重点查勘拟安装测风塔位置处的地形地质条件，是否满足建测风塔要求等。

（5）测风方式。在风电场实际测风时，可以采用固定测风（测风塔）与移动测风（激光、雷达测风设备）相结合，长期（1 年及以上）测风与短期（1～3 个月）测风相结合的方式。

（6）测风塔高度及测风测层。山区风电场地形复杂，风况复杂，场区内风速、风向、风切变等差异较大。山区风电场测风塔的高度不宜低于风电场拟安装风电机组的轮毂高度；当风电场设立多座测风塔时，其中，应有 1 座测风塔的高度不低于风电场拟安装风电机组的轮毂高度。测风塔风速测层不应少于 3 层，通常应在 10m 高度（或 30m 高度）、50m 高度和测风塔顶层高度设置风速测层；风向测层不应少于 2 层，通常应在 10m 高度（或 30m 高度）和测风塔顶层高度设置风向测层。对于地形复杂、地面粗糙度大的测风点，宜增加风速、风向测层。气温、气压、相对湿度等气象要素的观测设备，可设置在测风塔 10m 及以下高度，也可设置在测风塔附近合适的场地上。

（7）测风塔质保期及测风时间。山区风电场测风塔应进行不少于连续 1 年的测风观测，其测量参数应包括风速、风向，宜包括气温、气压、相对湿度等气象要素。山区风电场测风环境一般较为恶劣，受通信网络信号差、雷暴、凝冻等因素影响，测风数据有效完整率通常较低，因此，需加强测风设备、设施的维护，并适当延长测风时间。此外，山区风电场后期加密测风需要与初期设立的测风塔进行同期数据对比分析，因此，风电场早期设立的部分测风塔的质保期及其测风时间宜为 2 年及以上。

（8）特殊气候环境下应采取的设备、设施和措施。若山区风电场地处覆冰区域时，则应考虑采用抗覆冰型测风塔和加热型测风仪器；若处于多雷暴区时，则应对防雷措施进行加强。

2.1.1.2　分区观测技术

由于山区风电场地形因子复合多变，气流遇不同地形产生的分离现象变化万千，各种风能资源分析软件均有一定的适用条件，软件使用有一定的局限性。为提高风能资源软件分析的精度，为山区风电场的风资源评估提供可靠依据，山区风电场适宜采用分区观测技术，即按照气流流动规律划分风区，根据地形对气流流动的影响因子划分不同风区。通过研究山地气候与边界层气象学关于山地复杂地形气流流动的一般规律，分析风电场中引起风向和风速变化的地形影响因子，将地形影响因子按地形对气流流动的影响程度不同概化为不同地块，划分气流流动大致相同的区域为一个风区，在划分的风区内选择测风点位置，提高测风点的代表性。主要技术包括：

（1）山区风电场布置测风塔的合理数量的确定方法。

（2）测风塔布置位置的确定方法。通过计算各风区代表性测风塔模拟风电场风能资源的偏差，可提高风电场发电量计算的准确性。

山区风电场风能资源测量位置选择方法步骤如下：

第一步，确定测风点布设的范围。即在风电场风机可能布置的范围内布设测风点。测风点布置的区域是风能资源较丰富的区域，风速加速区在半山腰以上高度，半山腰以上高度是测风点布置的主要区域。

第二步，初步划分风电场风区。考虑到气流受山丘坡向、坡度影响较大，将风电场风区初步划分为上风坡区、左侧平行坡区、右侧平行坡区、山脊区、陡坡区、背风区等。

第三步，细分风电场风区。考虑气流与地表粗糙度变化的关系，划分风机预装轮毂高度处不受内边界层高度影响和受内边界层高度影响的区域范围，细分风电场风区。

第四步，合并风区。考虑地形坡度、风区大小、风机布置的可能性等合并风区。

第五步，对每个风区布置测风点。根据地形坡度、风区大小、边界控制等布置测风点。相对平缓的地形，以较少的测风点代表较大区域；在坡度较陡的区域，增加测风塔。对风电场的边界进行布点控制，以保证风电场风能资源分析的准确度。

第六步，选择测风塔的高度。山地地形条件下气流被扰动的范围超过山丘大小的 3 倍，气流在经过起伏的山丘时，各高度层气流的疏密情况不一样，可能导致风切变不一样。建议安装的测风塔塔高以预装风电机组轮毂高度为主；对风切变较大的区域，测风塔的高度可适当提高；对地形相对平缓的较大风区，测风塔的高度可采取高低相搭配的方式布设。

2.1.1.3 辅助测风技术

山区风电场风能资源分布复杂，为了能准确评估风电场的风能资源，最为有效的方法是实施多点测风，使测风能有效地覆盖整个风电场。传统的测风塔建设周期长、投入成本高、拆除难度大，不太适合山区风电场多点测风。可移动的激光雷达测风设备具有灵活机动的特点，可与风电场内的传统测风塔相结合，进行短时间的同期平行观测，之后通过对比和相关分析，达到全场测风的目的。

激光雷达测风原理是以激光为发射源，向大气中的气溶胶等颗粒发射激光束并接收其反射信号，来计算相对运动，以此获得物体的速度和方向。相比于常规测风塔，激光雷达测风可实现多点位切换测量，该方法能显著降低水平外推和垂直外推的误差，使其整体误差从 14% 降至 8%。从功能上划分，它分别有垂直式激光雷达、机舱式激光雷达、扫描式激光雷达、控制式激光雷达这 4 类产品。

1. 激光雷达测风应用现状及优势

目前一些国家已在使用遥感设备（remote sensing device）如激光雷达、声雷达进行测风，这种测风方式获取的测风数据因符合银行对风能资源评估信任等级的相关要求，因此，采用遥感设备进行测风的方式被越来越多的开发商、厂商以及设计咨询机构所采纳。在国际电工委员会（IEC）2017 年 3 月出台的新标准 IEC 61400-12-1:2017《风力发电系统　第 12-1 部分：风力发电机发电性能测量》中，已接纳测风激光雷达作为风电场信息测量装置为风电场进行风功率曲线测试和风能资源评估，并为激光雷达的应用提供具有指导意义的技术基础。

我国使用高精度激光雷达进行测风的公司和机构也逐渐增多。传统测风设备与激光雷达相比，其不足主要体现为：测风塔设备一旦安装后，测风高度与测风位置很难更改，仅能获得特定点位和特定高度的测风数据，而激光雷达的便携性以及方便灵活的设置方式，可以解决上述问题；激光雷达可以更容易获得比传统测风设备更高高度的数据，尤其随着风机轮毂高度以及扫风面积的增加，激光雷达能够提供不同高度的测风数据，为项目开发及轮毂高度选择提供支撑；在某些无法安装测风塔或建塔成本非常高的项目中，采用可靠的激光雷达设备可以降低项目开发风险，并为可靠的投资收益奠定基础。

激光雷达测风是一种较新的测风方式，在风电行业的应用相对较晚，该测风方式的出现，取代了传统测风塔测风的部分市场，并弥补了部分传统测风塔无法完成的工作。相比于传统测风塔测风，激光雷达测风具有以下优点：

（1）量程广：可测量300m甚至更高高度的风况，轻松覆盖整个叶轮面。

（2）部署灵活：安装灵活方便，可重复使用，可随时拆除或移点。

（3）安装快捷：一般一天即可完成所有安装工作，当天即可获取测风数据。

（4）低征地风险：部署位置灵活，无需征地。

（5）低安全风险：无需登高作业，无倒塔风险。

（6）环境适应性强：可在 -40～50℃ 环境下正常工作，无惧冰冻。

2. 激光雷达测风技术

中国电建集团贵阳勘测设计研究院有限公司（以下简称"贵阳院"）在长期的山区风电场风能资源观测及评估实践中，认识到激光雷达可克服测风塔建设和安装等复杂问题，并提供准确、可靠的测风数据和技术支撑，在山区风电场测风上优势突出，可满足风电场风能资源精细化评估的要求。贵阳院于2014年购置了2套激光测风设备，先后应用于多个山区风电场的宏观选址、辅助测风、风机功率曲线验证等方面，并在长期的激光测风实践中总结提炼了一套山区风电场辅助测风关键技术，主要包括：

（1）激光雷达测风性能验证技术。

为验证激光雷达的测风性能，将激光雷达放置在某风电场的测风塔附近，进行平行观测实验。通过二者的测风数据对比，分析激光雷达测风的准确性和可靠性。

测风塔周围半径15m范围内为平坦空地，适合放置激光雷达设备，位置选择时需要避开测风塔的塔影影响，排除测量的干扰因素。

选择大风季进行测试，因为在大风季，可以测到较宽的风速段，有利于对激光雷达在全风速下进行特性研究，选择降水较多或湿度较大的季节测试，评估激光雷达在潮湿气象条件下的测风性能，测试时间应在15天以上。

测试数据分析应剔除大雨时段数据，贵阳院在长期的激光雷达测风过程中发现：降雨天气会严重影响测风性能，导致出现缺测和不合理数据较多；当空气湿度在80%以上，会导致出现不合理的测风结果；有效数据完整率随着测风高度的增加而逐渐降低。

（2）激光雷达测风应用技术。

①正式测风前，需要与传统测风设备进行同位置、同期对比观测，分析二者的风速偏差和相关性，对风速测量偏差进行校正。

②为实现山区风电场多点、快速测风的目的，激光雷达须与场内的传统测风塔相结合，选择主风向集中的时段，进行短时间的同期平行观测。同期观测的测风塔测风总时长要求在 1 年以上，以便对激光雷达的测风数据进行对比和相关分析，完成完整年的测风修正。

③激光雷达受降水等潮湿天气影响较大，建议测风时间避开降水季节，如果无法避开，在数据修订时，须认真识别和正确处理降水或潮湿产生的不合理数据。因此，在使用激光雷达设备前，须充分了解设备是否与测风区域的气候特点相适应。

④测风时，在每个位置结束测风前，须对测风数据进行检验，以保证有效测风数据的完整率。

⑤激光雷达设备的使用需要考虑电源供电问题，一般采用太阳能电池板、蓄电池供电，或使用邻近的居民用电，确保持续供电能力。

（3）激光雷达测风应用于山区风电场风机功率曲线测试。

国际电工委员会在 2017 年以前颁布的 IEC 61400-12《风力发电系统 第 12 部分：风力发电机组功率性能》系列标准中规定，进行风力发电机功率曲线的测量必须设立测风塔，其位置与风力发电机的距离应为风力发电机风轮直径 D 的 2～4 倍，而且测风塔必须设在所选择的测量扇区内。然而风电场建设完毕后，原先的已建测风塔位置很难满足功率曲线测试的要求，对山区风电场来说，新建测风塔会存在诸多条件限制，如地形、征地、建设周期、价格等，这使得风力发电机功率曲线测试实施变得较为困难。因此，国际电工委员会在 2017 年修订的 IEC 61400-12-1:2017《风力发电系统 第 12-1 部分：风力发电机发电性能测量》标准中，将测风激光雷达列入可用于风力发电机功率曲线测试的设备名单，由于测风激光雷达部署灵活等特点，使得风力发电机功率曲线测试可以轻松实施，目前已经被 DNVGL、Windguard 等机构用于实际测试应用。

■ 2.1.2 风能资源评估

2.1.2.1 技术现状

山区风电场往往呈现出地形地貌条件复杂多样的特点，风速受地形效应、地表粗糙度、地表热效应等影响较大。由于上述原因，山区风电场的风能资源分布一般较为复杂。山区风电场测风塔能较准确代表风能资源的区域十分有限，对测风塔的代表性和数据质量要求更高，若仅采用某一点或几点的测风数据为代表，评估得到的风能资源成果往往具有较大的不确定性。

山区风电场地处偏远，一般海拔较高，气象条件更加复杂，灾害性天气较多，极端天气多发，例如夏季多雨、多雷暴、台风天气，冬季降雪、积冰天气等。各种极端的气象和天气条件在测风阶段可导致测风数据缺测、无效，甚至可导致测风塔倒塌和测风设备损坏，在风电场运行阶段可导致发电量大量损失。

山区风电场因交通、输电线路、地质、环保等方面相对更复杂，地形起伏大，地貌复杂，风机安装平台、场内道路和升压站设计较复杂，工程施工整体条件差、代价高，土建工程投资占总投资的比重较高，投资建设成本比平原风电场高，项目投资决策的容错率低，因此，对项目收益计算的精确性、风能资源评估的精细化等要求更高。

山区风电场特性及风能资源评估主要分为基于现场实测数据的评估、基于风洞试验的评估和基于数值模拟的评估3种技术。

基于现场实测数据的评估主要是指利用气象站数据、风电场现场测风塔实测数据或采用激光测风雷达、声雷达测风数据，通过地形插值方法，得到风电场区域的风速分布，从而对风电场的风能资源做出评估。

基于风洞试验的评估主要是指利用风洞试验实测得到模拟地形风电场的风速分布，结合单个或多个现场实测数据，计算出整个区域的风能资源分布，进而对风电场的风能资源做出评估。

基于数值模拟的评估主要是指利用数值模拟方法，重现大气边界层风电场的风速分布，计算全域的潜在风能储量。数值模拟方法可以有效填补对无实测气象数据区域风能资源状况不明的空白，并考虑地形微尺度效应，对于风电场微观选址具有较好的指导作用，目前已被广泛接受并采用。

当前我国山区风电场风能资源评估主要依据国家和行业的风能资源评估规程规范，完成风电场的测风数据验证、处理、订正等，形成具有长期代表性的测风数据，并采用国外商用软件（WAsP、Windsim、WT）外推风电场各点位风况，得到整个风电场的风能资源分布情况，依据IEC安全等级标准进行风机选型，并按相应风电机组的功率曲线和推力系数，计算风电场全场未来20年的平均年发电量。从国内风能资源评估的现状来看，这种方法计算得到的发电量值与实际值通常存在较大的差异。经分析，它主要与如下因素有关：

（1）测风塔安装位置和数量、测风设备、测风数据质量、测风时间长短。

（2）测风数据插补修正及代表年订正方法。

（3）地形数据精度。

（4）软件计算过程中相关的设置（如地表粗糙度、大气热力稳定度、计算区域及细化区域、网格、评估软件参数等）及软件模型。

（5）折减项及其取值。

2.1.2.2　主要工作内容

山区风电场风能资源评估工作内容主要包括：

（1）测风数据的分析和处理，主要包括测风数据验证、测风数据插补修正、测风数据订正。

（2）风参数计算，主要包括空气密度、风切变指数、湍流强度、50年一遇最大风速等风参数计算。

（3）风电场分区及测风塔代表性分析。

（4）风电场风能资源统计计算。

（5）风电场风能资源分布模拟计算。

（6）对风电场风能资源做出评价。

2.1.2.3　风能资源评估技术

1. 山区风电场测风数据处理技术

在风电场风能资源评估中，风电场的测风数据是关键，但测风数据往往会因为各种原因造成或多或少的缺测和无效，尤其是山区风电场，因气象条件复杂，测风很容易受凝冻覆冰、雷暴的影响，造成同期多个测风塔同时出现大量缺测或无效数据，严重时可出现测风塔倒塌，例如在贵州地区，山区风电场冬春季受凝冻覆冰环境影响，常出现风电场内所有测风塔各测层同时出现缺测或无效数据，一般无效数据占比在10%以上。

缺测数据出现在某个测层，可以借助风切变指数或相关分析来进行同塔层间测风数据插补。但同一个风电场所有测风塔各测层均出现缺测或无效数据，这时就需要利用主测风塔与附近点的中尺度再分析风数据的相关关系来进行数据修正插补。修正插补后形成完整的一年的测风数据，在此基础上，订正成代表年风速，用于风能资源评估。

贵阳院在长期的山区风电场风能资源评估实践中，形成了一套山区风电场测风数据处理技术，主要包括：凝冻覆冰数据的判别规则和覆冰对风电场发电量影响的计算方法，目前已形成能源行业标准 NB/T 10629—2021《陆上风电场覆冰环境评价技术规范》；缺测或无效数据的处理原则及方法，目前已形成地方标准 DB52/T 1031—2015《贵州山地风电场风能资源观测及评估技术规范》；山区风电场数据订正方法，已取得软件著作权；山区风电场风能资源自动化计算，已取得软件著作权。

（1）凝冻覆冰数据的判别规则和覆冰对风电场发电量影响的计算方法。

风电场凝冻覆冰以山地和湖区多见，我国出现凝冻覆冰较多的地区是贵州、四川、云南，其次是湖南、江西、湖北、河南、安徽、浙江、江苏，以及山东、河北、陕西、甘肃、辽宁南部等地；新疆北部和天山地区、内蒙古中部和大兴安岭地区东部也会有凝冻覆冰出现。一般从每年11月至次年3月是最容易出现凝冻覆冰的时候。凝冻覆冰对风电场测风造成严重危险，轻则造成大量无效数据，重则造成测风塔倒塌。

凝冻覆冰数据通常是由于传感器结冰或者覆冰导致的异常数据。对于风速数据，当温度低于结冰温度，一般情况下小于3℃就可能发生冰冻的情况，通过判断覆冰层传感器与上下层的关系，以及当前时刻的平均值与标准偏差值的表征，当持续的时间满足一定要求时，那么判定该段数据为凝冻覆冰数据。由于冰冻前后期，测风设备并不会完全冻住不动，很难通过单点和单层数据进行冰冻识别，因此，凝冻覆冰数据的判别较为复杂。贵阳院长期在西南地区（贵州、四川、云南）从事高海拔山区风电场的风能资源评估，积累了大量的凝冻覆冰数据判别和处理经验，并形成了相关规范。

（2）缺测或无效数据的处理原则及方法。

缺测或无效数据的源数据可以来自于同塔、异塔、中尺度数据、气象站，插补方法则包括以下几种。

①相关性插补。通过建立本塔或相邻塔之间不同高度间风速相关方程，根据相关理论，只要这些相关方程的相关系数高于0.8以上，就可以利用这些相关方程插补修正那些缺测或无效数据。如果相关系数低于0.8，就不能应用相关方程进行数据处理，需采用其他方法进行数据处理。相关关系插补方法还有多种处理方式，如相关关系构建基于主测风塔和参照测风塔同期所有的测风数据（除去缺测数据）；相关关系构建基于不同季节的测风数据；相关关系构建基于不同风向扇区（一般为16个扇区）的测风数据。误差分析结果表明，基于不同风向扇区的方法误差最小。

②风切变插补。如果有些缺测数据由于相关系数低于0.8，或者无相邻测风塔，

不能用相关方程进行插补时，可以采用风切变系数进行缺测数据的插补。对于风切变系数的计算，因为测风塔有几个高度的风速，可以根据风切变系数的计算公式，计算出不同高度的风速，相邻高度层采用其相应的风切变指数进行缺测数据的插补。风切变插补方法也有多种处理方式，如采用风速日风切变、风速季节风切变和风速年风切变等。误差分析结果表明，采用风速日风切变的方法误差最小。

③比值法。比值法适用于各层测风塔风速数据均缺测，且缺测时段较长（1～2个月），同时，邻近测风塔或参证气象站扇区相关性较差的情况，采用比值法需要确定比值系数 K。依据测风同期的比值系数 K，从而求出测风塔同期缺测的平均风速。比值法的前提条件是该中小尺度区域内气候变化基本一致，即在同一时间段内，风速变化的幅值基本相当。比值法的优势在于当扇区相关性较差时，其插补的误差要小于采用扇区相关性插补的误差。测风塔周围地形地貌、表面粗糙度和障碍物等都不同，因此，每个方向来风受到的干扰程度也不同。从某一个固定方向吹来的风，如果测风塔四周地形较平缓，则其风向和风速变化的规律性较强，可以用相关性理论来插补同风向的风数据。

上述几种方法主要用于风电场场区内有多座测风塔的情形，如果只有一座测风塔，而需要用中尺度数据进行插补时，则需要综合考虑常规插补方法和中尺度数据时间分辨率差异带来的影响。基于此考虑，首先分别提取 16 个风向扇区的每个扇区的短期实测风数据和长期中尺度风数据总样本中的同期风数据，构建风数据插补所需的 16 个风向扇区的风速相关关系，再根据中尺度同期风数据风向来决定采用哪个扇区的相关方程来插补测风塔缺测数据，即对于缺测数据测风塔某一测层的每个须插补数据，列出 16 个风速相关方程供选择。然后根据中尺度风数据再取缺测期间前后约一周时间的样本，计算这段时间的威布尔分布参数，并根据计算获得的威布尔分布参数，按概率生成相应时间点的风速区间，在风速区间内则选择该区间内风速样本的平均值。由此生成中尺度插补风速，再根据中尺度的风向和 16 个线性相关函数来推算每个时间点的测风塔的实际风速。这种插补方法一方面考虑了长期数据间的相关性，另一方面又考虑了短期效果，避免了风向和季节性等单因素的绝对影响，因而在实际使用时体现出较好的效果。

（3）代表年订正方法。

代表年订正即将测风塔测风数据订正为一套能反映风电场长期平均水平的代表性数据，这往往需要根据场内测风塔观测年的数据，结合附近有代表性的气象站（参考气象站）的多年观测资料，订正出一套反映风电场长期平均水平的代表性数据，再进行风能资源计算分析。当地气象站应具备以下条件时，才可作为参考气象站。

①参考气象站与风电场处于同一气候区。

②具有 30 年以上规范的测风记录。

③距离风电场比较近。

④同期观测结果相关性较好。

⑤地形条件相似。

由于风电场场址特别是山区风电场一般距离城镇较远，而气象站大多数位于城镇或城镇近郊，两者之间的地理位置距离较远，地表环境也有一定程度的差别，导致气象站数据和风电场内测风数据的相关性较低。特别是在地形起伏较大的山区，气象站点分布相对稀少，气象站与测风数据之间相关系数较差。气象站长期测风数据不能满足一致性、代表性的要求，利用气象站数据对风电场测风数据进行代表年订正存在较大的不确定性。需要利用再分析数据对测风塔进行代表年订正，并用于风电场的风能资源评估。

因此，如何利用再分析数据对测风塔评估年的测风数据进行代表年订正至关重要。贵阳院在风电场风能资源评估实践中，形成了利用再分析数据对风电场测风数据进行代表年分析和订正的技术方法，并实现了自动化计算。该技术方法即为再分析数据扇区相关法，即采用国家标准 GB/T 18710—2002《风电场风能资源评估方法》中的代表年订正方法，利用再分析数据对测风塔测风数据进行代表年分析和订正。

2. 山区风电场风能资源评估技术

贵阳院在长期的风能资源评估实践中，通过对多个风电场多年的运行数据分析发现，风电机组运行数据与原设计数据存在诸多差距，认识到地理环境、软件模型、风况参数、测风设备安装与应用等均是影响风电场风能资源评估准确性的重要因素，分析了风能资源评估准确度不高的原因，提出了一套山区风电场数值模拟改进的技术。

目前主流的风能资源模拟计算分析软件对我国风能资源评估的适用性不强，主要有以下原因。

（1）软件模型的边界条件不适应我国复杂地理和气候条件。

准确模拟大气边界层对风能资源评估非常重要。目前 CFD 数值模拟在计算入口处设置的风速及湍流边界条件一般是基于充分发展、中性、平衡、水平各向同性湍流。入口速度垂直分布通常根据对数规律给出。对数规律在平坦地形下比较有效，但是在复杂地形下会出现失效的情况。例如，在山脊处的风廓线形状不满足对数规律。对于非中性稳定大气边界条件，通常使用 Obukhov 长度进行对数规律修正，Obukhov 长度由 Monin–Obukhov 相似性假设推导得到。Monin–Obukhov 相似性假设是根据实验得出的经验性结论，当应用于植被覆盖区域或地形复杂区域时，会导致较大的误差。另一方面，网格质量、计算区域大小及计算 PARK 尾流模型能力也是影响评估质量的关键因素。

（2）软件流体模型不能涵盖我国特殊地形。

目前常使用的软件流体模型是基于 Askervein Hill 实验数据进行修正的。Askervein Hill 地形光滑、粗糙度均匀、坡度小于 20°，且几乎没有不规则地形，因此，基本不存在流动分离、再附着和再循环等流动现象，该流体模型也主要基于 Jackson & Hunt 线性理论，对我国大坡度地形、上风向山脊发生的撞击流和地表粗糙的突变等所产生的流体分离、扰流难以准确描述。因此，目前商用软件很难涵盖我国山区风电场的特殊地形，在山区风电场风能资源评估中存在较大误差。

（3）软件尾流模型不能涵盖我国特殊气候。

风能资源模拟软件的尾流模型不能准确评估尾流损失，这不仅与尾流模型本身有关，也与尾流之间、尾流与自由大气之间的相互影响有关。但目前使用的尾流模型，一方面对于日益增长的单机容量（比如 5MW 以上）缺乏研究数据，另一方面，在尾流研究方面，忽视了尾流之间以及尾流与自由大气间的相互影响。对于大型风电场而言，后者更显突出。事实上，目前风能资源模拟商用软件的尾流模型，大多数都是基于线性 PARK 模型进行开发的。一方面该模型对尾流的描述过于简单；另一方面，该模型使用的衰减常数和平行距离是线性关系，并在内核里规定了衰减常数范围为 $0.055\sim0.09$，这个范围对我国新疆、甘肃以及海上区域，由于湍流偏小（基本上是 IEC 湍流标准的 60%～70%），使得该值在默认值之外，从而使得计算尾流偏小。另外，因湍流偏小，尾流与自由大气间的交换较弱，使得上述尾流结构与实际尾流相差较大，造成该区域大型风电场的尾流损失大大被低估。

（4）排布原则指导性未考虑特殊风况和风电场特殊情况。

目前我国风电场风机排布设计是在国外的 $3D\times7D$ 基础上进行的，但是缺乏对于使用 $3D\times7D$ 原因的认知。

对于我国风向集中以及山区单排风机布置的区域，上述指导原则适用性较差。

通过山区风电场风能资源评估实践得出，山区风电场风能资源评估应按照地形分类、分区设立测风塔，分区模拟风电场的风能资源分布，对没有测风塔覆盖的分区，设立激光测风点进行对比分析。

■ 2.1.3　技术总结

山区风电场风能资源受地形的影响较大，相比平原风电场，有其独特的风能资源特性。主要表现为风能资源分布复杂、风切变复杂、湍流强度差异大、入流角较大。由于这些特性，山区风电场对风能资源观测和评估的准确性要求更高。其工作步骤、工作内容及工作方法相比于平原风电场均有很大的不同。

贵阳院自 2006 年即开始涉足山区风电场的风能资源观测与评估，在 10 余年的生产实践中，观测和评估的山区风电项目达 100 余个，装机容量在 500 万 kW 以上，逐步掌握了山区风电场的风能资源特点和规律，对山区风电场风能资源观测与评估的难点、重点有了深刻认识，形成了山区风电场测风塔控制半径划分准则、山区风电场分区测风、山区风电场辅助测风、高海拔山区风电场覆冰环境等级划分准则、山区风电场风能资源评估标准化处理等技术。依托上述技术，编制了贵州省地方标准 DB52/T 1031—2015《贵州山地风电场风能资源观测及评估技术规范》、能源行业标准 NB/T 10629—2021《陆上风电场覆冰环境评价技术规范》等规程规范，取得了《风资源分析——3TIER 数据分析软件 V1.0》《气象站测风数据分析软件 V1.0》《测风塔数据——风速、风功率密度图表生成软件 V1.0》等一批软件的著作权。

1. 山区风电场测风塔控制半径划分准则技术

通过对大量山区风电场工程的研究总结，提出了山区风电场测风塔控制半径划分准则，即按照山区风电场场区地形、风况的复杂程度，分别提出了相应的测风塔半径控制定量指标，相关成果已纳入主编的地方标准 DB52/T 1031—2015《贵州山地风电场风能资源观测及评估技术规范》中。

（1）山区风电场场区地形、风况复杂或特别复杂时，测风塔控制半径不大于 1.0km。

（2）山区风电场场区地形、风况较复杂时，测风塔控制半径不大于 1.5km。

（3）山区风电场场区地形、风况较简单时，测风塔控制半径不大于 2.5km。

2. 分区测风技术

山区风电场不同地形的风能资源水平差异大，在工程实践中，根据地形对气流加速和分离的不同作用，将地形划分为隆升地形、峡谷地形、迎风地形、背风地形，针对不同的地形，采取分区方式进行测风。

3. 辅助测风技术

山区风电场风能资源分布复杂，为了能准确评估风电场的风能资源，最为有效的方法是实施多点测风，使测风位置能有效地覆盖整个风电场。传统的测风塔建设周期长、投入成本高、拆除难度大，不太适合多点测风。可移动的激光雷达测风设备具有灵活机动的特点，可与风电场内的传统测风塔测风相结合，作为传统测风塔测风的辅助手段，进行短时间的同期平行观测，之后通过对比和相关分析，达到全场测风的目的。

4. 高海拔山区风电场覆冰环境等级划分准则技术

覆冰是山区风电场尤其是高海拔山区风电场冬春季常见的自然灾害，它是造成风机叶片甩冰，甚至风机停机的重要隐患。覆冰环境的精准分析计算、等级划分是山区风电场尤其是高海拔山区风电场开发评估的关键环节。由于处于覆冰环境的陆上风电场基本位于高海拔山地，原有观冰站（点）又主要是针对输电线路，山区风电场尤其是风机的基础覆冰观测及评估资料几乎是空白。基于此，通过对大量山区风电场工程的研究总结，提出了山区风电场覆冰调查及观测、地理及气候环境分析、"覆冰厚度－覆冰时长－影响发电量"计算的系列技术，并首次提出了相应的覆冰环境评价指标与等级划分准则，为陆上风电场覆冰环境评价提供了科技支撑，相关成果已纳入主编的 NB/T 10629—2021《陆上风电场覆冰环境评价技术规范》、GB/T 37921—2019《高海拔型风力发电机组》中。

5. 山区风电场风能资源评估标准化处理技术

测风数据是山区风电项目投资决策的基石，其处理结果直接决定项目成败。然而山区风电场测风数据受环境影响，通常存在无效数据量大、判别困难、代表性参证站选择困难等问题。基于此，通过对大量山区风电场工程的研究总结，研发了山区风电场测风数据标准化处理技术，提出了山区风电场凝冻覆冰数据判别、缺测或无效数据处理的方法，解决了无效数据验证判别难、修正处理难、代表年订正难的问题。相关成果已被 DB52/T 1031—2015《贵州山地风电场风能资源观测及评估技术规范》采纳，并获得了多项计算机软件著作权。

■ 2.1.4　应用实例

2.1.4.1　风能资源测量应用实例

1. 应用实例 1——贵州 TS 风电场

贵州 TS 风电场位于贵州省黔东南州境内的两县交界处，风电场面积约 40km²，海拔 1300～1700m。

TS 风电场采用 1 座测风塔和 4 座测风塔模拟的风能资源分布结果如图 2-1 所示。

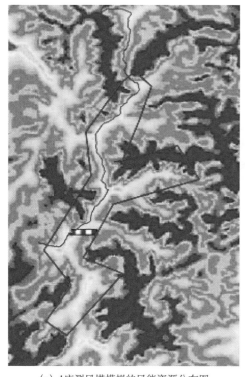 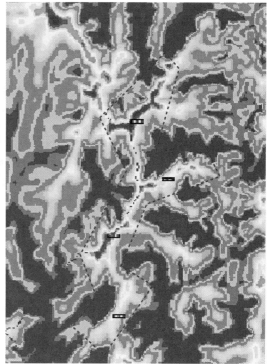

　　（a）1座测风塔模拟的风能资源分布图　　　　　（b）4座测风塔模拟的风能资源分布图

图 2-1　TS 风电场两次风能资源模拟结果对比图

从图 2-1 可以看出，采用 1 座测风塔和 4 座测风塔模拟的风能资源分布结果存在明显差异。当采用 1 座测风塔的测风数据模拟风电场的风能资源分布时，风电场的风能资源分布相对较均匀，不同地形的风能资源差异不大；当采用山区风电场测风塔控制半径准则布设测风塔，利用 4 座测风塔的测风数据模拟风电场的风能资源分布时，发现风电场的风能资源变化比较剧烈，与采用单座测风塔数据模拟的结果存在明显差异。这说明在山区风电场单座测风塔的测风数据所能代表的范围十分有限。上述现象不是个例，而是山区风电较为普遍的现象。因此，在山区风电场，只有测风塔达到一定密度后，才能较准确地评估整个风电场的风能资源分布，保证后续的风机微观选址、风机选型与布置及发电量计算的准确性，进而降低项目投资开发的风险。贵阳院在对多个山区风电场的测风数据进行分析和风能资源进行评估的基础上，提出了测风塔控制半径定量指标。

2. 应用实例2——贵州TCB风电场

贵州TCB风电场位于贵州省某县境内，场址主要由多条山梁（山脊）组成，海拔由西南向东北方向逐渐降低，场区的西南部植被以灌木、草丛为主，东南部以草丛和耕地为主，场址高程1300~1950m。

（1）风电场地形分区。

贵州TCB风电场从宏观地形来看，可分为3个分区：1分区为1条东北西南走向的山脊，该山脊中部高两侧低，由中部向两侧倾斜，海拔在1600~1900m。2分区由1处高台地及从高台地向东北延展的1条支脉、向西南延展的2条支脉组成，分区海拔在1500~1800m，分区主体的高台地部分的海拔较高，在1600~1800m，且面积较大，而3条支脉的海拔较低，在1500~1700m。3分区为1条西南东北走向的山脊，西南高东北低，海拔在1600~1750m。TCB风电场地形分区示意图如图2-2所示。

综合以上分析，3个分区整体的地形都属于东北西南走向，根据周边风电场的实测风数据及中尺度数据，场区主导风向为SSW，也就是说场址的整体地形与主导风向是基本接近平行的。

根据各分区的走向、海拔范围可将场址地形分为3类：东北西南走向的背风山脊（2分区北部）、东北西南走向的迎风山脊、高台地。

（2）测风塔布设。

根据以上地形分类，先在2分区的高台地及其西南侧支脉分别设立1座测风塔，在1分区海拔较高的中部区域设立1座测风塔（9512号，场址最高点，场内风能资源最好的地方，用于探明场址风能资源的最高水平）；在3分区海拔较高的西南侧设立1座测风塔（9525号，海拔较高的背风区），用于判断背风区的风能资源水平；在2分区的高台地设立1座测风塔（9526号，风电场的主体场址）；在2分区的西南支脉设立1座测风塔（9511号，迎风山脊），用于判断迎风山脊的风能资源水平。4座测风塔实现了对场内各类地形的全覆盖，覆盖场址面积约100km²，较好地代表了整个场址区的风能资源。TCB风电场各测风塔的基本情况如表2-1所示。

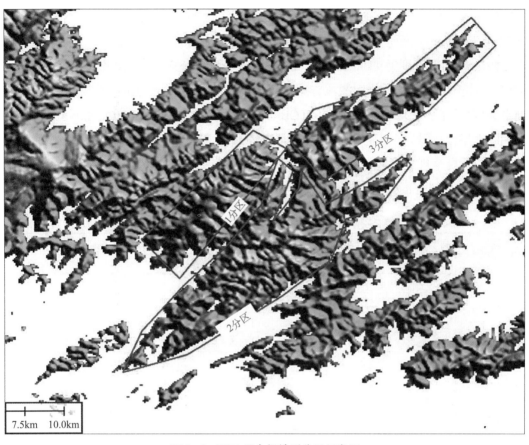

图 2-2 TCB 风电场地形分区示意图

表 2-1 TCB 风电场测风塔基本情况一览表

测风塔编号	塔高/m	测风观测开始日期	东经	北纬	海拔/m	观测项目高度设置/m
9511 号	80	2015 年 5 月 2 日	105° 48′ 0.08″	26° 28′ 32.47″	1775	风速：80/70/60/50/30/10；风向：80/10；气温、气压：10
9512 号	80	2015 年 5 月 2 日	105° 48′ 7.50″	26° 32′ 52.97″	1915	
9525 号	80	2015 年 5 月 2 日	105° 52′ 42.44″	26° 35′ 16.37″	1751	
9526 号	80	2015 年 4 月 14 日	105° 49′ 56.35″	26° 31′ 47.70″	1801	

（3）测风成果初步分析。

TCB 风电场测风成果如表 2-2 所示。从该表可以看出：场区海拔最高的 9512 号塔所在区域风能资源最好，80m 高度平均风速为 6.08m/s，平均风功率密度为

197.5W/m²。处在背风区的 9525 号塔与处于迎风区的 9511 号塔海拔基本相当，但 9525 号塔 80m 高度平均风速为 4.99m/s，比 9511 号塔低 0.61m/s，偏低幅度达 12.22%，风功率密度为 116.9W/m²，比 9511 号塔低 38.3W/m²，偏低幅度达 32.76%。测风结果较好地验证了前期测风方案制定阶段对场区地形分类的科学性，以及各类地形风能资源水平判断的合理性。TCB 风电场面积约 100km²，场址地形复杂多样，仅用 4 座测风塔即探明整个风电场的风能资源情况，平均每座测风塔控制面积约 25km²，而规范规定 1 座测风塔控制面积约 10km²，则需设立 10 座测风塔，为此节省了约 6 座测风塔的费用，节省费用约 150 万元。

表 2-2　TCB 风电场各测风塔主要风能参数成果表

塔号	高度 /m	平均风速 /(m/s)	平均风功率密度 /(W/m²)	最大风向扇区	最大风能扇区
9511 号	80	5.60	155.2		
	70	5.61	153.8		
	60	5.58	150.6		
	50	5.56	150.2		
	30	5.47	141.5		
	10	5.27	130.2	SSE	S
9512 号	80	6.08	197.5	S	S
	70	6.10	195.6		
	60	5.94	177.1		
	50	5.82	165.5		
	30	5.38	133		
9525 号	80	4.99	116.9		
	70	5.01	112.6		
	60	5.01	110.5		
	50	4.90	101.8		
	30	4.74	93.4		
	10	4.41	76.9	SSW	SSW
9526 号	80	5.99	190.8	SSW	SSW
	70	5.99	184.8		
	60	5.86	174.7		
	50	5.88	173		
	30	5.80	168		
	10	5.31	130.9	NE	SSW

（4）精细测风。

后期在 TCB 风电场一期（2 分区）的开发建设过程中，根据精细化评估场址风能资源的需要，考虑到 TCB 风电场一期工程区域内代表性测风塔 9526 号测风塔位于场区北部边缘处，9511 号测风塔位于场区西南角，2 座测风塔均位于场区较边缘处，对场区中部的风能资源情况代表性欠佳，为复核场址的风能资源水平，于 2016 年 12 月 7 日在场区中部采用激光测风仪（447 号）进行了补充测风，447 号激光测风仪激光测风基本情况如表 2-3 所示。与 9511 号、9526 号测风塔的同期测风数据进行对比分析，如表 2-4 所示。从激光测风数据来看，激光测风点海拔介于 9511 号塔和 9526 号塔之间，所测 80m 高度风速也介于二者之间。

表 2-3　447 号激光测风仪激光测风基本情况

激光测风点	测风时段	地理位置	海拔 /m	观测项目高度设置 /m
LD-447	2016 年 12 月 7 日— 2017 年 6 月 5 日	东经：105° 50′ 7.85″； 北纬：26° 30′ 20.67″	1784	风速：40/60/75/80/90/100
				风向：40/60/80/90/100

表 2-4　激光测风点与 9526 号、9511 号测风塔风速对比表

项目名称	激光测风点	9526 号塔	9511 号塔
海拔 /m	1784	1801	1733
同期 80m 高度风速 /（m/s）	6.43	6.95	6.08

2.1.4.2　风能资源评估应用实例

贵州 JQ 风电场一期工程位于贵州省黔南州某县境内，场址总体呈近东西向不规则多边形展布，东西向长约 6～9km，南北向宽约 5～8km，面积约 55.75km²；场址区大部分海拔在 700～1300m。风电场西侧附近有 S206 省道通过，有乡村公路可进入该风电场，风电场对外交通较为便利。

贵州 JQ 风电场区域共规划有 GY、BJ、GC、GQ 共 4 个 50MW 风电场，总装机规模为 200MW。GY 风电场和 BJ 风电场合并为 JQ 风电场一期工程，作为首期开发项目，拟安装 45 台单机容量为 2200kW 的风机，装机容量为 99MW。贵州 JQ 风电场一期工程的区域范围及测风塔位置如图 2-3 所示，各测风塔测风时段如图 2-4 所示，测风塔基本情况如表 2-5 所示。

图 2-3　贵州 JQ 风电场一期工程场址范围及测风塔位置示意图

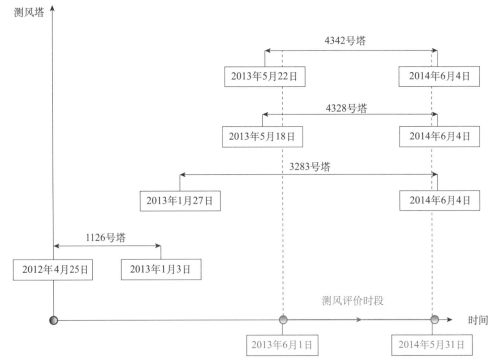

图 2-4　贵州 JQ 风电场一期工程各测风塔测风时段示意图

表 2-5　贵州 JQ 风电场一期工程测风塔基本情况表

塔号	测风时段	东经	北纬	海拔 /m	观测项目高度设置 /m
1126 号	2012 年 4 月 25 日— 2013 年 1 月 3 日	108° 10′ 24.42″	25° 37′ 29.76″	1300	风速：80/70/50/30/10；风向：80/50/10；气温：10；气压：7
3283 号	2013 年 1 月 27 日— 2014 年 6 月 4 日	108° 10′ 24.42″	25° 37′ 29.76″	1300	风速：30/10；风向：10
4328 号	2013 年 5 月 21 日— 2014 年 6 月 4 日	108° 10′ 28.56″	25° 38′ 58.92″	1270	风速：70/50/30/10；风向：65/45；气温：10；气压：7
4342 号	2013 年 5 月 18 日— 2014 年 6 月 4 日	108° 6′ 25.98″	25° 38′ 13.62″	1160	

测风塔某高度层出现数据缺测或数据不合理时，若其他高度层有测风数据，则利用其他高度层的测风数据通过相关关系进行插补。自塔插补之后，3283 号测风塔还剩 2675 条无效和不合理数据，4328 号测风塔还剩 4941 条无效和不合理数据，4342 号测风塔还剩 1193 条无效和不合理数据。各测风塔不同高度层风速相关系数如表 2-6 所示，各测风塔部分不同高度层风速相关关系图如图 2-5～图 2-7 所示。

表 2-6　各测风塔不同高度层风速相关系数表

塔号	相关性分析高度 /m	相关系数	相关性分析高度 /m	相关系数
3283 号	30、10	0.985	—	—
4328 号	70、50	0.981	50、30	0.971
	70、30	0.975	50、10	0.950
	70、10	0.962	30、10	0.981
4342 号	70、50	0.990	50、30	0.971
	70、30	0.977	50、10	0.950
	70、10	0.954	30、10	0.990

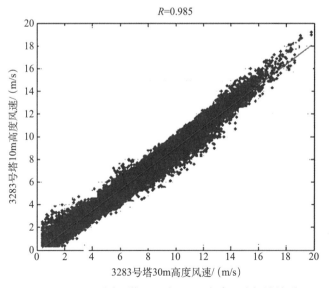

图 2-5　3283 号测风塔 30m 与 10m 高度风速相关关系图

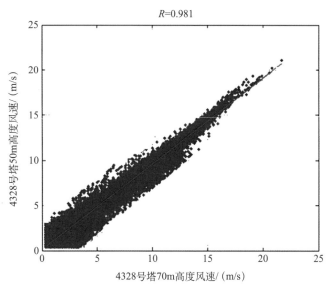

图 2-6　4328 号测风塔 70m 与 50m 高度风速相关关系图

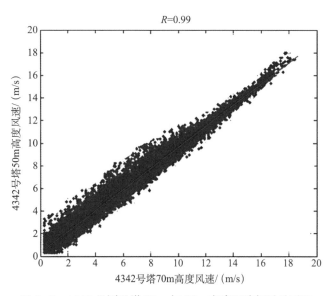

图 2-7　4342 号测风塔 70m 与 50m 高度风速相关关系图

　　测风塔各高度层同时出现数据缺测或数据不合理时，则通过建立与相邻测风塔的测风数据相关关系进行插补，异塔插补之后，各测风塔均还剩 894 条无效或不合理数据。3283 号塔、4328 号塔与 4342 号塔各高度层风速相关系数如表 2-7 所示，相关关系如图 2-8、图 2-9 所示。

表 2-7　各测风塔异塔间不同高度层风速相关系数表

4342 号塔 70m 高度风速	3283 号塔不同高度层风速的相关系数			
	—	—	30m	10m
	—	—	0.835	0.857
4342 号塔 70m 高度风速	4328 号塔不同高度层风速的相关系数			
	70m	50m	30m	10m
	0.807	0.806	0.805	0.806

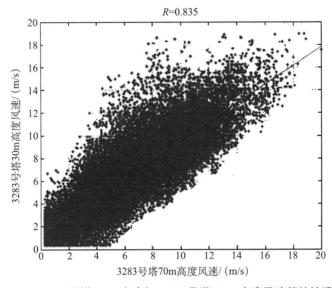

图 2-8　3283 号塔 30m 高度与 4342 号塔 70m 高度风速相关关系图

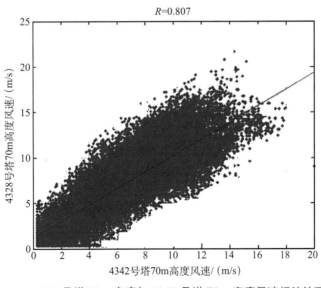

图 2-9　4328 号塔 70m 高度与 4342 号塔 70m 高度风速相关关系图

异塔插补之后，若各测风塔仍有无效或不合理数据，则通过建立与 3TIER 风数据相关关系进行插补。4342 号测风塔与 3TIER 风数据风速相关系数如表 2-8 所示，相关关系如图 2-10 所示。

表 2-8　4342 号测风塔与 3TIER 风数据风速相关系数表

3TIER 风数据 80m 高度风速	4342 号塔不同高度层风速的相关系数			
	70m	50m	30m	10m
	0.551	0.544	0.561	0.556

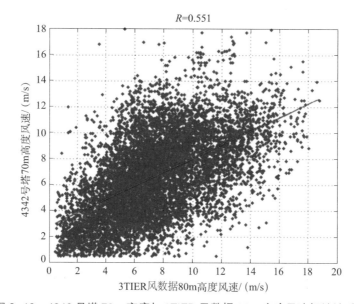

图 2-10　4342 号塔 70m 高度与 3TIER 风数据 80m 高度风速相关关系图

从前面对 3TIER 风数据风速统计结果可知，4342 号测风塔处 80m 高度 3TIER 风数据风速近 20 年的多年平均值为 7.32m/s，而与测风塔同期（2013 年 6 月—2014 年 5 月）的 3TIER 风数据风速的年平均值为 7.66m/s，比近 20 年的多年平均值偏大 0.34m/s，偏离 4.64%，即本次所选测风评价年为大风年，为反映风电场多年的平均风能资源状况，需对测风塔的测风数据进行订正处理。

3283 号测风塔测风数据订正处理相关成果如表 2-9～表 2-11 和图 2-11、图 2-12 所示。

表 2-9　3283 号测风塔 30m 高度与 3TIER 风数据分扇区风速相关关系成果表

扇区	相关方程	相关系数	扇区	相关方程	相关系数
N	$y=0.9x-1.07$	0.726	S	$y=1.1x-2.58$	0.941
NNE	$y=1.4x-2.27$	0.881	SSW	$y=1.0x-1.39$	0.881
NE	$y=1.9x-5.08$	0.921	SW	$y=0.7x+1.62$	0.599
ENE	$y=1.3x-1.91$	0.867	WSW	$y=0.6x+1.63$	0.519
E	$y=0.9x+0.19$	0.663	W	$y=0.7x+1.4$	0.634
ESE	$y=0.8x+0.74$	0.713	WNW	$y=0.7x+0.97$	0.625
SE	$y=1.0x-1.17$	0.859	NW	$y=1.2x-0.39$	0.719
SSE	$y=1.0x-1.1$	0.944	NNW	$y=0.6x+2.57$	0.532

表 2-10　3283 号测风塔 30m 高度与 3TIER 风数据各扇区风速订正表

扇区	K 值	订正量	扇区	K 值	订正量
N	0.9	-0.27	S	1.1	-0.34
NNE	1.4	-0.41	SSW	1.0	-0.31
NE	1.9	-0.56	SW	0.7	-0.22
ENE	1.3	-0.40	WSW	0.6	-0.17
E	0.9	-0.28	W	0.7	-0.20
ESE	0.8	-0.23	WNW	0.7	-0.21
SE	1.0	-0.30	NW	1.2	-0.36
SSE	1.0	-0.30	NNW	0.6	-0.17

表 2-11　3283 号测风塔风速、风功率 3TIER 风数据订正前后对比表

测风高度 /m	风速 /（m/s）		变化率 /%	风功率 /（W/m²）		变化率 /%
	订正前	订正后		订正前	订正后	
30	6.83	6.49	-4.98	274.3	245.5	-10.50
10	6.12	5.79	-5.39	205.1	181.8	-11.36

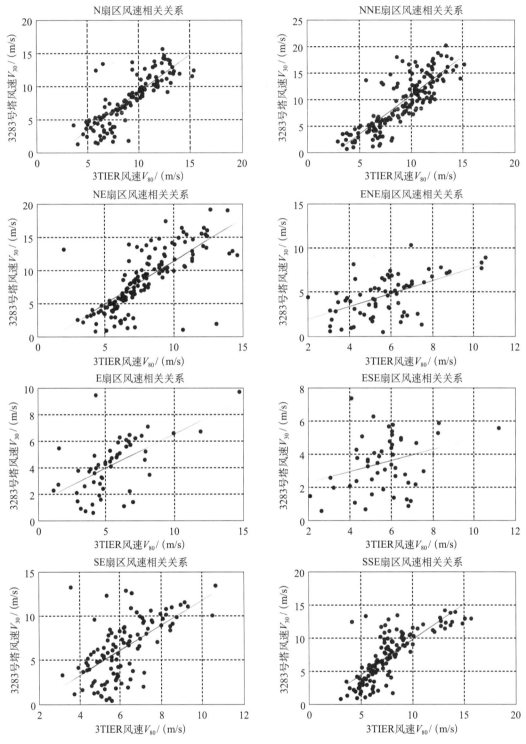

图 2-11　3283 号塔 30m 高度与 3TIER 风数据各扇区风速相关关系图 (N～SSE 扇区)

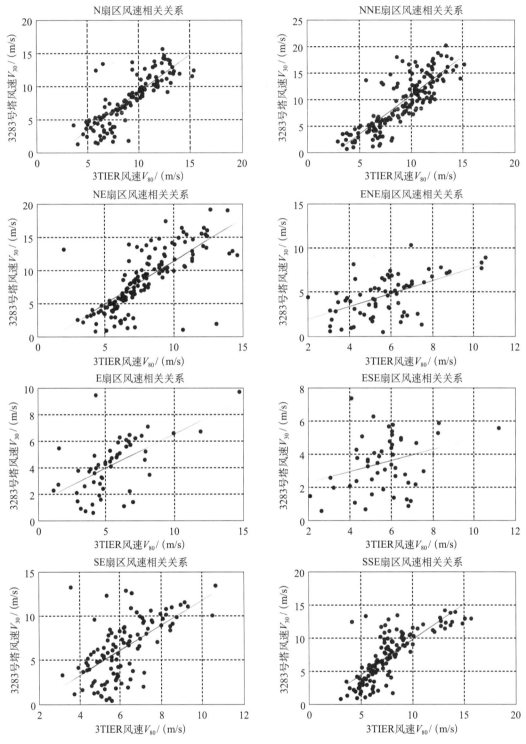

图 2-11　3283 号塔 30m 高度与 3TIER 风数据各扇区风速相关关系图 (N～SSE 扇区)

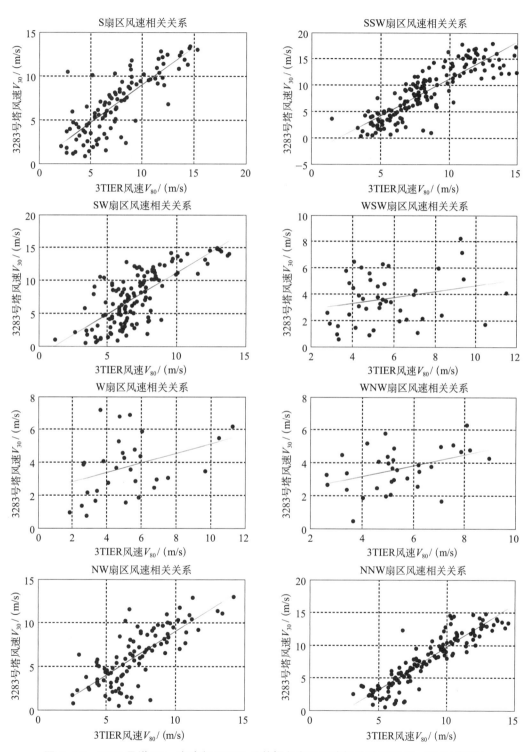

图 2-12　3283 号塔 30m 高度与 3TIER 风数据各扇区风速相关关系图 (S～NNW 扇区)

在前面计算分析基础上，利用 WT 软件对 JQ 风电场一期工程的风能资源分布进行模拟计算，采用 3283 号、4328 号、4342 号共 3 座测风塔的测风数据分区模拟该风电场区域的风能资源分布。JQ 风电场 80m 高度平均风速模拟分布示意图如图 2-13 所示。

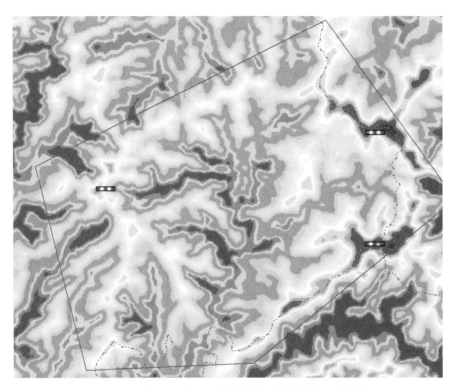

图 2-13　JQ 风电场 80m 高度平均风速模拟分布示意图

2.2　风电场宏观选址及规划

■ 2.2.1　风电场宏观选址

风电场宏观选址是指在一个较大的区域范围内，通过对风能资源、地形地貌、工程地质、用地属性、交通运输、电网接入、环境影响和社会经济等多方面因素综合考察后，选择出具备开发价值的风电场的过程，并最终为风电项目的立项和开展后续工作提供基础和依据。

2.2.1.1　需考虑的主要因素

风电场宏观选址通常需考虑以下主要因素：

1. 风能资源

风能资源是否可行是决定风电场能否开发建设的先决条件，因此，风电场宏观选址首要考虑的因素是风能资源，分析并确定风能资源在当前技术水平或未来一段时间内是否具备开发价值。在开展宏观选址前，应对规划区域的风能资源特性有所了解，如规划区域的风能资源分布情况、风向、风速变化等。

由于我国各地的风电上网电价不同、风电场建设条件差异较大、可安装的风电机组单机容量不同，因此，风电开发对风能资源的要求也各不相同，风电场最低可开发风速从 4.5～6.0m/s 不等。

2. 地形地貌

在风电场宏观选址时，应考虑规划区域的地形地貌对风电开发的影响。一般情况下，优先选择地势较为平坦的地区，方便风电设备施工安装和后期维护。地形地貌一般可用地形坡度与地形起伏度等指标来表示，可利用数字高程模型（DEM）来提取获得。

3. 工程地质

在风电场宏观选址时，应尽量选择地震烈度小、工程地质和水文地质条件较好、无重大或较大地质灾害的区域作为风电场场址。

4. 用地属性

风电场规划选址应满足国家和地方的相关政策以及国家和行业的规程规范要求，所选场址应避让生态红线、基本农田、自然保护地、重要矿产地、水源保护区、文物保护区、军事区、天然乔木林（竹林）地、年降雨量 400mm 以下区域的有林地、一级国家级公益林地和二级国家级公益林中的有林地等制约因素。同时，规划风电场场址不应与地方其他规划用地相冲突。

5. 交通运输

在风电场建设过程中，运输难度较大的主要有风机叶片和塔筒等，这些设备在重量或尺寸上远超一般的设备，对运输道路的要求较高。一般情况下，风能资源丰富的地区较为偏远，如山脊、戈壁滩、草原、海滩和海岛等。为满足风电设备运输要求，大多数场址附近需要拓宽现有道路，并新修部分道路。因此，在风电场选址时，应了解拟选风电场周围的交通运输情况。

6. 电网接入

风电场规划选址应充分考虑拟规划区域的电网情况，根据电网网架、电网容量、电压等级、负荷特性、电网建设规划，合理确定风电场建设规模和开发时序，保证风电开发的电力接得进、送得出、落得下。

2.2.1.2 需收集的资料

风电场宏观选址通常需收集以下资料：

1. 规划资料

规划选址所在地区的社会经济概况及发展规划、能源现状及发展规划、电力系统现状及发展规划、土地利用现状及发展规划等资料。

2. 制约因素资料

规划选址区域的生态红线、基本农田、国家公益林、自然保护地、矿产、军事涉地、文物保护等资料。

3. 地形图资料

规划选址区域的1:50 000地形图，也可通过SRTM高程数据生成规划所需的地形图。

4. 气象资料

规划选址区域内或周边的长期气象测站气象资料，长期气象测站气象资料应包括测站基础数据、气象特征参数、灾害评估数据，以及近30年历年各月平均风速、风向数据等。测站基础数据宜包括测站位置、高程、周围地形地貌、周边建筑物状况、观测项目及仪器、数据记录方式以及站址变迁情况。

5. 测风资料

规划选址区域内或周边的测风资料，测风资料时长不宜少于 1 年。

6. 其他资料

规划选址区域的工程地质、交通运输条件、当地政策等资料。

2.2.1.3　宏观选址原则

风电场宏观选址的基本原则如下：

（1）应优先选择风能资源较好的区域。

（2）应符合既有管理政策，又与相关发展规划相协调，包括区域开发规划、土地利用规划等，并满足环境保护、资源综合利用、军事涉地、文物保护等专项规定与要求，避让生态红线、基本农田、国家公益林、自然保护地、重要矿产地、水源保护区等区域。

（3）应充分考虑工程安全要求，避让敏感对象，主要包括居民区、厂矿设施、机场、铁路、重要公路等。

（4）应考虑工程建设成本，宜避免不良地质区域和交通运输困难、施工建设困难的地域。

（5）应考虑电力送出、接入电网条件。

2.2.1.4　山区风电场宏观选址的技术难点

1. 受制约因素影响较大

山区风电场风能资源较好的区域大多位于海拔较高的山脊上，随着我国对生态环境保护力度的不断加大，大多数山区风电场涉及生态红线、自然保护地、国家公益林等制约因素，这给规划选址带来了较大难度。某规划风电场与制约因素叠加图如图 2-14 所示。

2. 现场踏勘难度大

根据风电场规划选址要求，在完成室内初步选址后，通常还需去现场踏勘以确定所选场址是否合适，大多数山区风电场的对外交通条件较差，风电场内基本无现有道路，且场区内植被较茂密，这给现场踏勘带来了较大困难。某山区风电场现场踏勘照片如图 2-15 所示。

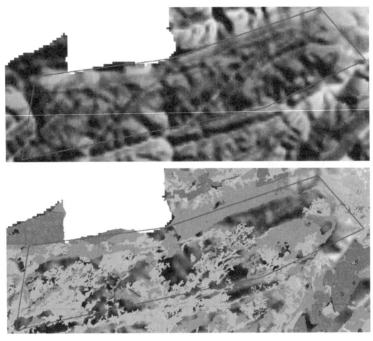

图 2-14　某规划风电场与制约因素叠加图

图 2-15　某山区风电场现场踏勘照片

2.2.1.5　山区风电场宏观选址的技术创新

1. 充分利用先进技术手段

目前国内外均有比较成熟的风能资源分析平台，如国外的 Global Wind Atlas，国内远景能源提供的 GREENWICH、金风科技提供的 FreeMeso 等，前期规划选址可通过这些平台初步查询拟规划场区的风能资源情况。上述平台的查询结果虽然在山区风电场的准确度较低，但可起到一定的参考作用。几种不同风资源查询平台界面如图 2-16 所示。

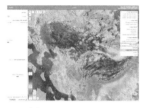 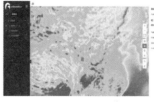 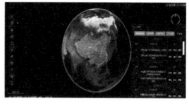

(a) Global Wind Atlas　　　　(b) GREENWICH　　　　(c) FreeMeso

图 2-16　几种不同风资源查询平台界面图

根据能源行业标准 NB/T 31098—2016《风电场工程规划报告编制规程》，风电场规划时需收集规划区域的 1∶50 000 地形图。因我国的地形图为保密资料，资料收集存在一定的困难，且收集到的地形图由于测绘时间较久远，与现状有一定出入。鉴于此，可结合卫星照片和 SRTM 高程数据解决这一问题。目前 SRTM 高程数据的精度基本能满足规划阶段要求，且采用卫星照片和 SRTM 数据可更立体、更直观地反映出规划场区的地形、地貌特点。某区域卫星照片与 SRTM 高程数据结合示意图如图 2-17 所示。

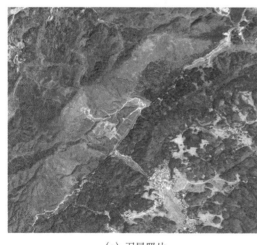 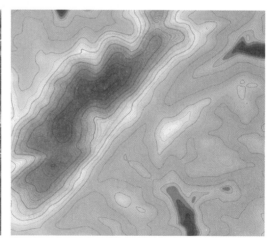

(a) 卫星照片　　　　　　　　　　　(b) SRTM高程数据

图 2-17　卫星照片与 SRTM 高程数据结合示意图

2. 将无人机应用于现场踏勘

山区风电场的场内交通条件一般较差，现场踏勘比较艰苦，对于植被茂密区域，踏勘效果也不是很理想。随着科技进步，无人机应用于风电场现场踏勘得以实现。

使用无人机现场踏勘，不仅可以节约大量时间，而且使得踏勘效果更理想。对于山区风电场现场踏勘，使用无人机可减少工作强度、节约时间，同时能取得较好的效果。如对于地形较陡、植被较茂密的区域，采用无人机进行空中俯视，将更能看清其自身及周边区域的地形特点。无人机应用于现场踏勘的照片如图 2-18 所示。

图 2-18　无人机应用于现场踏勘的照片

■ 2.2.2　风电场规划

2.2.2.1　主要工作内容

风电场规划阶段的主要工作内容为：对宏观选址阶段初选的各规划场址的风能资源进行分析，估算各规划场址的装机规模和发电量，综合分析各规划场址的工程建设条件，提出规划区域的建设方案，进行规划项目的环境影响初步评价及其他合规性评价，匡算规划项目的建设投资，并对项目的财务指标进行评价，最后经综合比较后，合理确定各规划风电场的开发规模、开发时序等。

1. 风能资源分析

根据规划风电场场址区域的现场实测测风资料、气象资料、再分析数据，分析并评价规划风电场的风能资源，推算预装风电机组轮毂高度的风能资源，绘制场址区域风能资源分布图。

2. 装机规模及发电量估算

依据规划风电场的地形或场地条件，估算规划区域各风电场的可装机规模。山区风电场宜根据风能资源分布特点、运输及施工安装条件、适宜机型及单机容量、可布机场地等因素，或根据典型场址的试算成果，估算风电场的装机规模。应针对所选风电场的风能资源分析数据和装机规模估算情况，估算各规划风电场的年均上网电量和等效满负荷年利用小时数。

3. 工程建设条件分析

根据收集的工程地质、交通运输和施工安装等资料，分析规划区域各风电场的工程地质条件、交通运输条件和施工安装条件等工程建设条件。

4. 工程建设方案拟定

根据规划区域各风电场的风能资源条件以及工程建设条件，初拟各规划风电场的工程布置方案、大件运输方案及施工安装方案，对于山区风电场，还需初步规划风电场场内外道路方案。

5. 接入电力系统方案建议

根据规划区域各风电场的装机规模、拟接入电力系统条件等，提出规划区域各风电场接入电力系统方案建议，主要包括各风电场与电力系统的连接方式、输电电压等级、风电场升压变电站规模等。

6. 外部影响评价

规划阶段的外部影响评价分为环境影响初步评价和其他合规性评价。

环境影响初步评价主要根据环境现状资料和现场调查情况，分析、识别、筛选规划风电场场址区域的主要环境影响要素，分析提出可能涉及的环境敏感目标，对各规划风电场主要环境影响做出初步预测评价，并对主要不利影响提出初步对策措施，最终从环境影响角度，对工程的可行性做出初步评价。

其他合规性评价主要从总体发展规划、土地使用、矿产、交通、水利、城镇、军事及文物保护等方面，分析规划风电场场址可能受限的敏感点及其问题，并分类列出有关法规与要求，分析并阐述规划风电场场址利用的合规性，最终提出规划风电场开发建设有关合规性的结论及建议。

7. 投资匡算及效益分析

根据各规划风电场的建设条件，匡算工程静态投资，并提出投资匡算表。

根据各规划风电场的上网电量、工程投资、上网电价以及财税政策等，进行项目的初步财务评价，提出主要财务指标。

同时，应对规划风电场的社会效益和环境效益进行初步分析。

8. 规划目标和开发时序确定

根据社会经济及能源发展规划，结合风电场建设条件，提出不同阶段的规划目标和建设布局。

根据规划风电场的风能资源条件、建设条件、前期工作开展情况，以及当时的风电政策、社会经济及能源发展规划等，提出各规划风电场的开发建设时序。

9. 规划实施保障措施

根据规划要求、规划规模、规划目标和建设实施方案，提出规划实施的指导思想、管理模式、政策保障措施等。

10. 结论及建议

根据规划成果，提出规划的主要结论及建议。

2.2.2.2 山区风电场规划的技术难点

1. 风能资源评估难度大

山区风电场因地形复杂，测风塔的建设难度较大，因此，大多规划区域无测风数据可供参考。平原风电场在场区无测风塔情况下，可参考周边气象站的数据，但山区风电场因地形复杂，周边气象站的数据对规划场区的代表性较差。根据贵州风电场测风数据与周边气象站风数据的相关性统计分析，风电场与气象站的风速相关关系较低，相关系数大多低于0.5，且气象站风向与风电场场区的风向差异较大。

山区风电场与开阔平原或沿海滩涂区域风电场相比，因其复杂的下垫面，导致区域内风能资源分布较为复杂。风电场内的风能资源分布情况除受粗糙度、障碍物的影响外，还会受地形变化的影响。复杂地形大多存在山脊、山谷、山凹、陡壁、盆地等，可能产生迎风面、背风面、喇叭口等情况，造成风电场内风速与风向变化大、紊流、湍流强度不一、负切变、极端风况等不同情况。

由于山区风电场风能资源分布的复杂性，导致山区风电场测风塔的代表范围十分有限，根据 DB52/T 1031—2015《贵州山地风电场风能资源观测及评估技术规范》，对于场区地形、风况复杂或特别复杂的山区风电场，测风塔的控制半径不宜大于 1.0km；场区地形、风况较复杂的山区风电场，测风塔的控制半径不宜大于 1.5km；场区地形和风况较简单的山区风电场，测风塔的控制半径不宜大于 2.5km。

由于山区风电场风能资源分布复杂，且测风数据少，现有模拟软件很难较准确地模拟出规划场址的风能资源分布情况，部分复杂山区风电场采用单塔模拟和多塔模拟的资源分布结果往往存在较大差异。某风电场风能资源单塔模拟和多塔模拟结果对比图如图 2-19 所示。

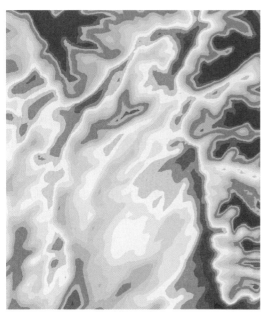
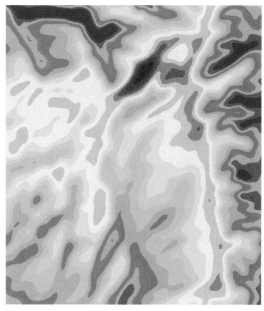

（a）单塔模拟　　　　　　　　　　　（b）多塔模拟

图 2-19　某风电场风能资源单塔模拟和多塔模拟结果对比图

由此可见，山区风电场在规划阶段，由于风能资源分布复杂，测风塔的代表范围又十分有限，在拟规划风电场无测风塔或仅有少量测风塔的情况下，判断拟规划风电场的风能资源是否具备开发价值难度较大。

2. 装机容量估算难度大

由于山区风电场的特殊性，若按平原风电场采用单位面积的方法估算装机容量，其结果基本不可用。山区风电场的装机容量需结合风机技术水平、交通运输条件、施工安装条件、可用土地等因素综合考虑确定。因其考虑的因素较多，且前期资料较少等原因，导致装机容量估算难度较大。

3. 经济指标测算结果可信度低

风电场规划原则上需测算规划风电场的经济指标，为确定项目开发提供依据。由于山区风电场风能资源分布复杂，且测风数据少，现有模拟软件很难较准确计算出规划风电场的发电量，再加上山区风电场地形复杂，不同地形条件下的投资差异较大，从而导致投资估算难度较大。因投资和发电量均存在较大的不确定性，因此，在此基础上计算出的经济指标可信度低。

2.2.2.3 山区风电场规划的技术创新

1. 充分利用中尺度数据和现有测风数据

在拟规划风电场场区无测风数据的情况下，为了尽可能较准确地判断拟规划风电场的风能资源，可收集拟规划风电场周边风电场的测风数据，若收集到的测风数据与拟规划风电场较近，可通过收集到的数据采用专业软件对拟规划场区的风能资源进行简单模拟，并结合模拟结果和地形进行初步判断。若收集到的测风数据与拟规划风电场较远，则可考虑在拟规划风电场场内找一个与测风塔所在位置地形相当（成风条件基本一致）的点设立一个虚拟测风点，同时，收集测风塔与虚拟测风点的同期中尺度数据，根据下式初步推算出虚拟测风点处的风速，并采用专业软件和虚拟测风点推算风速模拟规划风电场的风能资源分布。

$$\frac{V_{c,1}}{V_{c,2}} = \frac{V_{x,1}}{V_{x,2}} \qquad (2-1)$$

式中　$V_{c,1}$——测风塔实测风速；

　　　$V_{x,1}$——虚拟测风点风速；

　　　$V_{c,2}$——测风塔处与测风塔数据同期的中尺度数据风速；

　　　$V_{x,2}$——虚拟测风点处与测风塔数据同期的中尺度数据风速。

此方法关键点是选取与测风塔成风条件相同的虚拟测风点，这需要结合地形进行充分分析，同时，也需要有一定的工程经验。

2. 利用先进的计算手段

随着我国风电产业的不断发展，风电或风电与其他能源的区域规划、基地规划项目越来越多，目前还很难找到精度较高的区域风能资源分布图，为了更好地了解规划区域的风能资源分布特点，以便指导规划选址，往往需要结合现有测风数据和中尺度数据，对拟规划区域进行风能资源模拟，由于计算量较大，普通计算机已无法满足计算要求。鉴于此，采用高性能服务器或利用云计算，可解决这一问题。如图 2-20 所示，利用中尺度数据和 WRF 模型，采用云计算，能在较短时间内模拟出某市全境水平分辨率为 200m 的风能资源图谱。降尺度模拟模型参数配置如表 2-12 所示。

表 2-12　降尺度模拟模型参数配置表

Parameter（参数）	Value（值）
Mesoscale numerical weather prediction model（中尺度数值天气预报模型）	WRF
Horizontal resolution of valid study area（有效研究区域的水平分辨率）	2km
Final downscaled horizontal resolution（降尺度后的水平分辨率）	200m
Number of vertical levels（垂直层数）	31 层
Elevation database（高程数据库）	3 second SRTM
Vegetation database（植被数据库）	10 second ESA GlobCover
Surface parameterization（曲面参数比）	Monin-Obukhov similarity model（莫宁－奥布霍夫相似模型）
Boundary layer parameterization（边界层参数化）	YSU model (MRF with entrainment)［YSU 模型（带顶部夹卷层的 MRF）］
Land surface scheme（地表方案）	Thermal Diffusion，5-layer soil diffusivity model（热扩散，5 层土壤扩散模型）

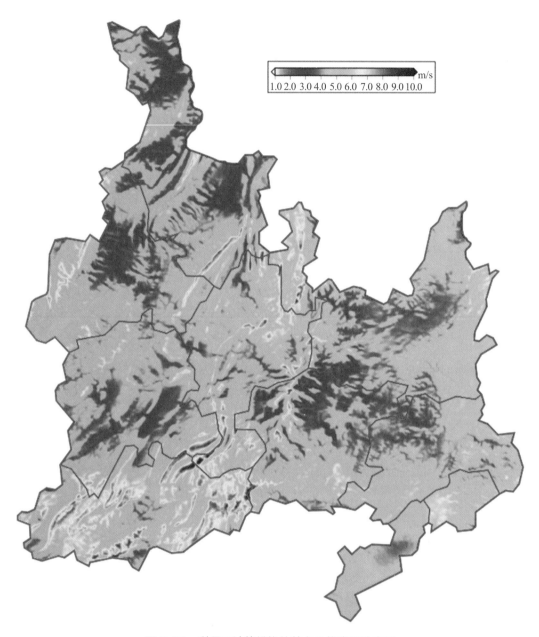

图 2-20 利用云计算模拟的某市风能资源分布图

■ 2.2.3 技术总结

风电场宏观选址与规划的主要工作内容是选择出具备开发价值的风电场，并估算装机规模及发电量，然后结合各规划风电场的工程地质条件、交通运输条件、施工安装条件、接入电网条件、经济指标等因素，初步确定规划区域风电项目的开发布局和开发时序等，为规划区域内的风电项目立项和开展后续工作提供基础。

山区风电场风能资源较好的区域大多位于海拔较高的山脊上，随着我国对生态环境保护力度的不断加大，大多山区涉及生态红线、自然保护地、国家公益林等制约因素。风电场规划选址需避让众多制约因素后，结合地形等其他因素综合决定，导致山区风电开发规模与面积无直接关系，往往需进行人工初步布机或采用专业软件提取主山脊线后，再估算规划风电场的装机规模，现有体系对山区风电规划布局指导性已不足。

山区风电场因地形复杂，导致区域内风能资源分布通常较为复杂，测风塔位置选择、建设都比较困难，因此，大多数规划的风电区域内无测风数据或只有少量测风数据可供参考，这样往往造成难以准确评估整个风电场的风能资源和估算装机规模。目前常用的方法为充分利用中尺度数据和现有测风数据，并结合国内外比较成熟的风能资源分析平台初步分析拟规划场区的风能资源情况。比较常用的风能资源分析平台有国外的 Global Wind Atlas，国内远景能源提供的 GREENWICH、金风科技提供的 FreeMeso 等。

当风电规划区域范围较大时，由于计算量较大，普通计算机已无法满足计算要求，则可采用高性能服务器或利用云计算。例如，利用中尺度数据和 WRF 模型采用云计算可在较短时间内模拟出水平分辨率为 200m 的县域或市域的风能资源图谱。

■ 2.2.4　应用实例

2.2.4.1　项目概况

以编制《贵州区域风光电发展规划报告》为例，阐述山区风电场宏观选址及规划相关技术。该规划报告的规划范围为整个贵州省，规划以 2018 年为基准年，2020 年为近期规划水平年，2025 年为中期规划水平年，2035 年为远期规划水平年。

贵州省地貌属于我国西南部高原山地，境内地势西高东低，自中部向北、东、南三面倾斜，平均海拔 1100m 左右。贵州高原山地居多，素有"八山一水一分田"之说。全省地貌可概括分为高原山地、丘陵和盆地三种基本类型，其中 90% 以上为山地和丘陵。境内山脉众多，重峦叠嶂，绵延纵横，山高谷深。

规划区域均为山地地形，规划难度相对较大，为确保规划成果质量，需充分利用中尺度数据与实测数据相结合的方式来评估场区的风能资源，并结合卫星照片和SRTM 高程数据来了解场区的地形和地貌，同时利用无人机技术来辅助现场踏勘。

2.2.4.2 规划选址思路

（1）收集分析现行风电的相关政策。收集整理贵州省已建、在建、核准待建及已开展了前期工作的风电项目。

（2）结合贵州省的风能资源分布图、地形特点和项目梳理成果对贵州省的规划风电场进行初步选址。

（3）根据初步选址成果配合业主去政府相关部门核查项目用地，并结合核查情况对规划场址进行调整。

（4）根据调整后的规划场址，组织相关专业去现场踏勘，进一步落实规划项目的可行性，并根据踏勘成果完善规划选址。

（5）利用 GREENWICH 平台、规划风电场内测风资料或周边风电场资料和中尺度数据对各规划风电场进行风资源模拟、装机容量及发电量测算。

2.2.4.3 区域风能资源分析

贵州省位于我国西南部，地处东亚季风和印度季风之间的过渡区，影响贵州气候的大气环流有三大特征：一是既受到西风带环流系统的影响，又受到副热带环流系统的影响，同时也是南北气流交汇接触频繁而剧烈的地区；二是在西部2000～3000m 的上空，常出现地方性的"西南涡旋"；三是省内环流的季节性变化比较明显，夏季风势力较之北方各地为盛。有关气候学家根据对季风特征的分析，将贵州出现的季风分为冬季风、小季风、西南季风和东南季风几种类型，几种季风交替控制。贵州的环流特征决定了季风对贵州影响的多样性，独特的地理位置、特殊地形地势的影响又增加了季风影响的复杂性，共同形成了贵州气流运动的机制。同时，贵州形成大风的天气系统主要分为 3 类：一是热低压，多在春季出现；二是中小尺度对流云团，以小尺度为主，常引发短时雷暴大风，多在春夏发生；三是强冷锋过境，常伴随偏北大风。

根据《贵州风能资源详查和评估报告》成果，贵州 70m 高度大于 $200W/m^2$ 的技术开发面积为 $2769km^2$，技术开发量为 770 万 kW；大于 $250W/m^2$ 的技术开发面积为 $2002km^2$，技术开发量为 558 万 kW；大于 $300W/m^2$ 的技术开发面积为 $1630km^2$，技术开发量为 456 万 kW；大于 $400W/m^2$ 的技术开发面积 $568km^2$，技术开发量为 157 万 kW。贵州风能资源分布为西部好于东部，中部好于南部及北部，但高值区分布相对零散，分布复杂。贵州风能资源较为丰富的区域主要分布于毕节市西部、南部及中北部，六盘水市中部及南部，遵义市中北部，贵阳市中部，黔东南州中东部局部，榕江县与荔波县交界地带，黔南州北部，黔西南州中部局部，铜仁市局部等区域。贵州省风能资源分布如图 2-21 所示。

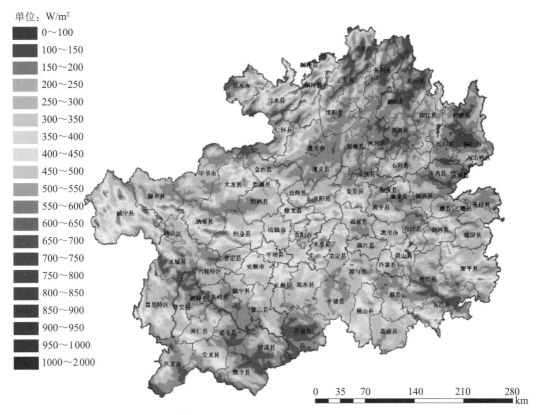

图 2-21　贵州省风能资源分布示意图

2.2.4.4　风电开发现状分析

根据《贵州省能源发展"十三五"规划》，贵州省"十三五"末风电装机规模达 600 万 kW 以上。截至 2019 年 9 月底，贵州省建成风电场 91 个，总装机容量 434.37 万 kW；在建项目共有 19 个，总装机容量 101.42 万 kW；核准待建的风电项目 16 个，总装机容量 82.03 万 kW；开展前期工作的风电场 212 个。贵州省已建、在建、核准待建的风电装机容量已达 617.82 万 kW。贵州省风电场分布如图 2-22 所示。

- ◉ 已建风电场
- ○ 在建风电场
- ● 核准待建风电场
- ✳ 开展前期工作风电场

图 2-22　贵州省风电场分布示意图

2.2.4.5　场址初选

根据贵州省的风能资源分布情况、地形特点及已有测风塔的测风数据统计成果，本次共在规划区域初步选取了 89 个风电场址。初选风电场分布示意图如图 2-23 所示。

图 2-23　初选风电场分布示意图

2.2.4.6 用地核查及现场踏勘

为确保规划风电场的用地合法合规,根据初步规划风电场的范围,到各项目所在县(市、区)的自然资源局、林业局、生态环境局等部门进行用地核查。通过对初选风电场用地进行核查,发现大部分规划场址涉及生态红线、基本农田和国家公益林等制约因素。鉴于风电场永久性用地只涉及风机基础、箱变基础和升压站,其余用地均为临时用地,因此,本次规划仅考虑拟布风机位,不涉及相关制约因素。某规划风电场场区涉及制约因素示意图如图2-24所示。

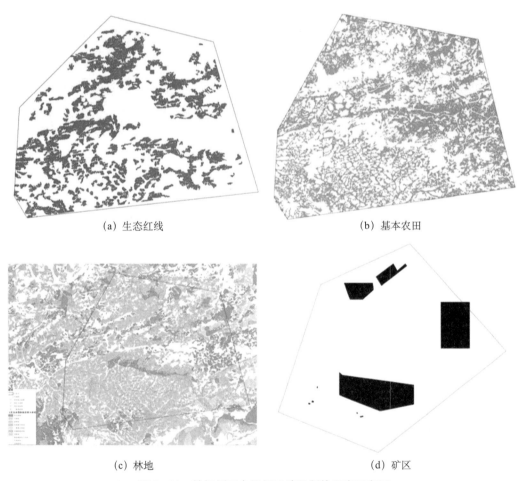

(a) 生态红线   (b) 基本农田

(c) 林地   (d) 矿区

图2-24 某规划风电场场区涉及制约因素示意图

为使规划风电场场址更具可行性,贵阳院组织相关专业人员对各规划风电场场址进行了现场踏勘,并结合各规划风电场场址的现场实际情况,对部分规划风电场场址进行了调整。由于规划风电场场址较多,且场区交通条件总体不是很好,为提高工作效率和质量,现场踏勘采用无人机进行高空拍摄,全方位观察、了解规划风电场场区的地形地貌等，从而有效、快速了解规划风电场场区的建设条件。无人机拍摄的某规划风电场场区照片如图 2-25 所示。

图 2-25 无人机拍摄的某规划风电场场区照片

结合制约因素查询结果、现场踏勘情况、风能资源和地形等因素进行初步布机，按当时适合山区风电场的市场主流 3MW 的单机容量机型考虑，对可布机位点少于 7 个的场址进行舍弃。通过筛选和对部分场址的调整，最终获得了 35 个风电场场址。贵州规划风电场分布位置示意图如图 2-26 所示。

图 2-26 贵州规划风电场分布位置示意图

2.2.4.7 规划场址风能资源分析

由于规划的风电场场址区域大部分无实测风数据，因此，采用近20年的中尺度数据对各规划风电场场区的风能资源进行初步分析，由于中尺度数据与实测数据存在一定的差异，为了尽可能反映规划风电场场区的风能资源情况，将规划风电场场区代表测风点的中尺度数据与周边风电场实测数据进行对比分析，若二者同期数据差异较大，则采用实测数据对中尺度数据进行修正。中尺度数据与测风塔实测风速对比如表2-13所示。

表2-13 中尺度数据与测风塔实测风速对比表

测风塔	测风时段 （年.月）	测风塔实测 风速/（m/s）	同期中尺度 数据风速/（m/s）	修正系数
T2103-80	2010.12—2011.11	7.09	5.97	1.19
T2204-100	2016.04—2017.03	6.15	5.88	1.05
T9576-80	2016.01—2016.12	5.00	5.32	0.94
T11029-70	2012.10—2013.09	5.83	5.56	1.05
T9599-80	2016.08—2017.07	5.32	5.08	1.05
T4683-70	2013.08—2014.07	6.09	5.84	1.04
T0029-70	2015.07—2016.06	5.58	5.25	1.06
T6362-80	2016.08—2017.07	5.41	5.11	1.06
T2257	2016.05—2017.04	6.22	6.62	0.94
T2651	2016.05—2017.04	5.81	5.56	1.04
T2238	2016.04—2017.03	5.77	5.16	1.12

各规划风电场代表测风点月、年平均风速统计表如表2-14所示，规划风电场100m高度年平均风速在5.27~6.69m/s，风功率密度在85~220W/m²，规划风电场属低风速风电场。

表2-14 各规划风电场代表测风点月、年平均风速统计表　　　　　　单位：m/s

风电场	1月	2月	3月	4月	5月	6月	7月	8月	9月	10月	11月	12月	年
WN-01	6.43	7.27	7.06	6.88	6.45	6.06	6.19	6.13	6.19	6.01	6.12	6.21	6.41
WN-02	6.09	6.78	6.74	6.44	5.99	5.49	5.68	5.41	5.71	5.50	5.57	5.72	5.92
HZ-01	5.76	6.37	6.33	6.29	6.24	5.92	6.52	5.92	6.18	5.72	5.87	5.81	6.08
HZ-02	6.10	7.24	6.80	6.45	5.82	5.28	5.96	5.39	5.48	5.29	5.68	5.66	5.92
QXG-01	4.91	5.39	5.47	5.57	5.50	5.25	5.84	5.22	5.41	4.95	5.06	4.98	5.30

风电场	1月	2月	3月	4月	5月	6月	7月	8月	9月	10月	11月	12月	年
DF-01	5.54	6.08	6.16	6.22	6.19	5.92	6.73	5.90	6.07	5.56	5.79	5.63	5.98
QX-01	5.48	6.01	6.19	6.42	6.33	5.93	6.59	5.75	5.93	5.50	5.65	5.48	5.94
QX-02	4.81	5.36	5.49	5.75	5.63	5.29	5.96	5.12	5.19	4.82	5.00	4.80	5.27
JS-01	5.61	5.98	6.26	6.38	6.40	6.04	6.93	6.16	6.33	5.69	5.77	5.70	6.10
JS-02	5.26	5.92	6.08	6.40	6.21	5.83	6.71	5.61	5.67	5.20	5.41	5.24	5.79
SC-01	5.80	6.37	6.44	6.50	6.42	6.00	6.27	5.91	6.20	5.78	5.90	5.89	6.12
LZ-01	5.71	6.19	6.36	6.41	6.14	5.64	5.62	5.27	5.66	5.56	5.63	5.67	5.82
XR-01	6.10	6.80	6.82	6.73	6.18	5.79	5.84	5.46	5.58	5.56	5.78	5.74	6.03
CH-01	5.66	6.28	6.44	6.50	6.09	5.68	5.72	5.30	5.51	5.47	5.60	5.54	5.81
ZY1-01	5.52	6.28	6.42	6.53	6.05	5.67	5.78	5.22	5.36	5.30	5.44	5.37	5.74
CS-01	5.25	5.76	5.86	6.02	5.77	5.45	5.54	5.04	5.29	5.21	5.34	5.25	5.48
LL-01	5.05	5.63	5.70	5.90	5.69	5.44	5.89	5.12	5.22	4.98	5.17	5.00	5.40
GD-01	5.77	6.34	6.38	6.58	6.32	6.08	6.54	5.85	5.91	5.66	5.76	5.66	6.07
DY-01	5.55	6.04	6.04	6.24	5.97	5.74	6.00	5.30	5.46	5.37	5.53	5.51	5.73
LB-01	6.67	7.09	7.01	7.14	6.66	6.49	6.64	5.97	6.26	6.34	6.51	6.64	6.61
QZ-01	5.01	5.63	5.73	5.83	5.66	5.40	5.96	5.09	5.19	4.96	5.18	4.97	5.38
XW-01	5.30	5.97	6.14	6.51	6.34	5.93	6.78	5.71	5.72	5.26	5.51	5.27	5.87
XW-02	5.43	6.11	6.27	6.51	6.40	6.07	7.06	5.90	5.93	5.45	5.68	5.38	6.01
ZY2-01	5.46	5.76	6.01	6.16	6.12	5.69	6.29	5.77	5.97	5.47	5.46	5.43	5.80
CJ-01	6.79	6.84	6.64	6.66	6.19	5.80	5.77	5.72	6.34	6.49	6.51	6.83	6.38
CJ-02	6.21	6.56	6.49	6.64	6.20	6.06	6.30	5.60	5.81	5.85	6.01	6.20	6.16
RJ-01	6.29	6.82	6.87	7.21	6.81	6.73	7.49	6.40	6.33	6.09	6.19	6.14	6.61
JH-01	5.50	6.10	6.12	6.38	6.03	5.86	6.44	5.49	5.52	5.34	5.42	5.35	5.79
JH-02	6.73	7.02	6.94	7.10	6.66	6.40	6.76	6.28	6.59	6.55	6.56	6.68	6.69
SS-01	5.37	5.97	6.08	6.51	6.20	6.14	7.16	5.88	5.66	5.28	5.32	5.19	5.90
ZY3-01	6.16	6.47	6.45	6.58	6.26	6.03	6.39	5.98	6.26	6.11	6.04	6.08	6.23
HP-01	5.47	5.88	5.89	6.10	5.77	5.47	5.81	5.38	5.53	5.34	5.33	5.34	5.61

采用各规划风电场代表测风点 100m 高度的风速,通过 GREENWICH 平台对规划风电场场区的风能资源进行模拟,最终得到各规划风电场的风能资源分布情况。某规划风电场风能资源模拟结果如图 2-27 所示。

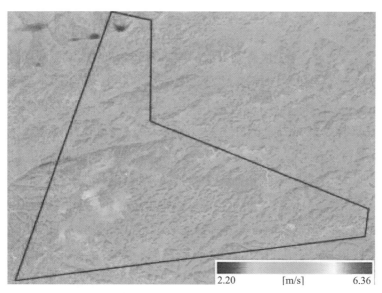

图 2-27 某规划风电场风能资源模拟结果示意图

2.2.4.8 装机容量及发电量估算

根据当时风电机组的技术发展水平和规划风电场场区的风能资源情况，本次采用长叶片、单机容量为 3MW、叶轮直径为 155m 的低风速风电机组，对各规划风电场进行初步布机，并通过 GREENWICH 平台进行布机优化和发电量计算。本次发电量综合折减取 35%，单机尾流按小于 10% 考虑，单机年利用小时数按大于 1600h 考虑，通过优化布机后，最终得到各风电场的装机容量和年利用小时数。经计算，本次规划的 32 个风电场的总装机容量为 1800MW，各风电场的年利用小时数在 1719～2378h。

各规划风电场装机容量和发电量成果如表 2-15 所示，某规划风电场风机布置示意图如图 2-28 所示。

表 2-15 各规划风电场装机容量和发电量成果表

市/州	风电场	装机台数/台	装机容量/MW	年上网电量/（MW·h）	年利用小时数/h
毕节市	WN-01	23	69	157 389	2281
	WN-02	40	120	263 400	2195
	HZ-01	19	57	129 618	2274
	HZ-02	7	21	45 150	2150
	QXG-01	13	39	67 860	1740
	DF-01	26	78	151 944	1948

续表

市/州	风电场	装机台数/台	装机容量/MW	年上网电量/（MW·h）	年利用小时数/h
毕节市	QX-01	26	78	161 460	2070
	QX-02	13	39	67 041	1719
	JS-01	7	21	49 413	2353
	JS-02	11	33	63 789	1933
六盘水市	SC-01	10	30	61 800	2060
	LZ-01	7	21	42 525	2025
	XR-01	16	48	95 856	1997
	CH-01	30	90	191 250	2125
安顺市	ZY2-01	23	69	161 943	2347
黔南州	CS-01	30	90	183 690	2041
	LL-01	7	21	36 855	1755
	GD-01	18	54	124 038	2297
	DY-01	9	27	55 566	2058
	LB-01	18	54	121 230	2245
贵阳市	QZ-01	17	51	97 206	1906
	XW-01	10	30	58 350	1945
	XW-02	19	57	111 435	1955
遵义市	ZY-01	9	27	50 112	1856
黔东南州	CJ-01	24	72	139 248	1934
	CJ-02	7	21	41 517	1977
	RJ-01	30	90	210 420	2338
	JH-01	27	81	159 570	1970
	JH-02	30	90	214 020	2378
	SS-01	43	129	263 805	2045
	ZY3-01	24	72	158 976	2208
	HP-01	7	21	39 144	1864
合　计		600	1800	3 775 620	

图 2-28　某规划风电场风机布置示意图

2.2.4.9　建设条件和建设方案

1. 建设条件

（1）工程地质条件。

规划区域内风电场场区地形地貌主要为高原丘陵、高原山地两种类型，地表崎岖，地形支离破碎，山高谷深；成因上主要为以剥蚀—侵蚀作用为主导的侵蚀地貌类型和以侵蚀—溶蚀作用为主导的岩溶地貌类型。出露地层时代跨度大，从元古代至新生代地层均有出露，碳酸盐岩出露面积约 80%，碎屑岩、玄武岩、变质岩出露面积约 20%，断层、褶皱发育，地质条件复杂。

（2）交通运输条件。

规划区域内拟规划风电场以铁路和国、省道公路为骨架，通乡进村公路网络基本形成。本次规划的大部分风电场附近都有国道、省道，风电场对外交通较方便。

拟规划风电场工程建设涉及的重、大件设备较多，单件最重设备一般为风机机舱或风电场主变压器，单件最长件设备一般为叶片，单件次长件设备一般为风机塔筒（架），单件最高设备一般为主变压器。

拟规划风电场多为典型的山区风电场，地形起伏较大，风电机组布置将较为分散，风电机组设备场内运输较为困难，各风机位之间需按相关标准修建道路以满足设备运输及施工期大型汽车起重机的通行。

（3）施工安装条件。

本次规划的风电场场区大多为山地地形，地势起伏大，但山顶之上整体比较平缓，场平后可以满足施工安装要求。对局部条件较差的机位，可以考虑进行设备的二次转运，通过转运车辆运输大件设备至各风机机位。

拟规划风电场施工用电可就近从乡镇架设输电线路至风电场。

工程施工用水可通过就地打机井抽取地下水或接用附近乡镇、村寨的水源，为风电场工程施工和工作人员生活提供用水。

施工通信可由建设单位向当地电信局申请专线接入，工程完建后可作为风电场的对外通信设施。现场内部通信可采用无线电对讲机等通信方式。

2. 主要建设方案

各规划风电场施工布置根据场址实际地形，选择地形相对比较平缓且离施工现场较近的地方布设施工辅助设施和施工营地，对于风机数量多、风机布置比较分散的风电场，施工区域也可以采取分片布置的方式，分区域布置施工辅助设施和施工营地，各施工区内主要布置混凝土拌和系统、综合加工厂、材料设备仓库、承包商生活营地等。

各规划风电场内结合现有道路条件，修建施工检修道路，尽量改造利用现有道路，确保场内外交通畅通，满足施工运输要求。

各规划风电场风机位设置安装平台，风机、塔筒等设备采用平板车直接运至平台，采用汽车起重机或履带起重机进行风机安装。

2.2.4.10 外部影响评价

1. 环境影响评价

风电场在施工期和运行期虽然会对周围环境造成一定不利影响，但影响范围和程度均较有限，并且风电属于清洁能源，在运行过程中不产生废气、粉尘、废污水，对生态环境的影响也较小，在采取相应的环境保护措施后，将有效减轻对周围环境的不利影响，因此，风电开发建设不存在制约性的环境问题。

2. 其他合规性评价

本次规划的风电场场址均去政府相关部门进行了核查，并对生态红线、国家公益林、基本农田、军事区、自然保护区等制约因素进行了避让。本次规划的风电场场址可能涉及耕地和普通林地，在项目开发阶段需进一步落实。

从多方面看，本次规划是符合相关政策和规程规范的。

2.2.4.11 投资匡算及效益初步分析

1. 投资匡算

（1）投资匡算原则。

依据国家有关部门及贵州省现行的有关文件规定、费用定额、费率标准等进行项目投资匡算的编制。工程的材料、设备等价格采用统一的价格水平年，统一按2019年三季度价格水平计列。

（2）主要编制及参考依据。

参考的主要有关规定及定额如下：

①能源行业标准 NB/T 31105—2016《陆上风电场工程可行性研究报告编制规程》、NB/T 31010—2019《陆上风电场工程概算定额》和 NB/T 31011—2019《陆上风电场工程设计概算编制规定及费用标准》。

②原国家计委、原建设部计价格〔2002〕10 号《关于发布〈工程勘察设计收费管理规定〉的通知》。

③可再生定额〔2016〕25 号《关于建筑业营业税改征增值税后水电工程计价依据调整实施意见》。

④可再生定额〔2019〕14 号《关于调整水电工程、风电场工程及光伏发电工程计价依据中建筑安装工程增值税税率及相关系数的通知》。

⑤类似风电光伏发电工程项目的投资估（概）算。

（3）投资匡算成果。

部分风电规划项目的投资匡算成果如表 2-16 所示。

表 2-16　部分风电规划项目投资匡算成果表

编号	项目内容	WN-01	WN-02	HZ-02
1	规划装机容量 /MW	69	120	30
2	投资匡算			
2.1	设备及安装工程 / 万元	37 410	65 990	16 265
2.2	建筑工程 / 万元	5683	10 024	2471
2.3	其他费用 / 万元	4262	7518	1853
2.4	基本预备费（2%）/ 万元	4395	5268	1912
2.5	工程静态总投资 / 万元	51 750	88 800	22 500
2.6	单位千瓦投资 /（元/kW）	7500	7400	7500

2. 财务评价

本规划按照国家现行财税制度、现行价格、《建设项目经济评价方法与参数》（第三版）测算各规划风电场项目的财务指标情况，财务边界条件如下：

（1）根据《国家发展改革委关于完善风电上网电价政策的通知》（发改价格〔2019〕882 号）文件，2020 年 Ⅰ～Ⅳ类资源指导价分别调整为每千瓦时 0.29 元、0.34 元、0.38 元、0.47 元。指导价低于当地燃煤机组标杆上网电价（含脱硫、脱硝、除尘电价，下同）的地区，以燃煤机组标杆上网电价作为指导价。本项目属于 Ⅳ类资源区，贵州燃煤电价为 0.3515 元 /（kW·h），故风电规划项目采用电价 0.47 元 /（kW·h）测算。

（2）各规划风电场项目实际投资匡算结果。

（3）各规划风电场项目等效满负荷年利用小时数。

（4）项目资本金投入比例为 30%，长期贷款利率按 4.9%、流动资金及短期贷款利率按 4.35% 计。

（5）项目折旧费、维修费、人工工资及福利、保险费、材料费、摊销费和其他费用参考项目所在区域项目平均水平。

部分风电规划项目的财务指标汇总表如表 2-17 所示。

表 2-17 部分风电规划项目财务指标汇总表

序号	项目名称	WN-01	WN-02	HZ-02
1	装机容量 /MW	69	120	30
2	年利用小时数 /h	2281	2195	2150
3	项目总投资 / 万元	52 399	90 672	22 686
4	建设期利息 / 万元	442	1512	96
5	流动资金 / 万元	207	360	90
6	销售收入总额（不含增值税）/ 万元	134 199	219 112	55 443
7	总成本费用 / 万元	79 199	136 894	34 592
8	销售税金附加总额 / 万元	1201	1916	485
9	发电利润总额 / 万元	59 805	89 882	22 789
10	经营期平均电价（不含增值税）/［元 /（kW·h）］	0.415 9	0.415 9	0.415 9
11	经营期平均电价（含增值税）/［元 /（kW·h）］	0.47	0.47	0.47
12	项目投资回收期（所得税前）/ 年	8.43	9.22	8.83
13	项目投资回收期（所得税后）/ 年	9.14	9.87	9.57
14	项目投资财务内部收益率（所得税前）/ %	11.59	10.07	10.78
15	项目投资财务内部收益率（所得税后）/ %	9.98	8.74	9.28
16	项目投资财务净现值（所得税前）/ 万元	27 708	38 411	10 271
17	项目投资财务净现值（所得税后）/ 万元	19645	26674	7139
18	资本金财务内部收益率 / %	19.57	14.04	17.65
19	资本金财务净现值 / 万元	12 711	14 277	4464
20	总投资收益率（ROI）/ %	6.9	6.34	6.2
21	投资利税率 / %	5.63	5.06	4.93
22	项目资本金净利润率（ROE）/ %	14.36	13.04	12.52
23	资产负债率（最大值）/ %	69.06	70	68.91
24	盈亏平衡点（生产能力利用率）/ %	59.55	63.03	62.94
25	盈亏平衡点（年产量）/（MW·h）	96 067	166 016	41 951

3. 社会效益和环境效益初步分析

随着国家产业政策的调整，建设节约型社会、大力提倡节能减排方针已被国家提到了经济发展中重要战略的高度，国家还出台了一系列支持发展循环经济、走可持续道路的鼓励政策。开发利用清洁能源符合我国能源发展战略的需要。清洁可再生能源项目的能源效益、环境效益和社会经济效益均十分显著。

2.2.4.12 开发时序

结合各规划风电场场址的风能资源条件、工程建设条件、前期工作开展情况以及当时的风电政策，提出各规划风电场的开发建设时序，在今后实际开发建设过程中，可根据前期工作成果及政策变化等对项目开发建设顺序和开发范围进行适当调整。本次规划风电场开发时序如表 2-18 所示。

表 2-18　规划风电场开发时序表

开发时序	风电场名称	装机容量 /MW	年利用小时数 /h	备注
2020 年（近期）	WN-01	69	2281	已完成测风和风能资源评估
	WN-02	120	2195	
	HZ-02	30	2150	
	合计	219		
2021—2025 年（中期）	HZ-01	78	2274	
	NY-01	90	2291	
	ZhenYuan-01	75	2208	
	JH-02	90	2378	
	ZiYun-01	90	2347	
	JS-01	21	2353	
	RJ-01	90	2338	
	XR-01	36	2321	
	GD-01	120	2297	
	LB-01	54	2245	
	CH-01	90	2125	
	QX-01	78	2070	
	DY-01	30	2058	
	SS-01	132	2045	
	CS-01	90	2041	

续表

开发时序	风电场名称	装机容量/MW	年利用小时数/h	备注
2021—2025年 （中期）	LZ-01	21	2025	
	合计	1185		
2026—2035年 （远期）	XR-02	48	1997	
	JS-02	33	1933	
	LL-01	21	1755	
	QZ-01	57	1906	
	XW-01	60	1945	
	XW-02	57	1955	
	ZY-01	27	1856	
	ZA-01	24	1938	
	CJ-01	84	1934	
	CJ-02	30	1977	
	HP-01	21	1864	
	DF-01	96	1948	
	JH-01	81	1970	
	SC-01	54	2060	地方政府不支持
	QXG-01	39	1740	
	QX-02	39	1719	
	合计	771		

2.3　风电场风机选型与布置及发电量计算

　　山区风电场通常具有地形复杂、风能资源高值区分布零散、风况空间分布差异大等特征，因此，山区风电场风机选型与布置及发电量计算往往需充分掌握项目风能资源特点及风能特征参数。贵阳院在完成大量山区风电场勘察设计、运行后评估研究基础上，形成了拟选机型发电效率适应性评估、不同单机容量与不同轮毂高度机型混合布置、风机间距优化、发电量技术修正等技术，主编了贵州省地方标准DB52/T 1632—2021《山地风电场发电量计算规程》和DB52/T 1633—2021《山地风电场风机微观选址技术规程》，实现了山区风电场风机选型与布置及发电量计算技术规范化。

■ 2.3.1 风机选型

2.3.1.1 风机选型原则

（1）首先，风机选型应适合风电场环境和当地电网要求，其次，项目应满足开发业主的财务指标要求，同时，还应考虑风机制造商的质量体系、服务能力、抗风险能力。

（2）对于风能资源分布差异较大的山区风电场，宜考虑两种及两种以上机型的混排方案。

（3）风机制造商应与设计单位共同开展风机微观选址、风机选型等工作。

（4）对各方案应进行技术、经济性分析比较，测算方案整体收益率及度电成本，经综合分析后，选取最优方案。

2.3.1.2 风机主要技术参数

1. 安全等级

风机等级是根据风速和湍流参数来划分的，划分等级的目的是为了应用更广。在国家标准 GB/T 18451.1—2012《风力发电机组 设计要求》中，确定了风电机组等级的基本参数，在能源行业标准 NB/T 31107—2017《低风速风力发电机组选型导则》中，确定了低风速风电机组等级分类参数。随着我国将风电、光伏发电作为新增电力装机主体政策的确定，风电可开发区域年平均风速下探至 5.0m/s，现行的风机等级分类将需适时调整。风机等级基本参数如表 2-19、表 2-20 所示。

表 2-19　风机等级基本参数表

风机等级		I	II	III	S
V_{ref}[①]/（m/s）		50	42.5	37.5	由设计者确定参数
I_{ref}[⑤]（-）	A[②]	0.16			
	B[③]	0.14			
	C[④]	0.12			

① V_{ref} 为 10min 平均参考风速。

② A 表示较高湍流特性等级。

③ B 表示中等湍流特性等级。

④ C 表示较低湍流特性等级。

⑤ I_{ref} 为风速为 15m/s 时的湍流强度。

表 2-20　低风速风机等级基本参数表

风机等级		D-Ⅰ	D-Ⅱ	D-Ⅲ	D-S
V_{ref}[1] / (m/s)		37.5			由设计者确定参数
V_{ave}/ (m/s)		6.5	6.0	5.5	
I_{10}[2]	A[3]	0.210			
	B[4]	0.183			
	C[5]	0.157			

[1] V_{ref} 为采用现行国家标准 GB/T 18451.1—2012《风力发电机组 设计要求》规定的Ⅲ类参考风速。

[2] I_{10} 为风速为 10m/s 时，湍流强度值为 $1.31 \times I_{\mathrm{ref}}$。$I_{\mathrm{ref}}$ 采用现行国家标准 GB/T 18451.1—2012《风力发电机组 设计要求》规定。

[3] A 表示较高湍流特性等级。

[4] B 表示中等湍流特性等级。

[5] C 表示较低湍流特性等级。

2. 单机容量

我国兆瓦级风电机组起步较晚，2008 年左右我国风电开始快速发展，当时在华锐风电和金风科技的推动下，我国陆上开始规模化装备 1.5MW 左右的风机。2011—2015 年，我国陆上风机单机容量缓慢增加；2016—2021 年，我国陆上风机单机容量增速明显加快；在 2021 年新增陆上风机装机中，3.0～4.0MW（不含 4.0MW）装机容量占比最多，占新增装机容量的 54.1%；4.0～5.0MW（不含 5.0MW）占比为 15.7%；5.0MW 及以上占比达到 3.3%。近 10 年，我国陆上风机单机容量每年增速约 0.2MW。我国近年陆上新增风机平均单机容量变化如图 2-29 所示。

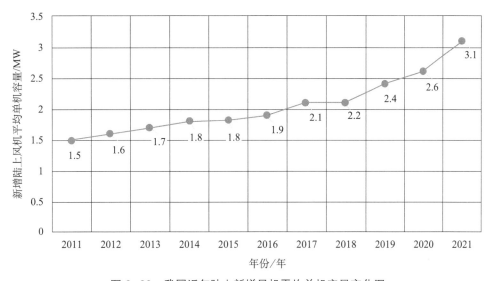

图 2-29　我国近年陆上新增风机平均单机容量变化图

在"30·60"双碳目标下，"十四五"时期及未来较长一段时间，我国风电装机规模将持续处于较快增长。然而，长期以来，我国可再生能源规划与土地生态功能保护、国土空间规划等衔接不畅。我国风电开发面临既要千方百计扩大装机，又要克服种种用地限制，风电大规模开发的用地问题越来越突出。目前，我国山区风电场一般具有占地面积大、范围广、类型多的特点，绝大多数山区风电场涉及林地等问题。因此，为了节约风电场建设用地，风电机组单机容量向更大发展成为趋势。

目前，我国陆上风电机组单机容量约4～6MW，南方地区各省份也陆续出台了相关政策，对新建风电场采用的单机容量进行限制，要求采用大容量风电机组。因此，风电场规划设计时，既要考虑工程环境、风能参数，又要考虑地方相关政策和项目建设单位相关要求，综合确定风机的单机容量。

3. 叶片长度

为了提高风电机组性能，风电机组设计选型过程中，其单位千瓦扫风面积不宜低于$5m^2/kW$。考虑风电机组技术水平，综合折减修正系数取0.78，风机等效满负荷年利用小时数不低于2000h。

在单位千瓦扫风面积不低于$5m^2/kW$的国内风电机组主流机型中，4.X MW、5.X MW和6.X MW机型的叶片长度相应不宜低于165m、182m和195m。目前，我国陆上主流风电机组的叶轮直径逐渐向17X～18X级长度转变。我国目前风速与风机单位千瓦扫风面积、风轮直径关系如表2-21所示，陆上风电风速区及叶片长度建议选取范围如图2-30所示。

表2-21　风速与风机单位千瓦扫风面积、风轮直径关系表

序号	项目名称	数　值			
1	风速/（m/s）	6.5	6.0	5.5	5.0
2	单位千瓦扫风面积/（m^2/kW）	<5	5～5.5	5.5～6	6～7
3	4.X MW风机风轮直径/m	165	168	171	185
4	5.X MW风机风轮直径/m	171	182	185	195
5	6.X MW风机风轮直径/m	182	191	195	>200
6	等效满负荷年利用小时数/h	2500	2300	2000	

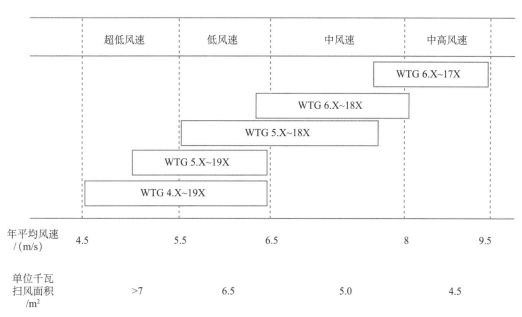

图 2-30 我国陆上风电风速区及叶片长度建议选取范围示意图

4. 轮毂高度

风机高塔筒解决方案主要有柔塔（钢塔）与混塔两种，柔塔与混塔技术路线对比如表 2-22 所示，业内通常按 5.0MW 或 4.0MW 及 140～160m 高度作为柔塔与混塔技术路线选择的临界区域。在我国中东南部地区通常采用 90～150m 高度的钢制锥体塔筒、钢混塔筒或柔性塔筒。山区风电场由于地形更复杂，湍流较高，风电机组相应运行工况更为复杂，设计通常建议采用混塔或混凝土塔筒。混凝土塔筒刚度大，不易发生涡激振动，控制系统无需复杂的频率穿越算法，可避免因频率穿越控制所造成的发电量损失。此外，混塔路线在山区风电场交通运输方面更为友好，采用大直径分片连接，无运输障碍；后期维护少，无螺栓松动，防腐性能优越；混凝土耐久性和环境适应性好，抗疲劳性能优越。

风机轮毂高度应从所选机型配套的系列轮毂高度中选择，具体轮毂高度确定应综合考虑不同轮毂高度方案经济比选结果、项目大件运输条件等综合确定。

表 2-22 柔塔与混塔技术路线对比表

序号	项目名称	塔筒（架）类型	
		柔塔	混塔
1	塔架频率	小于 1P	1～3P 之间
2	刚度	小	大

序号	项目名称	塔筒（架）类型	
		柔塔	混塔
3	控制动态穿越	需要	不需要
4	发电效率	受影响	不受影响
5	控制难易	难	易
6	涡激振动	易	不易
7	施工周期	短	长

2.3.1.3 风机机型选择

1. 主要考虑因素

风机选型主要考虑风电场外界条件和风机特性。风电场外界条件主要包括环境因素、风资源情况、电网接入条件、道路、基础及吊装施工条件等。对风电场外界条件进行综合分析后，方可确定风电机组的类型、单机容量、风轮直径及塔架高度等信息。风机特性主要包括功率性能和塔底载荷，用于评估发电能力、电能质量及基础施工量。应综合评估所选机型的可靠性、经济性及安全性。

风电场外界条件主要包括以下 4 个方面：

（1）山区风电场环境因素。主要包括风电场地形特征、海拔、地震烈度、特殊环境等，便于确定选用何种机型，如高海拔、抗凝冻等。

（2）风况参数。主要包括轮毂高度处的年平均风速、风功率密度、湍流强度、风切变、50 年一遇最大风速等，便于确定所选机型风轮直径、塔筒高度、安全等级等。

（3）电网接入条件。主要包括接入电网特性、限制条件或特殊要求，便于确定所选机型具备良好的电网接入能力，满足国家和行业的标准，以及各级政府和电网的有关文件要求，确保项目顺利执行。

（4）道路、基础及吊装施工条件。主要包括道路坡度、转弯半径、路面硬度等。基础设计及施工条件主要考虑岩土承载特性、地震工况等，以便选取适当的基础型式；吊装平台施工条件主要考虑地形、植被等因素对风轮直径的限制。

风机特性主要指风机发电特性，风机制造商应根据风电场的风况参数，提供标准空气密度下和现场实际空气密度下的风机功率曲线，如有条件，设计单位以风机制造商提供的经验证的动态功率曲线作为风机选型的输入条件。考虑到山区风电场流场和尾流较为复杂，风机制造商还应提供与其功率曲线相对应的推力系数曲线。

2. 山区风电场风机选型技术

通过对山地复杂地形气流流动变化规律的研究，分析引起山区风电场风向和风速变化的地形影响因子，在山区风电场宏观选址、风能资源观测与评估的基础上，综合考虑风能资源利用、设备运输、风机安全、经济性等因素，提出适合风电场的风机型号及风机布置方案，使项目投资效益达到最优。主要技术包括：

（1）山区风电场风电机组单机容量的确定方法。

（2）山区风电场风电机组推荐机型及轮毂高度确定方法。

山区风电场推荐风电机组机型的确定方法步骤如下：

第一步，根据山区风电场代表性测风塔至少一个完整年的实测风数据，分析统计风电场的风况参数，主要包括盛行风向、年平均风速、风功率密度、湍流强度、风切变、50年一遇最大和极大风速等参数，确定项目适宜选用的风电机组安全等级。

第二步，根据项目建设单位预期的投资收益率，反推项目需达到的等效满负荷年利用小时数，确定项目比选机型的发电效率（单位千瓦扫风面积）。结合比选机型市场占有率、建设单位意向等，筛选出3～5家主流风机厂商，对风机厂商的满足相应风电机组安全等级的机型进行技术经济比较。

第三步，对比选机型（含混排方案）方案进行技术经济比较，在不限制总容量而限制用地的情况下，宜选择项目装机规模大的机型和布置方案；在风电场的用地不受限而开发总容量受限的情况下，宜选择年发电量高的机型和布置方案。

第四步，选择度电成本最低的方案作为推荐方案，山区风电场风切变通常较小，针对推荐机型不同轮毂高度方案进行技术经济对比分析，根据技术经济比较结果，通常选择度电成本最低的轮毂高度方案。

第五步，同步由风机制造商进行推荐方案的风电场发电量及风机安全性复核，风机安全性复核成果作为风电场微观选址报告及发电量复核报告的重要组成部分。

3. 风机安全特性

风机制造商应根据风电场风能资源特性，对相应风机进行详细的机械载荷分析，最终确认风机在特定现场环境下的安全性和适用性。应按照 IEC 61400-1《风力发电系统 第1部分：风力发电机设计要求》或 GB/T 18451.1—2012《风力发电机组 设计要求》的要求，对风电机组的极限载荷和疲劳载荷进行复核，以确保风机运行的安全性。风机制造商应提供完整的风电机组安全性评估分析报告。

综合前述分析，山区风电场规划设计过程中，为节约用地及建设成本，普遍采用长叶片风机，以提高风机的单位扫风面积；同时普遍采用高塔筒，以保证叶尖下缘离地安全距离和保证更好地利用高处风能。由于叶片加长和塔筒增高，传统的部件惯性增加，整机频率向低频率方向延伸，为了避免共振对风机产生破坏，提高风机安全与可靠性，风机厂家应对风机整机的动力学进行分析。

山区风电场风机选型流程图如图 2-31 所示。

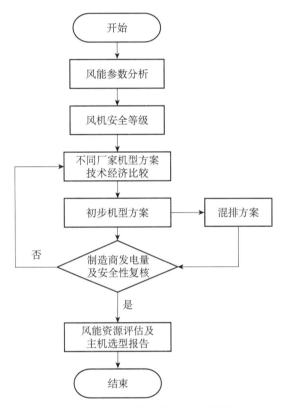

图 2-31　山区风电场风机选型流程图

■ 2.3.2　风机布置

2.3.2.1　风机布置原则

（1）风机布置的原则，首先应考虑场址的盛行风向、风速等风况条件，在同等条件下，优先选择地质条件良好且便于施工安装的机位点进行布置。若地形条件允许，在高山台地区域，宜采用交错方式布置，类似于梅花形布置。

（2）风机布置应在满足风机安全性要求的前提下相对紧凑，以充分利用风能资源和提高场地利用效率，减少道路及集电线路投资，提高项目投资效益。

（3）与盛行风向平行的风机群称为列，与盛行风向垂直的风机群称为行。风机的排布宜垂直于主风能方向。

（4）风机布置应依据平均风速、极端风速、湍流强度、入流角、风切变指数等参数进行综合分析，并应满足风机安全性要求。

（5）山区风电场整体平均尾流损失宜小于8%，单台风电机组的尾流损失宜控制在15%以内。

（6）山区风电场机位建设条件较平原风电场更为复杂，风机机位通常会在项目初步设计及施工阶段进行适当调整。因此，山区风电场风机微观选址宜有一定比例的备选机位，但备选机位也不宜过多。

2.3.2.2　山区风电场风机布置技术

通过对山地复杂地形气流流动变化规律的研究，分析引起山区风电场风向和风速变化的地形影响因子，在山区风电场宏观选址、风能资源观测与评估的基础上，综合考虑推荐机型方案、用地敏感性因素，提出适合风电场的风机布置方案。主要技术包括：

（1）提出山区风电场风机布置分区方法。

（2）提出不同风机布置分区风机间距确定方法及各相关专业会签制度。

山区风电场风机布置方法步骤如下：

第一步，根据山区风电场区域主导风向，将风电场区域大致分为山脊区、迎风坡、背风坡、陡坡区、辅山脊区等几个主要分区。其中，迎风坡区域通常为谨慎布置风机区域，应根据迎风坡坡度及风能资源情况具体确定；背风坡区域通常为禁止布置风机区域，是风能资源软件模拟失效区域。某山区风电场风机布置前分区示意图如图2-32所示。

第二步，风资源专业工程师根据区域风能资源分布、区域用地敏感性因素进行初步风机布置。通常垂直于主导风向的风机间距最小可达2D，平行于主导风向风机间距应相应加长，最小不应低于4D。某山区风电场不同分区风机布置间距示意图如图2-33所示。

第三步，风资源专业工程师提出初步风机布置方案，与地质、土建、道路、线路等专业工程师沟通，共同调整风机布置方案，直至各专业工程师完成会签。

第四步，各专业负责人签字确认风机布置，并将风机布置方案发给风机厂家，由风机厂家对风电场发电量及风机安全性进行复核。

山区风电场风机布置流程如图 2-34 所示。

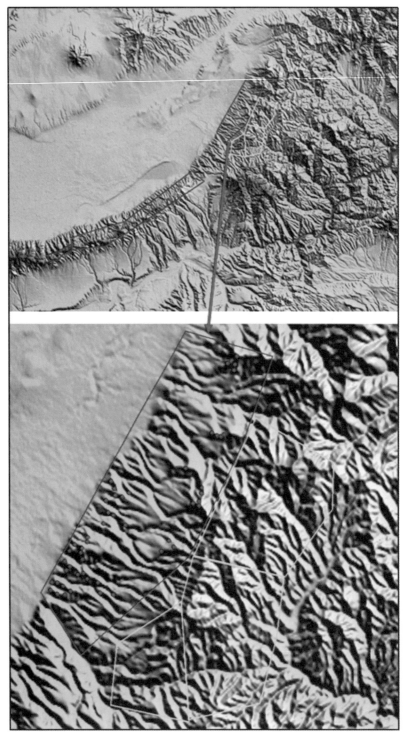

图 2-32　某山区风电场风机布置前分区示意图

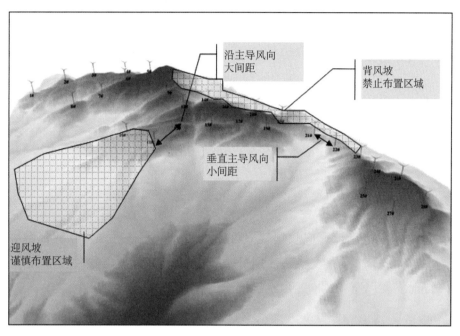

图 2-33 某山区风电场不同分区风机布置间距示意图

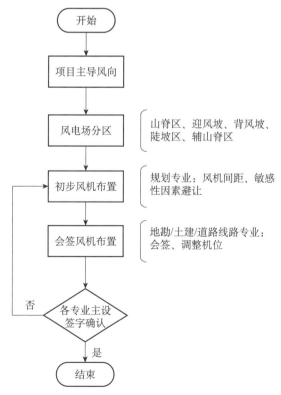

图 2-34 山区风电场风机布置流程图

■ 2.3.3 发电量计算

2.3.3.1 基础资料

山区风电场发电量计算的输入资料，通常包括测风数据资料、地形图资料、风机资料及其他资料。

1. 测风数据资料

山区风电场发电量计算应收集代表性测风塔一个完整测风年的测风数据资料。计算发电量通常只需要风速、风向逐小时数据序列，计算发电量和各风机处的湍流强度通常同时需要风速、风向、风速标准差逐小时数据序列。

2. 地形图资料

山区风电场发电量计算应收集风电场场址区域内 1∶10 000 及以上精度的地形图，同时，宜收集风电场工程边界外延一定宽度的地形图，外延宽度不宜小于 1km，外延地形图可为 1∶50 000 及以上精度的地形图。此外，还应收集与风电场工程地形图范围和坐标系一致的地面粗糙度地图资料。

3. 风机资料

山区风电场发电量计算应收集所需的风电机组综合技术参数资料，主要包括机组型式、额定功率、风轮直径、轮毂高度、切入风速、切出风速、额定风速、生存风速、安全等级、声功率级、运行温度以及生存温度等。同时，还应收集风电场风机轮毂高度空气密度下的风机动态功率曲线和推力系数曲线。

4. 其他资料

其他资料主要指发电量计算所需要的环境资料，包括风电场场址范围内和周边敏感点以及限制开发区域资料，主要包括区域土地利用规划、政策禁止及限制敏感因素资料等。

2.3.3.2 工作流程

山区风电场发电量计算工作流程分为场址建模和流场模拟、风机选型、风机布置和轮毂高度选择、上网电量计算、技术经济对比分析等 5 部分。

1.场址建模和流场模拟

山区风电场场址流场建模应采用适用于复杂地形风电场的计算流体力学模型，或经过验证的其他模型，或仿真技术建模。山区风电场尾流模拟宜采用改进的PARK 尾流模型、改进的 JENSEN 尾流模型，或经过验证的其他模型，或仿真技术计算。山区风电场流场模拟应符合以下要求：

（1）场址建模计算区域边界距离风电场内任一风机机位的距离不应小于 5km，当计算区域边界附近地形或粗糙度存在明显变化时，宜将计算区域边界扩大至包含明显变化的区域。

（2）山区风电场地形模型水平网格分辨率不宜大于 50m，风机轮毂高度以下垂直网格层数不宜少于 10 层。

（3）模拟扇区不应低于 12 个，宜在主导风向进行扇区加密。

（4）各个扇区计算应收敛。

（5）宜考虑大气稳定度的影响。

（6）风电场内有多个测风塔时，应进行综合计算，并进行交叉检验。

（7）宜优先选用时间序列数据进行模拟计算。

2.风机选型

风机选型相关内容参考 2.3.1 节的相关内容。

3.风机布置和轮毂高度选择

风机布置应依据平均风速、极端风速、湍流强度、入流角、风切变指数等参数进行综合分析，并应满足风机安全性要求。风机布置与相邻风电场风机的相互影响应符合风机安全性和尾流影响的要求。山区风电场整体平均尾流损失宜小于8%，单台风机的尾流损失宜控制在 15% 以内。风机布置时应按照能源行业标准NB/T 10103—2018《风电场工程微观选址技术规范》相关要求对敏感因素进行避让。风机布置应符合国家标准 GB 3096—2008《声环境质量标准》对噪声限值的规定。对于存在凝冻覆冰的风电场，风机布置还应考虑凝冻结冰造成的脱冰或甩冰对周边的影响。

4. 上网电量计算

山区风电场年理论发电量计算应符合国家标准 GB 51096—2015《风力发电场设计规范》的相关规定，山区风电场年上网电量计算应符合能源行业标准 NB/T 10103—2018《风电场工程微观选址技术规范》的相关规定。风电场不考虑尾流影响的年理论发电量计算公式如下式：

$$E_{th} = 8760 \sum_{i=1}^{n} \int_{v_1}^{v_2} p_i(v) f_i(v) \mathrm{d}v \tag{2-2}$$

式中　E_{th} ——年理论发电量，单位为 MW·h；

　　　 n ——风机台数；

　　　 v_1 ——风机切入风速，单位为 m/s；

　　　 v_2 ——风机切出风速，单位为 m/s；

　　　 $p_i(v)$ ——第 i 台风机在风速为 v 时的发电功率，单位为 MW；

　　　 $f_i(v)$ ——第 i 台风机轮毂高度处风速概率分布，是对风速时间序列进行拟合得到的威布尔分布。

理论计算的风电场发电量是毛发电量，需要折减各种损耗后得到净发电量。

$$E_{net} = E_{th}(1 - L_{total}) \tag{2-3}$$

式中　E_{net} ——风电场年上网电量，即净发电量，单位为 MW·h；

　　　 E_{th} ——风电场理论发电量，单位为 MW·h；

　　　 L_{total} ——确定性综合折减系数。

风电场发电量的损耗是多方面的，经归纳分类，折减因素主要包括尾流损失折减、风机可利用率折减、风机功率曲线保证率折减、电气损耗、叶片污染折减、控制和湍流折减、环境损耗、缩减损耗等。

（1）尾流损失折减。

风经过风机叶轮后，能量被吸收，风速会降低，在风机下风向会形成尾流。尾流降低了下风向风机的发电量，尾流影响程度受风机间距、推力系数曲线和大气稳定度等因素的影响，一般可通过优化风机布置来降低风电场发电量的尾流损耗。一般来说，风能资源计算软件（如 WAsP、Windsim、Meteodyn WT）都会计算整个风电场的尾流损耗情况，并在理论发电量结果中扣除尾流损耗。通常宜把风电场的全场尾流损耗控制在 8% 以内。

（2）风机可利用率折减。

当风速和其他条件（气候和电网）在风机说明书中规定的范围内时，风机发电的时间占总时间的百分比，称为风机的可利用率。风机可利用率是评价风机质量的最重要的综合指标之一，用于评估风电项目的发电量，并作为风机质保和惩罚评判的标准之一，风机可利用率一般由风机供应商提供的最低质量保证。国内风电行业的做法是通常要求风机厂商供应的风电场全部风机的平均可利用率达到95%及以上，具体取值需要根据对风机设备及其制造商的信心、市场口碑来判断。

（3）风机功率曲线保证率折减。

风机制造商一般会对功率曲线给予最低保证，保证的基准是合同中规定的现场空气密度下理论功率曲线值，风机实际运行的功率曲线要尽量接近该理论功率曲线。对于变桨风机来说，其姿态调整有一定的时间延迟，不可能与风速变化完全同步。加之运行中的风机叶轮旋转存在巨大的旋转惯性，风速短时升高或阵风，并不能改变叶轮转速而增加发电量，于是产生了高风滞后折减。通常要求风机厂家保证实际功率曲线不低于理论功率曲线的95%，功率曲线符合比例计算方法如下式：

$$k=\frac{\sum F(v_i)P_{\text{real}}(v_i)}{\sum F(v_i)P_{\text{th}}(v_i)}\times 100\% \tag{2-4}$$

式中　$F(v_i)$——第 i 个风速区间的概率，用威布尔累计分布函数求得；

　　　$P_{\text{real}}(v_i)$——第 i 个风速区间中间值的实际功率，即实际的功率曲线；

　　　$P_{\text{th}}(v_i)$——合同规定的理论功率曲线。

（4）电气损耗。

电气损耗包括风机励磁系统和冷却系统等方面的自耗电、各级输电线路的发热损耗、变压器损耗等，是不可避免的损耗。电气损耗的影响因素较多，如发电机原理、电压等级、输电线长度和变压器特性甚至风频分布等。

（5）环境损耗。

自然环境有时对风机发电有负面影响，比如叶片的污染导致其气动性能降低。由于风机运行期长达 20 年，有些环境因素造成的发电量折减是长期的、缓慢的，有些则是可以预见和每年都发生的。主要的环境损耗因素包括性能退化，由于凝冻、雷电、冰雹等引起的停机，树木生长引起地表粗糙度变化和其他不可抗力等。

（6）缩减损耗。

有时为达到某些目的而人为降低风机输出功率，如降低噪声、降低荷载或电网限负荷等。缩减损耗主要包括扇区管理、电网限电和环保限制降功率运行。扇区管理是为了避免某一扇区的过高湍流或入流角对风机造成荷载超标，在该扇区采取降低功率或停机的措施。电网限负荷主要是由于电网限功率或购电协议缩减。环保限制降功率主要指为了降低噪声或光影闪变对居民和环境的影响而降低发电功率。

风电场年上网电量折减项及其参考取值如表 2-23 所示。

表 2-23　风电场年上网电量折减项及其参考取值表

序号	折减项名称	低值 / %	典型值 / %	高值 / %
1	空气密度折减	根据规范相应公式计算		
2	尾流损失折减	根据规范相应公式计算		
3	风电机组可利用率折减	3	5	5
4	风电机组功率曲线保证率折减	3	5	5
5	电气损耗折减	2	4	5
6	叶片污染折减	1	2	3
7	控制和湍流折减	2	3	4
8	气候影响折减	2	5	10
9	风机吊装平台场地平整折减	0	1	2
10	扇区管理折减	根据实际情况确定		
11	周边风电场尾流影响折减	根据实际情况确定		
12	电网调度折减	根据实际情况确定		
上述 3~9 项折减的综合折减修正系数		0.877	0.775	0.704

5. 技术经济对比分析

技术经济对比应计算各风机机位处风能特征参数，并初步判断风电场风机布置方案是否符合风机安全性要求，风能特征参数宜包括平均风速、极端风速、湍流强度、最大入流角、风切变指数等。项目技术经济合理性分析主要分析项目技术上是否可行，经济上是否满足项目投资者获得期望投资回报的要求。

山区风电场发电量计算工作流程图如图 2-35 所示。

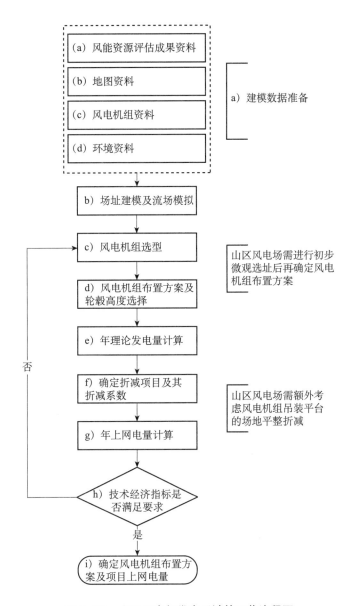

图 2-35　山区风电场发电量计算工作流程图

2.3.3.3　过程检验和成果合理性分析

山区风电场发电量计算过程检验和成果合理性分析主要包括建模数据检验、流场模拟检验、风机选型和布置方案检验、发电量计算成果合理性分析 4 个方面。

1. 建模数据检验

根据周边风电场的风能资源水平、参证气象站数据、再分析数据等资料，采用类比法对建模数据进行合理性分析。其中，地形图合理性分析与检验内容主要包括：

（1）相邻等高线高程数据差值与数据等高距是否一致。

（2）等高线是否有交叉。

（3）粗糙度数据坐标系与等高线坐标系是否一致，数值对应等高线地形是否基本符合现实环境。

（4）测绘地形图边界是否包含风电场布机点位地形。

2. 流场模拟检验

通过模拟的测风塔处各高度平均风速交叉验证误差，分析模型的粗糙度、大气稳定度参数设置是否合理，如测风塔处各高度平均风速交叉验证误差超过 5%，则需重新调整模型参数。通过对比周边参证风电场的实际风向、参证气象站数据和再分析数据资料，采用类比法分析模型模拟风向扇区的合理性。可根据各机位处模拟风速与机位海拔正相关关系，分析各机位处模拟风速结果的合理性。

3. 风机选型和布置方案检验

对照检验各机位处平均风速、极端风速、湍流强度、入流角、风切变指数等参数是否超过所采用机型的设计值。分析风机布置方案是否按能源行业标准 NB/T 10103—2018《风电场工程微观选址技术规范》中规定的敏感因素安全距离进行了合理避让。分析风机布置方案是否符合国家标准 GB 3096—2008《声环境质量标准》对噪声限值的规定。从风机运输、吊装建设的角度分析风机布置方案的合理性，与已建成山区风电场运行结果进行比较，分析大气回流、高湍流、主风向遮挡地形等可能引起气流畸变的机位的合理性。

4. 发电量计算成果合理性分析

根据与周边山区风电场发电量计算结果比较，采用类比方法分析评估风电场发电量计算结果的合理性。采用不同的模型计算评估风电场发电量计算结果，对比分析评估风电场发电量计算结果的合理性。根据相同风况条件下各风机发电量与单位千瓦扫风面积正相关关系，分析各风机发电量计算结果的合理性。

2.3.3.4 不确定度分析

风电场发电量计算大体上是一个统计过程，不确定性是量化估算结果可信度的一种方式。可以把风电场发电量的不确定度分为两组：影响年平均风速的不确定性和直接影响发电量的不确定性，前者可以通过敏感度分析来转化为后者。置信区间是指达到某一置信度（如95%）时，预报量可能出现的范围，也可以理解为，预报量有95%的可能性会出现在这个置信区间内。

超越概率即超越某一值的概率，如果超越概率为50%（记为P_{50}），那么实际值有50%的概率超越估计值，50%的概率低于估计值。在做不确定性分析前，风电场发电量的估计值就是P_{50}的发电量。P_{90}发电量则是对平均值非常保守的估计，是指实际值有90%的概率会超越估计值。对国外风电项目而言，P_{90}发电量是取得银行贷款的关键指标，可以避免未来风电项目投资效益低下，产生坏账。

对于正态分布，不同的超越概率对应的均值和标准差关系如下式：

$$P_{99}=\mu-2.33\sigma \tag{2-5}$$

$$P_{95}=\mu-1.96\sigma \tag{2-6}$$

$$P_{90}=\mu-1.28\sigma \tag{2-7}$$

$$P_{75}=\mu-0.67\sigma \tag{2-8}$$

$$P_{50}=\mu \tag{2-9}$$

式中　μ——均值；

　　　σ——标准差。

对于风电场发电量评估来说，μ为估算的年平均发电量，σ为年平均发电量的总不确定度，即标准差。

$$\sigma=\sqrt{\sigma_1^2+\sigma_2^2+\cdots+\sigma_n^2} \tag{2-10}$$

上式中，σ_1，σ_2，…，σ_n为n个独立的不确定性（标准差），需要逐一量化。对于山区风电场而言，不确定性通常可归纳为风数据的不确定性、风流建模的不确定性、功率转化的不确定性和折减的不确定性等。各种不确定性因素的不确定度的量化，目前尚无可循的标准，只是基于经验和一些专业风资源评价机构的建议值。如果工程师认为比通常情况更有信心，那么可以适当降低不确定度的取值；反之，如果认为比通常情况更加信心不足，就应该适度增加不确定度的取值。

■ 2.3.4　技术总结

山区风电项目通常有风能资源条件一般、建设成本高、气候条件恶劣的特点，因此，山区风电项目风机选型、风机布置和发电量计算的科学性、合理性、准确性直接影响项目投资决策和全生命周期经济效益。

　　山区风电项目的地形通常较复杂，场址内不同区域的成风机理不同，风能资源水平、风切变、湍流强度等风能资源特征不同。风机选型时，应分区统计项目风能参数，在满足风机安全性的前提下，优先选择发电效率较优的机型，避免无谓的高安全性、低发电效率机型参与机型比选，提高机型比选效率。

　　本书提出的风电风速分区及叶片长度选取范围为山区风电场项目风机选型提供了有益参考，此外，风机轮毂高度优先选择风机厂家配套的轮毂高度。需要注意的是，山区风电项目风切变通常不大，通过技术经济比较后，轮毂高度比选通常不宜选取制造商配套的最高轮毂高度。

　　山区风电项目风能资源评估和发电量计算目前均有相对成熟的商业软件，如法国美迪公司的 Meteodyn WT 软件、挪威 WindSim 公司的 WindSim 软件等。本书提出山区风电项目发电量计算过程检验和成果合理性分析，主要包括建模数据检验、流场模拟检验、风机选型和布置方案检验以及发电量计算成果合理性分析，分别针对山区风电项目测风数据质量较差、局部地区 CFD 模拟失真、风机布置敏感性因素多和发电量计算不确定性大等多个问题做了相应检验及修正，一定程度上提高了山区风电项目设计成果的科学性和准确性。

■ 2.3.5　应用实例

　　选取具有一定代表性的贵州 TYP 风电场一期工程为例，简述山区风电场的风机选型、风机布置和发电计算技术。

2.3.5.1　项目概况

　　贵州 TYP 风电场一期工程场址总体呈东西向长方形展布，东西长约 12km，南北宽约 2km，场区大部分地区海拔在 1200～1500m，最高点为场区中西部啄子崖东面的山顶（1568.5m），总体属剥蚀低中山地貌。场区整体自西向东主要由大垭口啄子崖—石门槛—牛相堡—关刀山—花尖坡等一带山脊组成，山体总体较单薄，南面坡度陡峭，近似陡崖，北面坡度相对较缓，自然坡角均在 30° 左右；场区冲沟发育，且绝大多数深切，但未切断整个山脊；山脊南侧陡壁基岩裸露，北侧植被茂密，主要以深厚草丛为主，并伴有少量灌木丛，场区总体呈西高东低且中部隆起的地势。风电场安装 24 台 FD116-2000kW 机组，总装机容量 48MW。

2.3.5.2 测风情况

TYP 风电场及其周边共设有 2 座测风塔，测风设备均采用 NRG 测风设备，测风塔高度均为 80m，测风时间均已满 1 年。TYP 风电场测风信息情况如表 2-24 所示，TYP 风电场一期工程场址范围、测风塔位置及风机布置如图 2-36 所示。

表 2-24　TYP 风电场测风信息情况表

项目名称	1 号测风塔	2 号测风塔
坐　标	106° 19′ 0.58″ E、 27° 34′ 50.34″ N	106° 22′ 54.89″ E、 27° 34′ 38.00″ N
采用的测风时段	2011 年 9 月 1 日—2012 年 8 月 31 日	2012 年 5 月 1 日—2013 年 4 月 30 日
海拔 /m	1460	1395
评价年平均风速 / (m/s)	6.39（80m）	5.91（80m）
评价年平均风功率密度 / (W/m²)	338（80m）	233（80m）
主导风向	SE（占比 19.9%）	SE（占比 14.5%）、ESE（占比 15.0%）
湍流强度等级	IEC C	IEC C
50 年一遇最大风速 / (m/s) （现场空气密度 80m 高度值）	24.2	23.4

图 2-36　TYP 风电场一期工程场址范围、测风塔位置及风机布置示意图

2.3.5.3 风机选型

根据 TYP 风电场的核准文件，本风电场核准为 24 台单机容量为 2MW 的风机，总装机容量为 48MW。

1. 南方电网公司、国家能源局对风电场接入电网的技术要求

（1）风电机组应满足 GB/T 19963.1—2021《风电场接入电力系统技术规定　第 1 部分：陆上风电》，风电机组必须具备低电压穿越功能及电能质量要求，并通过有资质的检测机构按《风电机组并网检测管理暂行办法》要求进行检测；在建和已建的风电项目，要按照《风电信息管理暂行办法》定期上报风电信息，风电机组要具备自动提交 SCADA 有关实时数据的性能。

（2）并网运行风电场，无功容量配置和有关参数整定应满足系统电压调节需求，风电机组应具备一定的输出无功能力。

（3）所选风机机型应通过相关部门的电能质量测试，所发电能符合电网相关要求。

（4）风电场应严格执行国家能源局《风电场功率预测预报管理暂行办法》。

2. 环境及风资源条件

TYP 风电场附近县气象站多年平均气温为 15.1℃，极端最高气温为 38.4℃，极端最低气温为 -8.6℃，因此，本工程可选择常温型风机（运行温度 -20～40℃）。

根据 TYP 风电场实测资料，结合附近县气象站多年及同期最大风速资料，推算得到本风电场测风塔处 80m 高度 50 年一遇 10min 平均最大风速为 30.49m/s；场区内测风塔 70m 高度风速为 15m/s 时的平均湍流强度均在 0.12 以内，根据 IEC 标准，该风电场适宜的风机应为 IEC ⅢC 类及以上风机。

3. 安装条件

TYP 风电场一期工程风机布置在两县交界区域，场区内基本为复杂山地地形，风电场海拔在 1400～1500m。根据区域场地条件，本风电场拟选风机的单机容量不宜过大。

4. 工程进度保证

所选风机生产企业应该具备足够的生产能力，以满足风电场的安装进度要求。

另外，风机生产企业应具备一定的技术实力，能够配合完成风机土建、电气等配套工程的建设，同时，应具备指导风机吊装、调试的能力，以保证项目的建设进度。

5. 运行可靠性

风电机组把风能转化为电能，各种类型的风力发电机组其发电原理基本相同，但其能量转化的机理和控制原理各有不同，且各机型的运行经验也有差异。所以选择风机时，应该考虑其运行的可靠性，包括其电能质量、对电网的要求、对运行环境适应性及可用率保证等方面。

根据当时风机市场，结合本工程特点，本项目选择了6种单机容量为2.0MW的风机进行了较详细的技术经济比较。各比选风机机型的主要技术参数如表2-25所示，功率曲线和推力系数曲线对比如图2-37和图2-38所示。

表2-25　各比选风机机型主要技术参数表

项 目		FD108-2000	XE105-2000	H111-2000	UP2000-115	CCWE-2000	FD116-2000
叶轮	叶片数	3	3	3	3	3	3
	叶轮直径/m	108	105	111	115	113	116
	扫风面积/m²	9144	8624	9677	10 380	9498	10 568
	轮毂高度/m	85	80	80	80	80	80
	转速/rpm	7.89～15.62	5.5-15	8～15.4	7.1～15.7	15	6.78～13.3
	功率调节方式	变桨变速	变桨变速	变桨变速	变桨变速	变桨变速	变桨变速
	切入风速/m	3	3	3	3	3	3
	切出风速/m	20	22	25	20	22	20
	额定风速/m	10	10	9.6	13.5	10	9.5
发电机	型式	双馈异步	永磁同步	双馈异步	双馈异步	永磁同步	双馈异步
	单机容量/kW	2000	2000	2000	2000	2000	2000
	电压/V	690	690	690	690	690	690
	安全等级	IEC Ⅲ	IEC Ⅲ	IEC Ⅲ	IEC Ⅲ	IEC Ⅲ	IEC Ⅲ
	安全风速	52.5	52.5	52.5	52.5	52.5	52.5
	运行环境温度/℃	−20～40	−20～40	−20～40	−20～40	−20～45	−20～40

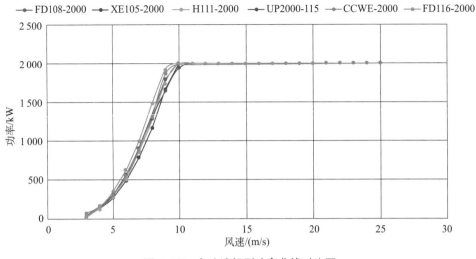

图 2-37 各比选机型功率曲线对比图

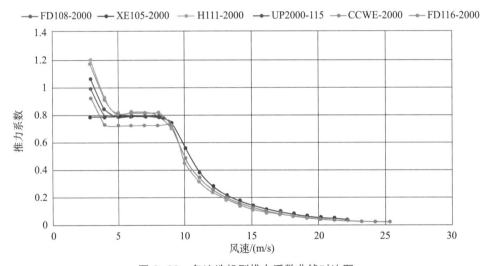

图 2-38 各比选机型推力系数曲线对比图

2.3.5.4 风机布置

首先采用 WT 软件和风电场内 2 座测风塔 80m 高度层的测风数据以及场区内 1∶2000 地形图模拟出整个场区内的风能资源分布图,然后根据上述风机布置原则和布置方式,考虑风电场区域地形、风资源条件、边界约束等因素,对本风电场进行初步布机,最后组织相关专业的人员去现场进行微观选址,对部分不合适的机位进行优化调整,从而得到本风电场的风机最终布置方案。TYP 风电场风机布置如图 2-39 所示。

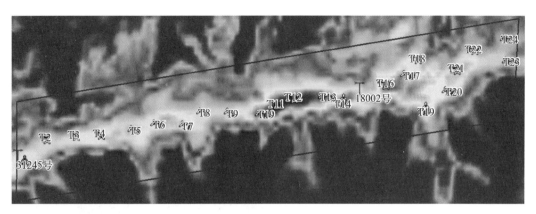

图 2-39　TYP 风电场风机布置示意图

2.3.5.5　发电量计算

风电场年上网电量是在理论发电量的基础上，考虑风机利用率、叶片污染、尾流影响、控制和湍流、气候影响以及风电场内能量损耗等因素的影响，对其进行修正得到的上网电量。根据 TYP 风电场场址的实际情况，对各项损耗进行修正折减，剔除尾流损失后的综合折减修正系数为 0.728。

根据风电场的理论发电量和修正系数，估算得到 TYP 风电场的年上网电量为112 380MW·h，等效满负荷年利用小时数为 2341h，容量系数为 0.267。

2.3.5.6　设计效果

TYP 风电场一期工程达产后，整体等效满负荷年利用小时数高于 2500h，但 10 号风机的发电量明显低于设计水平，该风机在运行过程中，振动较为严重，经建设单位、总承包单位、主机厂家三方共同确认，对 10 号风机的处理方案采取移机方式。原 10 号风机机位如图 2-40 所示。原 10 号风机机位位于主导风向（SE）的背风坡，主风向的上风向 280m 处有更高海拔的山脊遮挡，遮挡高差约 40m，导致通过该山脊的风流没有足够距离进行恢复，而存在一定真空区，导致原 10 号风机上下叶片受力严重不均，且风速较小。原 10 号风机机位真空区及其风速如图 2-41 所示。

TYP 风电场地表附着物较多、地形起伏大，导致地表粗糙度较大；风电场主导风向为 SE～ESE，与山脊走向角度较大，山脊高大陡峭，低层加速效应明显，导致高、低层风速差异小，在某个或几个高度层甚至出现负切变。由于山区风电场地形地貌复杂，导致不同区域湍流强度等级不同，加之各机位处无实测湍流数据，后续山区风电场设计过程中，风机选型时，湍流强度等级宜以等级高的为标准。

山区风电场山脊区域由于气流受压加速，风能资源通常较好。迎风坡、背风坡、谷地区域风能资源较差，后续山区风电场设计过程中，考虑迎风坡为谨慎风机布置区、背风坡为禁止风机布置区。

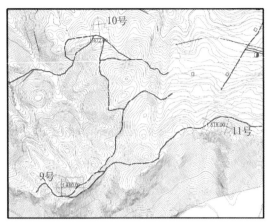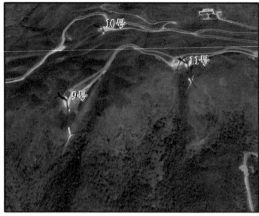

图 2-40　TYP 风电场 10 号风机机位示意图

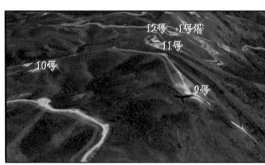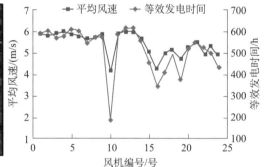

图 2-41　TYP 风电场 10 号风机机位真空区及其风速示意图

2.4　风电场风机微观选址

风电场风机微观选址是依据风电场宏观选址确定的风电场场址范围和业主推荐（或招标确定）的风机机型，结合风能资源、气象、地形、地质及限制性因素等方面的条件，分析风能资源分布特性，复核风机适应性，确定风机布置方案，并复核风电场发电量等相关工作，整个过程通常由业主、设计单位、风机厂家共同完成。

风电场风机微观选址是风电场设计工作中的核心环节之一，是实现资源利用和建设成本综合最优的关键，主要涉及的专业有风资源、地质、道路、土建、施工、电气、环水保等专业，是需要各专业相互配合的系统工作。山区风电场往往具有气象条件多变、地形复杂、交通条件差、地质条件复杂、敏感因素多等特征，山区风电场风机微观选址通常比一般风电场难度更大，不确定性因素更多，风电场风机微观选址工作的质量高低将直接影响到山区风电场项目的成败。

2.4.1 风机微观选址基本原则和要求

2.4.1.1 基本原则

（1）风电场风机布置应遵循节约和集约用地的原则，用地应符合土地利用规划的相关要求。

（2）风电场风机布置应满足资源开发利用、生态与环境保护等相关要求。

（3）在满足风电机组安全性要求的前提下，应综合考虑场区风能资源、场地利用、工程建设条件和工程造价等因素合理排布风机，风机排布应相对紧凑。

（4）最终确定的风电场风机布置方案，其风电场全场风机平均尾流损失宜小于8%，单台风机的尾流损失宜控制在15%以内，单台风机的入流角不宜超过8°。

2.4.1.2 基本要求

风机微观选址应按前期初步确定的风电场风机布置方案开展相关工作，其主要任务是对前期初步确定的机位进行现场踏勘，现场查验机位的地形地质、交通运输、施工建设等方面条件是否满足实施阶段要求，核查机位周围是否存在前期地形图等测绘资料未反映的敏感性限制因素。风机微观选址基本要求主要包含以下几方面：

1. 风机机位选择要求

风机机位应选在地势较高、地形开阔、风能资源较好的位置处，且应避开敏感区域、限制区域以及地质灾害区域，同时，与居民区（点）、厂矿、重要建筑物、铁路、高等级公路、电力线路等需避让的对象应满足足够的安全距离。风机的布置还应考虑噪声和阴影闪变对居民区（点）、厂矿、企事业单位等的影响。对于存在凝冻结冰的风电场，还应考虑风机脱冰、甩冰对周围环境的影响。具体要求可参考能源行业标准 NB/T 10103—2018《风电场工程微观选址技术规范》等相关规范。风机微观选址阶段初步确定的风电场风机布置方案宜有一定的备选风机机位，备选风机机位数量宜为风电场总风机机位数量的 5%～10%。

山区风电场的风机机位一般位于地势较高的山顶或山脊，当由于建设条件或敏感因素限制，风机不能布置在山顶或山脊时，风机布置方案应考虑山顶或山脊的影响，风机轮毂的高程不宜低于山顶或山脊的高程，且风机机位距山顶或山脊应有足够距离。

对于风机机位处于迎风面的情况，风机机位距山顶或山脊的水平距离宜大于 10 倍风机机位地面高程与山顶或山脊高程的高度差；对于风机机位处于背风面的情况，风机机位距山顶或山脊的水平距离宜大于 15 倍风机机位地面高程与山顶或山脊高程的高度差。

当风机机位处于垭口或峡谷地带时，必须对风能资源进行分析计算，综合考虑后确定风机的位置。

当风机机位附近有障碍物、小山丘等突变地形时，风机布置方案应考虑其影响。突变地形位于主风能方向时，风机机位距突变地形的水平距离宜大于突变地形高度的 10 倍；突变地形位于非主风能方向时，风机机位距突变地形的水平距离宜大于突变地形高度的 5 倍。

当风机机位处于悬崖附近时，风机机位距悬崖边缘应有足够的安全距离。

对于紧邻周边其他风电场的风机机位，应考虑风电机组的安全性和风机的尾流影响是否满足有关要求。

2. 风机布置要求

复杂地形山区风电场通常地势起伏较大，不同区域风速变化显著，对于地形简单的山区风电场，风机布置方案可按常规方式进行；对于地形复杂的山区风电场，风机布置方案应根据场区地形条件和风能资源分布，计算各风机机位的风能资源和发电量，并综合考虑各风机机位的风机安全性、工程建设条件、工程造价等因素，经技术经济比较后确定。

通常垂直主风能方向的两风机间的间距不宜小于 3 倍风轮直径，平行主风能方向的两风机间的间距不宜小于 5 倍风轮直径。

对于主风能方向特别集中，且主风能方向与山脊（山梁）垂直或接近垂直、风机呈单排布置的情况，两风机间的间距可适当减小，但两风机间的间距一般不宜小于 2 倍风轮直径；对于主风能方向不集中的情况，风机间的间距宜调整加大。对于风电场风机布置方案中出现两风机间的间距小于 2 倍风轮直径的情况，宜对风电场的风机布置方案进行论证分析。

当风电场风机布置为多排布置时，风机排布应尽可能按垂直于主风能方向进行排布，前后两排风机宜采用交错布置。

对于风能特征参数变化较大、存在多个安全等级的风电场，可采用多种风机机型混合布置方案，但风机机型种类不宜超过 3 种，轮毂高度不宜超过 3 个。

3. 工程建设条件与项目经济性要求

山区风电场风机微观选址除需考虑上述要求外，还需考虑风电场的工程建设条件以及项目业主对项目经济性等方面的要求。

风机微观选址过程中需充分考虑风机机位的工程建设条件，并对工程建设条件进行充分分析，风机布置应满足工程施工和运行维护对风机机位场地的要求。当存在以下几种情况时，还应综合考虑项目的经济性，合理确定风机机位是否采用。

（1）施工和运输难度大的风机机位。

（2）工程施工后风机机位基面较原天然地面高度降低超过 10m 且发电量较低的风机机位。

（3）距离其他风机较远、建设成本高的单台风机机位。

■ 2.4.2　风机微观选址过程及主要工作内容

2.4.2.1　微观选址前期准备工作

1. 现场风机微观选址前需准备的资料

（1）风机坐标表。现场风机微观选址前，应根据前期掌握的风电场的地形地质条件、风能资源条件以及各类限制性因素等，完成风电场的初步风机布置方案，初步规划现场风机微观选址的场内外交通路线，整理出风机坐标表，制作 KMZ 或 KML 文件。风机坐标表宜包含各风机机位的大地坐标、平面坐标和高程等信息，风机坐标表中还应包含备选风机机位的坐标信息。

（2）风机布置图。现场风机微观选址前，宜制作风电场风机布置图。风电场风机布置图宜为在不小于 1∶2000 比例尺全要素地形图上的风机布置图，图中应包含备选风机机位，图纸宜采用彩色打印。

（3）现场微观选址记录表。现场风机微观选址前，宜制作现场微观选址记录表。现场微观选址记录表宜包含风机编号、坐标、高程、周边环境信息以及交通运输和施工安装条件等信息，每个风机机位应有 1 张现场微观选址记录表。

（4）微观选址现场工作手册。为了更高效、安全地开展现场风机微观选址，现场风机微观选址前，宜编制风电场风机微观选址现场工作手册；现场工作人员宜每人携带1份风机微观选址现场工作手册。手册主要内容宜包含工程基本情况，风电场微观选址期间的天气预报，项目现场的社会环境、地理环境，微观选址工作内容、工作人员、工作进度安排、进退路线，现场工作注意事项，微观选址工作危险源辨识，应急救援组织机构和应急处置措施等内容。

2. 现场风机微观选址前需准备的设备物资

山区风电场风机微观选址短则三五天，长则十天半月，甚至更长，因此，需把设备物资准备充分，以便能高效地完成选址工作。需准备的主要设备物资如下：

（1）交通车辆，最好是越野车。

（2）定位设备，如手持 GPS、手机版奥维地图等。

（3）影像设备，如照相机、无人机。

（4）通信设备，主要为手机或对讲机，并备好备用电池。

（5）便携式计算机。

（6）药品，如防蚊虫叮咬、防蛇咬伤的药品。

（7）劳动保护用品。

（8）水和食品。

（9）用于定位标识的物品，如油漆、木桩等。

2.4.2.2 现场信息核实

现场信息核实是风机微观选址的主要工作内容之一，前期收集资料的准确与否是初步风机布置方案是否可行的基础，通过现场信息核实验证初步风机布置成果的合理性，并最终确定风机布置。风电场风机微观选址现场应主要核实以下信息：

（1）风电场风能资源和发电量计算采用的测风塔的坐标、仪器安装与设置，以及周边环境等信息。

（2）包括备选风机机位在内的所有风机机位的地形地貌、周边障碍物、工程地质和水文条件等信息。

（3）风机机位占地的土地属性、行政区划边界、地表附着物、应予以避让的区域及其距离、交通运输和施工安装条件等信息。在现场对每个风机机位信息进行核实时，宜对每个风机机位处及周边的环境进行影像拍摄，并做好相应记录。现场记录宜采用如表 2-26 所示表格进行记录。

表 2-26 XXX 风电场风机微观选址现场定位记录表

工程编号			工程名称			
记录人			日 期		天 气	
风机机位编号			风机机位坐标			
		经度：		纬度：		坐标系：
		$X=$		$Y=$		$Z=$
风机机位及其周边环境						
风能资源条件						
工程地质条件						
交通运输条件						
施工安装条件						
避让情况						
其 他						
建设单位（签字）		设计单位（签字）			风电机组厂家（签字）	

2.4.2.3 风机机位调整与确认

当风机机位现场信息与前期成果吻合，风机机位点的地形地质条件满足施工安装平台布置、风机基础稳定性、运输道路布置的要求，同时满足与周边敏感点安全距离要求，土石方工程量变化不大时，应按照初步风机布置方案的风机机位进行定位确认。当需要对风机机位进行微调后才能满足上述要求，且微调后的风机机位与相邻风机的相互影响仍应满足风机安全性和项目经济性的要求时，应对微调后的风机机位进行定位确认。当风机机位现场信息与前期资料差异较大，不符合风机布置要求时，应通过满足要求的备选风机机位予以置换。当置换后的风机机位满足有关要求后，应对置换后的风机机位进行定位确认。

当风机机位出现下列情形时，宜对风机机位进行调整、置换或取消：

（1）风机机位附近出现地形陡变、障碍物遮挡。

（2）风机机位附近出现凸起的山头、山梁。

（3）风机机位跨越省、市（地区）、县级行政区域边界。

（4）风机机位与文物保护距离不满足有关规定。

（5）风机机位位于地质灾害区域。

（6）风机机位位于采石场或取土场附近，且相互间的距离不满足风机基础安全性和稳定性要求。

（7）风机机位与应予避让对象的距离不满足有关规定。

风机机位调整后，工程设计方和风机厂家应对调整后的风电场发电量和风机安全性进行复核。对于调整后发电量降低至不满足经济性要求或风机不满足安全性要求的风机机位，应通过满足要求的备选风机机位予以置换。若现场无合适位置调整，备选机位不够用，则可考虑论证采用小间距布置方案的合理性和安全性，否则就减少机位，降低装机规模。

现场风机微观选址应对每个风机机位进行确认定位，并应填写风机微观选址现场定位记录表，参与现场风机微观选址的各方应在记录表上签字。

经现场核实后，若风机机位发生了调整变化，现场微观选址人员应及时填写风机微观选址前后风机机位坐标变动表。风机微观选址前后风机机位坐标变动宜采用如表 2-27 所示表格进行记录。

表 2-27　XXX 风电场风机微观选址前后风机机位坐标变动表

工程编号				工程名称			
风机编号	微观选址前坐标			微观选址后坐标			备　注
	X	Y	Z	X	Y	Z	
1 号							
2 号							
3 号							
……							
建设单位（签字）： 设计单位（签字）： 风电机组厂家（签字）：							

2.4.2.4　风机机位定位与标识

对于选定的风机机位，应在现场确定其位置、坐标，并在现场做出标识，所做标识应鲜艳、耐久，易于查找，如在机位中心位置打木桩、喷油漆等。对于处于植被茂密地区的风机机位，宜扩大标识范围。

2.4.2.5　工程建设条件分析

在风电场现场风机微观选址过程中及选址工作结束后，各专业技术人员应及时对风电场各风机机位的工程建设条件进行分析，以便及早确定风电场的最终风机布置方案。

工程建设条件分析主要包括对风电场每个风机机位的工程地质条件、交通运输条件和施工安装条件等方面的分析。工程地质条件分析内容宜包括对每个风机机位及其周边的地形地貌、地层岩性、地质构造、场地稳定性、场地建设适宜性、是否存在地质灾害等方面做出分析和评价；交通运输条件分析内容宜包括对每个风机机位的道路交通的修建条件、设备设施的运输条件等方面做出分析和评价；施工安装条件分析内容宜包括对每个风机机位的施工建设条件和设备安装条件做出分析和评价。工程建设条件是否满足有关要求是各风机机位能否得以确定的前提，若不满足要求，则调整或取消风机机位。

■ 2.4.3　风能资源、发电量复核及安全性评估

2.4.3.1　风能资源及发电量复核

在风电场现场风机微观选址工作结束后，对于最终确定的风电场风机布置方案，设计方应对该方案的发电量进行复核计算。

风电场发电量计算条件宜包含以下内容：

（1）计算软件：适用于山区风电场的 CFD 模型软件，或经过验证的其他模型软件。

（2）地形图：风电场场区为 1∶2000，场区外围为 1∶10 000。

（3）测风数据：测风塔代表年测风数据。

（4）风机机型：项目业主确定或招标确定的风机机型。

（5）风机布置：采用经建设单位、风机厂家和设计单位相关人员现场风机微观选址后确定的风机布置。

（6）折减修正系数：采用考虑尾流修正、空气密度修正、风机可利用率、风机功率曲线保证率、控制与湍流折减、叶片污染折减、场用电和线损等能量损耗、电网故障率及电网影响折减、气候影响折减以及不确定因素折减后的综合折减系数。

风电场发电量成果应包括风电场和各风机机位的理论发电量、受尾流影响后的发电量以及经综合折减后的上网电量，还应包括各风机机位的风速、风功率密度、湍流强度、入流角和尾流影响值等。

2.4.3.2 风电机组安全性评估

风电机组安全性评估工作通常由风机厂家承担并完成，风电机组安全性应满足国家标准 GB/T 18451.1—2012《风力发电机组　设计要求》和 GB/T 18451.2—2021《风力发电机组　功率特性测试》中的有关规定。

在风电场现场风机微观选址工作结束后，风机厂家对最终确定的风电场风机布置方案中的各风机机位的风电机组安全性进行详细评估，确定最终风机布置方案的各风机机位的风电机组安全性是否满足有关要求。若不满足安全性要求，则反馈给设计方调整机位，直至全部满足安全性要求，并给出风电场风电机组安全性的最终评估结论。风电机组安全性评估主要包括对场址环境条件的评估和对风电机组载荷安全性的评估。

1. 场址环境条件评估

场址环境条件评估主要对风电场各风机机位点的环境条件是否满足风电机组的环境设计值要求进行评估。评估内容主要包括对下列环境参数的评估：

（1）与机组载荷相关的环境条件参数。主要包括空气密度、年平均风速、参考风速、50 年一遇极大风速、湍流强度、风切变、入流角、风速威布尔分布、风机间的尾流影响、地震和冰载等。

（2）与机组零部件设计适用范围相关的环境条件参数。主要包括温度、湿度、雷暴、海拔、绝缘等级和防护等级等。

根据计算得到的风电场各风机机位点的环境条件参数，与风电机组的环境设计值进行对比，同时，对风电机组零部件设计使用范围相关参数是否在风电机组零部件的设计包络范围内进行评估。当不满足风电机组的环境设计值时，需对风机机位进行调整；当不满足风电机组零部件设计允许值时，需对风机机位进行调整，或调整风机机型，或修改风电机组零部件的设计。

当风电场处于某些特殊区域时，需对风电机组的安全性进行特别评估。当风电场处于地震烈度大于Ⅵ度的区域时，需对地震载荷与风电机组运行载荷的叠加进行计算和评估；当风电场处于一年结冰时间超过24h的区域时，需对风电机组在运行和停机状况下叠加覆冰载荷后的风机载荷进行复核计算和评估。

2.载荷安全性评估

载荷安全性评估主要对风电场各风机机位点的实际环境条件下风电机组载荷是否满足风电机组设计载荷值的要求进行评估，主要对风电机组的极限载荷和疲劳载荷进行评估。通常分以下2类进行风电机组载荷安全性评估：

（1）根据场址风机机位点环境参数，通过与设计环境参数比较进行安全性评估。该评估方法适用于风电机组的设计值在场址各风机机位点的环境参数包络范围内，或者可以通过定量的等价表达式计算的情形。

（2）根据场址风机机位点环境参数计算的载荷与风电机组的设计载荷比较进行安全性评估。该评估方法适用于复杂地形条件的场址，其场址风机机位点环境参数一个或多个超过风电机组设计值，且不能通过上述（1）类中描述的通过等价表达式计算的情形。

风电机组载荷安全性评估主要对叶片截面、叶片根部、轮毂中心、塔筒顶部和塔筒底部以及塔筒各截面的极限载荷和疲劳载荷进行评估。将计算得到的风电场各风机机位点的载荷值与风电机组的设计载荷值进行对比，若不满足风电机组的设计载荷值，则需对风机机位进行调整或取消。

2.4.4 技术总结

山区风电场通常具有地形陡峭复杂，地貌多灌木丛林、植被较茂密，地质条件复杂，气候风况复杂多变，道路崎岖、弯道多、坡度大，场址区内一般无已有道路，涉及的生态红线、林地等敏感因素多等特点，这使得山区风电场的风机微观选址工作十分不易。山区风电场风机机位点的风能资源的好坏、工程建设的可实施性、工程建设成本的大小等是关系山区风电场项目投资收益率的关键。因此，对于山区风电场，风机微观选址工作是整个山区风电场建设工作中十分关键的一步，相比平原风电场，其工作内容和工作难度更大，工作要求更高。山区风电场风机微观选址工作宜按照如图2-42所示流程开展工作。

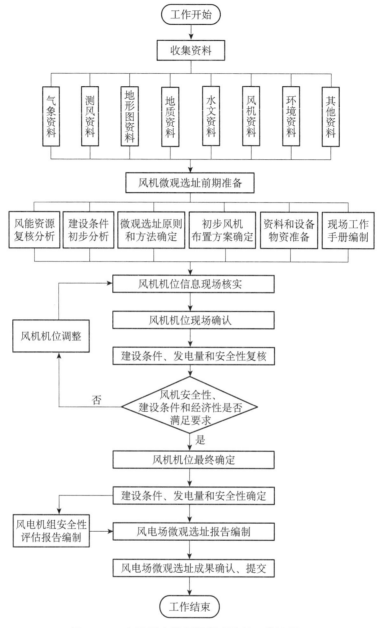

图 2-42　山区风电场风机微观选址工作流程图

　　贵阳院自 2005 年开始涉足山区风电场的勘测设计工作，在 10 余年的生产实践中，完成了 100 多个山区风电项目的勘测设计，逐步掌握了山区风电场的工程特点和规律，对山区风电场勘测设计有了深刻认识，形成了在山区风电场风机微观选址方面的专有技术，依托这些技术，主编了贵州省地方标准 DB52/T 1633—2021《山地风电场风机微观选址技术规程》，该技术标准规范了山区风电场的风机微观选址工作，对山区风电场风机微观选址工作具有良好的指导作用。

山区风电场微观选址的主要技术难点在于山区风电场复杂地形导致的风能资源分布十分复杂，而在风电开发前期工作中，大部分山区风电场的测风塔数量偏少，采用现有风能资源评估软件很难准确模拟出风电场场区的风能资源分布。这就需要在风机微观选址时对现场各风机机位处及其周边的地形地貌进行深入的分析和研判，以确定各风机机位的成风条件和受周边环境的影响程度，从而较准确地确定各风机机位的可行性。

考虑到山区风电场中风机入流角增大对风电机组的安全性和发电效益造成的不利影响，在山区风电场风机微观选址时，需严格控制风机的入流角，一般单台风机的入流角不超过8°。在风机布置方面，由于受各种条件的限制，风机间距有时无法满足3倍风轮直径的要求。在山区风电场风机微观选址时，对于主风能方向特别集中，且主风能方向与山脊（山梁）垂直或接近垂直、风机呈单排布置的情况，结合相邻风机间的高程差，通过风能资源计算分析，可减小风机间距至2倍风轮直径。

现场风机微观选址和工程建设条件分析是风机微观选址的关键环节，现场对各种信息进行核实后，需对风机机位进行调整与确认，并对风机机位的发电量、风机安全性、工程地质条件、交通运输条件和施工安装条件等进行分析，并经技术经济性比选后，最终确定风机布置方案。

■ 2.4.5 应用实例

选取具有一定代表性的贵州 ZLB 风电场工程为例，简述山区风电场风机微观选址技术。

2.4.5.1 项目简况

贵州 ZLB 风电场位于贵州西部某县境内，该风电场为典型山区风电场，场址总体呈西北—东南向展布，场址长约19km，宽约3km，面积约58km²，场区大部分地区海拔在1900～2300m。风电场规划装机容量84MW，微观选址后调整为81MW。风机沿山脊及相对开阔的缓坡地带布置，整体呈带状分布，风电场对外交通较为便利，但经过的县道弯道多，重大件设备运输较为困难。

该风电场场区地貌属构造溶蚀低中山地貌，自然边坡整体稳定，未见规模较大的岩溶塌陷、滑坡体、危岩体、崩塌堆积体、泥石流等存在。风电场区内煤矿采空区及其影响区域稳定性较差，其他区域场地整体稳定性较好。除煤矿采空区及其影响区域外，该场地基本适宜风电场建设。

该风电场风机机位相对于规划容量十分紧张，若采用常规的风机布置方法，风电场仅能布置 60MW 左右的规模，离项目前期核准规模差距较大，为尽可能接近项目前期核准规模，本项目采用了小间距布置风机方案，最小间距为 1.4 倍风轮直径。

2.4.5.2　风能资源

为开发贵州 ZLB 风电场的风能资源，开发业主在风电场区域内设有 4 座测风塔。风电场场址范围及测风塔位置示意图如图 2-43 所示。

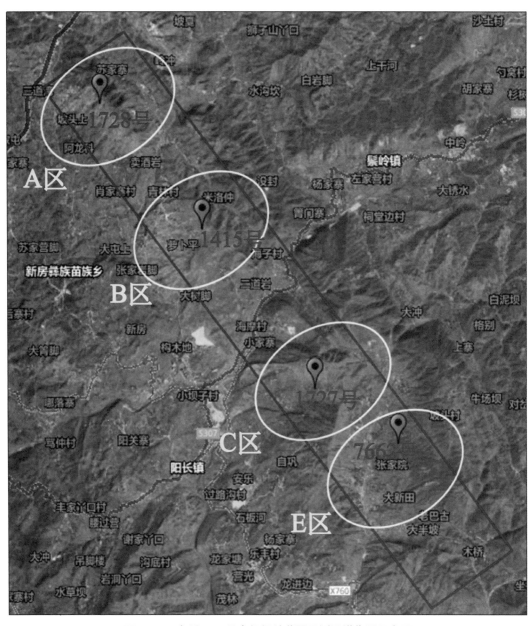

图 2-43　贵州 ZLB 风电场场址范围及测风塔位置示意图

通过对风电场区域内 4 座测风塔测风评价年测风数据的验证分析，以及对风能资源的统计计算、风能资源分布的模拟计算后，可以得到以下几点结论：

1. 风电场风能资源整体一般，部分区域风能资源较好

风电场 A 区 1728 号测风塔 86m 高度年平均风速为 4.95m/s，相应风功率密度为 119.1W/m^2；B 区 1415 号测风塔 86m 高度年平均风速为 5.44m/s，相应风功率密度为 140.8W/m^2；C 区 1727 号测风塔 86m 高度年平均风速为 6.33m/s，相应风功率密度为 206.6W/m^2；E 区 7662 号测风塔 85m 高度年平均风速为 5.99m/s，相应风功率密度为 177.1W/m^2。本风电场风功率密度等级综合评定为 1 级，风能资源整体一般，C 区和 E 区风能资源相对较好，风电场具有一定的开发价值。

2. 风电场风向稳定，风能分布集中

风电场内 4 座测风塔及参证气象资料风向基本一致，因此，风电场内测风塔处的风为区域风。风电场内风向稳定，风能分布集中，4 座塔主风向主要集中于 SE～SSW，主风能风向也主要集中于 SE～SSW。

3. 风速、风能分布较为集中

A 区 1728 号测风塔风速主要分布在 2～9m/s 风速段，所占比重约 83%，风能主要集中在 5～12m/s 风速段，所占比重约 89%；B 区 1415 号测风塔风速主要分布在 2～9m/s 风速段，所占比重约 85%，风能主要集中在 5～12m/s 风速段，所占比重约 90%；C 区 1727 号测风塔风速主要分布在 2～10m/s 风速段，所占比重约 85%，风能主要集中在 6～13m/s 风速段，所占比重约 85%；E 区 7662 号测风塔风速主要分布在 2～11m/s 风速段，所占比重约 91%，风能主要集中在 5～13m/s 风速段，所占比重约 92%。可见，本风电场风速主要集中在低中风速段，风速风能分布较集中，在风机选择时应选择低风速、大风轮直径的风机，有利于风能资源的充分利用。

4. 风电场区域风切变值变化较大

该风电场 1728 号、1415 号、1727 号、7662 号测风塔处的综合风切变指数分别为 0.074、0.08、0.142 和 0.1。受地形及下垫面植被覆盖情况影响，风电场区域风切变值变化较大，因此，在风切变较大的区域，在进行机组选型时，应适当提高风机轮毂高度，更好地利用风能，提高发电量。

5. 湍流强度属中等，50 年一遇最大风速较小

该风电场 1728 号、1415 号、1727 号、7662 号测风塔处风速 15m/s 时的平均湍流强度为 0.1106、0.1148、0.088、0.099；86m 高度标准空气密度下 50 年一遇 10min 平均最大风速为 26.7m/s，小于 37.5m/s。因此，为了最大限度地利用风电场的风能资源，同时保证风电机组的安全可靠运行，本风电场选择 IEC Ⅲ C 以上等级的风电机组。

综上分析，该风电场风能资源整体一般，其中 C 区和 E 区的风能资源相对较好。

2.4.5.3 风机选型

1. 风机机型

根据本风电场中标风机厂家的风机配置方案，最初方案为全部采用 2.0MW 直驱风机，后调整为 2.0MW 与 2.3MW 混搭直驱风机。贵州 ZLB 风电场机型主要技术参数如表 2-28 所示。

表 2-28 贵州 ZLB 风电场机型主要技术参数表

参　数	规　格	
型号	GW121/2000 陆地潮湿型	GW131/2300 陆地潮湿型
额定功率 /kW	2000	2300
叶轮直径 /m	121	131
轮毂高度 /m	85	90
切入风速 /（m/s）	2.5	2.5
额定风速 /（m/s）	8.8	8.8
切出风速（10min 平均）/（m/s）	19	23
抗最大风速（3s）/（m/s）	52.5	52.5
代表湍流强度 I_{15}	≤0.16	≤0.16
设计使用寿命 /年	≥20	≥20
设备可利用率	≥95%	≥95%
运行温度范围 /℃	-15～40	-15～40

2. 风机布置原则

本风电场为山区风电场，场区地形较复杂，地形绵延起伏，沟壑纵横，海拔在 1900～2300m。从场址区的风能资源看，地势较高处的山脊的风能资源相对较好，

据此，在考虑风机之间尾流影响的前提下，风机应尽可能布置在地势较高处的山脊上。其布置原则如下：

（1）根据风向和风能玫瑰图，使风机间距满足发电量大、尾流影响小为原则。从风电场风能玫瑰图分析，风能最大的方向是 SE～SSW，风机的布置应尽可能垂直于主风能方向展开。

（2）尽量避开风机尾流影响的地段，同时，避开风电场内的村庄和其他建筑物。

（3）力求风电场的集电线路长度最短。

（4）为便于管理、节省土地、充分利用风能资源，风机不宜过于分散。

（5）尽量不占用或少占用耕地等生产性土地。

（6）尽量避开矿产开采区、不良地质区域等。

3. 风机初步布置

根据风电场风能资源分布，基于最大利用风电场风能资源考虑，并考虑项目前期核准容量和项目业主要求等，按照风机布置原则，初步布置了 42 台单机容量为 2.0MW 的风机，装机规模为 84MW，最小风机间距为 1.2 倍风轮直径。

2.4.5.4　现场微观选址

针对本风电场 42 台风机布置方案，设计方与建设方共同进行了现场风机微观选址，各风机机位处的地形地质条件基本满足工程建设要求，对于部分地形狭窄及陡峭的位置，通过削坡、砌筑挡墙及加大道路纵坡等措施，基本可满足安装平台及道路的布置要求。各风机机位至居民点的距离均满足有关要求。

现场风机微观选址主要是对风机布置方案的风机机位进行逐一确认，并记录有关信息。贵州 ZLB 风电场部分典型风机机位现场风机微观选址记录信息如表 2-29 和表 2-30 所示。

表 2-29　贵州 ZLB 风电场 1 号风机机位现场风机微观选址信息表

风机编号：1 号			
机位坐标	$X=$×××××× $Y=$××××××	机位照片	
机位高程	2016m		

续表

地质条件	1号风机位于一个相对独立的山包顶部，周边山坡较陡，北西侧最陡，自然坡角60°～80°，局部接近直立。山顶植被稀少，基岩裸露，岩性为二叠系中统茅口组第一段 (P_2m^1) 浅灰色中厚层白云质斑块灰岩、白云质灰岩、夹燧石灰岩、泥质灰岩及白云岩等，岩体呈中风化，溶沟、溶槽较发育，宽度0.1～0.6m，推测强溶蚀带深度8m，充填可塑状黄色、黄褐色黏土。风机位及附近不存在影响风机基础地基稳定的工程地质问题，风机基础地基可能出现因强溶蚀作用导致的岩体不完整
建设施工条件	该位置为独立尖顶山包，高约50m，消顶16m左右可以满足风机安装平台的布置；道路布置困难，需沿山体进行展线，并需砌筑挡墙，增大纵坡，建设期可采用牵引车辅助大件设备运输车辆运输
敏感因素	机位附近未见信号塔、房屋、高压线路等，东侧263m处有一座坟

表2-30　贵州ZLB风电场35号风机机位现场风机微观选址信息表

风机编号：35号		机位照片	
机位坐标	$X=\times\times\times\times\times\times\times$ $Y=\times\times\times\times\times\times\times$		
机位高程	2029m		
地质条件	35号风机位于一个北西走向山脊缓坡带上，山体较雄厚，自然坡角25°～32°。风机位置植被一般发育，局部陡坎部位基岩裸露，下伏基岩岩性为二叠系上统峨眉山玄武岩（$P_2\beta$）灰绿、深灰色块状玄武岩、杏仁状玄武岩，时夹角砾状玄武岩、玄武岩砾岩、玄武质熔岩砾岩等，岩体呈强风化		
建设施工条件	该位置为山脊缓坡，消顶5m左右可以满足风机安装平台的布置；道路布置需沿山体进行展线，消顶后基本可以满足要求		
敏感因素	机位附近未见信号塔、房屋、高压线路、坟地等敏感因素分布		

　　由于贵州ZLB风电场地形较特殊，风能资源较好区域相对集中，风向和风能方向较为集中，为尽可能充分利用风电场区域的风能资源，提高风电场装机规模，基于国内外工程实例，本风电场的风机布置采用了加密排布、小间距布置方案。从目前国内外已建的风电场工程实例看，国内两风机间的最小间距已做到了1.2倍风轮直径，国外也做到了约2倍风轮直径，未见因风机间距较近而发生风机安全事故。因此，在合适的风电场采用小于2倍风轮直径的布置方案是基本可行的。但本风电场初步确定的42台风机布置方案，最小间距为1.2倍风轮直径，在国内较少见，后

经专家论证，最终确定风机间距按不小于 1.4 倍风轮直径控制，并采用混搭方案后，确定本风电场的总容量调整为 81MW，安装 30 台 131/2300 风机和 6 台 121/2000 风机，风机机位在前期 42 台的基础上保留 36 台，该风机布置方案的最小风机间距为 1.4 倍风轮直径。贵州 ZLB 风电场典型风机布置如图 2-44 所示，从该图中可以看出，风电场 38～41 号风机机位于一条西北—东南走向的山脊上，与主风向基本垂直，最小风机间距为 1.4D（D 为风轮直径）。

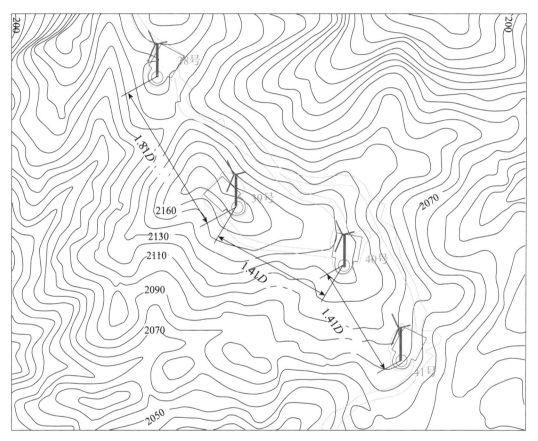

图 2-44 贵州 ZLB 风电场部分风机布置图

2.4.5.5 风电场发电量复核计算

风电场发电量复核计算条件如下：

（1）计算软件：WT 软件。

（2）地形图：风电场场区为 1∶2000，场区外围为 1∶10 000。

（3）测风数据：1415 号测风塔 2016 年 11 月 1 日—2017 年 10 月 31 日的测风数据，1727 号、7662 号测风塔 2016 年 4 月 1 日—2017 年 3 月 31 日的测风数据。

（4）风机机型：选用 GW121/2000 与 GW131/2300 风机进行混搭，塔架高度分别为 85m 和 90m。

（5）风机布置：参建各方微观选址后确定的风机布置。

（6）折减修正系数：本次综合折减修正系数取为 0.736。各项损耗修正如下：

①尾流修正：WT 软件计算时，软件已考虑了风机间的尾流影响，但考虑到本风电场风机排布较紧密，软件对尾流的估算可能偏低，故在软件基础上额外考虑 2% 的尾流损失。

②空气密度修正：风机发电量计算时，采用各风机所在位置处实际空气密度下的功率曲线进行计算，因此，无需再对空气密度进行折减。

③风机可利用率：将风电场常规检修安排在小风月，考虑到风机故障、检修以及电网故障等因素，根据当前风机的制造水平和本风电场的实际情况，以及风机厂家的承诺，本风电场的风机可利用率取 97%。

④风机功率曲线保证率：根据风机厂家提供的资料，推荐机型的功率曲线保证率取 97%。

⑤控制折减：因风机的控制无法及时跟上风的变化，导致控制出现滞后现象，从而导致电量损失，此项折减取 3%，其折减修正系数为 97%。

⑥叶片污染折减：叶片表层污染使叶片表面粗糙度提高，翼型的气动特性下降，降低了机组的输出功率，此项折减取 2%，其折减修正系数为 98%。

⑦场用电、线损等能量损耗：初步估算站用电和输电线路、箱式升压站损耗约占风电场总发电量的 3%，则此项折减修正系数为 97%。

⑧电网故障率及电网影响折减系数：本风电场电网故障及电网影响按 1% 考虑，则此项折减修正系数为 99%。

⑨气候影响折减：气候影响停机的情况主要有雷电、凝冻等恶劣天气。结合省内已建成的风电场实际运行情况，以及本风电场的实际情况，气候影响停机折减取 6%，其折减修正系数为 94%。

⑩不确定因素折减：其他未考虑的因素，如软件计算误差、地图数据误差、平台开挖、代表年订正等存在较大的不确定因素。综合考虑这些因素，最终不确定因素折减取 6%，其折减修正系数为 94%。

⑪场平折减：本风电场为山区风电场，施工过程中各机位的海拔将有所下降，各机位的发电量也将有所降低，结合本风电场的地形及风资源，经综合考虑，本风电场的场平折减取 3%，其折减修正系数为 97%。

根据风电场的测风数据、地形图、风机参数等资料，以及风电场最终风机布置方案，采用 WT 软件，计算得到风电场考虑尾流影响和空气密度影响后的发电量，再在此发电量基础上，考虑风机利用率、功率曲线保证率、叶片污染、控制和湍流、气候影响以及风电场内能量损耗等因素的影响，对其进行折减修正得到风电场的上网电量。

经计算，贵州 ZLB 风电场的年理论发电量为 221 054MW·h，年上网电量为 162 698MW·h，等效满负荷年利用小时数为 2009h，容量系数为 0.229，平均入流角为 4.6°，最大入流角为 16.2°，平均尾流影响为 4.6%，最大尾流影响为 16.2%。经微观选址后，贵州 ZLB 风电场最终风机布置图如图 2-45 所示。

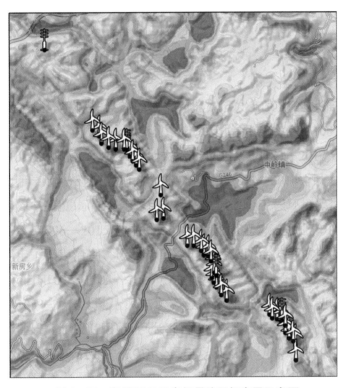

图 2-45　贵州 ZLB 风电场最终风机布置示意图

第3章 ●●●

山区风电场工程勘测

3.1　地形测绘

■ 3.1.1　山区风电场地形测绘特点

山区的地形通常是峰峦起伏、坡度陡峻、植被较茂密。山地表面形态奇特多样，有的彼此平行，绵延数百公里；有的相互重叠，犬牙交错。山由山顶、山坡和山麓三个部分组成，平均高度都在海拔 500m 以上。它们以较小的峰顶面积区别于高原，又以较大的高度区别于丘陵。

目前我国陆域风电场大部分选址在人烟稀少的山区，地物相对较少，但风力较大，山区风电场工程一般沿山脊布置，主要特点如下：

（1）测区高差大。山区风电场一般建在山脊、山顶等风力较大区域，与测区附近区域相比，相对高差一般在 200～400m 左右，甚至高达 1000m 以上。

（2）测区外业作业条件恶劣。作业区天气变化频繁，人烟稀少，交通不便。

（3）测区范围广。山区风电场项目开发规模大，测区范围广。

（4）植被覆盖较密集。绝大部分山区风电场的植被茂密，植被覆盖厚。

（5）建设周期短。多数山区风电建设项目从勘测设计到发电一般需 1 年时间，勘测设计周期 2～3 个月，测绘工期一般在 1～1.5 个月左右。

开展测绘工作前，应开展现场踏勘，编写踏勘报告，了解测区的行政隶属［省、市、县、乡（镇）、村］、地理位置（经纬度范围）、对外交通条件（铁路、公路等）、场内交通条件（公路、小路等）、水系分布及特征、植被分布及通视条件、居民地分布及特征、地物分布及特征、地形地貌及特征、作业期间气候情况（风、气温、雨水等）、民族分布及语言习惯、治安环境及卫生条件等，明确测绘作业困难类别。

根据测区的实际情况，有针对性地进行测绘技术方案设计，选取性能稳定、精度符合要求并在检定有效期内的测绘仪器设备。在开展测绘工作前，应收集测区附近相关资料，并对资料成果质量进行检核。

山区风电项目的场址开发范围较大，应根据风电规划选址、地质勘察、设备运输等方面的需要，正确选取测区地形图比例尺，应综合考虑已知点位置、测区形状、风机选址、场内交通等情况布设测区基本控制网。

■ 3.1.2　山区风电场地形测绘方法

地形测绘是指测绘地形图的作业，即测定地球表面地物、地形的高程以及投影后的位置，并按一定比例缩小，用符号和注记绘制成地形图。地形测量一般包括控制测量与碎部测量，控制测量是为了在测区内或周边先测定一定数量的平面控制点和高程控制点，作为地形测绘的依据；而碎部测量是测绘测区内的地物特征点、地形。

山区风电场测绘内容主要包括基本控制测量、图根控制测量以及地形图测绘。针对山区风电场工程地形高差大、范围广、建设周期短等特点，基本控制测量通常采用卫星静态定位的方式。地形图测绘则采用数字测量的方式，主要包括全站仪、GNSS RTK（Global Navigation Satellite System Real Time Kinematic，全球导航卫星系统实时动态定位技术）、航天航空摄影测量、激光扫描。

3.1.2.1　基本控制测量

根据风电场不同阶段测绘要求，结合控制网设计原则、实际用途，并兼顾经济节约的目的，山区风电场基本控制测量宜采用 GNSS 静态相对定位测量，将高程控制网与平面控制网两网合一。基本控制网在布设前应结合已有国家控制点分布，并充分了解测区交通、通信等情况。

3.1.2.2　全野外数字化测图

全野外数字化测图主要包括全站仪测图与 GNSS RTK 测图，主要应用于山区风电场大比例尺地形图测绘以及场区重点测绘区域。

全站仪地形测绘一般配置两名作业人员，每一点的数据采集通常需 3～4s，数据可自动存储，减少了工作人员数量又避免了手工记录易错的缺点，但全站仪测图应用于大高差、大范围、作业条件复杂的山区风电场工程项目仍存在一定的局限性。使用全站仪测图，全站仪与测点间需要通视，在山区风电场工程高差大且植被茂密的区域，全站仪与测点之间通视条件较差甚至无法通视，导致在此区域全站仪无法进行测量。全站仪测程短，在大范围的山区风电场工程测绘中需要频繁地搬站，降低了工作效率。

GNSS RTK 测图是以数据传输技术与载波相位测量高度结合的实时差分 GNSS 测量技术，根据测量方法不同可分为传统 RTK 与网络 RTK。传统 RTK 需要架设本地参考站，随着流动站与基准站之间的距离增大，会造成测量精度降低，可靠性不高。网络 RTK 是基于连续运行参考站系统（Continuous Operation Reference Station, CORS）的高精度导航卫星定位技术。CORS 系统是在一个城市或国家，根据需求建立的常年连续运行的一个或若干个固定的 GNSS 参考站。利用计算机、数据通信和互联网技术将各个参考站与数据中心组成网络，实时将参考站数据传输到数据中心，利用数据处理软件进行处理并向用户自动播发不同类型的 GNSS 原始数据和各种类型的改正数据等。相较于传统 RTK，网络 RTK 不需要架设本地基站，但需与数据播发中心网络连接并接收改正数据。

RTK 地形测绘不需与控制点通视，不再受到控制点距离及密度限制。RTK 测图可实现全天候作业，自动化与集成化程度高，减少了辅助测量和人为误差，保证了作业精度。但无论是网络 RTK 还是传统 RTK，其工作原理都是通过接收基准站的改正数据或观测数据来求解流动站的三维坐标，而在山区风电场工程中的部分区域无法保证流动站与基准站之间的有效连接，诸如植被茂密的作业区域、山沟底等信号遮挡严重区域以及强辐射干扰区域将无法进行地形测绘。

3.1.2.3 航天航空摄影测量

摄影测量是基于光学或数码摄影机的影像，确定被摄物体的形状、大小、位置、性质和相互关系的一门科学和技术。摄影测量按摄站位置可分为航天摄影测量、航空摄影测量以及地面摄影测量。针对山区风电场工程的特点，地形测绘主要使用航天摄影测量与无人机航空摄影测量。航天摄影测量是将摄影仪搭载在卫星上，而航空摄影测量主要是在无人机上搭载摄影仪，但二者均是利用航摄仪器对地面连续摄取的像片，结合地面控制点测量、区域网平差、调绘和立体测绘等作业工序，从而绘制出地形图。航空航天摄影测量流程如图 3-1 所示。其中航天摄影测量主要应用于山区风电场选址规划阶段 1:10 000 大面积地形图测绘，若需要现势性强的更大比例尺地形图则宜采用无人机航空摄影测量。

高分辨率商业卫星立体遥感影像的推出为工程测绘提供了新的数据资料。基于高分辨率遥感立体影像成图，可与传统航空摄影测量形成互补，快速完成数据更新，为用户提供更具现实性的数据。根据目前高分辨率卫星影像研究的理论成

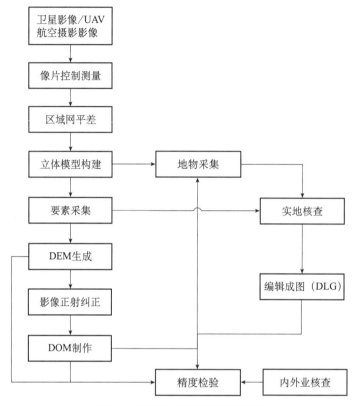

图3-1 航天航空摄影测量流程图

果，1～2.5m 分辨率卫星影像可用于 1∶10 000 地形图更新，如印度 IRS-P5、法国 Spot5、我国自主研制的资源 3 号卫星影像；0.5m 卫星立体影像可用于测绘 1∶5000 地形图，代表影像有 GeoEye-1、WorldView2、Pleiades 卫星影像。但因卫星重返周期较长而山区风电场工程建设周期短，此时若没有近期的场区影像数据将导致成果现势性较差，需结合大量的野外调绘工作，且卫星影像分辨率有限，若需测绘更大比例尺的地形图则宜采用作业简便、机动性强及成本低廉的无人机航空摄影测量。

无人机航空摄影测量宜选取具备卫星导航或定位定姿功能的无人机，飞行器的有效载荷、续航能力、巡航速度应满足项目要求。其搭载的相机成像探测器面阵不应低于 2000 万像素，最高快门速度不应大于 1/1000s，相机镜头应为定焦镜头，且应对焦无限远。

为保证空中三角测量精度，像控点的布设和测量是极其重要的一步，像控点布设可根据航线数目选用航线网布点或区域网布点，针对山区风电场工程，像控点宜采用 GNSS RTK 进行测量。空中三角测量应包括航摄影像的内定向、相对定向、绝对定向和网平差计算等，对于具有卫星导航定位和惯性测量单元的辅助空中三角测量，在网平差时应导入摄站坐标、像片外方位元素进行联合平差。

3.1.2.4　机载激光雷达测图

机载激光扫描技术是将激光雷达(LiDAR)、GNSS接收机、惯性测量系统（INS）以及控制系统等集成在飞行器上。飞行过程中激光雷达对地观测并接收反射回来的点云，从而获取地面实体要素的三维坐标信息。机载激光雷达扫描不仅受光线、日照等环境因素影响小，而且能够获取植被茂密区域的地表三维坐标信息，从而弥补航摄影像的不足。但因激光发射信号射程有限，为确保点云数据的有效性，无人机飞行高度需较低，所以机载激光雷达主要用于山区风电场中植被覆盖茂密的重点区域大比例尺地形图测量。

利用机载激光雷达完成外业数据采集后，应根据 POS 数据、激光测距数据、系统检校数据、地面基站数据联合解算激光点云数据，并将建 (构) 筑物、植被等非地面点与地面点分离。内业数据处理时只需将地面激光点云与影像相结合即可进行矢量提取、数据编辑，最终完成测区地形图生产。

3.1.3　测绘成果质量控制

山区风电场工程测绘成果质量控制尤为重要，需重点对基本控制测量以及地形图成果进行质量检查。其中基本控制严格复核各项指标，最终成果质量应满足合同文件技术要求及相应规程规范要求；地形图质量检查主要针对测区内重要地物、重点测绘区域进行检查。

山区风电场工程地形测绘数据采集过程中，应对原始数据质量进行控制。针对全野外数字化采集方法，应检查基本控制点和图根控制点等起算点质量，测量过程中应对测量数据进行重复计算，确保精度满足要求。针对无人机航空摄影测量方法，应确保无人机飞线质量和影像质量满足地形图测绘要求，需重点检查像片重叠度、像片倾角、像片旋角和影像层次、色彩色调、影像缺陷等质量情况，确保无人机航空摄影影像满足测图要求。针对机载激光雷达测图方法，应确保采集的点云数据满足要求，应重点控制点云数据的航带重叠、点云噪声情况、点云密度、点云数据精度等质量，按相关技术标准对飞行质量和点云数据质量进行检查。

山区风电场工程地形图生产时，针对山区风电项目特性，应对场区内的道路、高等级电力线、通信线、升压站以及风机位等重点区域地物进行平面位置检查，对远离风机位的一般地物可采取概查。风电场内的高程精度检查，则主要关注风机位附近地形高程，对于远离风机位的区域，特别是一些沟底地形地貌，高程测量时可适当放宽。风电场测绘的重点是风机位周围的地形地貌、风机道路以及场内影响风机布设的重要地物。因此，对影响风机位布置和风机设备运输的测绘成果应逐一详查，包括测区内主要的道路，重要的高等级电力线、通信线以及风电场附近的重要地物。重点测绘区域外的成果根据需要进行概查，对检查出的问题、错误，复查的结果同样应在检查检录中记录，验收时应审核最终检查记录。

为确保山区风电场工程项目测绘成果质量，测绘成果严格执行"二级检查、一级验收"制度，即测绘成果应依次通过测绘单位作业部门的过程检查、测绘单位质量管理部门的最终检查和生产委托方的验收。各级检查工作应依序、独立进行，不应省略、代替或颠倒顺序。山区风电项目测绘成果质量检查流程如图3-2所示。

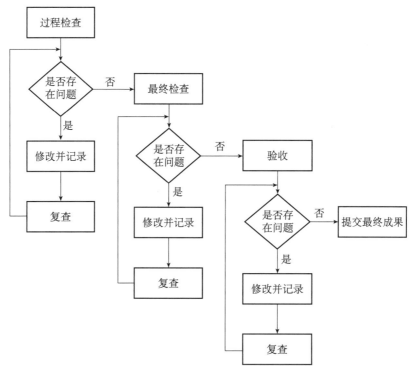

图3-2　山区风电项目测绘成果质量检查流程图

■ 3.1.4　技术总结

山区风电场工程项目具有测区高差大、现场作业条件恶劣、测区范围广、植被茂密等特点，由此带来的地形测绘技术难点主要有：如何提高重要区域的密林测绘成果数学精度；如何按时完成测绘工作，满足工期要求。

（1）为提高植被覆盖茂密的重要区域测绘成果的数学精度，可采用无人机机载三维激光扫描。因激光雷达发射激光脉冲信号的光斑很小，对植被具有较好的透过能力，且利用激光雷达的多回波可以减少植被枝叶遮挡造成的信息损失，从而直接获取植被覆盖地区的真实地形数据。在解算激光点云 POS（Position and Orientation System）时采用 DGNSS/INS 紧组合前后向平滑的数据处理模式，这样能够充分发挥 INS 短时精度高和导航参数完整的优势，确保了计算出的 POS 数据能够准确反映无人机在飞行中的位置、姿态以及速度，从而可获得密林区域高精度真实地形数据。

（2）针对测绘工期紧，可采用无人机航空摄影测量与机载激光雷达相结合的方式。风电场场区范围较大，若采用传统的人工野外全站仪或 GNSS RTK 测图方式，需要耗费大量的人力及时间，很难保质保量地按时完成工作内容。而无人机航空摄影测量具有机动灵活、高效快速、精细准确、作业成本低、适用范围广、生产周期短等特点，在山区高分辨率影像快速获取方面具有明显优势。尤其对于搭载了高精度 POS 的无人机航空摄影测量，在空三加密时只需具有一定数量、分布均匀的像控点即可完成数据处理工作，相比传统野外测图大大减少了外业工作内容。无人机航空摄影测量用于测绘场区整体地形，而在重点测绘区域可采用机载激光雷达直接获取高精度的地表三维坐标，这样既确保了测绘成果质量，又提高了工作效率。

山区风电场工程地形起伏大，不仅会导致无人机航摄影像分辨率不一致，还可能会使采集的点云数据出现漏洞。为确保在地形起伏大、分布有电力线、通信线的山区风电项目中无人机作业安全、影像分辨率一致以及点云数据的有效性，无人机数据采集宜选择仿地飞行的方式。仿地飞行在进行航线规划时需导入测区的高程数据，该数据可以使用全球高程数据，如 NASA SRTM 30m 高程数据，但因全球 DEM 数据精度较低、更新频率慢且山区风电项目建设于地面高差变化大的山区，为获得足够的点云密度同时确保无人机安全，在航线规划时可采用预先飞行采集的山区风电场工程测区数字地表模型（Digital Surface Model, DSM）辅助航线设计，避免因全球高程数据获取误差引起的无人机安全隐患。数字地表模型如图 3-3 所示。

针对山区风电场项目的特点和传统测绘方法的弊端，山区风电场地形测绘宜采用无人机航空摄影测量结合机载 LiDAR 扫描技术，可先采用无人机航空摄影测量获得整个大面积工程区域的地形，对于植被茂密的重点测绘区域可利用机载三维激光对此区域进行补测。在大高差的山区风电项目中无人机应采用仿地飞行，确保影像数据与点云数据的有效性。

图 3-3　预先飞行的测区数字地表模型图

3.1.5　应用实例

随着科学技术的不断发展，地形测绘技术已逐步向自动化程度高、数字化能力强的方向发展。结合贵阳院历年山区风电场工程项目，对山区风电场工程地形测绘技术进行实例分析。

3.1.5.1　油动无人机测绘实例

2013 年，贵州省某山区风电场工程场区呈长方形，东西长约 12km、南北宽约 2km，面积为 24km²；场区高程 1200～1568.5m，最高点为场区中西部的山顶。测区内山体较单薄，南面坡度陡峭，近陡崖，北面坡度相对较缓，自然坡角均在 30° 以上；场区冲沟发育，且绝大多数深切，但未切断整个山脊；山脊南侧陡壁基岩裸露，北侧植被茂密，主要以深厚草丛为主，并伴有少量灌木丛，场区总体西高东低且中部隆起。

项目组测量配备 6 名作业人员历时 21 天完成外业工作内容，内业测图由 3 人历时 30 天完成成图工作。平面控制测量采用 GNSS 静态观测，高程控制测量采用四等三角高程水准施测。项目地形测绘选用油动固定翼无人机搭载 Nikon D800 正射相机的航空摄影测量。该无人机如图 3-4 所示，设备具体参数如表 3-1 所示。

像控点采用 GNSS RTK 方法测量，因该无人机提供的影像 POS 数据是由 GNSS 标准单点定位计算，精度较差，所以在测区共布设像控点 43 个，各像控点之间的距离约为 800m。为了避免测量人员现场选点或测量差错，避免返工，像片控制点布设采用主辅双点位设计（在数字空中三角测量作业时一点作为控制点，另一个点作为检查点）。

图 3-4 油动无人机

表 3-1 油动无人机航摄系统参数表

主要参数			
机身长度	2.2m	抗风能力	7 级
翼展	3.29m	实用升限	6000m
最大起飞质量	38kg	最高起飞海拔	5000m
续航时间	2.5h	起降方式	滑起、滑降或弹射伞降
巡航速度	120km/h	动力系统	两冲程汽油发动机
作业半径	50km	任务载荷	≤10kg
航测模块			
影像传感器	尼康 D800 全画幅单反相机	传感器类型	CMOS
传感器尺寸	35.9mm × 24.0mm	分辨率	7360 × 4912
有效像素	约 3630 万	镜头	尼康 F 卡口

外业调绘及补测工作利用航测原片进行，山区风电场工程测区的风机位、场内道路、高等级电力线、通信线等为重点调绘区域与地物；补测主要针对影像上被阴影遮盖、地物模糊以及因植被覆盖茂密无法保证航测精度的区域。内业基于数字空中三角测量后恢复的立体模型以及调绘与补测成果完成最终测图工作。

该无人机相较于采用全站仪或 GNSS RTK 等传统的测图方式减少了大量的外业工作，提高了作业效率，但因影像 POS 是 GNSS 标准单点定位的结果，精度较差，需要较多的地面像控点。该无人机起降方式为滑起滑降、弹射伞降，需要平整、开阔和较大的起降场地，而在地形起伏较大的山区风电场工程测区中起降场地的选择较为困难，无人机操作繁琐，对作业人员技能要求高，作业风险高。

3.1.5.2 手抛电动无人机测绘实例

2019 年，越南某山区风电项目，测区呈南北向块状，长约 17km，宽约 4km，面积 72km²。项目作业区属丘陵地形，最低海拔约 610m，最高海拔约 830m，相对高差 220m，平均海拔约 720m，总体上地势西低东高、地形坡度不大，地形条件比较简单，总体属丘陵地貌，山顶地形宽缓；场区地表植被茂密，多为经济作物咖啡树、胡椒树、橡胶树等。

项目组配备 11 名作业人员历时 20 天完成外业测绘工作，内业测图由 10 人历时 15 天完成成图工作。平面控制测量采用 GNSS 静态观测，高程采用 GNSS 拟合高程。项目地形测绘选用电动固定翼无人机搭载 SONY DSC-RX1R Ⅱ 正射相机的航空摄影测量，该无人机支持 PPK（Post Processed Kinematic）解算，提供厘米级 POS 数据。该项目选用的无人机如图 3-5 所示，设备具体参数如表 3-2 所示。

图 3-5　手抛电动无人机

表 3-2　手抛电动无人机航摄系统参数

主要参数			
材质	EPO+ 碳纤复合材料	翼展 / 机长	1.9m/1.07m
标准起飞质量	3.7kg	实用升限	6000m
最大起飞质量	3.8kg	最高起飞海拔	4500m
续航时间	1.5h	起降方式	手抛起飞 / 自动滑降、伞降
巡航速度	60km/h	抗风能力	6 级
测控半径	10km	伞降回收落点精度	CEP≤20m
GNSS 信号跟踪	GPS、BDS、GLONASS	定位精度	5cm
航测模块			
相机型号	SONY DSC-RX1R Ⅱ	传感器尺寸	全画幅（35.9mm × 24mm）
有效像素	（7952 × 5304）4200 万	镜头参数	35mm 定焦

结合航摄区域情况、航摄期间气候、航空摄影设备等具体情况，本项目划分为3个航空摄影分区，飞行作业11架次，获取影像总数为4011张。

像控点采用GNSS RTK方法测量，共布设像控点150个，为了避免测量人员现场选点或测量差错，避免返工，像片控制点布设采用主辅双点位设计（在数字空中三角测量作业时一点作为控制点，另一个点作为检查点）。

像片调绘影像使用快拼数字正射影像（先外后内），将外业的测量成果（航飞数据、调绘以及补测成果）交给内业工作人员完成数字线划地形图生产工作。

该无人机影像POS可采用高精度GNSS动态后处理差分的结果，这样可适当减少地面像控点，减少外业工作量，但无人机为手抛起飞，风险大，对操作人员要求较高。

3.1.5.3　电动多旋翼无人机测绘实例

2021年，贵州省某山区风电项目场址呈东北—西南向矩形展布，长约12.5km，宽约1.9km，面积约20.3km²。场址区高程1800～2200m，相对高差约400m，总体属侵蚀、溶蚀低中山地貌。风电场拟安装11台单机容量为3300kW的风电机组，总装机容量为36.3MW。

项目组配备4名作业人员历时7天完成外业测绘工作，内业测图由4人历时7天完成成图工作，平面、高程控制使用其他项目满足本项目精度需求的已有控制成果。项目地形测绘选用电动多旋翼无人机搭载SONY a6000正射相机的航空摄影测量，该无人机如图3-6所示，设备具体参数如表3-3所示。

图3-6　电动多旋翼无人机

表 3-3　电动多旋翼无人机参数

主要参数			
外形尺寸	495mm×442mm×279mm	抗风能力	6 级
整机质量	2.8kg	载荷类型	正射 / 倾斜摄影
最高起飞海拔	4000m	起降方式	无遥控器垂直起降
续航时间	60min	续航里程	50km
巡航速度	14m/s	最大飞行速度	20m/s（飞机倾斜 25°时）
动力系统	电动马达	工作温度	−20～45℃
最大爬升速度	8.0m/s（手动），5.0m/s（自动）	导航卫星	GPS，BeiDou，GLONASS
悬停精度 RTK	水平 1cm+1ppm；垂直 2cm+1ppm	差分 GNSS 更新频率	20Hz
航测模块			
相机型号	SONY a6000	有效像素	2400 万
传感器尺寸	23.5mm×15.6mm	镜头参数	25mm

根据无人机航空摄影设计文件，结合航摄区域情况、航摄期间气候、航空摄影设备等具体情况，本项目划分为 3 个航空摄影分区，共飞行作业 14 架次，获取影像总数为 5442 张。

像片调绘影像使用快拼数字正射影像（先外后内），将外业的测量成果（航飞数据、调绘以及补测成果）交给内业工作人员完成数字线划地形图生产工作。

该无人机不仅影像 POS 可选用高精度的 GNSS 动态后处理差分结果，而且该无人机是无遥控器垂直自主起降，只需在电脑飞控软件上操作即可，对操作人员要求低。为确保无人机在自主飞行中的作业安全，该无人机搭载了网络 RTK 模块以及前置毫米波雷达避障模块，实现了更为简便、高效的作业模式。

可见随着科学技术的发展，定位越来越精准，地形测绘作业模式越来越简便、高效。融合了 PPK 高精度 POS 的无人机逐步替代了原来只能进行标准单点定位（Standard Point Positioning, SPP）的无人机；复杂和高风险的起降方式也被更智能、便捷的无遥控器起降所代替，这些都使得无人机地形测绘技术又一次发生了质的飞跃。尤其对于地形起伏大、作业环境复杂的山区风电场工程，无人机搭载毫米波避障雷达、视觉避障等模块获得多向环境感知及定位、避障能力后大大提升了作业安全性，高精度的影像 POS 同时也提升了作业效率，为山区风电场工程地形快速测绘提供了保障。

3.2 工程地质勘察

▇ 3.2.1 山区风电场地质环境特点

山区风电场是陆地风电场中的一种类型，它不同于平原风电场，通常山区风电场的海拔在 500m 以上，相对高差在 100m 以上。其特点是地形起伏大、山坡陡峭、沟谷深切，山体呈脉状或由众多分散的山脊、山峰、沟谷等组成，地形地貌及气候条件复杂。典型山区风电场地形地貌如图 3-7 所示。

图 3-7 典型山区风电场地形地貌

山区风电场地形地貌和气候条件的复杂性，决定了山区风电场风能资源分布的复杂性，场址范围内满足风能资源条件、可供布置风机的位置相对较少，风机布置通常较为分散。同时，由于地形地貌复杂、风机布置分散等原因，使得山区风电场的升压站站址选择、场内交通道路和集电线路的布置难度较大。

山区风电场通常远离城镇，对外交通条件一般较差，场区范围内地形地貌复杂且高差较大，通常无现成的交通道路，交通通行困难。

相比于平原和丘陵地区的风电场，山区风电场的地质特点是：基岩露头较好，地层出露较多，岩性相对复杂；地质构造发育，物理地质作用强烈，地质灾害频发。

山区风电场场区大多植被茂密、道路崎岖、通行困难，地质测绘、调查工作难度大，钻探设备的搬迁运输、物资供应、场地平整、用水等较为困难；相比于同等规模的平原和丘陵地区的风电场，山区风电场勘察工作无论工作量、投入的人力物力，还是勘探工作实施难度等方面均较大。

根据多年的山区风电场工程地质勘察工作实践经验和风电场地质环境条件，从地质上将山区风电场分为一般地质环境的山区风电场和特殊地质环境的山区风电场。特殊地质环境山区风电场主要特指岩溶山区风电场和采空变形区的山区风电场2种类型，其他的统称为一般性场地山区风电场，包括碎屑岩、火成岩、变质岩的山区风电场，或多种岩石混合出露的山区风电场。

3.2.2　山区风电场地质勘察工作

工程地质勘察是风电场工程建设过程中最重要的基础工作之一，其目的是根据建设工程的要求，以工程地质学和工程岩土学理论和方法，查明建设场地的地质环境、工程地质条件、水文地质条件，以及场区岩（土）体物理力学性质，编制工程地质勘察技术文件，分析、评价场地及地基的稳定性和建设适宜性，为风电场工程设计和建设提供地质技术资料。

我国风电开发起步较晚，近10余年才进入大规模风电开发。在起步阶段，山区风电场工程勘察工作没有统一的技术标准，勘察工作阶段多按所在行业的习惯进行划分，各阶段的勘察工作目的和要求、勘察工作深度及勘察报告编制等均存在一定差异。直至2012年，由水电水利规划设计总院组织中国水电顾问集团西北勘测设计研究院编制了NB/T 31030—2012《陆地和海上风电场工程地质勘察规范》，风电场工程勘察阶段、勘察工作的目的和要求、勘察工作深度及勘察报告的编制等才趋于统一。这一风电场工程地质勘察规范对勘察阶段划分沿袭了水电工程勘察阶段的划分方法，将风电场工程勘察阶段划分为规划选址、预可行性研究、可行性研究、招标设计和施工设计共5个阶段。

随着风电产业的快速发展，在大量的风电场工程勘察实践过程中，逐渐发现2012年版的风电场工程地质勘察规范中关于勘察阶段的划分与行业发展存在诸多不协调之处，特别是勘察阶段的划分，不同的业主要求存在差异。根据多年的山区风电场工程地质勘察工作实践，山区风电场工程地质勘察按规划选址勘察、初步勘察（预可行性研究阶段、可行性研究阶段勘察）、详细勘察（招标设计阶段勘察）、施工地质（施工设计阶段勘察）更符合实际情况，4个阶段的勘察工作完全可满足山区风电场各个阶段的工程地质勘察工作目的和深度要求，也可适应不同业主对工程地质勘察阶段划分的要求。各阶段工程地质勘察工作如下。

3.2.2.1　规划选址地质勘察

1.勘察目的

了解规划场区的区域地质概况、场区的基本地质条件、地质灾害分布情况等，提供规划场区的工程地质资料，配合风资源及规划专业推荐近期拟开发的工程。

2.勘察内容及方法

了解规划场区的区域地质概况、地震背景资料及地震动参数，初步分析风电场场地稳定性和建设适宜性；了解场区地形地貌、地层岩性、地质构造、水文地质条件、物理地质现象及地质灾害等基本地质条件，对风电场基本工程地质条件及主要工程地质问题做出初步分析评价。

3.勘察成果

规划选址阶段勘察报告一般只作为规划选址报告的一个章节，内容通常主要包括区域地质概况、规划场区基本地质条件、主要工程地质问题初步分析、结论及建议等，报告一般附区域构造纲要图、区域地质图等插图。

3.2.2.2　初步地质勘察

1.勘察目的

初步地质勘察是在规划选址工作基础上，在受业主委托的前提下，开展项目工程地质勘察工作，主要目的是复核风电场场区的区域地质及地震条件，查明场区的基本地质条件，对场区的工程地质条件及主要工程地质问题进行初步评价，评价风电场场区的稳定性和建设适宜性，为风电场可行性研究阶段（或预可行性研究阶段）设计提供工程地质资料。

2.勘察内容

（1）复核风电场场区的区域构造稳定性，根据国家标准 GB 18306—2015《中国地震动参数区划图》确定场区地震动参数。

（2）查明风电场场区的基本地质条件、主要的物理地质现象和地质灾害分布、矿产和文物的分布情况等。

（3）对工程地质条件进行分析评价，并对影响风机布置、升压站站址选择、场内交通道路和集电线路布置的主要工程地质问题进行初步评价。

（4）了解天然建筑材料的分布、储量、质量及运输条件。

（5）了解施工及生活水源的分布、水量、质量等。

3. 勘察方法

（1）对于山区风电场而言，一般地层种类较多、构造发育，但基岩露头一般较好，因此，勘察方法通常以地质测绘及调查为主，比例尺一般选择1∶5000～1∶10 000；重点查明场区的地形地貌、地层岩性、地质构造、岩溶水文地质条件、物理地质现象及地质灾害分布等，并初步调查场区的矿产及文物分布情况。

（2）根据风电场的风机布置以及风电场升压站站址、场内交通道路和集电线路的布置开展初步地质调查工作。

（3）勘探工作以轻型勘探为主，比如轻型钻机、坑槽探等，布置于覆盖层连续分布、风化较深的碎屑岩地层出露区域，或溶沟、溶槽比较发育地带。

（4）取不同地质单元的代表性岩、土、水样，并进行试验分析。

（5）调查天然建筑材料料源的分布、质量、储量情况。

（6）调查了解风电场场区施工及生活用水水源。

4. 勘察成果

根据初步工程地质勘察成果，通常需编制风电场工程地质（初步）勘察报告，报告应充分反映风电场场地的基本地质条件，对场地稳定性及建设适宜性进行评价，初步评价风机基础地基、升压站站址、场内道路和集电线路的工程地质条件及主要工程地质问题，对场区水、土腐蚀性进行初步评价，提出风机的基础型式建议，初步评价风机基础地基的主要工程地质问题，对场内交通道路、集电线路的工程地质条件及主要工程地质问题进行初步评价。编制风电场场区综合地质平面图和代表性的地质剖面图（比例尺1∶5000～1∶10 000）。

3.2.2.3　详细地质勘察

1. 勘察目的

（1）查明风电场每台风机地基的工程地质条件，以及地基岩（土）体的物理力学性质，并进行地基工程地质评价。

（2）查明风电场场内交通道路和集电线路的工程地质条件，并对其进行工程地质评价。

（3）查明天然建筑材料料源质量、储量、开采运输条件等，查明风电场施工及生活用水水源、水质。

（4）查明风电场升压站场地工程地质条件、建（构）筑物地基的岩（土）体结构，以及岩（土）体物理力学性质参数，并进行工程地质评价。升压站站址的勘察成果一般要送当地设质站或审图机构审查，原则上按照国家标准 GB 55017—2021《工程勘察通用规范》和 GB 50021—2001《岩土工程勘察规范》（2009 年版）开展勘察工作，并编制工程地质勘察成果。

2. 勘察内容

（1）配合风电场风机微观选址工作。

（2）查明每台风机地基的工程地质条件和主要工程地质问题，地基岩（土）体物理力学性质参数；对风机地基主要工程地质问题进行分析评价，提出风机基础型式建议和地基处理措施建议。

（3）查明风电场场内交通道路和集电线路的工程地质和水文地质条件，对主要工程地质问题进行分析评价。

（4）查明天然建筑材料料源储量、质量，查明风电场施工及生活用水水源、水质。

3. 勘察方法

（1）勘察工作原则上围绕风电场风机微观选址确定的风机机位展开，首先以地质测绘及调查为主，对于基岩为主的山区风电场，大多数风机机位地层露头较好，地质测绘调查基本能够查明风机地基的工程地质条件。对于残坡积覆盖层较厚，或全、强风化层较厚的碎屑岩和火成岩区域，可采用物探测试方法，辅以少量坑槽探，亦可查明风机机位的工程地质条件。而对于岩体较破碎或岩溶发育的风机机位，需布置物探剖面和适量的钻探工作，达到查明风机基础地基工程地质条件和岩（土）结构的勘察目的。

（2）取岩、土样进行物理力学性质试验；残坡积覆盖层和风化层较厚的软岩区域，结合钻探开展原位试验（动力触探或标贯），进一步查明土层和风化层的力学性质，并进行水、土腐蚀性试验。

（3）根据岩性组合、残坡积覆盖层分布，选择代表性风机点位，测试岩、土体的电阻率。

（4）根据风电场布置的场内交通道路线路和集电线路，开展专门线路地质测绘、调查，根据场区地质条件，开展必要的勘探工作。

（5）根据工程需要，开展天然建筑材料料源勘察，以及施工及生活用水水源勘察。

（6）在满足一般场地勘察的基础上，对于特殊场地（地段），根据工程需要，需开展专题研究工作，如采空区场地稳定专题研究、岩溶影响专题研究等。

4. 勘察成果

根据详细工程地质勘察成果，通常需编制风电场工程地质详细勘察报告，报告重点对每台风机地基的基本地质条件进行工程地质分析评价；对风电场场内道路和集电线路的工程地质条件及主要工程地质问题进行工程地质分析评价。

编制风电场场区综合地质平面图，编制风电场每台风机机位的工程地质平面图、剖面图（比例尺 1:1000～1:2000）；根据工程需要，编制风电场场内道路纵、横剖面图（比例尺 1:1000～1:2000），以及钻孔柱状图、坑槽探展示图等；提供风电场场区岩、土、水试验成果表。

3.2.2.4　施工地质

（1）根据工程开挖揭露的地质情况，复核前期工程地质勘察成果。

（2）对风资源条件好，而地质条件复杂，开挖后难以判明地基稳定条件的风机机位，需开展专门的地质勘察复核工作。

（3）做好施工地质编录及风机基础地基验收工作。

（4）编制工程竣工资料，并做好资料归档工作。

3.2.3　一般性场地山区风电场工程地质勘察

一般性场地山区风电场受岩体软硬程度不同的影响，地质环境上存在一定差异，主要表现为：坚硬岩（花岗岩、玄武岩、石英砂岩、硅质岩、变余凝灰岩等）形成的陡坎、陡崖边缘带可能发育强卸荷带，特别是存在上硬下软地层结构时，卸荷、崩塌作用尤为强烈，也可能存在规模较大的不稳定斜坡，为风电场地质调查工作的重点，风机机位、集电线路、场内道路布置原则上应避开强卸荷带和崩塌堆积体范围，避开不稳定斜坡区域。软质岩、软硬相间岩石，由于岩性的差异，导致物理地质作用程度不同，表现为岩体风化深度及风化程度存在明显差异性，从而造成风机基础地基岩体结构的不均匀性，同时，可能存在规模较大的不稳定斜坡、泥石流冲沟等。因此，对于一般性场地山区风电场而言，重点在于调查场区的不良地质作用、地质灾害体的分布和规模，风机及相关建（构）筑物布置首先应考虑避让；其次，查明风机地基岩（土）体结构特征和强度特性，分析其稳定性，是山区风电场地质勘察工作的重点。

3.2.3.1　规划选址地质勘察

（1）收集区域地质资料、国家地震区划资料和省、区地震研究资料，进行区域构造稳定性评价。根据国家标准 GB 18306—2015《中国地震动参数区划图》，确定风电场场区的地震动参数。

（2）了解风电场场区地形特征、地貌类型、地层分布、地质构造、不良地质现象和地质灾害分布情况，初步了解风电场场区矿产分布情况，对风电场场区的工程地质条件和主要工程地质问题进行初步分析评价。

（3）规划选址报告工程地质章节的重点：①对场区的区域构造稳定性进行分析评价，确定地震动参数。②对场区的工程地质条件和主要工程地质问题进行初步分析评价。③对场区内分布的大型矿区、大型地质灾害体原则上以避让为主。④报告应附区域构造纲要图和场区区域地质图。

3.2.3.2　初步地质勘察

初步地质勘察重点研究风电场场区地质条件，评价风电场场地的稳定性和建设适宜性。其主要地质勘察工作如下：

（1）收集规划风电场场址区范围坐标、1∶10 000 地形图和风机初步布置图，以及规划阶段相关技术资料、区域地质图等。

（2）编制初步地质勘察大纲或勘察工作计划。

（3）开展现场地质测绘调查及勘探工作：山区风电场适宜布置风机的位置一般高程较高，基岩露头一般较好，勘察工作以地质测绘、调查工作为主，覆盖层或岩体风化较深的区域宜布置适量的坑槽探。

（4）取代表性岩、土、水样，进行室内试验。

（5）工程地质勘察报告主要包括以下内容：

①报告应对风电场的区域构造稳定性进行必要复核，根据国家标准 GB 18306—2015《中国地震动参数区划图》，确定风电场场区地震动参数；确定场地类别、风机机位的抗震地段划分，进行地震效应评价。

②全面描述风电场场区地形地貌、地层岩性、地质构造、物理地质现象及地质灾害、水文地质条件、矿产和文物分布情况等，提出风电场场区岩（土）体物理力学参数和风机地基承载力初步建议值，提出风电场场区岩（土）体电阻率建议值。

③对风电场场区工程地质条件进行分析评价，对风电场场地的稳定性和建设适宜性做出评价。

④对风电场的风机基础地基、升压变电站、场内道路和集电线路的主要工程地质问题进行初步评价。

⑤对天然建筑材料料源进行初步评价。

⑥对风电场施工和生活用水水源进行初步评价。

（6）主要地质附图：风电场区域构造纲要图和风电场场区综合地质平面图、代表性地质剖面图（比例尺 1∶10 000）等。

3.2.3.3　详细地质勘察

在初步地质勘察成果的基础上，配合设计进行风电场风机微观选址，选出满足风资源条件的风机机位。因此，详细地质勘察工作通常分为 2 步：一是风机微观选址，二是风机地基详细勘察，同时进行场内交通道路、集电线路、天然建筑材料料源、施工及生活用水水源的详细勘察及调查工作。

1. 风机微观选址

在初步地质勘察阶段，已基本查明风电场场区的基本地质条件，对各种不良地质作用及地质灾害的分布也已基本查明，对整个风电场场区的地质环境有了比较全面的了解。在风电场风机微观选址阶段中，地质专业主要是配合风资源、土建、施工、道路等专业，对风电场满足风资源的风机机位进行地质条件初判，选出风资源可行、地形地质条件较好、能够满足风电场风机及其吊装平台布置、满足大件运输条件的风机机位。

2. 详细地质勘察

在风电场风机微观选址机位基本确定后，风机机型已基本上确定，场内交通道路、集电线路方案等也已基本上确定，详细地质勘察工作重点主要围绕风机机位、场内道路、集电线路展开。详细地质勘察主要工作如下：

（1）编制详细地质勘察工作大纲（或详细地质勘察工作计划）。

（2）根据审定的详细地质勘察工作大纲（或详细地质勘察工作计划），首先按

1:1000 比例尺精度进行现场定位，并进行详细地质测绘和调查，取岩样、土样进行试验。对于山区风电场，风机一般布置于山顶、山脊，或地势较高的台地边缘。硬质岩区一般基岩露头较好，地质测绘、调查基本上能够查明风机基础地基的工程地质条件；软质岩区可能存在岩体风化较深、残坡积较厚的情况，风机机位点可布置坑探、槽探查明残坡积覆盖层厚度。通过地质测绘、调查和简易勘探方法，对多数风机基础地基场地的地质条件、地基岩（土）结构能够基本查明；对于少数风机基础地基场地，由于地层软硬相间、构造发育等因素，加上物理地质作用造成地基岩（土）结构复杂的情况，可考虑在风机机位中心点位布置"十"字型物探测线和少量的勘探钻孔，查明地基岩（土）层的结构和特性。

山区风电场风机机位地基一般多为岩石地基，地基承载力可根据岩块饱和抗压强度确定，也可以按工程地质类比法提出经验参数。山区风电场风机地基一般为基岩，承载力一般均能满足风机的荷载要求；对于岩体破碎或风化较深的软质岩区域，一般采用重型动力触探确定地基的承载力。

（3）山区风电场的场内道路和集电线路的地质勘察一般以地质调查为主，查明基本地质条件、不良地质现象和特殊性岩土分布，分段进行工程地质评价。场区特殊性岩土应取样进行室内试验，评价土的腐蚀性。山区风电场可能出露含煤地层，含煤地层的淋漓液一般具有强腐蚀性，水、土腐蚀性试验也是该阶段工作的重点之一。

（4）山区风电场天然砂石骨料料源的地质勘察根据工程需要开展，若选择自行加工砂石骨料，则需开展该项的详细地质勘察工作，取样进行物理力学性质试验和碱活性试验。

（5）实测风机地基的电阻率。

（6）外业地质勘察工作完成后，需按有关规程规范编制工程地质勘察技术文件。工程地质勘察技术文件通常包括：工程地质勘察报告、场区综合地质平面图（比例尺 1:5000～1:10 000）、风机机位地质平面图及剖面图（比例尺 1:500～1:1000）、场内道路剖面图（比例尺 1:1000～1:2000）、钻孔柱状图、坑（槽）探展示图（比例尺 1:100～1:500）、试验成果统计表等。

3.2.3.4　施工地质

（1）风电场工程进入施工阶段后，地质专业技术人员应全面跟踪项目情况，参加风电场风机地基验收工作。

（2）风电场地质条件复杂的地基、边坡，应根据开挖情况及时复核地质条件。

当开挖揭露的地质条件与前期地质勘察结论差异较大时，应及时进行复核，必要时开展补充地质勘察工作。

（3）对存在一定地质缺陷的地基，应及时提出处理措施建议。

（4）编制工程竣工地质报告。

3.2.4　特殊性场地山区风电场工程地质勘察

山区风电场最常见的特殊性场地为岩溶场地和存在较大规模的采空区场地，针对此类场地，除按一般性场地进行勘察外，还需根据其特殊性采用专门的勘察手段进行勘察研究，并查明场地工程地质的特殊性。

3.2.4.1　岩溶场地工程地质勘察

岩溶，又称喀斯特，是指可溶性岩层，如碳酸盐类岩层（石灰岩、白云岩）、硫酸盐类岩层（石膏）和卤素类岩层（岩盐）等受水的化学作用和物理侵蚀作用产生的沟槽、裂隙和空洞，以及由于溶洞顶板塌落使地表产生陷穴、洼地等特殊的地貌形态和水文地质现象作用的总称。岩溶是不断流动着的地表水、地下水与可溶岩相互作用的产物。可溶岩被水溶蚀、迁移、沉积的全过程称岩溶作用过程，而由岩溶作用过程所产生的一切地质现象称岩溶现象。

本书所指的岩溶特指碳酸盐岩区的岩溶，碳酸盐岩是由方解石、白云石等碳酸盐矿物为主要成分组成的沉积岩，岩溶地貌主要分地表和地下两大类：地表有石芽（石柱）、溶沟（溶槽）、漏斗、落水洞、洼地、峰丛和孤峰等；地下有溶洞、地下河（岩溶管道）、暗湖等。

1.岩溶山区风电场特点

（1）山区风电场碳酸盐岩大部分属硬质岩，区域地表大部分基岩裸露，覆盖层零星充填于溶蚀沟槽内，岩溶以竖向发育为主，规模一般不大，少见大型水平溶洞；平缓、低洼区域，基岩一般零星出露，可见水平溶洞发育，洼地一般发育较大规模的漏斗、落水洞。

（2）断层、节理、褶皱各部等位置较其他区域岩溶作用更强烈，规模往往较大。

（3）岩溶发育差异性大，主要表现在：同一风电场中，每台风机基础地基岩溶发育程度可能完全不一样；同一基础范围内的不同部位，岩溶发育程度也可能存在较大的差异性。

（4）岩溶一般有多期发育的特点。山区一般可见多层水平溶洞分布，不同的夷平面上也可见大量的落水洞、岩溶漏斗发育，与地壳的间歇性抬升有直接的对应关系。地壳处于夷平时期，岩溶作用以水平向为主；当地壳处于抬升期，岩溶作用则以竖直方向为主。岩溶山区风电场适宜布置风机的山体多为水平岩溶和竖直岩溶交互作用的产物，地基所遇的岩溶现象多以竖直向的溶蚀裂隙为主。

2.初步地质勘察

对岩溶山区风电场场地而言，规划选址地质勘察和初步地质勘察的方法和内容与一般性场地山区风电场基本相同，主要以地质测绘、调查为主，排除场地不稳定区域。初步地质勘察阶段主要查明地基受岩溶发育影响程度，其勘察主要过程如下：

（1）以地质测绘、调查为主，对整个岩溶场地进行地貌和构造划分，综合分析整个场区岩溶发育的规律和特征，风机布置尽量选择地形相对较高，基岩裸露、构造简单、周边岩溶洼地、落水洞等发育较弱，以竖向岩溶作用为主的地带布置风机。

（2）地质勘察报告的重点是岩溶地基的稳定性评价，报告应对场区的主要岩溶现象进行描述，分析岩溶发育特征和规律，初步评价岩溶地基的稳定性，提出初步的处理措施建议。附图包括岩溶水文地质平面图、剖面图（比例尺 1∶10 000），综合地质平面图、剖面图（比例尺 1∶2000～1∶5000），坑槽探展示图，溶洞展示图等。

3.详细地质勘察

详细地质勘察工作原则：根据前期初步地质勘察成果，首先开展风电场风机微观选址工作，初步确定风机机位及备选机位，机位选择应尽量避开岩溶发育的区域。详细地质勘察工作针对具体的风机点位展开，主要解决地基稳定和边坡稳定问题（含场内交通道路、集电线路）。其勘察工作如下：

（1）通过地质测绘，对于基岩露头良好、岩溶以竖向发育为主、岩溶发育程度较弱的机位，可不布置勘探工作。

（2）对于岩溶发育程度较强、基岩露头较差的机位，地质测绘不能完全判断地基地质条件的机位，首先布置物探测线，查明风机基础范围内地基岩溶发育情况，若岩溶发育强烈、地基岩体破碎的机位，再布置钻探验证、查明。

（3）地形相对平缓、地质构造发育、周边洼地、落水洞较发育、风资源优良的风机机位，一般穿过风机基础中心点位布置纵、横方向各2～3条物探测线，初步查明地基受力范围内是否存在大的岩溶空腔或范围较大的溶蚀破碎区（物探异常区域），根据物探测试成果，布置钻孔验证、查明，选择岩溶发育相对弱的区域布置风机，并提出针对性的地基处理措施建议。

4. 施工地质

由于岩溶发育的随机性和发育程度的差异性，前期地质勘察想要彻底查明风机地基的岩溶发育情况难度太大。因此，岩溶山区风电场施工阶段的地质复核勘察和地基验收工作尤为重要，施工期间应安排专人跟踪风机地基和场区道路的开挖过程，随时了解现场开挖揭露的地质信息，及时开展前期地质勘察成果复核和地基验收工作，提出处理措施建议，必要时开展补充勘察工作。

3.2.4.2　采空区场地工程地质勘察

山区风电场采空区特殊性场地中，以煤矿采掘后形成的采空区较为常见，根据煤矿采掘方式，一般分为两类：一类为小窑采空区，开采范围窄、深度浅，以巷道掘进后向两侧开挖支巷道进行开采，一般为早期当地居民开采形成，主要为人力开采，规模小，影响范围有限；另一类为大规模集中开采形成的采空区，多为爆破开采或机械开采，一般采空区范围较大，采空引起的山体变形强烈。

小窑采空区规模较小，影响范围和程度有限。规划选址地质勘察和初步地质勘察以地质测绘、调查访问为主，重点查明采空区范围和巷道分布位置、大小、埋深、开采和终采时间，以及地表裂缝、陷坑位置的大小、深度、延伸方向和形成时间等。根据调查结果，进行区域划分，在满足风资源和业主要求的装机容量前提下，排除场地极不稳定区域（由于小窑采空区影响范围不大，一般排除初判的极不稳定区域后，仍有可选空间）。详细勘察阶段根据前阶段划分区域和风机位置，对认为受到采空区影响较小的拟建场地进行勘察，勘察手段主要为物探和工程钻探。物探可采用电法、地震、地质雷达等综合方法，解译深度应达到采空区地板以下15～25m。根据物探异常点结合前期走访、地质测绘布置钻孔，钻孔深度应达到有影响的开采矿层地板以下不少于3.0m。最后根据物探和钻探结果，对地基稳定性进行评价，并提出基础型式建议和地基处理措施。

大规模集中开采形成的采空区规模较大，影响范围和变形程度也较大，是山区风电场采空区场地重点研究对象。由于该类型采空区规模和面积大，要满足风资源和业主装机容量要求，一般不能直接对整个采空区进行大范围排除，勘察过程需严格按相关规程规范要求进行，最后对场址稳定和地基稳定做出评价，选择合适的风机机位，研究确定基础型式和地基处理方式。

采空区场地工程地质勘察与评价工作如下：

1. 规划选址地质勘察

规划选址阶段地质勘察应以资料收集、地质调查为主。

（1）收集拟建场地 1:10 000 地形图、区域地质图（报告）、区域水文地质图（报告）、形成采空区的煤矿详查报告（图纸）等资料。

（2）收集拟建场地范围内煤矿采掘图、采空区分布图、地表移动变形和建筑物变形观测资料，以及闭井资料等。

（3）在充分收集和分析已有资料的基础上，通过现场调查了解场区地层、构造、岩性、不良地质作用和地下水等工程地质条件。

对于新近形成的采空区，或有明确的开采范围，一定年限内将形成采空区的范围，规划阶段一般采取避让方式。通过现场调查、分析工作，对规划场区内采空区场地稳定性和工程建设适宜性进行初步评价、分区。

2. 初步地质勘察

在规划选址地质勘察基础上，对于风资源较好，需布置风机的采空变形区域，根据采空变形区相关勘察规程规范，开展采空区专项勘察，查明采空区分布、开采历史和计划、开采方法、开采边界、顶板管理方法、覆岩种类等基本要素，勘察手段以地质测绘、调查为主，辅以工程物探、钻探工作进行验证。本阶段地质勘察和评价内容如下：

（1）查明地质构造、地貌、地层岩性工程地质条件、采空变形范围，根据采空变形程度进行分区。

（2）初步查明拟布置风机位置的采空区埋深、垮落带、断裂及弯曲带高度、充填情况、地表破坏现状、发展轨迹等。

本阶段工程物探方法应根据拟建场地（风机机位）地形与地质条件、采空区埋深、分布范围及变形范围综合确定，探测有效范围应超出拟建场地一定范围，并满足稳定性评价要求，物探测线一般不少于 2 条，解译深度应达到采空区底板高程以下 10~15m。

工程钻探勘探点的布置根据物探成果、采空区的影响程度等综合确定，主要用于验证采空区岩体的变形程度，孔数根据采空变形研究范围综合确定，一般不少于 3 个孔，钻探孔深度应达到有影响的开采煤层底板以下不少于 3~5m。

通过本阶段工作，基本能对采空区场地的山体变形程度做出判断，基本能够分析判断场地稳定性和工程建设适宜性，对风机机位布置做出相应调整。

3.详细地质勘察

在初步地质勘察基础上，详细地质勘察主要根据拟定的机位进行，主要采用钻探手段，根据风机基础型式对风机地基进行地质勘察，并提供基础设计、施工所需的岩土工程参数和地基处理建议，勘察手段主要为工程钻探，并辅以适当物探和原位及室内试验工作，按常规的建筑地基勘察和评价即可。

4.施工地质

（1）风电场工程进入施工阶段后，地质专业技术人员应全面跟踪风电场地基开挖情况，参加地基验收工作。

（2）风电场地质条件复杂的地基、边坡，应根据开挖情况及时复核地质条件。当开挖揭露的地质条件与前期地质勘察结论差异较大时，应及时进行复核，必要时开展补充地质勘察工作。

（3）对存在一定地质缺陷的地基，应及时提出处理措施建议。

（4）编制工程竣工地质报告。

■ 3.2.5 技术总结

山区风电场一般地形起伏大，地质环境条件复杂，风能资源分布复杂。而复杂的地形及风资源条件决定了风机布置的分散性，增加了风电场升压站、场内交通道路、集电线路选择和布置的难度，使地质勘察工作难度成倍增加。

复杂的地形地质环境、极差的交通条件，导致山区风电场勘察工作难度大增，常用的钻探手段实施难度极大。因此，山区风电场勘察应结合山区的地质环境特点、勘察目的、风机等建（构）筑物的基荷载和受力特点，选择切合实际的勘察方法。

首先，山区风电场出露的地层岩性种类一般较多，地质构造发育，物理地质作用强烈，不良地质现象和地质灾害时有分布，但多有基岩露头，使地质测绘、调查成为首选的勘察手段。地质测绘、调查能够查明场区的地层岩性、地质构造、不良地质现象及地质灾害等，成果基本上能满足风机微观选址、风电场升压站站址选择、场内道路和集电线路布置需要，可满足区域构造稳定性评价、场地稳定性和建设适宜性评价的要求。

其次，风机基础直径一般在 $16\sim21m$ 之间，面积较大，整个风电机组的荷载分散在基础上以后，单位面积的荷载并不大，一般的岩石地基、密实均匀的碎石土和砂土地基承载力均可满足要求，关键点在于地基持力层的均匀性和地基山体的稳定性方面。对山区风电场而言，风资源较好、适于布置风机的位置一般处于地势较高的山脊、山头或台地边缘，大部分基岩露头较好，地质测绘、调查基本上能够查明风机地基的基本地质条件，采用一般的地质学原理可以分析、判断地基的基本地质结构和稳定性，达到地质勘察工作目的。

因此，山区风电场地质勘察应首先开展地质测绘、调查工作，查明场区基本地质条件，在此基础上，配合风资源、土建、施工等专业开展风机微观选址工作。风机机位的确定，在满足风能资源前提下，地质条件上应满足以下要求：一是避开强卸荷带，二是避开单薄山脊，三是尽量避开强溶蚀区域和新近形成的采空变形区域。

风电场风机微观选址确定风机机位以后，地质勘察工作的重点在于查明风机地基岩（土）体结构及其物理力学性质，查明场内道路和集电线路的工程地质和水文地质条件。

对于山区风电场而言，适于布置风机的位置大部分基岩露头较好，甚至于基岩完全裸露，地质测绘、调查一般能够达到查明风机地基地质条件和岩体结构目的。对覆盖层相对较厚或岩体风化较深的碎屑岩或火成岩场区的风机地基，可以布置一定量的坑探、槽探，揭露覆盖层和全风化层厚度。对于地质条件复杂，采用地质测绘、调查和简易勘探手段尚不能查明地质条件的机位，一般采用物探测试方法，初步查明地基岩土体结构，分析存在的主要工程地质问题，在此基础上，根据需要布置少量验证性勘探钻孔，达到查明风机地基地质条件的目的。

山区风电场风机地基多为岩石地基，地基岩体强度较高，完全可以满足风机荷载要求；少数由于风化不均匀或构造破碎而导致的地基不均匀的情况，一般根据开挖揭露的情况采取局部或整体置换方式进行处理。

对于岩溶山区风电场勘察，也应首先从现场地质测绘、调查入手查明场区的基本地质条件，分析场区岩溶发育的特征和演变规律，尽量避开岩溶作用复杂的地带布置风机；对风资源优良、岩溶复杂的机位，则采用物探和钻探相结合的勘察手段，查明地基的岩溶发育程度和空间分布特征，提出合理的处理措施建议。

采空区山地风电场是比较特殊的一种场地类型，在充分收集、分析资料和现场调查的基础上，对于新近形成的采空变形区和明确开采范围即将形成采空变形的区域，风机布置原则上应避让；对于风资源比较好的既有采空变形区，一般应开展专题研究工作，评价采空变形场地稳定性，分析适合布置风机的点位，在此基础上加强勘探工作，研究风机基础型式和地基处理方式。

根据多年的山区风电场工程地质勘察实践经验，前期阶段要想彻底查明每台风机地基的基本地质条件和岩土体结构，制约因素太多，难度太大。因此，施工阶段的地质复核和施工地质工作显得尤为重要。

在山区风电场施工期间，场内交通道路、风机吊装平台和基坑开挖等一系列的开挖，使各种隐伏的地质现象被充分揭露，为地质复核工作提供了最为直接的条件。因此，施工地质工作是山区风电场建设不可或缺的重要环节之一，全过程的施工地质工作能很好地弥补前期地质勘察工作的不足，根据施工地质工作提出的地基处理措施建议和意见是山区风电场顺利建成和后期安全运行的有力保障。

■ 3.2.6 应用实例

3.2.6.1 岩溶山区风电场实例

1. 项目工程概况

贵州 WJYBCP 风电场位于贵州省威宁县境区内，场区高程 2500～2766m，属典型的岩溶山区风电场。该风电场南北向长约 7km，东西向宽约 4km，占地面积约为 23km²。项目装机容量为 49.5MW，安装 33 台单机容量为 1500kW 的风力发电机组，风机轮毂高度为 70m 左右。

该风电场场址地势相对较高，场区大部分高程在 2500m 以上，最高点位于场区的中部（2766.1m 高程），除 NE 侧受 F_2 断层切割形成深沟部位而地形较陡外，区内地势总体具有从中部向四周呈台阶状缓慢降低的趋势；缓坡地带多为残坡积黏土、黏土夹碎石和草类植被覆盖，基岩零星出露；半坡至山顶大部分基岩裸露。该风电场岩溶发育情况如图 3-8 所示。

（a）风机机位处溶沟、溶槽　　　　　　　（b）场区岩溶洼地、落水洞、岩溶漏斗

图 3-8　WJYBCP 风电场风机机位处及周边岩溶发育照片

场区位于最高峰背斜的南西翼，场区内以碳酸盐岩地层为主，地层较为平缓，岩层产状为：N20°～50°W，SW∠15°～30°。场址区内东北侧有凉水沟—鲁章断层

（F₂）及 F_{12} 断层通过，场区中部有大法断层（F_1）、法图窝断层（F_3）、F_4 断层通过。

场区未见流量相对集中的泉水出露，在山体之间多形成岩溶洼地或较宽缓冲沟、落水洞、漏斗密集发育，但大部分被地表水所带来的物质充填或封堵，未见常年积水，冲沟未见明流，推测区内地下水埋藏较深，且主要接受地表降水，通过落水洞、构造破碎带、溶蚀裂隙等通道排入地下进行补给。

场区风机位置基岩多裸露，周边无危岩体、崩塌堆积体和滑坡体等不良地质现象分布。场区不良地质现象主要表现为梁山组（P_1l）地层内小煤窑采空区局部塌陷。

2. 地质勘察工作重点与难点

1）勘察重点、难点。

该风电场场区内以可溶岩地层为主，岩溶发育，落水洞分布较多，存在岩溶地基稳定问题；梁山组地层中夹煤层，当地村民正在开采及废弃的小煤窑较多，采煤活动历时长，存在地基不均匀沉降工程地质问题。勘察难点、重点为查明地基的岩溶发育程度，以及小煤窑采空变形对地基稳定的影响。

2）主要工程地质问题。

该风电场场区风机基本位于山顶或山脊位置，风机地基位置表层多为残积黏土或黏土夹碎石土覆盖，其下伏基岩主要为灰岩、白云质灰岩、白云岩及石英砂岩；地基土层无易产生地震液化的粉土、砂土层分布，且地下水埋藏较深，可不考虑场地地基土的振动液化问题。风电场区无大型活动性断层发育，亦无地震时可能诱发的崩塌、滑坡分布；场区内岩溶较发育，落水洞分布较多，梁山组地层中夹煤层，当地村民正在开采及废弃的小煤洞较多。主要工程地质问题为岩溶地基的稳定问题和小煤窑采空变形区的地基稳定问题。

3. 不同阶段地质勘察工作

1）规划选址地质勘察。

（1）资料收集：收集风电场场区及其周边5~10km范围的区域地形图（比例尺1:50 000、1:10 000）、场区范围所在的区域地质报告及附图（1:200 000）、区域地震资料、区域地震动参数区划图等。

（2）进行区域构造地质复核（比例尺1:50 000）；进行场区地质调查（比例尺1:10 000），了解场区地形地貌、地层岩性、地质构造、水文地质条件、岩溶发育情况、不良地质现象及地质灾害分布情况、矿产分布及开采情况等。

（3）进行场区区域构造稳定性评价，根据地震动参数区划图，确定场区地震动参数；对场区的主要工程地质问题进行初步评价。

2）初步地质勘察。

（1）地质测绘及调查：进行风电场场区 1：5000 地质测绘及调查，初步查清场区地形地貌、地层岩性、地质构造、岩溶水文地质条件、物理地质作用及地质灾害、矿产分布情况等。

（2）初步调查天然建筑材料料源分布情况，调查施工及生活用水水源分布情况。

（3）取岩、土、水样进行试验。

（4）勘察成果：复核场区地震动参数；根据地质测绘成果，分析岩溶发育特征及规律，分析小煤窑采空区的变形特征及变形范围，进行场区工程地质分区，评价场地的建设适宜性；提出岩（土）体物理力学性质参数、地基承载力、岩（土）体电阻率初步建议值；对水（土）腐蚀性、地基稳定性等主要工程地质问题进行初步评价。编制场区综合地质平面图、代表性工程地质剖面图（比例尺 1：5000～1：10 000）。

3）详细地质勘察。

（1）风机微观选址：风机机位原则上避开落水洞、漏斗等岩溶强烈发育的区域，以及明显存在地表变形的小煤窑开采区域。

（2）围绕风机微观选址选出的机位，展开全面的地质测绘及调查工作，查明机位周边一定范围的地层岩性、地质构造、岩溶发育特征、物理地质作用等基本地质条件。对于基岩露头较差或覆盖层较浅的机位，首先布置坑槽探作为地质测绘的辅助手段，查明风机地基的基本地质条件。

①钻探：根据风电场场区风机机位的地基岩土特征和物探成果，在风机机位中心位置共布置钻孔 45 个，单孔孔深 10.1～20.1m，合计进尺 661.8m。其中每台风机机位中心位置布置 1 个钻孔，共 33 个；在岩溶现象发育区域，除风机机位中心位置布置 1 个钻孔外，在风机机位周边 20m 范围内补充钻孔 1～2 个，共有 10 台风机机位布置了补充钻孔，钻孔共 11 个。

②对于覆盖层较厚、岩溶比较发育，地质测绘和调查难以判明地基地质条件的机位，采用物探测试方法也可以达到基本查明风机地基岩体完整程度的目的。如 26 号风机地基，以风机点位为中心布置交叉的两条物探测线，采用高密度电法（GMD），能够查明覆盖层厚度，以及 40～50m 深度范围内的岩溶发育情况，判断地基岩体的完整程度。26 号风机地基 GMD 电法测试成果如图 3-9 所示。

（3）系统取岩、土、水样进行试验，分区测试地基岩土体的电阻率。

（4）勘察成果：编制详细工程地质勘察报告及附图、附件。

报告：重点分析每台风机地基的工程地质条件及存在的工程地质问题，对强溶蚀地基提出专门的处理措施建议；对场内道路、集电线路的工程地质条件进行工程地质评价；评价天然建筑材料料源质量，评价梁山组含煤地层地基土层的腐蚀性。

附图：编制风电场综合地质平面图，编制每台风机的工程地质平面图、剖面图、钻孔柱状图、坑槽探展示图。

附件：物探测试报告，岩、土、水试验报告。

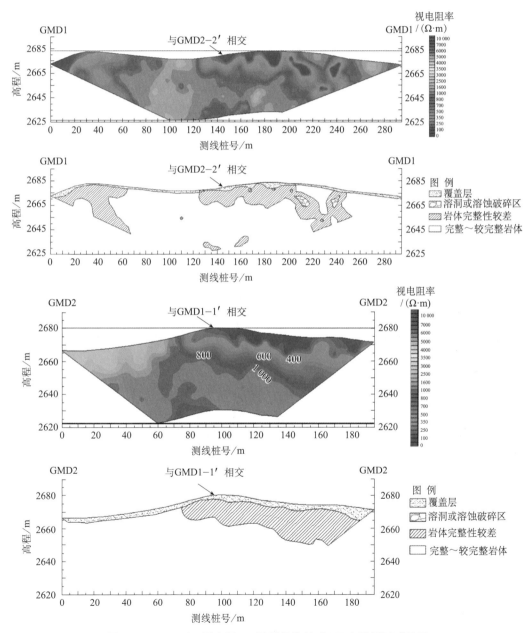

图3－9　WJYBCP风电场26号风机地基GMD电法测试成果图

4）施工地质。

对于岩溶山区风电场，通过地质测绘、调查，对地势较高、露头较好的机位，风机地基的岩溶发育程度基本上可以判断清楚。而对地势相对平缓、覆盖层较厚、基岩露头较差的机位，由于岩溶发育的不均匀性，前期勘察工作难以彻底查明地下隐伏岩溶的发育情况，物探测试只能判断岩溶发育的趋势，而钻探揭露的范围始终有限，因此，施工地质工作尤为重要。对于隐伏岩溶比较发育的机位，施工期应连续跟踪基坑开挖情况，对地基的地质条件进行复核，基坑开挖至设计高程后，视揭露的情况及时开展补勘工作，提出地基处理措施建议。如 26 号风机地基，前期勘察布置了 2 条高密度电法物探测线，测试成果显示地基存在强溶蚀带，但是建基面以下并不存在大的溶蚀空腔。在物探测试的基础上布置 2 个勘探钻孔进行验证，最大孔深 20.1m，钻孔揭露覆盖层厚度 2.5～5.1m，其中一个钻孔在 9.1～10.9m、12.6～17.1m 揭露充填型溶洞（充填物以黏土为主），另一个钻孔未揭露溶洞。地基开挖后，建基面 NNE 侧边缘溶蚀严重，如图 3-10 所示，相邻的 NE 侧溶蚀相对较弱，如图 3-11 所示，开挖揭露情况与物探高密度电法（GMD）测试成果基本对应。对溶蚀带进行清理后，发现岩溶作用主要沿两组近直立的裂隙发育，两侧均可见完整基岩，对地基的整体稳定无影响，溶蚀裂隙带按宽度的 3 倍清理后直接回填 C15 混凝土。

图 3-10　WJYBCP 风电场 26 号风机地基 NNE 侧溶蚀破碎区照片　　图 3-11　WJYBCP 风电场 26 号风机地基 NE 侧溶蚀裂隙照片

4. 勘察效果评价

1）主要工程地质结论。

初步地质勘察：

（1）场区晚更新世以来，工程区断裂无活动迹象，地震动峰值加速度为 0.05g，相应地震基本烈度为Ⅵ度，区域构造稳定较好。

（2）场址区大部分基岩裸露，场地适宜性总体较好，但地基选择应避开岩溶洼地、落水洞及采空区。

（3）风电场区地质环境简单，地质灾害不发育，场址区不良地质现象主要表现为区内梁山组（P_1l）地层采空区局部塌陷。总体上，场区可能发生的地质灾害对场址整体稳定及工程建设影响较小。场地适宜性总体较好。

（4）中风化岩体完整性相对较好，岩石较坚硬，岩块抗压强度较高，岩体抗变形能力较强；建议尽量选择中风化岩体做风机地基持力层，若选择强风化或强溶蚀带岩体做风机地基持力层，需验算地基的稳定性，选择合适的基础尺寸。

详细地质勘察：

（1）据现场地质调查及钻孔揭露综合分析，部分风机位附近有落水洞发育，据钻孔揭露，少数几台风机位下有溶洞发育，埋深一般在5m以下，建议风机位避开落水洞及有隐伏溶洞发育区；基础开挖后，对宽度大于30cm的溶沟、溶槽采取清除其填充物（清除深度视情况按宽度的3～5倍）并回填混凝土或毛石混凝土方式进行处理。

（2）场区地基灰岩地区地下水对混凝土结构具有微腐蚀性，对钢筋混凝土结构中的钢筋具有微腐蚀性；梁山组（P_1l）含煤地层地下水对混凝土结构具有强腐蚀性，对钢筋混凝土结构中的钢筋具有微腐蚀性。

（3）场区地基灰岩地区土层对混凝土结构具有微腐蚀性，对钢筋混凝土结构中的钢筋具有微腐蚀性，对钢结构具有微腐蚀性；梁山组（P_1l）含煤地层土层对混凝土结构具有微腐蚀性，对钢筋混凝土结构中的钢筋具有微腐蚀性，对钢结构具有微腐蚀性。

2）勘察效果评价。

通过资料收集分析、地质测绘及调查、钻探、坑槽探、物探、室内试验、原位测试等综合勘察手段，基本上达到了各阶段勘察目的，查明了场地及风机地基工程地质条件，为风电场设计提供了充分的地质依据。施工阶段风机地基开挖揭露的地质条件总体上与详细地质勘察结论基本一致。施工阶段提出的岩溶地基处理措施建议和意见为风电场的顺利建成提供了强有力的保障。风电场建成后至今运行良好。

3.2.6.2　采空区山区风电场实例

1. 项目工程概况

贵州 WAHZS 风电场位于贵州黔南州某两县、市交界处，风电场中心距县城直线距离约 9.5km，距黔南州州府所在地直线距离约 70km，距贵阳市区直线距离约

85km。省道 S205 从场区西侧经过，北接省道 S305，南与沪昆高速 G60 相通，场内有多条简易乡村公路互通，交通相对便利。

该风电场场址总体呈北北东向展布，长约 8.0km，宽约 3.5km，面积约 60.6km²。场内大部分地区海拔在 1200～1500m 之间，相对高差小于 500m，总体属溶蚀、侵蚀低中山地貌。风电场安装 48 台单机容量 2000kW 的风电机组，总装机容量 96MW。

该风电场范围内及附近出露二叠系吴家坪组含煤地层，场区内采煤活动较强烈，且开采历史较长，场区及附近尚分布有瓮安煤矿、地源煤矿、大坪煤矿等。受场地范围及风资源条件限制，考虑最大化利用场区风能资源，达到项目装机要求，部分风机需位于煤矿（煤窑）采空区及其影响范围内。采空区塌陷坑及地表裂缝如图 3-12 所示。

图 3-12　WAHZS 风电场采空区塌陷坑及地表裂缝照片

2. 地质勘察重点与难点

1）地质勘察重点及难点。

WAHZS 风电场场区为产煤区，场区采煤活动历史悠久，多台风机下伏煤层均于早年被瓮安煤矿、公社煤厂、私人煤窑等采空，山体变形；部分风机处于压覆矿产范围，地下开采情况不明，地表出现张裂。勘察重点和难点是需要收集多个年代久远的煤矿开采资料，访问大量当地居民，并有针对性地布置勘察工作。

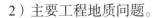

2）主要工程地质问题。

受煤矿采空区影响，场区山体地表发生了不同程度的变形现象，主要形态有拉、张裂缝（带）和塌陷坑（洞）、台阶等，主要为采空区及影响范围内风机场地稳定和地基稳定问题。

3. 不同阶段地质勘察工作

1）规划选址地质勘察。

（1）资料收集：收集风电场场区及其周边 5～10km 范围的区域地形图（比例尺 1∶50 000、1∶10 000）、场区范围所在的区域地质报告及附图（1∶200 000）、区域地震资料、区域地震动参数区划图；到采矿单位、当地国土部门收集有关采矿范围、开采规划及采空区的资料等。

（2）对风电场场区地层岩性及地质构造、含煤地层结构及展布情况进行调查；通过采空区地表调查，查明场区山体地表变形、开裂、塌陷的规模及分布情况；通过现场走访调查，了解煤矿（煤窑、煤洞）开采、山体变形、开裂等的历史演变情况，并进行初步危险性分区。

（3）对风电场场区区域构造稳定性进行评价，根据地震动参数区划图，确定场区地震动参数；对场区的主要工程地质问题进行初步评价。

2）初步地质勘察。

初步地质勘察阶段采用了工程测量、地质测绘、物探、钻探等工作，具体勘察手段如下：

（1）地质测绘：风电场 1∶5000 校核性地质测绘，测绘面积 80km²；风机地基范围 1∶2000 工程地质测绘，测绘面积 46km²。

（2）物探：对可能受到采空区影响的 7 台风机建设场地进行物探 EH4 测试，以核实地下采空区的分布情况及山体变形范围，单台风机位置布置 2～3 条测线，共计完成 14 条测试剖面，合计 3.358km。

（3）钻探：经物探初判后，4 台风机可能受采空区影响较大，辅以钻探验证，布置钻探工作，查明采空区（煤层）埋深、厚度及山体变形情况；单孔孔深 33～126m，共计完成 20 个孔、1300.5m 钻孔深度。

3）详细地质勘察。

（1）对微观选址确定的风机进行全面地质测绘、调查。

（2）钻探：本阶段共布置风机中心位置钻孔 24 个，单孔孔深 10.0～24.0m，合计进尺 350.7m，主要查明风机地基持力层岩石物理力学性状。

（3）试验：取岩样 4 组（灰岩、白云岩、玄武岩、泥岩各 1 组）进行室内物理力学试验。

（4）编制详细工程地质勘察报告及附图。

4）施工地质。

该风电场施工阶段全程跟踪地基开挖过程，对前期地质勘察成果进行复核。参加地基验收，编制工程竣工资料。

4. 勘察效果评价

1）各阶段主要工程地质结论。

规划选址地质勘察：

（1）场区晚更新世以来，工程区断裂无活动迹象，地震动峰值加速度为 0.05g，相应地震基本烈度为Ⅵ度，区域构造稳定性较好。

（2）场区不良地质现象和地质灾害主要为采空区地表开裂变形、陡坡（陡壁）岩体的卸荷崩塌、部分沟谷煤渣堆积体的滑移变形或小规模泥石流。

（3）21 号、41 号、42 号风机所在山体相对宽厚、完整，下伏煤矿采空区均为老采空区，现状变形已基本稳定，风机位置避开了采空区影响严重区域，覆岩岩土体结构受采空区影响较小，山体表层岩体变形微弱；风机加载导致采空区上覆岩层和地表移动活化而失稳的可能性小；现状条件下，21 号、41 号、42 号风机区域场地稳定性相对较好，初步认为危险性小，基本适宜风机建设。18 号、19 号、20 号、22 号、34 号、BX7 号、43 号 7 台风机，受采空区影响情况不明朗，需进行单独的勘察论证。

（4）风机场平及基坑开挖边坡高度不大，但需注意局部较厚覆盖层或风化破碎岩体以及溶蚀破碎区域的边坡稳定问题。

初步地质勘察：

（1）项目区 7 台位于煤矿老采区上的备选机位下伏煤层均于早年被瓮安煤矿、公社煤厂、私人煤窑等采空，原 19～22 号风机虽处于压覆矿产范围，但其下伏煤层也已大部分被采空，并对上覆山体稳定性造成了不同程度影响。

（2）项目采空区为早期巷柱式或房柱式小规模开采，属浅层～中深层老采空区，采空区及所导致的地表开裂变形多截止于 20 世纪 80 年代之前，目前采空区地表开裂变形已基本稳定。

（3）原 19 号、原 20 号、原 22 号、原 43 号风机所在山体相对孤立、单薄，其地表变形、开裂相对严重，且变形区域与风机机位很近，地下岩体变形破碎区域范围也相对较大，表明下伏采空区及其跨裂带内的裂隙和空洞率相对较大，极端情况下发生残余移动变形的概率相对较大，故该4台机位宜避开。

（4）原21号、原34号、原BX7号风机所在山体相对宽厚、延伸相对较长，地表无明显开裂、变形现象，地下岩体变形破碎区域范围较小或离风机机位较远，该3台风机所在山体稳定性相对较好。

（5）原21号、原34号、原BX7号风机位置避开了地表明显变形开裂区域，风机所在山体岩土体结构受采空区影响较小，山体表层岩体变形微弱；根据经验算法，各风机煤层开采深度H均大于风机加载安全开采深度H_a临界值的最大值，风机加载导致采空区上覆岩层和地表移动活化而失稳的可能性小。现状条件下，该3台风机机位所在山体基本适宜风机建设。

（6）评估报告是基于现状开采条件进行的评估，采空区处于动态变化过程中，业主应加强与煤矿单位的沟通，确保风机运行安全；为确保风机基础稳定，拟建风机位置附近地下应避免新的井巷开拓或残煤回采活动，风机周边应设置禁采或复采保护带。

（7）建议风机基础设计考虑提高基础、地基抗变形等级，增强其抗变形的能力。

（8）建议对风机基础、地基及附近一定范围内山体加强变形观测，出现极端天气或较强地震作用时，应根据相应观测成果研究制定专门的应对处理措施。

详细地质勘察：

（1）工程区区域构造稳定性好。

（2）15号风机位于非采煤区，场地稳定性较好，适宜风机建设。

（3）场区环境水对混凝土结构、钢筋混凝土结构中的钢筋具有微腐蚀性；场区环境土对混凝土结构、钢筋混凝土结构中的钢筋及钢结构均具有微腐蚀性。

（4）15号、41号、42号风机可选择中风化灰岩、燧石灰岩作为风机地基持力层，须对强溶蚀带内溶蚀沟槽或缝洞进行相应处理；21号风机可选择强风化下部或中风化泥灰岩夹钙质泥岩层作为风机地基持力层，基坑建基面如遇局部泥化层位，须进行掏槽置换处理。场区地下水埋藏深度大，对风机地基稳定性无影响。

（5）41号、42号风机（另有场区内43～48号风机）位于瓮安县岚关乡岚关硫铁矿探矿权范围内，虽目前不作为压覆矿产资源处理，但为确保风机地基稳定性，风机位置地下一定范围内将来也应避免一切地下采掘活动。

2）勘察效果评价。

该风电场项目通过资料收集、地质测绘调查、钻探、室内试验、原位测试等综合勘察手段，达到了各阶段地质勘察目的。尤其对采空区场地开展了专题勘察论证工作，进行了危险性区域划分，为风电场工程设计提供了充分的地质依据，施工阶段全程跟踪吊装平台和基坑开挖过程，地基验收情况和前期地质勘察结论基本一致，风电场建成至今运行良好。

3.3　地质灾害危险性评估

地质灾害危险性评估的目的是通过揭示地质灾害的发生和发展规律，评价地质灾害的危险性及其造成的损失，以及人类社会在现有经济技术条件下抗御灾害的能力，运用经济学原理评价减灾防灾的经济投入及取得的经济效益和社会效益。

作为新能源之一的风力发电工程，尤其是山区风电场工程，风电机组通常布置在山顶或者山脊区域，其地势相对较高，地质条件复杂，现状地质灾害多样，且后期风电场建设可能会引发或加剧地质灾害的发生。因此，通过对山区风电场工程建设区进行地质灾害危险性评估，避免工程建设本身遭受山区地质灾害的危害，同时对工程建设中或建成后可能引发或加剧山区地质灾害的可能性进行预测和评估，最终达到防灾减灾的目的。

■ 3.3.1　山区地质灾害特征

山区地质灾害存在多样性、多点发育、连续发育的特征，比如因自然因素或者人为活动引发的危害人民生命和财产安全的山体崩塌、滑坡、崩塌堆积体（滑坡堆积体）、不稳定斜坡、危岩体、泥石流、地面塌陷、地裂缝、地面沉降、采空区等与地质作用有关的灾害。形成这些地质灾害的原因主要有两个方面，一方面是与人类活动的影响有密切的关系，另一方面则是受自然因素比如降雨、重力等影响而发生。地质灾害特征图片如图 3-13 所示。

（1）山体崩塌、滑坡：山体崩塌与山体岩石风化程度和力学因素有关，常在外部诱因下发生，比如自然因素的大量降雨、地震影响、人类生产活动；滑坡与崩塌因素基本相似，但崩塌具有突然性，而滑坡一般都表现为从慢到快。硬质岩山体主要表现为山体崩塌，多发生在地形陡峭的山区地带；软质岩山体多表现为滑坡，多发生在山区地势相对较陡的山体斜坡地段。

（2）崩塌堆积体（滑坡堆积体）：由山体发生的崩塌及滑坡下落的大量石块、

碎屑物或土体，堆积在已发生崩塌或滑坡山体的坡脚或较开阔的山麓地带，形成的石堆或土堆。

（3）不稳定斜坡：在山区稳定性等级较差（欠稳定），但尚无变形迹象的斜坡地段，在地震、暴雨、坡脚卸载等外力作用下，可能发生滑坡、错落、表层溜坍或者崩塌等现象的斜坡。

（4）危岩体：山区陡坡或悬崖上，被裂隙分割而形成陡倾且前凸临空，可能失稳的岩体。危岩体是潜在的崩塌体，一般硬质岩质山区危岩体较多。

（5）泥石流：因受暴雨、暴雪或其他自然灾害引发的山体滑坡并携带有大量泥沙以及石块的特殊洪流，多发生在山区冲沟、沟谷深壑、地形险峻的地段，具有突然性以及流速快、流量大、物质容量大和破坏力强等特点。

（6）地面塌陷、地裂缝、地面沉降：多发生于山区地表浅层，即地表岩（土）体在自然或人为因素作用下，向下陷落，并在地面形成塌陷坑（洞）的一种地质现象。

（7）采空区：地下矿产被采出后留下的空洞区。地下采空后会引起地面开裂、变形、塌陷等一系列现象。

山区的主要人类活动为当地居民日常的少量耕地种植、新建公路、原有公路的改扩建等，多为山体切坡及堆坡形成的滑坡或崩塌。

(a) 山体崩塌　　　　　　　　　　　　　(b) 山体滑坡

(c) 崩塌堆积体　　　　　　　　　　　　(d) 不稳定斜坡

(e) 危岩体   (f) 泥石流

(g) 地面塌陷   (h) 采空区塌陷

图 3-13 地质灾害特征图片

3.3.2 现状分析评估

山区风力发电工程场地（山区风电场）涉及范围较大，地质灾害评估范围较大。山区风电场不仅存在硬岩质山体，还存在软岩质山体，根据现场地质调查分析评估区现状地形地貌、地层岩性、地质构造、物理地质现象、气象及水文条件，以及区域构造稳定性和地震地质条件，评价现状地质灾害发育程度、发生地质灾害的可能性大小，以及地质灾害危害程度大小。

山区风电场的风电机组通常布置在山顶或者山梁之上，其地势相对较高，一般为人类聚集较少或无人居住的山区，原有人类活动产生的地质灾害发育程度弱，发生地质灾害的可能性小，地质灾害危害程度小。

3.3.3 预测评估

受风力发电工程施工期人类工程活动的影响，将使场区地质环境、岩（土）体原有的力学平衡状态发生改变，这些改变将可能在工程建设过程中或建成运行期引发或加剧评估区的地质灾害，场区可能发生的地质灾害为局部覆盖层边坡、场区公路开挖边坡局部地段土层、全风化层和强风化层在暴雨触发下产生的小范围变形和滑动，以及部分施工期间不合理堆放弃渣在暴雨触发下产生的小规模滑动或垮塌。

而预测评估包括"工程建设引发地质灾害危险性的预测评估"及"工程建设本身遭受地质灾害的危险性预测评估"。根据山区风电场工程组成及布置特点，工程建设引发的山体崩塌、滑坡、泥石流可能性小，危害性小，引发的地面塌陷、地裂缝、地面沉降可能性小，危害性小；工程建设本身遭受山体崩塌、滑坡、泥石流可能性中等，危害性大；遭受地面塌陷、地裂缝、地面沉降可能性较大，危害性中等。

■ 3.3.4　综合评估及防治措施

根据调查资料及地质灾害危险性现状评估和预测评估的结论，对风电场工程场区进行地质灾害危险性综合分区评估。采取的分区原则为根据地质灾害危险性现状评估、预测评估结果，结合工程项目特点及所处的地质环境条件，不良地质现象的分布位置、地质灾害的特征及引发地质灾害的可能性及其影响范围，并遵循"就大不就小""区内相似、区际相异"的原则综合分区。山区风力发电工程地质灾害分区多为地质灾害危险性大区（Ⅰ）、地质灾害危险性中等区（Ⅱ）及地质灾害危险性小区（Ⅲ）。

山区风力发电工程地质灾害防治措施，主要针对工程建筑物地基施工，根据本工程特点及场区地质灾害危险性分区情况综合确定。风机（风电机组及箱变）、升压站、场区道路及施工配套工程的布置应避开在山区中易发生且规模大、危害大的地质灾害，如山体崩塌、大型滑坡、不稳定斜坡、危岩体、泥石流地段或山体；若无法避免，则可采取如下防治措施：

（1）对崩塌体或具有崩塌趋势的地方进行清除处理，同时对不稳定的后壁陡边坡进行治理，消除继续发生崩塌的危险。如果建设中存在大量切坡挖方工程，可按边坡相关治理规范进行崩塌防范。

（2）根据滑坡类型、滑坡规模及其主要的影响因素，采取设置截排水设施和支挡设施、修整滑坡体形态等措施，并严禁在滑坡体前缘进行深挖作业，严禁在滑坡体后缘设置机电设备。

（3）泥石流灾害防治：在泥石流的沟谷种植固土草木，以防止水土流失，并在建设道路、机电线路通过地段设置泄洪通道。

（4）不稳定斜坡的防治：控制好人工边坡开挖的深度，设置安全坡比和坡型，采用相对安全的支护措施对边坡进行人工加固，防止其在施工或使用期间发生滑塌。

（5）对处于项目建设范围内的危岩体进行清除。

综上所述，风电场工程建设前，按工程建设基本程序和要求对拟建场区各建筑物进行岩土工程勘察，查明场地岩土工程地质条件、地下水埋藏深度和岩溶发育情况等，为工程建设选择适宜的地基基础方案和有效的地质灾害防治措施提供工程地质资料，确保工程建设安全。

■ 3.3.5　技术总结

3.3.5.1　技术难点

山区风力发电工程地质灾害评估中技术难点在于现状分析，即野外调查。

由于山区地质灾害存在多样性、多点发育、连续发育的特征，受项目区域内地形地貌、气象、水文、地质构造及地震多重因素影响，现状分析过程时间较长，调查过程易遗漏，地灾规模范围划分难以做到精确，因此，现状分析不到位将导致现状评估以及预测评估出现偏差，甚至出现完全相反的预测评估，危害到项目建设。

3.3.5.2　技术创新

目前，地质灾害评估技术已逐渐趋于成熟，但新技术也层出不穷。鉴于山区地质灾害发育特点，综合使用现有高科技技术方案，尽可能避免上述因技术难点导致评估工程中出现的技术盲点。主要新技术特点如下：

1. InSAR 技术

利用空间对地观测的 InSAR 技术，可快速获取大范围、高精度现今地面沉降信息，对传统的水准测量结果进行补充和验证。

2. 地理信息系统（GIS）

GIS 称为"地理信息系统"，又称"地学信息系统"或"资源与环境系统"，是一种新兴的极其重要的地理空间数据分析系统。该系统结合地理学与地图学以及遥感和计算机科学，在计算机硬、软件系统支持下，对整个或部分地球表层（包括大气层）空间中的有关地理分布数据进行采集、储存、管理、运算、分析、显示和描述。

GIS 可以实现地理信息数据的实时采集、提取、监测、转换和编辑，采用科学方法进行数据的重构和转换，并根据实际需要进行数据的维护和更新，进行数据资料的整合处理、多要素分析以及实时的动态监测。其在现今地质灾害评估的应用中较为主要，其评估过程包括 3 个相辅相成的阶段，分别是 GIS 数据准备阶段、格网数字高程模型构建阶段、地形因子提取阶段。在收集大量的基础地质环境资料前提下，利用 GIS 对基础资料进行有效处理来提高数据的可靠性，通过选取合适的评价预测指标，运用恰当的数学分析模型，对研究区进行地质灾害危险性等级的划分，从而为地质灾害的管理、防治和预警决策提供依据。

GIS 技术优点在于可以贯穿于地质灾害调查编录、数据库建设、空间预测评价区划、监测预警预报、防治和管理全过程，特别是其数据更新、信息共享、信息发布、空间分析预制图及可视化功能，适合于突发地质灾害预测评价的长期动态跟踪，有利于建设服务、地质灾害风险管理和控制。

3. 遥感图像解译

根据图像的几何特征和物理性质，进行综合分析，从而揭示出物体或现象的质量和数量特征，以及它们之间的相互关系，进而研究其发生发展过程和分布规律。其特点在于能直观地显示区内地形、地貌、地质和水文的整体轮廓与形态，可以宏观认识调查区的自然地理、地质环境，指导调查工作的整体部署，减少盲目性，节省人力、物力的投入；但遥感信息模型由地形模型、物理模型和数学模型构成，是用遥感信息和地理信息影像化的方法建立的一种模型，地理现象和地理过程非常复杂，既有必然的规律，也受偶然因素的影响。

3.3.6 应用实例

3.3.6.1 项目工程概况

贵州 QLSJT 风电场位于贵州省黔西南州某县境内，初拟场址区总体呈东西向展布，东西长约 4.5km，南北宽约 2.0km，场区大部分地区海拔在 1750～1900m 之间，相对高差小于 500m，属溶蚀、剥蚀低中山地貌类型。

该风电场设计推荐采用 24 台单机容量 2000kW 的风电机组，总装机容量为 48MW，最终建设装机容量为 42MW。风电场场区风机集中分布于独立山包、山脊顶部及山体间垭口位置，场内检修道路基本沿山体斜坡或山顶展布，升压站位于山体间平缓地带，其余建筑物基本位于宽缓台地或山体坡脚位置。

整个评估区不良地质现象主要为灰岩、燧石灰岩、白云岩等岩体的强烈溶蚀作用和玄武岩、粉砂岩、黏土岩等岩体的不均匀风化，以及锑矿、金矿开采形成的矿坑和矿洞以及早期采空引起的地面变形，未见大规模的危岩体、泥石流、岩溶塌陷等分布，场区整体稳定。

3.3.6.2　勘察手段及工作量

评估以前期工作成果为基础，在此基础上进行了专门地质调查，运用了遥感图像解译，并辅以适当钻探及物探工作量，根据现场专门地质灾害评估调查所收集到的相关资料以及外业实物工作，进行室内综合分析后完成该项工作。评估工作方法、资料整理和报告编写均按照国土资源部相关技术要求进行，勘察工作质量可靠、经济合理。

3.3.6.3　地质灾害评估内容

该风电场场区地质灾害中等发育，地形、地貌类型较复杂，地质构造较复杂，岩土种类较多，岩性、岩相不稳定，岩溶较发育，岩土工程地质和水文地质条件一般，自然条件下工程区人类工程活动中等。工程建设区地质灾害危险性评估级别属二级。

1. 现状评估

该风电场设计共布置 24 台风电机组，多数风机布置于玄武岩地层分布区域，少量布置于硅质蚀变岩和砂岩、粉砂岩、黏土岩地层分布区域，在玄武岩和硅质蚀变岩地层中分别有金矿和锑矿存在，金矿限于地表零星开采，对场地稳定影响不大，锑矿开采方式和规模不一，对场区稳定影响程度也不一样，场区稳定性主要受锑矿开采的影响。

在大规模开采锑矿区域，风机布置位置地下存在较大规模的采空区，1～3 号风机机位及周边未见地表张裂和塌陷，但采空区影响范围已接近地表，矿体停采时间近 15 年；7 号、9～10 号风机机位及周边地表出现拉裂和塌陷，矿体停采时间近 20 年。目前该区域内山体在采空区影响下的变形已基本稳定，现状地质灾害危险性中等。

在主要以矿坑、矿洞形式进行较大规模开采锑矿的区域，6 号、12 号风机机位地下可能存在一定规模的采空区，因停采时间较长，山体变形已基本稳定，现状地质灾害危险性小。

在地表小规模锑矿开采区域、金矿开采区域和无矿体分布区域，布置有4～5号、8号、11号、13～24号风机，该区域场地整体稳定，现状地质灾害危险性小。

2. 地质灾害危险性预测评估

评估区部分范围内山体处在采空区、矿坑、矿洞的影响范围内，其变形虽已基本稳定，但施工期工程活动的影响将改变这种平衡状态，导致地质灾害发生，因此，采空区、矿坑、矿洞仍然是影响和制约工程建设的主要条件，是场地的主要致灾条件。

根据评估区的地质环境条件、地质灾害现状调查结果与评估预测结果，结合场内风机布置、拟建道路布置、升压站布置等综合分析，本工程建设可能主要遭受滑坡、塌陷的影响。

3. 地质灾害危险性综合评估

该风电场场区稳定性受锑矿开采影响很大，根据场区锑矿分布、开采规模和特点以及锑矿开采后形成的采空区、坑道、矿洞对场区稳定性影响程度和人为扰动情况下场地发生地质灾害可能性大小，将场区按地质灾害易发程度分为Ⅳ、Ⅲ、Ⅱ三个区域。

Ⅳ区属于地质灾害高易发区，该区域内布置有1～3号、7号、9号、10号风机和部分道路，风机建设场地危险性大，道路建设场地危险性大。Ⅲ区属于地质灾害中等易发区，该区域内布置有6号、12号风机和部分道路，风机建设场地危险性中等，道路建设场地危险性中等。Ⅱ区属于地质灾害低易发区，该区域内布置有4～5号、8号、11号、13～24号风机，以及大部分道路和升压变电站，风机建设场地危险性小；13～14号风机、23～24号风机之间道路建设场地危险性中等，其余路段道路建设场地危险性小；风电场升压站建设场地危险性小。

该风电场场区西侧1～3号、6～7号、9～10号、12号风机布置位置受采空区影响，山体变形严重，出现一定规模的地表塌陷、裂缝以及边坡的变形和滑动，该范围内的场地稳定性差，适宜性差，其他范围内场地整体稳定，基本适宜风电场建设。

4. 防治措施建议

受采空区影响，场区地质条件较复杂，对于1～3号风机布置位置建议查明采空区对围岩的准确影响范围和锑矿复采的可能性，根据锑矿巷道分布平面图，调整风机位置。对于6～7号、9～10号、12号风机，在工程建设期应尽量降低施工对山体的扰动，避免触发地质灾害。其他风机布置位置地质条件相对简单，对部分风机做局部微调和地基处理即可满足工程建设要求。对于布置在采空区附近的道路，建议多采用机械方式开挖路基，且尽量减轻对周边山体的扰动；对于布置在陡峭边坡上的道路，路基开挖应适当放坡。

第 4 章 •••

山区风电场工程电气设计

山区风电场所处环境通常具有地形复杂、海拔高、高差大、雨雾多、潮湿、雷暴多、土壤电阻率高等特点。在电气设计过程中，需重点考虑环境因素带来的电气设备绝缘强度降低、温度变化以及低气压环境下电气设备运行的安全可靠性变化，同时需考虑电气设备运输的便利性和运维的方便性等。

4.1 电气一次设计

风电场的电气一次设计主要包括风电机组、集电线路、升压变电站（开关站）等3部分的电气设计，其中，集电线路电气设计详见4.3节。

山区风电场风机布置多依山形布置，选取风能资源较好的区域，集电线路在覆冰严重地区通常考虑以直埋电缆为主要方式，在其他地区通常考虑以架空线为主要方式。

山区风电场因受场址范围、风能资源、地形地质、环境敏感性因素等条件限制，其装机容量往往差异很大，对应风电场升压站的电压等级选择也有所不同，具体如表4-1所示。

表 4-1 风电场装机容量与升压站（开关站）电压等级关系表

序号	装机容量 /MW	电压等级 /kV	升压站形式
1	$P<40$	35（10）	开关站
2	$40<P<150$	110（66）	升压变电站
3	$150<P<500$	220（110）	升压变电站
4	$P>500$	500（330）	升压变电站

■ 4.1.1 风电场升压（开关）站站址选择

升压（开关）站作为风电场的重要组成部分之一，由于山区风电场场址范围较大，风机布置分散，升压（开关）站位置的选择直接影响到风电场的集电线路长度以及项目的建设投资和经济性。因此，选择风电场升压（开关）站站址通常宜遵照以下原则：

（1）根据风电场风机布置，站址应尽量使场内集电线路长度最短，以减少投资。

（2）站址应便于出线接入电网系统。

（3）站址位置应处于一个相对开阔区域，以便于集电线路进出，且与公路、铁路、居民区以及环境敏感区保持一定的距离；对于规模较大的风电场，还需要考虑多回路集电线路、送出线路的进出。

（4）站址位置应相对较高，避免水淹。

（5）站址应尽量避开不良地质灾害易发区域。

（6）站址应考虑对外交通的便利性。

（7）站址应考虑风电场运维人员生活、工作的便利性。

在风电场工程设计中，通常先在室内选择多个风电场升压（开关）站站址，再结合实地踏勘，经技术经济比较后，合理确定风电场升压（开关）站的站址位置。

■ 4.1.2　电气一次主要设备

4.1.2.1　山区风电场环境因素

山区风电场气温随着高度增加而降低，气候垂直变化显著，在一定的高度内，湿度大、雨雾多、降水多、空气稀薄、气压低、气候寒冷，随着海拔的增加，大气压力降低，空气密度相应减少，其特征主要表现为：空气压力或空气密度降低；空气温度较低，温度变化较大；辐射较强；大风日多、降水日多；高雷暴。

选择导体和电气设备的环境温度如表 4-2 所示。

表 4-2　选择导体和电气设备的环境温度

类别	安装场所	环境温度	
		最高	最低
裸导体	屋内	最热月平均最高温度	
	屋外	该处通风设计温度	
电气设备	屋外 SF_6 绝缘设备	年最高温度	极端最低温度
	屋外其他	年最高温度	年最低气温
	屋内电抗器	该处通风设计最高排风温度	
	屋内其他	该处通风设计温度	

高原环境主要环境参数如表 4-3 所示。

表 4-3 高原环境主要环境参数

序号	环境参数		海拔 /m			
			2000	3000	4000	5000
1	气压 /kPa	年平均	79.5	70.1	61.7	54.0
		最低	77.5	68.0	60.0	52.5
2	空气温度 /℃	最高	35	30	25	20
		最高日平均	25	20	15	10
		年平均	15	10	5	0
		最低①	+5，−5，−15，−25，−40，−45			
	最大日温差 /K②		15，25，30			
3	相对湿度 /%	最湿月月平均最大（平均最低气温 /℃）	90（20）	90（15）	90（10）	90（5）
		最干月月平均最小（平均最高气温 /℃）	15（15）	15（10）	15（5）	15（0）
4	绝对湿度 /（g/m³）	年平均	5.3	3.7	2.7	1.7
		年平均最小	2.7	2.2	1.7	1.3
5	最大太阳直接辐射强度 /（W/m²）		1060	1120	1180	1250
6	最大风速 /（m/s）		与海拔关系较小，需根据风电场实测数据以及参证气象站资料推算			

①在 2000m 以上不同地区的最低空气温度，若有实际测量值，则以实际测量值为准。若无实际测量值，建议采用 +5℃、−5℃、−15℃、−25℃、−40℃、−45℃ 6 档：+5℃ 适用于户内，−5℃ 适用于热带，−15℃ 适用于云南、贵州、四川（川西除外），−25℃ 适用于甘肃、宁夏、山西、陕西、川西、青海东部、西藏东部、内蒙古西部、新疆南部，−40℃ 适用于青海西部、内蒙古东部、新疆北部，−45℃ 适用于寒冷地区。

②海拔 2000m 以上地区最大日温差一般取 30℃，若使用环境最大日温差高于 30℃，应在产品条件中进行规定。

4.1.2.2　山区风电场海拔修正

1. 设备外绝缘修正

山区风电场往往海拔较高，随着海拔升高，大气压力或空气密度降低，空气绝缘强度减弱，使得电气外绝缘的绝缘强度降低，因此，对于海拔超过 1000m 的地区，选择设备时应考虑高于海拔的电气设备，需要对设备的外绝缘进行海拔修正。修正公式如下：

$$K_a = e^{m\left(\frac{H-1000}{8150}\right)} \tag{4-1}$$

式中 K_a —— 电气设备外绝缘海拔修正系数;

H —— 电气设备安装地点的海拔,单位为 m;

m —— 与电压类型有关的指数,工频电压、雷电冲击电压和相间操作冲击电压, $m=1.0$;纵绝缘操作冲击电压, $m=0.9$;相对地操作冲击电压, $m=0.75$。

(1)海拔在 1000~2000m 范围,设备外绝缘水平按 2000m 海拔修正。

(2)海拔在 2000~2500m 范围,设备外绝缘水平按 2500m 海拔修正。

(3)海拔在 2500~3000m 范围,设备外绝缘水平按 3000m 海拔修正。

(4)海拔高于 3000m,应考虑实际运行地点的环境,经专题研究后确定。

主要海拔外绝缘修正系数计算结果如表 4-4 所示。

表 4-4　工频耐压和冲击耐压的海拔修正系数 K_a 表

产品试验地点海拔 /m	产品使用地点海拔 /m			
	1000	2000	2500	3000
0	1.13	1.28	1.36	1.44
1000	1	1.13	1.2	1.28
2000	0.88	1	1.06	1.13
3000	0.78	0.88	0.94	1

2. 高海拔降容运行

高海拔区域对于电气设备进行降容运行的主要因素是绝缘和散热。

高海拔区域对于低压配电系统一般指在 2000m 以上,对于高压配电系统一般指在 1000m 以上。高海拔区域一个显著的特征就是空气稀薄,大气压力低。试验表明,海拔每升高 1000m,平均大气压降低 7.7~10.5kPa,设备绝缘强度降低 8%~13%。由于海拔越高,空气越稀薄;分子之间的相互作用力就会越低,阻碍空气分子电离的因素就越低,导致在施加同等电压的情况下,空气越稀薄的地方空气越容易被击穿电离,产生局部放电现象,为了使高海拔地区的电气设备具有足够的耐击穿能力,必须要增大电气间隙和爬电距离,又由于已经设计定型的产品电气间隙已经固定,所以为了保证电气安全,高海拔区域必须用高容量的电气设备替代低容量的电气设备,也就是对电气设备进行降容处理。

开关设备随海拔的降容系数如表 4-5 所示。

表 4-5 开关设备降容系数表

海拔 /m	降容系数
2000	1
2000~2500	0.93
2500~3000	0.88

电气设备温升随海拔的升高而递增，但户外平均环境温度随海拔的升高而递减，环境对设备温升有明显的补偿作用，因此，电气设备的温升极限应进行海拔修正。

不同海拔处的温升极限应按下式确定：

$$\tau = \tau_0 + \Delta\tau \tag{4-2}$$

式中 τ——不同海拔处的温升极限，单位为 K；

       τ_0——相关电气设备标准中规定的温升极限，单位为 K；

       $\Delta\tau$——温升极限的海拔修正值，单位为 K。

电气设备温升极限的海拔修正值如表 4-6 所示。

表 4-6 温升极限的海拔修正值表

使用或试验地点的海拔 /m	$\Delta\tau$/K
2000	0
2000~2500	2
2500~3000	4

当试验地点的海拔与使用地点的海拔不同时，温升极限按两者的海拔差进行修正。当试验地点的海拔高于使用地点时，温升极限为相应产品标准规定的温升值加上修正值。当试验地点的海拔低于使用地点时，温升极限应为相应产品规定的温升值减去修正值。计算海拔差时，低于 2000m 的海拔可算作 0m。

对发热电气设备，海拔每升高 100m，温升极限的海拔修正值按 2K 计算。

4.1.2.3 风电场主接线

1. 风电机组与箱式变电站接线方式

考虑到风电机组布置分散，机组之间的距离较远，为降低发电机回路的电能损耗，缩短发电机回路电力电缆的长度，考虑在每台风电机组附近设置 1 台箱式升压站作为机组变压器，通过箱变、集电线路接入升压站主变低压侧母线，风电机组和箱式变电站之间采用 1 机 1 变单元接线方案。

2. 升压站接线方式

升压站电气主接线图设计应根据规划装机容量、总布置、环境保护等特点，在满足供电可靠性、灵活性、稳定性的基础上，选择接线简单、便于维护、便于实现自动化和分期建设、经济合理的方案。

风电场主变压器高压侧接线方式通常采用变压器－线路单元接线、单母线接线，在分期建设项目中单母线接线可在一期设计中增加母线隔离开关，方便二期项目快速安装和调试；在主变压器台数和风电场建设规模过大时需要经过经济、技术比选专题确定主接线方案。

主变压器低压侧接线方式通常采用单母线接线、单母线分段接线，随着新能源单体项目建设规模增大，可以采用扩大单元接线或其他接线方式。

4.1.2.4 风力发电机主要设备

风电机组主要由风力发电机组厂商负责设计、生产、制造，电气一次专业主要根据风力发电机出口电压、额定功率、功率因素等技术参数确定，以及箱变、变流器出口电缆等电力设备选型。

在低温环境下运行，风机应有防凝露设计，被冷却电子元器件表面温度应高于冷却空气的露点温度。

随着技术进步，风机出口电压目前普遍由690V提高到950V、1140V，在设计时需选择与之匹配的电缆、箱变、开关；机组高、低压开关设备应根据环境条件进行特定选型设计，电气间隙和耐压需要进行计算，满足实际运行工况下安全、可靠运行；设备的接通和分段能力需要考虑空气密度降低的影响，满足所用海拔环境下的特性要求。

对于沙尘较大的山区，应考虑沙尘对机组散热装置的影响，通常需要明确通风装置和散热装置的维护、更换周期，一次冷却通风过滤等级不低于二次冷却通风过滤等级。

4.1.2.5 主变压器选择

风电场选择变压器需要与风电机组安装容量匹配，对于分期开发项目，需要做技术经济对比以确定变压器。

主变压器型式的选择主要考虑主变压器的相数选择、绕组选择和连接方式选择；针对山区不同地区，在交通条件允许情况下，优先选用三相变压器。

主变压器的连接方式必须与电力系统的相位保持一致，否则不能并列运行；我国电力系统中绕组的连接方式只有 Y 和 △，通常风电场的电压等级一般为 110/35kV 或 220/35kV 双绕组变压器。变压器绕组的连接方式可以采用 Y/y 带稳定绕组和 Y/ △ 两种方式。变压器绕组采用 Y/y 方式，必须带稳定绕组，稳定绕组容量可与制造厂协商，尽可能减小绕组容量。

由于风力发电机组自身不能调节出力，有可能在电网电压较高时满出力，在电网电压较低时接近零出力，风电场高压母线的电压偏差幅度会比电网侧更大，若风电场自身无调压手段，可能会使风电机组母线电压超过 ±10% 范围而停机，或电压过高造成变压器过励磁，因此，风电场主要主变压器选用有载调压变压器。

主变压器应按如表 4-7 所示的技术条件选择。

表 4-7 主变压器参数选择

项　目		参　数
技术条件	正常工作条件	型式、额定容量、绕组电压、相数、短路阻抗、频率、冷却方式、联结组别、调压方式和范围、温升极限、中性点接地方式
	承受过电压能力	绝缘水平、过载能力
	套管式电流互感器	绕组、准确级、电流比、二次容量
环境条件		环境温度、相对湿度、污秽等级、海拔、风速等

主变压器中性点选择方式为：500kV 及以上系统选择直接接地；66kV 以上系统选择经过隔离开关接地；66kV 及以下系统通常采用不接地。

4.1.2.6　110kV 以上高压配电装置选择

风电场 110kV 及以上配电装置可采用 SF_6 全封闭组合电器（简称 GIS）或敞开式组合电器（简称 AIS）。GIS 与 AIS 相比，具有以下优点：

（1）供电可靠性高。电气设备的大部分绝缘事故是由外绝缘引起的，GIS 的带电元件均密封在充满 SF_6 气体的金属外壳内，不受环境变化的影响，绝缘不易老化，因此，其供电可靠性远高于 AIS 设备。

（2）维护工作小、检修周期长。GIS 运行过程中，无需定期进行绝缘子清扫，SF_6 气体的泄漏量很小，补气周期为 5～10 年；GIS 断路器在开断故障电流时，触头烧损轻微，且触头在 SF_6 气体中不易氧化，断路器可长期连续使用，GIS 主要部件大修周期不小于 20 年。因此，GIS 维护工作量小。

（3）占地面积小。GIS 的占地面积约为 AIS 的 60%。

（4）安装周期短。GIS 可在工厂完成装配和调试后，以间隔为单位整体运至安装现场，省去了大量的现场安装工作量。

（5）安全性能高。GIS 高压带电部分全部被金属外壳所屏蔽，不易发生人身触电事故。

（6）运行费用低。由于 GIS 检修维护工作量小，因此，其运行费用低。据统计，AIS 设备 20 年运行费用约为设备投资的 20%，GIS 仅为 AIS 的 18%。

近几年 GIS 设备价格不断下降，与相同电压等级 AIS 设备投资差越来越小。考虑到 GIS 供电可靠性高、维护工作小、检修周期长、安全性能好等方面因素，同时考虑到山区项目节约用地等，风电场采用 GIS 已经变为常规选择。

若所在地冬季寒冷、日温差较大、风沙较大等，GIS 设备推荐采用户内安装方式，并对 GIS 配套的辅助设施加强防风沙措施。同时对户外避雷器、户外套管涂刷防污闪涂料，加强户外设备的抗污秽能力。

4.1.2.7 35kV 配电装置选择

风电场升压站 35kV 配电装置通常有户外敞开式设备、开关柜。

相对于 35kV 户外敞开式设备，35kV 开关柜具有占地面积小、施工方便、后期维护工作量小等优点，并且价格相差不大，因此，目前风电场 35kV 设备基本都采用户内 35kV 开关柜。

目前国内生产制造的 35kV 成套开关柜包括 KYN 型手车柜、KGN 型固定式开关柜和 XGN 气体柜。对于海拔 3000m 以上可以选用 KGN 开关柜和 XGN 开关柜，但是随着海拔增加、空气绝缘强度下降，KGN 开关柜体积加大，导致投资成本上升；相较于 KGN 开关柜，XGN 开关柜具有体积小、不受环境影响、可靠性高等优点，但是目前价格比 KYN 和 KGN 开关柜高，待成本进一步下降后可大规模选择。

4.1.2.8 无功补充装置选择

风电场配置的无功补偿装置类型及容量通常需通过专题论证确定，但是在实际项目中采用 SVG 项目较多，容量选择应满足国家相关规范规定要求。

（1）对于直接接入公共电网的风电场，容性无功计算需要考虑风电场满发时汇集线路、主变压器的感性无功和送出线路一半的感性无功，感性无功能够补偿自身的容性充电无功功率和送出一般的充电无功功率。

（2）对于通过 220kV（或 330kV）及以上的汇集站接入电网，容性无功计算需要考虑风电场满发时汇集线路、主变压器的感性无功和送出线路全部的感性无功，感性无功能够补偿自身的容性充电无功功率和送出全部的充电无功功率。

（3）风电场功率因数应能在超前 0.95～滞后 0.95 范围内连续可调，以满足电网对供电质量的要求。

风电场主要线路（汇集线路、送出线路）和变压器的无功补偿计算：

（1）线路。

$$Q_{\mathrm{L}} = 3I^2 X = 3\left(\frac{P}{\sqrt{3}U\cos\varphi}\right)^2 X = \left(\frac{S}{U}\right)^2 xL \qquad (4-3)$$

式中　Q_{L}——汇集线路需要补偿的无功容量，单位为 kvar；

　　　I——回路电流，单位为 kA；

　　　U——回路线电压，单位为 kV；

　　　X——等值电抗，单位为 Ω；

　　　x——单位长度线路电抗，单位为 Ω/km；

　　　P——回路有功功率，单位为 MW；

　　　S——回路运行视在功率，单位为 MV·A；

　　　$\cos\varphi$——功率因数；

　　　L——回路线路长度，单位为 km。

$$Q_{\mathrm{C}} = U^2 B = U^2 bL \qquad (4-4)$$

式中　Q_{C}——送出线路需要补偿的无功容量，单位为 kvar；

　　　U——回路线电压，单位为 kV；

　　　B——线路电纳，单位为 S；

　　　b——单位长度线路电纳，单位为 S/km；

　　　L——回路线路长度，单位为 km。

（2）变压器。

$$Q_{\mathrm{T}} = \left(\frac{U_{\mathrm{d}}I_{\mathrm{m}}^2}{100 I_{\mathrm{e}}}\right) + \left(\frac{I_0}{100}S_{\mathrm{e}}\right) \qquad (4-5)$$

式中　Q_{T}——变压器需要补偿的最大容性无功容量，单位为 kvar；

　　　U_{d}——变压器需要补偿一侧的阻抗电压百分值，单位为 %；

　　　I_{m}——母线装设补偿装置后，通过变压器需要补偿一侧的最大负荷电流值，单位为 A；

　　　I_{e}——变压器需要补偿一侧的额定电流值，单位为 A；

　　　I_0——变压器空载电流百分值，单位为 %；

　　　S_{e}——变压器需要补偿一侧的额定容量，单位为 kV·A。

对于 SVG 的形式，通常项目单套补偿容量在 15Mvar 以下采用降压式，补偿容量大于 15Mvar 选择直挂式。基于山区风电场的现场环境特点，SVG 的冷却方式推荐采用水冷；若采用风冷方式，需要考虑 IGBT 发热量、进（出）风容量、空气湿度等因素。

4.1.2.9　35kV 中性点设备选型

1. 电容电流计算

架空集电线路电容电流可采用马克斯威尔方程进行准确计算，但计算过程复杂。由于架空线路在集电线路系统中电流电容所占比重较小，因此，工程上一般可采用以下经验公式进行计算：

$$I_C = (2.7 \sim 3.3) U_n L \times 10^{-3} \tag{4-6}$$

式中　I_C ——电容电流，单位为 A；

　　　U_n ——线路额定电压，单位为 kV；

　　　L ——线路长度，单位为 km。

上式中，当线路有架空地线时，系数采用 3.3；当无架空地线时，系数采用 2.7。根据计算结果和经验，取值 0.15A/km 进行估算。

直埋集电线路的电容电流可以采用以下公式进行计算：

$$I_C = \sqrt{3} \, U_e \omega C \times 10^{-3} \tag{4-7}$$

式中　U_e ——额定线电压，单位为 kV；

　　　ω ——角频率，$\omega = 2\pi f_e$（f_e 为额定频率，单位为 Hz）；

　　　C ——每相对地电容，单位为 μF。

根据计算，可以按如表 4-8 所示进行计算。

表 4-8　三芯铜缆不同截面积每千米电容电流值表

三芯 35kV 电缆截面积 /mm^2	50	70	95	120	150	185	240	300
I_C/A	2.09	2.28	2.47	2.66	2.86	3.05	3.43	3.62

2. 电阻值选择

电阻值的选取必须根据风电场集电线路的具体情况，应综合考虑限制过电压倍数、继电保护的灵敏度、对通信的影响、人身安全等因素。电阻值选择过小，单相短路电流增大，不利于保证人身和设备的安全。电阻值的选择公式如下：

$$R = \frac{U_n}{I_d} \tag{4-8}$$

式中 R ——接地电阻，单位为 Ω；

      U_n ——相电压，单位为 kV；

      I_d ——流过电阻器的故障电流，单位为 A。

从降低内过电压考虑，当 $I_R \geq I_C$ 时，可将健全相过电压倍数限制到 2.8 倍以下，当 $I_R \geq 1.5I_C$ 时，可将健全相过电压倍数限制到 2 倍以下，限制过电压的效果已变化不大了。因此，可按 $I_C \leq I_R \leq 1.5I_C$ 来选取电阻值，最大不超过 $2I_C$。

单相接地时入地短路电流为：

$$I_d = \sqrt{I_R{}^2 + I_C{}^2} \qquad (4-9)$$

式中 I_R ——电阻电流，单位为 A。

从保证继电保护灵敏度考虑，电阻值越小越好，目前的微机保护一般都有零序保护功能，且起动电流值相当小，单相接地故障电流远大于每条线路的对地电容电流，一般都能满足零序保护的灵敏度要求。当过渡电阻不大于 100Ω 时，保护灵敏度一般没有问题，对电缆为主的配电线路，过渡电阻一般都小于 100Ω。

对于风电场来说，由于有可能切除部分集电线路，电容电流值变化比较大，建议 I_R 取值时尽量选择较小值。

3. 接地变压器选择

接地变压器一般采用 Z 形接地变压器，其长期连续运行容量 S_n 计算公式如下：

$$S_n = \frac{U_n I_d}{\sqrt{3}} \qquad (4-10)$$

式中 U_n ——系统额定电压，单位为 kV；

      I_d ——流过电阻器的电流，单位为 A。

由于中压系统采用了电阻接地，当出现单相接地故障时，继电保护一般能保证在 4s 内动作，因此，变压器按 10s 过载倍数 10.5 倍考虑，则接地变压器容量为：

$$S_{n_{10s}} = \frac{U_n I_d}{\sqrt{3} \times 10.5} \qquad (4-11)$$

■ 4.1.3 电气一次设备布置

4.1.3.1 主要电力设备布置特点

山区风电场由于地形、地势等影响，可利用面积十分有限，升压站占地面积普遍比平原风电场升压站小很多，总体布局也和平原风电场不同，具体体现如下：

（1）占地面积。山区风电场升压站的占地面积受地形限制，应尽量选用占地面积小的电气设备，高压配电装置可采用 GIS 方案。预制舱方案变电站面积小、适应性强，其成本基本与常规变电站持平，在山区风电场中选用预制舱变电站也是一个不错的选择。

（2）总平面布置。在山区风电场升压站设计中，需要利用相对有限的位置将功能最大化。因此，结合站址地理特点的布局才最适合山区风电场。山区风电场在利用面积受限的情况下，通常采用的布局并非常规的矩形布置，而是 L 形布置、阶梯式布置或将生产区和生活区分开成为 2 个单独的小站布置等。

4.1.3.2　主要电气设备布置原则

根据升压站布置设计思路，为降低工程造价、减少站区用地、提高经济效益，需要根据使用方式和习惯，对升压站布置提出一些基本原则，同时应具备以下特点：

（1）升压站总面积和布置与当地总体规划相适应。

（2）减少站区用地，节约用地，缩短工期，减人增效，提高升压站综合效益。

（3）升压站需与当地生态相得益彰，同时尽可能采用新技术、新工艺降低能耗。

4.1.3.3　主要电气设备布置要求

（1）升压站总平面布置按照最终规模统一规划、分期实施的原则进行设计。升压站的用地一般可考虑按最终规模一次性征用，当预计的建设周期较长时，对一次性征地和分期征地进行比选后确定。扩建工程升压站应充分利用现有设施。

（2）站区总平面需要近期建设的建（构）筑物集中布置，预留好后期空间，以利于分期建设和节约用地。建筑物应根据工艺要求，充分利用自然地形（升压站的主要建筑物的长轴宜平行自然等高线布置，当地形高差较大时，可采用台阶式错层布置），布置上要紧凑合理，并宜使综合楼有较好的朝向，同时方便观察到各个配电装置区域。

（3）风电场升压站建（构）筑物的间距应满足防火要求。

4.1.3.4　主要电力设备布置

一般主变压器布置在升压站中部，35kV 配电装置室主要布置站内 35kV 开关柜设备以及站用变压器、接地变压器等，相邻布置 400V 站用电屏；SVG 装置室主要布置 SVG 功率柜以及控制设备等。

4.1.4 防雷接地设计

4.1.4.1 直击雷保护

直击雷保护分升压站和风电场电气设备的直击雷保护。

1. 升压站电气设备和建筑物的直击雷保护

升压站内设置独立避雷针或构架避雷针作为直击雷保护。主变压器、GIS、35kV 开关柜、SVG 等电力设备应在避雷针保护范围之内；部分变电站无法设置有效联合保护，可采用单独避雷针或避雷线作为直击雷保护。

2. 风电场电气设备直击雷保护

每台风电机组自身都配备有完善的防直击雷保护装置，不需另外专门设置直击雷保护装置，只需将风力发电机组、塔架及基础钢筋等可靠接地即可。箱式变电站高度较低，且在风力发电机组塔架的保护范围之内，不需设直击雷保护装置。

风机可能遭受雷击的部分主要为叶片、机舱上部的气象站。

当雷电击中叶片时，雷电沿叶片内部引下线传导到叶片法兰，通过叶片法兰后，雷电电流密度得到衰减，然后传导到变桨轴承，雷电经过变桨轴承传导到轮毂体，再经过风轮锁盘及其接地碳刷等部件传导到主机架；经偏航轴承传导到塔筒，经塔筒外表面流入大地。

叶片引下线至接地网变得尤为重要，通常采用铜导体，截面积不小于 50mm^2，叶片法兰厚度不小于 10mm；气象站支架及避雷针为金属材料，截面积不小于 70mm^2；支架通过铜导体连接至主机架，铜导体截面积不小于 50mm^2；塔筒及其内部导线需要将雷电继续向下传导至地网，通常采用截面积不小于 150mm^2 铜线。

4.1.4.2 感应雷保护

出线全线架设避雷线作为升压站设备的第一道外过电压保护，用于减小进入变电站的雷电流幅度以及雷电波的陡度。

升压站 GIS 设备、主变压器以及 35kV 开关柜等设备的雷电侵入波过电压保护采用在出线及主变压器与 GIS 设备之间各装设氧化锌避雷器进行保护。

主变压器中性点按分级绝缘设计，为防止主变压器中性点在非直接接地运行时被大气过电压及不对称运行时引起的工频和暂态过电压损坏变压器绝缘，变压器中性点采用氧化锌避雷器与并联球形间隙配合保护。

35kV 侧高压开关柜断路器两侧配置氧化锌避雷器装置作为操作过电压保护。

4.1.4.3 接地工程

根据国家标准的相关要求，所有要求接地或接零部分的电气设备均应可靠接地或接零。

1. 升压站接地

升压站接地系统按有效接地系统设计，对保护接地、工作接地和过电压保护接地使用 1 个总的接地装置。

升压站的接地网为以水平均压网为主，并采用部分垂直接地极构成复合环形封闭式接地网。升压站的水平接地极宜采用长（方）孔网格状布局，网格大小为（6～6.5）m×（5.5～7）m 大小不等的网孔。水平接地线采用 60mm×6mm 热镀锌扁钢，敷设深度不小于 0.8m，对于有季节性冻土的，敷设深度要在冻土下 0.2m，垂直接地极采用角钢。

为了有效降低升压站工频接地电阻值，考虑在升压站水平接地极周围敷设长效防腐物理型降阻剂。另外，为降低升压站内冲击接地电阻值，可考虑在升压站接地网最外圈布置深孔接地极，同时考虑泄流，可在主要电气设备基础附近、构架基础附近、避雷针、避雷器以及屋顶避雷带引下线处敷设垂直接地极。

风电场升压站接地电阻值应符合国家相关规程规范的要求。

要求接地最大稳态电位采用 E_w=2000V 时，接地电阻为：

$$R=\frac{2000}{I_g} \tag{4-12}$$

式中　R——考虑到季节变化的最大接地电阻，单位为 Ω；

　　I_g——计算用的流经接地装置的入地短路电流，单位为 kA。

在有效接地系统中，接地短路发生在站内接地装置范围内时，流经接地装置的入地短路电流可用下式计算：

$$I_g = (I_{max}-I_n)S_{f_1} \tag{4-13}$$

$$I_g = I_n S_{f_2} \tag{4-14}$$

式中　I_g——入地短路电流，单位为 kA；

　　I_{max}——接地短路时的最大接地短路电流，单位为 kA；

I_n——发生最大接地短路电流时，流经变电站接地中性点的最大接地短路电流，单位为 kA；

S_{f_1}，S_{f_2}——厂站内、外短路时的分流系数。

山区风电项目通常电阻率相对较高，埋深土壤具有弱腐蚀性，同时，由于接地网安装后更换比较困难，在计算水平接地时需要考虑 30 年寿命，应计算最小截面积：

$$S_g \geqslant \frac{I_g}{c}\sqrt{t_e} \qquad (4-15)$$

式中 S_g——接地线的最小截面积，单位为 mm^2；

I_g——流过接地线的短路电流的稳定值，单位为 A；

c——接地导体（线）材料的热稳定系数；

t_e——接地故障的等效时间。

对于土壤电阻率大于 $300\Omega \cdot m$ 的地区，扁钢接地体的腐蚀数据可取 $a=0.1mm/a$。

则接地线总截面积要求：

$$S=S_g+S_2 \qquad (4-16)$$

式中 S——接地线的截面积，单位为 mm^2；

S_g——接地线的最小截面积，单位为 mm^2；

S_2——接地线按设计使用年限腐蚀的最小截面积，单位为 mm^2。

2. 风电机组接地

风电机组的接地电阻值要求不大于 4Ω，单台风电机组接地装置设计宜充分利用塔筒基础等自然接地体，人工接地体以水平接地体为主，必要时可辅以垂直接地体。水平接地体可以是闭合型，也可以是放射型，根据当地具体情况确定。考虑到水平接地装置的材料电阻，放射型接地极最大长度不超过如表 4-9 所示的值。

表 4-9 放射型接地极最大长度

土壤电阻率 $\rho/（\Omega \cdot m）$	≤500	≤1000	≤2000	≤5000
最大长度 /m	40	60	80	100

对于风电机组接地可以采用单台接地电阻满足要求，也可以采用多台风力发电机组互连方式满足要求。

风电机组接地装置的互连可有效降低工频接地电阻，风电机组接地装置互连台数受到土壤电阻率、机组间隔距离和互连形式的影响。多台风电机组的互连形式可以是线型，也可以是放射型或闭合框型，具体布置可根据地形、土壤电阻率状况及机组的分布情况确定。多台风电机组接地装置最少互连台数如表 4-10 所示。

表 4-10　多台风电机组接地装置最少互连台数表

风机间距 /m	不同土壤电阻率 ρ/（Ω·m）的最少互连台数					
	ρ≤500	500<ρ≤1500	1500<ρ≤2000	2000<ρ≤2500	2500<ρ≤3000	3000<ρ≤5000
200	0	3～4	5～7	6～7	7～12	9～18
400	0	2～3	3～4	4～5	5～8	8～15
600	0	2～3	3～4	3～4	4～7	7～13

注：接地网敷设完毕后，应对每台机组的接地电阻值进行测量，如工频接地电阻值达不到小于 4Ω，冲击接地电阻值达不到小于 10Ω，应在附近补充相应措施，补做外引水平接地网，直到接地电阻值达到要求为止。

4.2　电气二次设计

■ 4.2.1　电气二次设备选型

山区风电场的电气二次设计应力求安全可靠、技术先进、经济适用，设备配置和功能要按照"无人值班（少人值守）"的原则设计，并与电气主设备的规模相适应。

电气二次设备主要包括系统继电保护及安全自动装置、系统调度自动化、系统通信及站内通信、计算机监控系统、元件保护、交直流控制电源系统、公用测控、一次设备智能在线监测以及升压站智能辅助控制系统等。

4.2.1.1　系统继电保护及安全自动装置

1. 线路保护

110kV 及以下线路：配置一套线路纵联保护，保护应具有完整的主、后备保护以及重合闸功能，重合闸可实现三重和停用方式。

220kV 及以上线路：配置双套完整、独立，能反映各种类型故障，具有选相功能的线路纵联保护。每套纵联保护应包含完整的主、后备保护以及重合闸功能，重

合闸可实现单相重合闸、三相重合闸、禁止和停用方式。

风电场升压站侧与电网接入站两侧的保护选型应一致，保护的软件版本应完全一致。

2. 母线保护

110kV 及以下母线：配置一套母差保护。

220kV 及以上母线：配置双套母差保护和双套失灵保护。失灵保护功能宜含在母线保护中，应与母差保护共用出口。

3. 安全自动装置

根据接入系统方案的安全稳定计算，按电网要求配置安全自动装置，如安全稳定控制装置、切机装置、解列装置等。

4. 故障录波装置

升压站应配置故障录波装置，起动判据应至少包括电压越限和电压突变量，记录升压站内设备在故障前 10s 至故障后 60s 的电气量数据，波形记录应满足相关技术标准。

录波间隔至少包括风机组汇集线、汇集母线、无功补偿设备、接地变电压器、升压变压器以及高压出线和母线，录波量为各间隔运行信息，至少包括三相电压、零序电压、三相电流、零序电流、保护动作、断路器位置等。

装置具备组网以及完善的分析和通信管理功能，配备完整的主站功能，将录波信息上传至调度部门。

5. 保护及故障信息管理子站

升压站配置保护及故障信息管理子站，系统应能对升压站内各装置实时查询，对各装置的保护事件自检信号以及相关的波形及时收集，并按照重要性在就地数据库分级记录，给出明确的提示信息。可按照数据的重要性分级，及时把数据传送给主站端及监控系统。

4.2.1.2 系统调度自动化

1. 调度关系

风电场一般由省调一级调度，远动信息同时向地调（含备调）发送。调度关系以项目接入系统批复为准。

2. 远动系统

远动装置与计算机监控系统统一考虑，按照双套冗余配置。装置具有与调度自动化系统交换信息的能力，远动信息满足"直采直送"。信息传送方式应满足电网调度自动化系统的有关要求。

3. 远动信息范围

风电场向调度部门提供的信息包括但不限于：并网线路有功功率、无功功率、电流；主变压器各侧电压、频率；主变压器各侧有功功率、无功功率、电流；风电场集电线路有功功率、无功功率、电流；风机升压变压器高压侧有功功率、无功功率、电流；无功补偿装置的无功功率、电流；35kV 母线分段电流；AGC/AVC 遥测量、指令功率值；主变压器分接头；全站事故总信号；全站断路器、隔离开关、接地开关位置；全站保护动作信号机装置故障信号；无功补偿装置的运行事件记录、自动调整功能投退状态；故障录波器动作及故障信号；单台风机运行状态；风电场实际运行机组数量、型号；风电场的实时风速、风向。

4. 远动通道

风电场至调度端的远动通道应具备主、备通道，并按照各级调度要求的通信规约进行通信。

主、备通道均应采用调度数据网方式，不具备条件的备用通道可采用专线方式。

5. 电能量计量系统

（1）关口计量点配置。

关口计量点通常设置在产权分界处。风电场关口计量点一般在升压站并网出线开关处。配置 2 块关口计量电能表，主副表配置（1+1），有功精度为 0.2S，无功精度为 2.0。计量表采用三相四线、双方向电能表。计量表具备 2 个 RS-485 输出串口，

表计具备失压计时功能。

在主变压器各侧、35kV 集电线路、SVG 及站用变压器回路设置电量考核点。各配置一块考核电能表，有功精度为 0.2S，无功精度为 2.0，具备 2 个 RS-485 输出串口。

电能量信息采集范围包括计量点和考核点的正向、负向有功功率和无功功率，带时标的单点信息等。

（2）电能量远方终端。

升压站内配置电能量远方采集终端，以 RS-485 方式采集各电能表的信息。装置具有对电能量计量信息采集、数据处理、分时存储、长时间保存、远方传输、同步对时等功能。采集内容包括各计量点的实时、历史数据和各种事件记录等。

电能量计量系统通过调度数据网或专线方式将电能量数据上传至各级调度中心的电能量计费系统主站。电能量远方终端应具备双网络接口。

6. 同步相量测量装置（PMU）

配置同步相量测量系统（双机冗余配置），包括同步相量测量装置、数据集中器等设备。PMU 装置采集主变压器高、低压侧及各 35kV 线路的三相电压和三相电流等同步相量信息，并通过数据集中器经调度数据专网向调度主站系统传送。

7. 电能质量在线监测装置

升压站并网线路处配置电能质量监测装置，监测并网点电能质量参数，包括电压、频率、谐波、功率因数等，为电力系统设计、事故分析、电力经济运行以及电能质量污染责任区分提供依据。

8. 风功率预测系统

风电场配置风功率预测系统，调度部门根据风电出力调整电网调峰容量，提高电网接纳风电的能力，改善电力系统运行安全性和经济性。

系统包括主站端系统和场站端系统，主站端设在调度端，场站端设在升压站。系统设置风功率预测系统主机、测风塔、数据采集处理装置（测风、数值天气预报等）以及相关网络设备。

系统具有 0～72h 短期风功率预测以及 15min～4h 超短期风功率预测功能。风电场每 15min 自动向调度部门滚动上报未来 15min～4h 的发电功率预测曲线，预测值的时间分辨率为 15min。风电场每天按照调度部门规定的时间上报次日 0～24h 发电功率预测曲线，预测值的时间分辨率为 15min。

9. 功率控制系统

功率控制系统的具体配置应遵循电力系统的要求。

（1）有功功率控制系统（AGC）。

升压站装设有功功率控制系统，系统按照调度指令控制风机输出的有功功率，保证风电场有功控制系统的快速性和可靠性。

风电场能接收并自动执行调度部门发送的有功功率及有功功率变化的控制指令，确保风电场有功功率及有功功率变化按照调度部门的给定值运行。

当有功功率在总额定出力的20%以上时，要求所有运行机组能够连续平滑调节，并参与系统有功功率控制。

风电场1min和10min有功功率变化限值应满足电力系统安全稳定运行的要求，其限值应根据所接入电力系统的频率调节特性由调度部门确定。

风电场具备紧急控制功能。根据调度部门的指令快速控制风机输出的有功功率，必要时可通过安装自动装置快速自动切除或降低有功功率。

（2）无功电压控制系统（AVC）。

升压站装设无功电压控制系统，具备无功功率及电压控制能力。根据调度部门的指令，风电场自动调节其发出或吸收的无功功率，实现对并网点电压的控制。

AVC的控制对象包括风机、无功补偿装置和主变压器分接头。结合实际情况，根据目标设定值对无功源进行协调控制。

风电场要充分利用风机的无功容量及其调节能力，当风机的无功容量不能满足系统电压调节需要时，可调节无功补偿装置。无功补偿装置的调节速度和控制精度应满足电网电压调节的要求。

10. 调度数据通信网络接入设备

风电场电力专网接入相关电力调度数据网。为实现调度数据网络通信功能，应配置双套调度数据网接入设备，包括交换机、路由器等。

11. 电力监控系统二次安全防护

二次安全防护设备按照"安全分区、网络专用、横向隔离、纵向认证"的原则配置。调度数据网安全Ⅰ区配置2台纵向加密装置，调度数据网安全Ⅱ区配置2台纵向加密装置，调度数据网安全Ⅰ区和Ⅱ区之间配置2台横向隔离防火墙，调度数据网与调度管理信息业务网配置正、反向电力专用物理隔离装置各1套，调度管理信息业务网配置 1 台纵向隔离防火墙。

升压站配置 1 套综合安全防护系统，实现恶意代码防范、入侵检测、主机加固、计算机系统访问控制、安全审计、安全免疫、内网安全监视以及商用密码管理等功能。

4.2.1.3　系统通信及站内通信

1. 系统通信

系统通信一般采用光纤通信，光纤通信电路的设计应结合各网省公司、地市公司通信网规划建设方案和工程业务实际需求进行。

2. 站内通信

风电场站宜配置 1 套数字程控调度交换机用于升压站内通信，中继接口可与当地公用通信网的中继线相连。

3. 通信电源

通信电源采用带专用蓄电池的通信电源系统，也可由站内 220V 直流电源系统经 2 套互为备用的 DC/DC 电源变换装置供给，具体设置应结合当地电网要求综合考虑。

4.2.1.4　计算机监控系统

风电场内机电设备分风电机组监控系统和升压站（开关站）监控系统两个局域网进行监控。两局域网结构上相对独立，宜采用分层、分布、开放式结构。升压站（开关站）监控系统的监控范围包括升压站（开关站）内全部输、变、配电设备及站内其他智能设备，风电机组监控系统的监控范围包括风电机组和箱式升压站，风电机组监控系统与升压站（开关站）监控系统应进行通信，实现风电场一体化监控。

本节主要针对升压站监控系统的设计进行阐述，开关站监控系统与升压站监控系统的设计原则基本一致，仅在监控范围和配置规模上相对较小，在此不再进行赘述。

1. 升压站计算机监控系统

升压站按"无人值班，少人值守"的原则设计，自动化系统采用计算机监控系统。因山区风电场一般所处地理位置偏远、运维条件较差，计算机监控系统应具有远程集中监控系统的接口，以实现集控中心对其管辖区域各电站的远程监控功能。

（1）系统结构。

升压站计算机监控系统采用分层分布式结构，分为主控层和现地控制层。主控层和现地控制层均使用双层 100Mb/s 以太网，均采用基于交换机的星形拓扑结构，传输介质采用以太网线、双绞线或光纤。

主控层配置主机兼操作员工作站、工程师站、远动通信设备、公用接口装置、打印机等，以完成升压站各主设备的数据采集及运行参数的监视、断路器的操作、故障报警、数据存储及与上级调度系统的通信等功能。运行人员可通过显示器和键盘、鼠标等实现对升压站主设备的监控。送出线路保护及测控装置、110kV/220kV母线保护装置、主变压器保护及测控装置、35kV 母线保护装置、公用测控装置等设备均具备双以太网接口，可直接接入主控层以太网。交直流电源、无功补偿等系统具备 RS-485 接口或光纤接口，可经通信管理机接入主控层以太网。

现地控制层配置以太网交换机，通过以太网线接入主控层交换机。现控层的35kV 综合保护测控装置等设备具备双以太网接口，可直接接入现控层以太网。

升压站计算机监控系统通过双远动通信装置与上级调度部门联系，服从调度端的通信规约。

（2）测量和信号。

测量包括升压站内主要设备的电流、电压、频率、有功功率、无功功率、温度等，并通过升压站计算机监控系统实时显示和记录。

信号分为电气设备运行状态信号、电气设备和线路的事故和故障信号，包括断路器、隔离开关、接地开关位置信号，保护动作信号，故障报警信号等，并通过升压站计算机监控系统实时显示和记录。

（3）控制和调节功能。

计算机监控系统在二次舱及现地均可操作 110kV/220kV 断路器、110kV/220kV隔离开关、35kV 断路器，并可对主变压器分接开关及无功补偿装置进行投切操作，其具有手动控制和自动控制两种控制方式。手动控制包括二次舱内的操作员工作站集中控制和测控柜面板现地单元控制以及设备现地控制箱上就地控制，各级控制方式之间可相互切换，并相互闭锁，同一时刻只允许一级控制操作；自动控制包括根据系统调度实现变压器分接头调整控制及无功补偿装置的自动投切。各种控制操作

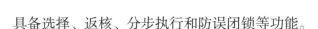

具备选择、返核、分步执行和防误闭锁等功能。

①对断路器的控制操作。

所有 110kV/220kV 断路器的控制和操作具有三层操作可供选择。第一层控制设置在微机测控柜上，其完全独立于计算机通信网络，是通过选择开关和控制开关直接面向对象的操作方式；第二层控制在站控级的操作员工作站上，作为站内正常运行的主要控制方式；第三层在远方调度中心，可根据调度需要进行控制，作为计算机控制操作的备用手段，在断路器现地操作机构箱上，通过选择开关和控制按钮可对断路器进行控制操作，此种方式主要在开关检修、调试时用。

对 35kV 断路器的控制操作可在操作员工作站上，也可在 35kV 开关柜测控单元面板上。同时，作为检修、调试时的备用手段，在 35kV 开关柜面板上，通过选择开关和控制按钮可对断路器进行控制操作。

②对隔离开关的倒闸操作。

主要在操作员工作站上集中进行操作，同时，在隔离开关的操作机构箱上，通过选择开关和控制按钮也可进行操作，主要作为检修、调试时的备用手段。

③微机防误闭锁装置。

升压站内装设一套微机防误闭锁装置，对站内全部断路器、隔离开关和接地开关等进行防误闭锁，实现"五防"操作，即防止误分、合断路器，防止带负荷分、合隔离开关，防止带电挂（合）接地线（接地开关），防止带接地线（接地开关）合断路器（隔离开关），防止误入带电间隔。

（4）远动方式。

计算机监控系统具有远动功能，计算机监控系统通过双远动装置与上级调度部门进行联系，远动装置具有多个远方通信接口，并服从调度端的通信规约，可将远动信息按一收二发方式通过光纤通道传输到省调和地调，并可执行调度级遥控和遥调的控制指令，对升压站主设备进行控制。

遥测功能：包括调度所需的交流电流、交流电压、频率、有功功率、无功功率、变压器温度及直流系统母线电压等模拟量以及有功、无功电能等。

遥信功能：包括调度所需的断路器、隔离开关、主变压器中性点接地刀、主变压器调压开关位置等开关量信号、设备总事故信号等。开关量变位优先传送。

遥控功能：对线路断路器和变压器有载调压开关在调度端进行遥控操作。

遥调功能：在调度端能对保护定值进行修改，能对主变压器调压开关进行调节。

（5）软件系统及安全要求。

计算机监控系统采用 LINUX 安全操作系统，并配置经过国家安全信息测评的安全加固软件等加固系统安全的措施。

（6）与其他设备的接口。

升压站计算机监控系统留有与风电场监控系统 SCADA 系统的接口，可以相互交换信息。风电场远程监控终端服务器系统通过 OPC 协议与升压站监控系统通信，并进行数据处理和远传，支持可组态的远程 Web 的人机界面。风电场对外调度通信通过升压站监控系统实现。

直流电源系统装置、站内其他智能装置通过通信管理机接入现地控制层以太网，将所有现地控制层交换机接入主控层交换机。

2. 风电机组计算机监控系统

（1）风电机组计算机监控系统。

风电机组计算机监控系统采用环网配置，由集中控制系统、现场单机控制系统和数据通信网络等组成。

①集中控制系统。集中控制系统设备由风力发电机组厂商成套提供，布置在升压站主控室内，一般由主机兼操作员工作站、工程师工作站、网络设备、打印机及相关的中央监控配套软件组成，主要功能是便于风电场人员对风电场内所有的风力发电机组进行集中控制和管理。

②现场单机控制系统。现场单机控制系统按每台风机配置，设备放置在每台风力发电机组的塔筒内，由风力发电机组厂商成套提供，风力发电机组的现场单机电气控制系统以可编程控制器为核心，控制电路由 PLC 中心控制器及其功能扩展模块组成。主要实现风力发电机组正常运行控制、机组的安全保护、故障检测及处理、运行参数的设定、数据记录显示及人工操作，配备有多种通信接口，能够实现就地通信及远程通信。现场单机控制系统采用光缆与风电机组集中控制系统相连，并进行通信实现数据交换。电气控制系统由配电柜、控制柜、机舱控制柜、传感器和连接电缆等组成，包含正常运行控制、运行状态监测和安全保护 3 个方面的功能。

③数据通信网络。数据通信网络通过电缆、光缆等介质将风机进行物理连接，网络结构支持链形、星形和树形等。集中控制系统监控主机通过光缆与已连接好的现地通信网络进行通信，实现对风电场内各风力发电机组的集中管理和控制。

④二次安全防护。风电场二次安全防护需满足"安全分区、网络专用、纵向认证、横向隔离"十六字要求，因此，在每台风机与主站之间加装纵向加密装置，保证升压站侧采集服务器与风机侧 PLC 之间的数据安全传输。按照要求，风电场内每台风机侧均需安装微型纵向加密装置，风机侧所有业务均需通过微型纵向加密装置

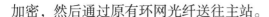

加密，然后通过原有环网光纤送往主站。

（2）风力发电机保护、测量、信号和现地控制。

风力发电机的涉网保护具备高低电压穿越控制、电压保护、低频保护、高频保护、电压不平衡保护等。保护装置动作后跳开发电机出口与电网连接的断路器并发出信号。风力发电机的保护装置还应具有风力发电机升压变压器保护跳闸的接口。当升压变压器发生故障时，经此出口跳开风力发电机出口与电网连接的断路器并发信号。

风力发电机配有各种检测装置和变送器，反映风力发电机实时状态。显示内容包括当前日期和时间、叶轮转速、发电机转速、风速、环境温度、风电机组温度、功率、偏航情况等，也可在显示屏幕上显示风电机组的事故或故障、数量和内容等信号。

风力发电机的保护、测量和信号装置随风力发电机组一起配套供货。

（3）风力发电机组合式箱变的保护及现地控制。

每台风力发电机所配套的组合式箱变内装有升压油浸全密封变压器和负荷开关－限流熔断器组合电器等，配置变压器重瓦斯、轻瓦斯、压力释放、油温等非电量保护，作用于跳闸和信号；对于高压侧设有断路器的箱变，还应设置电流速断保护及过电流保护。组合式变压器温度和电流采用模拟量信号形式，保护动作及开关位置信号采用开关量信号形式接入配套箱变测控装置内，并通过与风机共用一根光缆传送至远程监控系统。

3. 远程集控系统

山区风电场分布比较分散，位于偏远山区，自然条件恶劣，为解决场站单独管理效率低、成本高的问题，可通过建设远程集控中心，实现对区域管辖范围内各分散风电场的远程集中监视与控制，从而促进风电场"无人值班，少人值守"的运行管理模式，提高场站的专业化管理水平。

（1）功能。

集控系统以实时数据库、历史数据库、SCADA 系统平台为基础，通过采集各子站通信管理终端等提供的信息，完成对接入风电场升压站监控、机组监控、电能计量、功率预测等监控应用功能。

（2）网络结构。

集控系统计算机网络结构采用分布式开放局域网交换技术，双重化冗余配置，由 100Mb/s/1000Mb/s 后台局域网交换机及 100Mb/s 采集网交换机的三层结构组成，系统的骨干网采用千兆网，采集网络采用百兆网。整个网络采用冗余双以太网结构，网络传输协议基于 TCP/IP 实现。

集控系统划分为生产控制大区和管理信息大区，两者采用物理隔离装置连接，并在整个集控中心内部署安全管理中心，实现集控系统的安全防护。

（3）系统组成。

集控系统分为主站、子站及通信通道，由通信通道实现主站与子站的数据连接，并完成主站遥信、遥测、遥控、遥调等功能。

主站集控系统主要分为采集子系统、运行监控子系统、高级应用子系统、功率预测子系统、Web 发布子系统等。

每个子站配置数据网关服务器及通信规约转换装置，用于收集风电场升压站、风机、功率预测、AGC/AVC 等子系统数据通过电站通信系统上送至集控中心。

由于风电场地理位置偏远，自主建设光纤通道投资过大，且不利于维护。租用通道（一般包括电网通道和运营商通道）方式的整体投资少，易于实施，可以更好地解决集控中心通信通道无人维护的问题。

4.2.1.5 元件保护

根据规程、规范和电网公司相关要求，配置风电场升压站继电保护所有元件。

1. 主变压器保护

110kV 主变压器保护：分别配置单套主保护装置、高压侧后备保护装置、低压侧后备保护装置、非电量保护装置。各保护装置共组 1 面柜。

220kV 及以上主变压器保护：配置双套不同厂家的主、后备保护一体化装置，1套非电量保护装置。两套主、后备保护装置分别组 A、B 柜，非电量保护装置组 C 柜。

2. 35kV 母线保护

35kV 各段母线配置 1 套完全式微机母差保护装置，保护动作于跳开母线上的全部断路器。

当采用单母线分段接线时，宜配置母线并列装置。

3. 35kV 集电线路保护

35kV 集电线路配置 1 套三段式过电流保护，配置反应单相接地短路的两段式零序过电流保护。

4. 35kV 接地变压器保护

接地变压器配置 1 套三段式过电流保护、零序电流保护及超温等非电量保护。接地变压器过电流保护及零序电流保护动作连跳 35kV 母线上的所有断路器及主变压器各侧断路器。

当接地变压器兼做站用变压器时，保护配置与接地变压器相同。

5. 无功补偿保护

SVG 无功补偿装置回路配置 1 套三段式相间过流保护，配置两段式零序过电流保护作为接地故障主保护及后备保护。

6. 站用变压器保护

35kV 站用变压器配置 1 套三段式过流保护、超温等非电量保护，配置两段式零序过电流保护作为接地故障主保护及后备保护。

7. 35kV PT 消谐

35kV 母线 PT 柜内配置 PT 二次消谐装置。

4.2.1.6　交直流控制电源系统

如无特殊要求，宜采用交直流一体化电源系统。系统按双重化冗余的原则配置。系统分为直流子系统、交流 UPS 子系统、事故照明逆变电源装置。系统配置 1 套总监控装置，各子系统宜分别配置子监控装置。

（1）直流子系统：直流母线电压为 DC220V，采用单母线分段接线，每段母线各连接 1 套整流充电装置、1 套直流配电单元、1 套绝缘监测装置。蓄电池组选用阀控式密封铅酸免维护蓄电池组，每组 104 只，单只 2V，容量不宜低于 300Ah，具体工程应根据升压站规模、直流系统电压、直流负荷和直流系统运行方式进行核算确定。每组蓄电池各配置 1 套蓄电池巡检仪。直流供电方式采用辐射式，不设分电柜。

（2）UPS 子系统：UPS 电压为 AC220V，采用单母线分段接线，每段直流母线各连接 1 套 UPS，单套 UPS 容量宜不低于 7.5kV·A。

（3）事故照明逆变电源装置：根据事故照明的功率要求，设置 1 套逆变电源装置，电压为 AC220V。

4.2.1.7 公用测控部分

1.公用测控装置

配置公用测控装置，满足站内不同电压等级间隔设备测控及所有保护测控装置的遥信、站用电系统遥测以及辅助系统遥控等的接入需求。测控装置数量根据实际工程情况配置。

2.通信管理机（规约转换器）

配置通信管理机，设 RS 232/485 等多种通信接口，兼有通信和保护管理机功能，对站内智能设备进行监测。各类信息由通信管理机统一接收、处理并上网传送至监控网络。

3.时钟同步系统

全站应设置 1 套公用的时间同步系统，完成对升压站监控系统站控层设备、间隔层继电保护装置、测控装置、自动装置、故障录波及保信子站、功角测量装置、风电机组监控系统及其他智能设备等所有对时设备的软、硬对时。

时间同步系统高精度时钟源应双重化配置（双钟双源，北斗优先），另根据需要配置扩展装置。扩展装置数量应根据二次设备的布置及工程规模确定。

4.2.1.8 电流互感器、电压互感器二次参数选择

1.电流互感器

（1）二次绕组配置应满足继电保护、自动装置、测量装置、计量装置的要求。

（2）用于继电保护的二次绕组应交叉重叠，避免出现主保护的死区。

（3）计量装置应使用专用的二次绕组。故障录波装置宜使用专用的二次绕组。

（4）全站电流互感器的二次侧额定电流应相同。电网公司无要求时，二次侧额定电流宜选用 1A。

（5）计量用互感器二次侧所连接的负荷应在二次绕组容量的 25%～100%。额定二次电流为 1A 时，用于计量的二次绕组的容量不宜超过 5V·A。

2.电压互感器

（1）二次绕组的数量、准确级应满足测量、保护、自动装置的要求。

（2）计量装置应使用专用的二次绕组。

（3）二次侧所连接的负荷应在二次绕组容量的 25%～100%。用于计量的二次绕组的容量不宜超过 10V・A。

4.2.1.9　二次设备的接地、防雷、抗干扰

1. 接地

（1）二次舱内采用防静电活动地板，地板下方沿屏柜布置方向安装电缆线槽，所有的二次电缆均放置于电缆线槽内。

（2）在二次舱内的活动地板下方，沿屏柜布置方向逐排敷设截面积不小于 $100mm^2$ 的铜排，首尾连接，形成室内环形等电位接地网。室内等电位接地网在二次舱的电缆入口处，用 4 根截面积不小于 $50mm^2$ 的铜排或铜电缆与升压站主接地网一点连接。

（3）二次屏柜内设置截面积不小于 $100mm^2$ 的接地铜排，柜内所有装置、电缆屏蔽层、柜体接地端子均用截面积不小于 $4mm^2$ 的多股铜线连接至铜排。铜排用截面积不小于 $50mm^2$ 的铜电缆接至室内等电位接地网。

（4）各预制舱以及站内所有的二次电缆沟内，敷设截面积不小于 $100mm^2$ 的铜排（缆）。铜排（缆）的一端在每个就地端子箱处与主接地网相连，另一端在二次舱的电缆入口处与主接地网连接。

（5）就地端子箱内设置截面积不小于 $100mm^2$ 的铜排，箱内所有装置、电缆屏蔽层、柜体接地端子均接至铜排。铜排用截面积不小于 $100mm^2$ 的铜电缆接至电缆沟内的专用铜排（缆）及升压站主接地网。

（6）用于差动保护的电流互感器的二次侧 N 相宜在保护柜内单点接地，其他电流互感器的二次侧 N 相在开关场单点接地。

（7）电压互感器的二次侧 N 相在二次舱内单点接地，在开关场安装放电间隙。

2. 防雷

（1）各装置的交、直流电源处宜装设电源防雷器。

（2）通信通道装设通信防雷器。

（3）卫星天线装设天馈防雷器。

3. 抗干扰

所有控制电缆应采用屏蔽电缆，通信电缆应采用屏蔽双绞线。

4.2.1.10 智能化系统

以数据全面感知、设备自动控制、主动安全防护为基础，促成数字化、智能化、可视化、自动化管理，实现"无人值班、少人值守"及生产管理核心业务智能化。

1. 一次设备智能在线监测

升压站布置全站一体化电气一次设备在线监测系统平台，以实现对变电一次电力设备运行状态的实时远程监测。应用主辅设备监控系统，对设备感知数据进行智能分析和智能联动，实现设备缺陷主动预警，辅助异常事件快速处置。

（1）主变压器油色谱监测：升压站正常运行时，可以对氢气、乙炔、甲烷、乙烯、乙烷、一氧化碳和水分等多种油中溶解气体水分及总烃的含量、各组分的相对增长率以及绝对增长速度进行在线监测及诊断。

（2）主变压器铁芯接地：监测变压器铁芯的工频接地电流，采用穿芯式电流传感器，输出 $4\sim20mA$ 电流信号，可通过模拟信号将数据直接送入气体监测单元统一上传，实现整体管理。

（3）避雷器监测范围：包括泄漏电流、放电次数等，通过在避雷器接地线上安装传感器实现。

（4）开关柜监测范围：触头、电缆终端、母线搭接、高低压室运行温度监测，SF_6 气体监测，局放监测（可选），断路器元件电流（可选）、机械特性监测（可选），各设备室可视化监视（可选）。

（5）GIS 监测范围：SF_6 气体微水在线监测，GIS 局部放电监测，SF_6 气体泄漏监测等。

2. 升压站智能辅助控制系统

全站配置 1 套智能辅助控制系统实现图像监视及安全警卫、火灾报警、消防、照明、采暖通风、环境监测等系统的智能联动控制，实时接收各终端装置上传的各种模拟量、开关量及视频图像信号，分类存储各类信息并进行分析、计算、判断、统计和其他处理。

智能辅助控制系统包括智能辅助系统综合监控平台、图像监视及安全警卫子系统、火灾自动报警及消防子系统、环境监测子系统等。

（1）后台系统。智能辅助控制系统不配独立后台系统，利用状态监测及智能辅助控制系统后台主机实现智能辅助控制系统的数据分类存储分析、智能联动功能。

（2）图像监视及安全警卫子系统。为保证升压站安全运行，便于运行维护管理，在升压站内设置 1 套图像监视及安全警卫系统。其功能按满足安全防范要求配置，不考虑对设备运行状态进行监视。

图像监视及安全警卫子系统设备包括视频服务器、多画面分割器、录像设备、摄像机、编码器及沿升压站围墙四周设置的电子栅栏等。其中，视频服务器等后台设备按全站最终规模配置，并留有远程监视的接口；就地摄像头按本期建设规模配置。

（3）火灾自动报警系统。本站设置 1 套火灾自动报警系统，设备包括火灾报警控制器、探测器、控制模块、信号模块、手动报警按钮等。火灾探测区域按独立房间划分。火灾探测区域有主控制室、二次设备间、蓄电池室、油浸变压器及电缆竖井等。根据所探测区域的不同，配置不同类型和原理的探测器或探测器组合。火灾报警控制器设置在主控通信楼主控室。当火灾发生时，火灾报警控制器可及时发出声光报警信号，显示发生火警的地点。

（4）环境监测子系统。环境监测设备包括环境数据处理单元、温度传感器、湿度传感器、风速传感器、水浸探头、SF_6 探测器等。

■ 4.2.2　电气二次设备布置

升压站电气二次设备室应位于运行管理方便、电缆总长度较短的位置，设施应简化，布置应紧凑，面积应满足设备布置和定期巡视维护要求，屏位按升压站规划容量一次建成，并留有增加屏位的余地。

（1）所有二次系统保护测控屏（柜）的外形尺寸宜采用 2260mm × 800mm × 600mm（高 × 宽 × 深），通信系统设备屏（柜）的外形尺寸可采用 2260mm × 600mm × 600mm（高 × 宽 × 深），服务器屏柜可采用 2260mm × 750mm × 1070mm（高 × 宽 × 深）。屏（柜）体结构为屏（柜）前单开门、屏（柜）后双开门、垂直自立、柜门内嵌式的柜式结构，前门宜为玻璃门，正视屏（柜）体转轴在左边，门把手在右边。

（2）升压站二次设备的布置一般采用集中布置方式。站内不设通信机房，集中设置控制室和二次设备室。站内监控系统站控层设备安装在控制室；35kV 保护测控一体化装置就地分散布置于 35kV 配电装置室开关柜内。站内其他二次屏（柜）均布置于二次设备室。

（3）蓄电池可采用支架方式分组布置于专用蓄电池室，也可视蓄电池容量（300Ah 及以下）采用组屏方式，与直流系统屏一起布置在二次设备室内。但工程所在地地震设防烈度大于Ⅶ度时，应设置专用蓄电池室。

（4）二次设备室的备用屏位不少于总屏位的 10%～15%。升压站内所有二次设备屏体结构、外形及颜色应一致。

（5）二次设备室及继电器小室应尽可能避开强电磁场、强振动源和强噪声源的干扰，还应考虑防尘、防潮、防噪声，并符合防火标准。

（6）风机、箱变测控及保护装置均安装在风机及箱变本体设备内，风电机组及升压站的计算机监控系统的上位机设备布置在升压站控制室内。

4.3　场内集电线路设计

集电线路是风电场内用于汇集多台风机所发出的电能输送至变电站的电力线路。

■ 4.3.1　接线方式

风电机组与机组升压变压器间的连接方式应采用一机一变的单元接线，即每台风电机组附近均设置 1 台箱式机组升压变压器，将风电机组电压升高至 10kV 或 35kV 后接入风电场内升压变电站对应电压等级母线。

集电线路连接结构主要分为两种，即链形结构和环形结构。

链形结构：将一定数量的风电机组（包括机组升压变压器）连接在一条线上，形成"一"字形。其结构简单，成本较低，是风电场中用得最多的一种方案。

环形结构：在链形结构的基础上，将末端风电机组通过一条冗余的输电线路连接回汇流母线上，形成"匚"字形。优点是可靠性高，但路径长度比链形结构长约 1 倍，缺点是投资高、导线截面偏大，一般不采用此方案。

4.3.2　架设方式

4.3.2.1　架设方式分类

确定集电线路连接结构后，需根据单台风电机组容量、升压站与风电场的位置、风电机组的布置情况等，选择集电线路的架设方式，主要分为架空、电缆直埋及架空与电缆直埋混合 3 种架设方式。

（1）架空：架空架设受地形地貌的影响较小，但受恶劣气候（如重覆冰、大风等）影响较大。根据气象条件和风电机组布置情况，轻中冰区可以采用单回或同塔双回，重冰区采用单回，不宜采用多回架设。

在经济发达地区，线路走廊日趋紧张，采用 3 回及以上的同塔多回线路设计日益普遍。实际运行中曾出现同塔 4 回路，因相序布置不合理，2 回正常运行时另外 2 回电流不平衡度严重超标，发生变电站隔离断路器额定电流不满足要求等情况。因此，同塔 3 回及以上的输电线路设计需开展专题研究，优化回路排列、相序布置，避免出现不平衡度超标及感应电压、感应电流、潜供电流及恢复电压过大等情况。

（2）电缆直埋：电缆直埋敷设受恶劣气候影响小，但受冻土影响较大。山区地形高差起伏大，电缆直埋敷设较为困难。

（3）架空与电缆直埋混合：根据风电机组布置情况和地形地貌的变化，因地制宜地选用架空和电缆直埋 2 种不同的架设方式，充分发挥了架空与电缆直埋架设的优势。

4.3.2.2　架设方式选择原则

合理选择集电线路的架设方式能为工程节约投资，架设方式选择主要根据风电机组和升压站的布置、气象条件、地形地质、线路敏感因素、施工条件、运维条件等情况进行综合比较。集电线路架设方案选择如表 4-11 所示。

（1）风电机组和升压站的布置：风电机组和升压站的布置应考虑集电线路的长度及影响集电线路布置的因素，在满足风资源要求及接入系统要求的同时合理布置风电机组和升压站的位置。

（2）气象条件：路径处于轻中冰区时，经过技术经济比较后确定架设方案；路径处于重冰区，走廊受限而不利于架空方案时，宜采用电缆直埋方案。

（3）地形地质：对于上下坡度较大和沟壑的地形、开挖难度较大的岩石地质条件宜采用架空方案。

（4）线路敏感因素：对于基本农田、林区、生态红线、保护区、规划区、拟建设施、交叉跨越、采石场、炸药库、采空区、压覆矿产等线路敏感因素，根据规程规范及相关职能部门的要求进行合理避让，采用架空方案不能满足要求时考虑采用电缆直埋方案。

（5）施工条件：电缆沿场区道路或利用已有道路边缘进行敷设较为便利，无利用道路时，电缆直埋方案施工较架空方案困难。

（6）运维条件：电缆直埋方案比架空方案的运行检修工作量小。

表4-11　集电线路架设方案选择表

项目	采用电缆直埋架设方案 条件及优劣势	采用架空架设方案 条件及优劣势	备注
风电机组和升压站的布置	风机布置较为集中，升压站位于场区中心，线路较短，采用架空走廊受限	风机布置分散，升压站距场区中心较远，线路较长	受前期规划影响
气象条件	20mm及以上重冰区	15mm及以下轻中冰区	技术经济比较
地形地质	平原丘陵地形及易开挖地质	不受限制	现场调查确定
线路敏感因素	采用架空方案不能满足要求	可以避让，满足规程规范及相关职能部门的要求	根据投资确定
施工条件	宜敷设于公路边缘；用地范围广，征地困难；工序少	架设地形不受影响；用地范围小，征地协调难度小；工序多	选线控制
运维条件	运行检修工作量小	运行检修工作量较大，重冰区需从技术上降低故障率	技术经济比较

4.3.3　架空设计

集电线路方案设计时，首先根据风电场的建设规模、单台风电机组容量、升压站与风电场的位置等资料，确定集电线路的电压等级、单回集电线路输送容量、回路数，然后根据风电机组的布置情况，合理规划集电线路路径。

4.3.3.1　线路路径

1.路径选择的原则

集电线路路径方案的选择是集电线路设计的重要内容之一，应结合电力系统论证、变电站站址选择、风电场建设规模、风电机组的布置、集电线路与风电机组的安全距离情况等，开展路径的选择工作。在集电线路路径选择时应充分考虑地方规划、压覆矿产、自然条件（海拔、地形、地貌）、水文气象条件、地质条件、交通条件、自然保护区、风景名胜区和重要交叉跨越等因素，重点解决线路路径的可行性问题，避免出现颠覆性的因素。

2. 基本资料的准备

可行性研究、初步设计或施工图设计阶段在路径选择前都要收集线路的基本资料，主要包括以下内容：

（1）电力系统规划的结论，如接入系统报告。

（2）集电线路的起止点及中间落点的位置，输送容量、电压等级、回路数、导线截面、分裂数。

（3）变电站的进出线位置、方式，和其他线路的相对关系，是否需要预留通道，近期和远期方案等。

（4）地形图、高清卫星照片或航片，比例通常为可行性研究和初步设计采用1:50 000，施工图设计采用1:10 000 或 1:2000。

3. 路径方案选择方法

路径方案选择又称选线，是一项综合性的工作。选线工作通常分为初勘选线和终勘选线两个阶段。初勘选线是指在可行性研究或初步设计阶段经图上选线、投资协议和现场踏勘确定初步路径方案的过程。终勘选线是指将初勘选线确定的经审查批准的路径在现场落实，按实际地形地貌及自然条件修正后，确定线路最终走向，并设立临时标桩的过程。

初勘选线主要是在图上选线，将收集的敏感因素（如基本农田、生态红线、林地保护区等）叠加在地形图或卫星照片上，避开明显的障碍物，合理选择交叉跨越位置，做到"线中有位、以位正线"，以确定最经济合理的路径方案。然后再到室外进行路径方案的现场踏勘调查工作，在现场一般只进行沿线调查，收集有关资料，大致落实线路走向并确定线路通过的可能性，不对全线的杆塔位置进行测量定位，只有在重要地段（如拥挤地段、重要交叉跨越地段及某些协议区段）才进行必要的仪器勘测，以便确定方案的可行性。

终勘选线是利用勘测仪器把初步设计所确定并经评审的路径方案展放到地面，对杆塔逐基定位，即进行定线测量，一般应在线路终勘定线前进行。目前，线路定线一般均采用 RTKGPS（实时动态全球定位系统）进行测量，并使用全站仪或 RTKGPS 测量沿线的交叉跨越及线路附近的障碍物。

4.3.3.2 气象条件

集电线路架设在自然环境中，随时承受着周围气象条件变化带来的影响，为使集电线路的结构强度和电气性能能够很好地适应气象条件变化，以保证集电线路的安全运行，在设计过程中就必须对沿线的气象情况进行全面的了解，详细收集设计所需要的气象资料。气象资料的收集内容及其用途如表 4-12 所示。

表 4-12　集电线路设计气象资料的收集内容及其用途表

序号	收集内容	用途
1	最高气温	计算电线的最大弧垂
2	最低气温	最低气温时电线应力计算，检查绝缘子串上扬或电线上拔及电线防振计算等
3	年平均气温	一般用平均气温时的电线应力进行防振设计
4	基本风速及相应气温	电线的防舞、防振、防腐及绝缘防污设计
5	地区最多风向及其出现频率	计算设计杆塔和电线强度的风荷载
6	电线覆冰厚度	杆塔及电线强度设计依据，验算不均匀覆冰时电线纵向不平衡张力及垂直布置的导线接近距离，可能出现最大弧垂时确定跨越距离
7	雷电日数（或小时数）	防雷计算
8	雪天、雨天、雾凇天的持续小时数	计算电晕损失
9	土壤冻结深度	杆塔基础设计
10	常年洪水位及最高航行水位、气温	确定跨越杆塔高度及验算交叉跨越距离
11	最高气温月的日最高气温的平均值	计算导线发热温升

注：寒冷地区计算导线平均运行应力可采用年平均最低气温或冬季平均气温。本表引自《电力工程设计手册　架空输电线路设计》（2019 年中国电力出版社出版）。

4.3.3.3 导线选择

一般情况下，在导线选择时，首先按线路输送容量和经济电流密度确定导线总截面，并按其允许载流量满足线路的最大输送容量进行校核，然后对不同导线分裂型式进行线路电气性能和机械性能的计算比较，最后通过综合技术经济比较确定。

重冰区线路导线在电气和机械性能两方面的要求，都较轻冰区更为严格。重覆冰线路易发生过载冰和不均匀冰引发的断线、断股事故，危及线路的安全运行。运

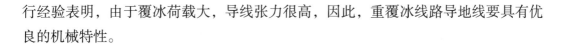

行经验表明，由于覆冰荷载大，导线张力很高，因此，重覆冰线路导地线要具有优良的机械特性。

1. 导线截面选择

（1）按经济电流密度计算：

$$S=\frac{P}{\sqrt{3}JU_{\mathrm{n}}\cos\varphi}\tag{4-17}$$

式中　S——导线截面积，单位为 mm^2；

　　　P——输电容量，单位为 kW；

　　　U_{n}——线路标称电压，单位为 kV；

　　　$\cos\varphi$——输电功率因数；

　　　J——经济电流密度，单位为 A/mm^2。

不同导线材料的经济电流密度取值如表 4-13 所示。

表 4-13　不同导线材料的经济电流密度值表

导线材料	不同最大负荷利用小时数的经济电流密度 /（A/mm²）		
	3000h 以下	3000～5000h	5000h 以上
铝线	1.65	1.15	0.9
铜线	3.0	2.25	1.75

根据计算，不同经济电流密度对应导线截面经济输送容量如表 4-14 所示。

表 4-14　不同导线的经济输送容量值表

导线标称截面积 /mm²	不同导线电流密度的经济输送容量 /（MV·A）					
	铝　线			铜　线		
	1.65A/mm²	1.15A/mm²	0.9A/mm²	3.0A/mm²	2.25A/mm²	1.75A/mm²
50	5.0	3.5	2.7	9.1	6.8	5.3
70	7.0	4.9	3.8	12.7	9.5	7.4
95	9.5	6.6	5.2	17.3	13.0	10.1
120	12.0	8.4	6.5	21.8	16.4	12.7
150	15.0	10.5	8.2	27.3	20.5	15.9
185	18.5	12.9	10.1	33.6	25.2	19.6
240	24.0	16.7	13.1	43.6	32.7	25.5
300	30.0	20.9	16.4	54.6	40.9	31.8

（2）按长期允许载流量校核：

$$W_{max} = \sqrt{3}U_n I_{max} \qquad (4-18)$$

式中　W_{max}——极限输送容量，单位为 MV·A；

　　　U_n——线路额定电压，单位为 kV；

　　　I_{max}——导线长期允许载流量，单位为 kA。

常用钢芯铝绞线长期允许载流量取值如表 4-15 所示。

表 4-15　常用钢芯铝绞线长期允许载流量值表

标称截面积（铝/钢）/mm²	不同温度常用钢芯铝绞线长期允许载流量值 /A			
	环境温度 25℃		环境温度 35℃	
	70℃	80℃	70℃	80℃
50/30	234	263	199	233
70/40	250	275	225	250
95/25	349	394	295	349
120/25	393	444	332	393
150/25	441	499	372	441
185/30	498	565	420	499
240/30	598	680	502	600
300/40	680	774	569	682

注：本表引自《电力工程设计手册　架空输电线路设计》（2019 年中国电力出版社出版）。

根据长期允许载流量进行计算，导线持续极限输送容量如表 4-16 所示。

表 4-16　导线持续极限输送容量值表

标称截面积（铝/钢）/mm²	不同温度导线持续极限输送容量值 /（MV·A）			
	环境温度 25℃		环境温度 35℃	
	70℃	80℃	70℃	80℃
50/30	14.2	15.9	12.1	14.1
70/40	15.2	16.7	13.6	15.2
95/25	21.2	23.9	17.9	21.2
120/25	23.8	26.9	20.1	23.8
150/25	26.7	30.3	22.6	26.7
185/30	30.2	34.3	25.5	30.3
240/30	36.3	41.2	30.4	36.4
300/40	41.2	46.9	34.5	41.3

2. 导线型号选择

山区风电项目 35kV 架空集电线路，导线常规选择钢芯铝绞线，对 30mm 及以上冰区宜选用钢芯铝合金绞线。钢芯铝合金绞线与钢芯铝绞线匹配时，首先优先考虑电阻匹配，其次再考虑截面匹配，通常钢芯铝合金绞线的截面比钢芯铝绞线大。集电线路经常使用的钢芯铝绞线和钢芯铝合金绞线型号如下：

钢芯铝绞线：JL/G1A-150/25、JL/G1A-185/30、JL/G1A-185/45、JL/G1A-240/30、JL/G1A-240/40。

钢芯铝合金绞线：JLHA1/G1A-150/25、JLHA1/G1A-185/45、JLHA1/G1A-240/40、JLHA1/G1A-290/45。

4.3.3.4　地线选择

1. 地线选择原则

（1）轻中冰区：在 +15℃气温、无风无冰条件下，导线与地线在档距中央的距离不小于 $0.012L+1m$，L 为档距；重冰区：导地线中央的距离，除了满足过电压保护要求的距离外，还要校验导地线不同期脱冰时动态和静态接近距离，静态接近距离不应小于操作过电压的间隙值。

（2）地线的最大使用张力：轻中冰区不应大于绞线瞬时破坏张力的 40%；重冰区不应大于绞线瞬时破坏张力的 60%。

（3）地线弧垂最低点设计安全系数不应小于 2.5，悬挂点设计安全系数不应小于 2.25，地线设计安全系数不应小于导线安全系数。

（4）满足覆冰过载的要求。

（5）满足热稳定的要求。

2. 地线架设方案

风力发电场内 35kV 架空线路应全线架设地线，且逐基接地，地线的保护角不宜大于 25°。常规 35kV 架空集电线路地线架设方式如下：

方式一：采用单地线设计，单回和双回路均只架设 1 根 OPGW 光缆兼地线。

方式二：采用双地线设计，单回架设 1 根铝包钢绞线和 1 根 OPGW 光缆兼地线，双回架设 2 根 OPGW 光缆兼地线。

3. 地线型号选择

根据地线架设方式及地线选择原则，合理确定地线及光缆型号，山区风电项目集电线路常规铝包钢绞线地线型号为 JLB20A-50、JLB27-50，OPGW 光缆常用 24 芯或 48 芯。

4.3.3.5 绝缘配合设计

1. 污秽区划分

参照项目区域污秽区分布图，结合现场污秽调查情况确定污秽区等级，污秽等级的统一爬电比距一般取中值，作为绝缘子片数计算的依据。

2. 绝缘子型式选型

绝缘子是线路主要元件之一，应具有良好的电气性能和足够的机械强度。正确选择导线绝缘子型号对保证线路在各种情况下的安全运行是十分重要的。目前国内外常使用的有 2 种绝缘子：盘形悬式绝缘子和长棒形绝缘子。绝缘子常用的材料有瓷、玻璃、复合材料等。

从用户角度讲，盘形悬式绝缘子机械强度高，长串柔性好，单元件轻易于运输与施工，造型多样易于选择使用。由于盘形绝缘子属可击穿型绝缘子，绝缘件要求电气强度高；盘形悬式瓷绝缘子出现劣化元件后检测工作量大，一旦未及时检出，可能在雷击或污闪时断串；盘形悬式玻璃绝缘子存在自爆现象，重污秽导致的表面泄漏电流可能加重自爆率，但自爆有利于线路维护和防止掉线事故的发生。

长棒形绝缘子主要优点是不可击穿型结构、较好的自清洗性能以及爬电距离大，在相同环境中积污较盘形绝缘子低，可获得较高的污闪电压，如爬电距离选择适当可有更长的清扫周期。长棒形瓷绝缘子是名副其实的不可击穿绝缘子，其缺点是单元件重，搬运与安装难度大，伞裙受损会危及其机械强度；长棒形复合绝缘子的拉伸强度与重量之比高，具有优良的耐污闪特性，但存在界面内击穿和芯棒脆断的可能，而且有机复合材料的使用寿命和端部连接区的长期可靠性尚未取得共识（不确定性）。

从线路绝缘子可能发生的事故类型与现场维护检测来看，除防污闪要求外，绝缘子的选择应主要取决于其损坏率，而损坏率取决于制造厂的制造水平。

山区风电项目集电线路地形起伏较大，以山地和高山为主，覆冰厚度大多数为 10mm 及以上，线路悬垂绝缘子串很容易积雪结冰，尤其是合成绝缘子伞间距离小，

积雪和结冰就更为容易。考虑地形条件及覆冰情况，推荐采用悬式绝缘子。

3. 绝缘子及金具强度选择

绝缘子及金具的机械强度安全系数应符合如表 4-17 所示的规定。

表 4-17　绝缘子及金具安全系数值表

类　型	安全系数		
	运行	断线	断联
悬式绝缘子	2.7	1.8	1.5
金具	2.5	1.8	1.5

安全系数 K_I 应按下式计算：

$$K_I = \frac{T_R}{T} \tag{4-19}$$

式中　T_R——绝缘子的额定机械破坏负荷，单位为 kN；

　　　T——绝缘子承受的最大使用荷载，断线、断联荷载，验算荷载，或常年荷载，单位为 kN。

断线的气象条件是无风、有冰、$-5℃$，断联的气象条件是无风、无冰、$-5℃$。

4. 绝缘子片数

山区集电线路的绝缘配合，除应满足线路在工频电压、操作过电压、雷电过电压等各种条件下的安全可靠运行外，重覆冰线路还应按绝缘子串覆冰后的工频（工作）污耐压强度进行校核。

绝缘子片数通常采用爬电比距法计算，公式如下：

$$n \geqslant \frac{\lambda U_{ph-e}}{K_e L_{01}} \tag{4-20}$$

式中　n——海拔在 1000m 以下时每串绝缘子所需片数；

　　　λ——不同污秽条件下的统一爬电比距，单位为 mm/kV；

　　　U_{ph-e}——相（极）对地最高运行电压，单位为 kV；

　　　K_e——绝缘子爬电距离的有效系数，根据电力行业标准 DL/T 1122—2009《架空输电线路外绝缘配置技术导则》选取；

　　　L_{01}——单片绝缘子几何爬电距离，可按产品型录选取，单位为 mm。

当海拔超过 1000m 时，宜按下式修正：

$$n_\text{H} = n\text{e}^{m_1\left(\frac{H-1000}{8150}\right)} \tag{4-21}$$

式中 n_H——海拔在 1000m 以上时每串绝缘子所需片数；

        H——海拔，单位为 m；

        m_1——特征指数，它反映气压对于污闪电压的影响程度，由试验确定，或根据国家标准 GB 50545—2010《110kV～750kV 架空输电线路设计规范》选取。

校验覆冰耐压下的绝缘子片数：

$$n_\text{b} = \frac{U_\text{m}}{K_H U_\text{w} h} \tag{4-22}$$

式中 n_b——覆冰耐压下的绝缘子片数；

        U_m——系统最高运行电压，单位为 kV；

        h——单片绝缘子高度，单位为 m；

        U_w——覆冰绝缘子的耐压梯度，单位为 kV/m；

        K_H——海拔为 H 处的修正系数。

当冰水导电率小于 150μS/cm 时覆冰绝缘子的耐压可用下式计算：

$$U_\text{w} = 165.3\sigma^{-0.18} \tag{4-23}$$

式中 σ——冰水导电率，单位为 μS/cm。

覆冰绝缘子串耐压与冰水导电率的关系如表 4-18 所示。

表 4-18   覆冰绝缘子串耐压与冰水导电率的关系表

冰水导电率 / (μS/cm)	10	20	50	80	100	150
耐压 / (kV/m)	109.2	96.4	81.7	75.1	72.2	63.7

悬垂绝缘子串结冰后形成冰柱，当气温回升到 0℃ 以上时冰柱开始融化，融化的冰水顺着悬垂绝缘子串边缘下淌，容易形成连续的冰水溜，从而可能造成绝缘子短路跳闸而发生停电事故。通常 20mm 及以上重冰区的悬垂绝缘子串采用大小伞插花 I 型绝缘子串、防覆冰复合绝缘子等措施防止此类事故发生。

由于空气动力型绝缘子单片爬电距离比普通绝缘子小，插花后会导致整串绝缘子爬电比距下降，此时需校验插花后的爬电比距。

5. 空气间隙

海拔为 1000～3000m 地区范围，架空输电线路的空气间隙不应小于如表 4-19

所示数值。

表 4-19 35kV 系统标称电压不同海拔的空气间隙值表

海拔 /m	空气间隙 /mm		
	持续运行电压	操作过电压	雷电过电压
1000	100	250	450
2000	110	275	495
3000	120	300	540

注：对操作人员需要停留工作的部位，还应考虑人体活动范围 0.3~0.5m。本表引自国家标准 GB/T 50064—2014《交流电气装置的过电压保护和绝缘配合设计规范》。

4.3.3.6 杆塔设计

由于 10kV 多为水泥杆，35kV 多为自立式铁塔，水泥杆需要拉线来固定及承载，存在维护难度大、拉线占地面积较大等问题，一般新建线路不建议采用水泥杆。山区地形有高差起伏大、档距大等特点，通常山区架空集电线路选用 35kV 自立式铁塔。

铁塔是由角钢和螺栓连接而成的空间桁架结构，具有占地面积小、使用档距大、承载能力高等优点，在山区风电场 35kV 集电线路中比较常用。山区风电场地形多为山地，35kV 集电线路沿线地形起伏较大，塔位多处于山坡，若塔腿为平腿（四条接腿长度相等），为便于立塔，通常需要对斜坡塔位做降方处理，土石方开挖量较大，会造成植被破坏、水土流失、滑坡等危害，不符合环保设计理念。因此，山区集电线路铁塔通常会有长短腿（四条接腿长度不一致）设计，通过调整接腿长度，以满足塔基位山地地形，尽量减少降方、挖方，降低对塔基周围环境的影响。

对于山区 35kV 集电线路铁塔，需根据集电线路沿线气象条件如最大风速、覆冰厚度对铁塔进行规划设计。铁塔按用途通常分为直线塔、转角塔、终端塔。单回路铁塔按外型主要有干字型塔、酒杯型塔，双回路铁塔按外型主要有鼓型塔。干字型塔，导线呈三角形排列，如图 4-1 所示；酒杯型塔，导线呈水平排列，如图 4-2 所示；鼓型塔，导线呈垂直排列，如图 4-3 所示。

通常根据气象条件、导地线型号等选用相关塔型作为山区 35kV 集电线路铁塔塔型。若实际使用条件超出塔型设计条件，需对相关塔型进行校核或重新规划设计铁塔。规划塔型通常以 2 直线塔、4 耐张塔进行系列规划。某系列铁塔规划使用条件如表 4-20 所示。

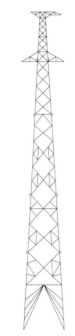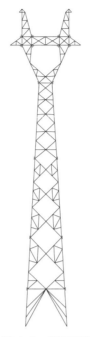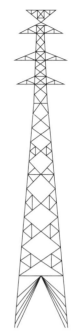

图 4-1 干字型塔 　　 图 4-2 酒杯型塔 　　 图 4-3 鼓型塔

表 4-20　某系列铁塔规划使用条件一览表

序号	塔型名称	转角范围/（°）	呼高范围/m	代表档距/m	常用呼高/m	水平档距/m	垂直档距/m	K_v 值
1	Z1	0	15～36	350	30	300	450	0.7
2	Z2	0	15～39	350	30	400	600	0.6
3	J1	0～30	12～27	200/350	27	300	450	
4	J2	30～60	12～27	200/350	27	300	450	
5	J3	60～90	12～27	200/350	27	300	450	
6	JD	0～90	12～27	200/350	27	300	450	

根据表 4-20 中铁塔规划使用条件，确定杆塔数量，根据每一种塔型的呼高、转角、档距等信息，对铁塔进行设计。2 直线塔 4 耐张塔系列塔型，能较好地满足山区风电场 35kV 集电线路的使用要求。在实际工程中，可根据工程实际条件规划铁塔使用条件，以满足实际工程的使用要求。规划铁塔时，在满足工程规范的前提下，兼顾经济性和安全性。

（1）杆塔材料。

铁塔主材常采用 Q355、Q420、Q460 钢，其余塔材与混凝土杆铁附件采用 Q235

钢（材料为 Q235B 钢材），其强度设计值及物理特性指标应符合国家标准的规定，所有铁塔构件、混凝土杆铁附件、螺栓（含防盗螺栓）均热浸镀锌防腐。

铁塔连接螺栓采用 4.8 级（M16）、6.8 级（M20）、8.8 级（M24）普通粗制螺栓。其质量标准应符合相关标准的要求。铁塔距地面 9m 范围内的螺栓均采用防盗螺栓。全线铁塔除防盗螺栓（具有防松性能）外，其他单螺帽螺栓均采用防松罩。

（2）铁塔与基础连接方式。

铁塔与基础连接方式通常有塔脚板式连接、插入角钢式连接 2 种方式。

4.3.3.7　基础设计

山区风电场 35kV 集电线路杆塔基础型式需结合杆塔类型、地质地形、水文、交通运输等条件综合确定。山区风电场地质多以岩石、碎石、土夹石、黏土为主，地质条件是决定杆塔基础型式的决定性因素之一。根据山区风电场 35kV 集电线路沿线地质情况，结合其他影响因素，合理选择基础型式。

1. 铁塔基础

山区风电场 35kV 集电线路铁塔常用的基础型式主要有台阶式基础、板式直柱式基础、板式斜柱式基础、掏挖式基础、人工挖孔桩基础、灌注桩基础、岩石基础。其中，台阶式基础、板式直柱式基础、板式斜柱式基础为大开挖基础；掏挖式基础、人工挖孔桩基础、灌注桩基础为原状土基础。以上基础型式各有利弊，具体工程具体分析，根据实际条件，选择经济合理的基础型式。

（1）大开挖基础。

大开挖基础，顾名思义，是将基坑进行开挖，然后绑扎钢筋、支模、浇筑的基础型式。这类基础型式有台阶式基础、板式直柱式基础、板式斜柱式基础。

台阶式基础又称刚性接触，基础主柱配有钢筋，基础台阶及底板不配钢筋，基础底板不能承受拉应力。台阶式基础埋深较深，依靠自身重力抗拔，保持铁塔稳定，台阶式基础如图 4-4 所示。

板式直柱式基础、板式斜柱式基础又被称为柔性基础，由立柱和底板组成，立柱及底板均配筋，底板可承受拉应力。柔性基础埋深较浅，受力较好，尤其是板式斜柱式基础，由于其基础立柱倾斜，与铁塔坡度一致，基础受力较好，斜柱截面及底板尺寸小，减少了混凝土方量，经济效益明显。板式斜柱式基础如图 4-5 所示。

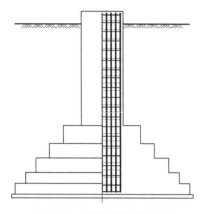
图 4-4 台阶式基础示意图

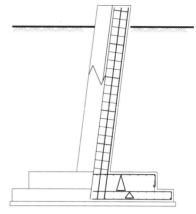
图 4-5 板式斜柱式基础示意图

（2）原状土基础。

原状土基础，就是利用原状土的力学性能，维持基础稳定的基础型式。常见的原状土基础型式有掏挖式基础、人工挖孔桩基础、钻孔灌注桩基础。该基础型式是在原状土上人工或机械打孔，不扰动原状土体，利用原状土的抗压、抗剪性能维持基础稳定。该类基础充分利用原状土的力学性能，有利于减小基础尺寸，减少混凝土方量，降低造价。

掏挖式基础、人工挖孔桩基础，其基坑都是以人工方式掏挖成型，掏挖过程中，为保证掏挖成型及安全，需做混凝土护壁。掏挖式基础及人工挖孔桩基础主要用于黏土、松砂石、土夹石、碎石土等地质形式，便于人工掏挖，且易掏挖成型，掏挖式基础如图 4-6 所示，人工挖孔桩基础如图 4-7 所示。钻孔灌注桩基础常用机械钻孔、泥浆护壁的方式成孔，该基础型式主要用于黏土、松砂石、土夹石等地质形式，钻孔灌注桩采用机械钻孔，施工效率高，由于采用泥浆护壁，节省了混凝土护壁工程量。

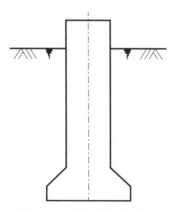
图 4-6 掏挖式基础示意图

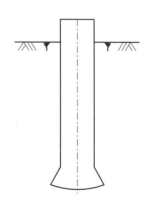
图 4-7 人工挖孔桩基础示意图

（3）岩石基础。

山区风电场 35kV 集电线路沿线地质形式为坚硬完整岩石，则可考虑岩石基础，常用的岩石基础有嵌固式基础、岩石锚杆基础。利用岩石的力学性能，维持基础稳定，埋深较小，大大节省混凝土材料用量，但岩石基础对基岩要求比较高，用于锚固的岩石，必须是整体的、完整的，不能是破碎的。若用于锚固的是破碎岩石，需采取措施，使其满足承载力要求。

2. 基础材料

基础用钢材采用 HPB300、HRB400 钢，其质量标准应符合相关标准。地脚螺栓常采用 35 号钢，其质量标准应符合相关标准的要求，也可采用 Q345 及其他低碳合金钢，需满足相关规范要求。基础用混凝土的质量标准应符合相关标准的要求。

3. 其他基础型式

随着输电线路领域技术的发展，出现了一些新的铁塔基础型式，如斜柱掏挖式基础、斜柱半掏挖式基础、装配式基础、预制桩基础、螺旋锚基础等。这些基础型式也可尝试应用在山区风电场 35kV 集电线路中。

4.3.3.8　防雷接地

在档距中央、气温 15℃、无风的计算条件下，导线与地线之间的垂直距离满足 $S \geqslant 0.012L+1\text{m}$ 的要求。

杆塔上地线对边导线的保护角宜采用 20°～30°。山区单根地线的杆塔可采用 25°。杆塔上 2 根地线间的距离不应超过导线与地线间垂直距离的 5 倍。高杆塔或雷害比较严重的地区，可采用零度或负保护角或加装其他防雷装置。对于多回路杆塔宜采用减少保护角等措施。

全线路铁塔逐级单独接地。

接地装置按土壤电阻率分别采用环形和环形加风车式放射形浅埋水平布置接地型式与杆塔基础自然接地相结合的方式，接地体及引下线均采用 $\phi12\text{mm}$ 镀锌圆钢，且要求热镀锌处理，引下线不得外露过长。在农田耕作区埋设深度一般不小于 0.8m，在山区埋设深度一般不小于 0.6m。铁塔全部采用四腿接地。部分土壤电阻率特别高的地区，采用加装接地模块，以降低工频接地电阻。

铁塔接地装置采用 $\phi12$ 镀锌圆钢，接地引下线也采用 $\phi12$ 镀锌圆钢。接地装置埋设深度一般为平地及耕种地区 0.8m、山地 0.6m、岩石地区 0.4m，接地沟宽 0.4m，并按要求取土回填。

在雷季，当地面干燥时，各基杆塔工频接地电阻应符合表 4-21 规定。

表 4-21　线路杆塔工频接地电阻值表

土壤电阻率 /（Ω·m）	$\rho\leq100$	$100<\rho\leq500$	$500<\rho\leq1000$	$1000<\rho\leq2000$	$\rho>2000$
工频接地电阻 /Ω	10	15	20	25	30

注：如土壤电阻率超过 2000Ω·m，接地电阻很难降到 30Ω 时，可采用 6～8 根总长不超过 500m 的放射形接地体或连续伸长接地体，其接地电阻不受限制。

放射形接地极每根最大长度应符合如表 4-22 规定。

表 4-22　放射形接地极每根最大长度值表

土壤电阻率 /（Ω·m）	$\rho\leq500$	$500<\rho\leq1000$	$1000<\rho\leq2000$	$2000<\rho\leq5000$
最大长度 /m	40	60	80	100

接地引下线采用接地联板与接地装置连接，接地引下线露出地面部分需经热镀锌防腐处理，接地联板使用螺栓固定，以便测量接地电阻。

4.3.3.9　融冰设计

焦耳热融冰技术是指在线路上传输高于正常电流密度的电流，以获得焦耳热进行融冰，主要可分为交流融冰和直流融冰 2 种方式，2 种融冰技术比较如表 4-23 所示。

表 4-23　交流融冰和直流融冰技术比较表

分类		适用电压 /kV	存在问题
交流三相短路融冰	发电机零起升流	220、110、10	发电机操控量大，倒闸操作多
	系统冲击合闸短路	220、110、35	需要转移负荷，操作比较多；直接短路，对系统电压有一定冲击，融冰法需核算稳定；可能导致变压器过载；融冰电流取决于系统条件，可控性较差
直流融冰	固定式直流融冰兼 SVC	500	平时融冰设备作为 SVC 装置，为系统提供无功
	移动式　站间移动式	500、220、110	站间移动可能受到路况、车况限制；临时接线可能出现问题
	移动式　发电车移动式	35、10	移动可能受到路况、车况限制；野外接线困难，不确定因素较多

山区风电场集电线路的电压等级一般不超过 35kV，且适用于电压等级 35kV 的融冰技术较少，存在的问题较多，而且会增加投资，性价比不高，因此，建议待融冰技术成熟后，山区风电场集电线路再考虑使用融冰技术。

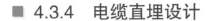

4.3.4　电缆直埋设计

4.3.4.1　电缆截面选择

电缆导体最小截面的选择需同时满足载流量和最大短路电流是热稳定的要求。在可研和初设阶段，电缆导体截面可按相同输送容量选定架空线标称截面的 2 倍左右进行考虑，施工图阶段再进行相应的修正。根据国家标准 GB 51096—2015《风力发电场设计规范》规定，应根据所接风力发电机组容量，按照经济电流密度分段选择导线截面，同一风电场导线截面种类不宜超过 3 种。

4.3.4.2　电缆型号选择

常规采用铝芯电缆型号：YJLV22-26/35-3×95、YJLV22-26/35-3×120、YJLV22-26/35-3×185、YJLV22-26/35-3×240、YJLV22-26/35-3×300、YJLV22-26/35-3×400、YJLV22-26/35-3×500 等铝芯交联聚乙烯绝缘钢带铠装聚氯乙烯护套电力电缆。

常规采用铜芯电缆型号：YJV22-26/35-3×95、YJV22-26/35-3×120、YJV22-26/35-3×185、YJV22-26/35-3×240、YJV22-26/35-3×300、YJV22-26/35-3×400 等铜芯交联聚乙烯绝缘钢带铠装聚氯乙烯护套电力电缆。

4.3.4.3　电缆敷设要求

（1）在满足安全的条件下，应保证敷设路径尽可能短，便于敷设、维护，尽量避开将来要挖掘施工的地方。

（2）电缆应敷设在电缆沟里，沿电缆全长的上、下紧邻侧敷以厚度不小于 100mm 的软土或细砂层（软土或细沙层中不应有石块或其他硬质杂物），并加盖保护板，其覆盖宽度应超过电缆两侧各 50mm；直埋敷设电缆的土质应对电缆外护套无腐蚀性，且不应有石块或其他硬质杂物，回填前应经隐蔽工程验收合格，并分层夯实，并且每填 200～300mm 夯实一次，最后在地面上堆 100～200mm 高的土层，以备松土沉落。

（3）直埋电缆外皮至地坪深度不得小于 0.7m，当穿越耕地、农田和道路时，埋设深度不得小于 1m，在引入建筑物、与地下建筑物交叉及绕过地下建筑物处可适当浅埋，但应采取保护措施，直埋电缆的电缆沟应距建筑物基础 0.6m 以上；穿管敷设时电缆外皮至地下建筑物基础距离不得小于 0.3m。

4.3.4.4 电缆直埋防雷接地

电力电缆金属护套或屏蔽层应按下列规定接地：

（1）三芯电缆应在线路两终端直接接地。线路中有中间接头时，接头处也应直接接地。

（2）单芯电缆在线路上应至少有一点直接接地，且任一非接地处金属护套或屏蔽层上的正常感应电压不应超过下列数值：在正常满负载情况下，未采取能防止人员任意接触金属护套或屏蔽层的安全措施时，50V；采取能防止人员任意接触金属护套或屏蔽层的安全措施时，300V。

4.4 技术总结

4.4.1 设计原则

需满足相关规程、规范的要求，同时遵循当地电网公司提供的"新能源场站接入系统设计批复""新能源场站初步设计审查意见"等相关文件的要求。

目前风电场接入系统对于电气一次主要设备选型、主接线形式、分期建设方案都有明确要求，例如贵州某风电场接入系统批复如下：

（1）主变压器终期建设规模为 $1 \times 100MV \cdot A + 1 \times 200MV \cdot A$，本期一次建成，采用户外三相双绕组有载调压电力变压器。

（2）220kV 侧配电装置采用单母线接线，出线 1 回至系统站，本期一次建成；220kV 配电装置采用户外设备布置，短路电流水平按 50kA 选择。

（3）35kV 侧配电装置采用单母线分段接线，出线 3×4 回，本期一次建成；35kV 配电装置采用户内开关柜双列布置，短路电流水平按 31.5kA 选择。

4.4.2 基于高海拔情况下的主要电气计算

对于高海拔场址区，需要重点考虑在高海拔情况下绝缘降低的影响，复核电晕设备等主要指标对于电气设备的影响；需要重点计算过电压，达到限制过电压与设备绝缘水平时，才能安全可靠地运行配合；当场址区高程高于 4000m，超高海拔对风电机组、电气设备的绝缘以及散热均会产生较大影响，需要进一步与制造厂沟通特型设备选型。

4.4.3 控制、保护及通信

（1）系统保护、系统远动和系统通信的具体内容，根据工程需要进行原则性配置。具体工程应根据工程接入系统设计报告及其审查意见要求进行配置及设备选型。

（2）二次设备的布置应按工程远期规模规划，布置原则应遵循功能统一明确、简洁紧凑，并考虑预留位置。

（3）风电场区的光纤环网通信。

山区风电场区普遍存在场区布置范围广、风机布置分散的特点，针对此特点风电场光纤通信一般采取双环网通信以提高通信可靠性，且相邻风机光纤连接采用"一进一跳"的方式进行排布，尽量使得风机通信链路均匀排布。

风机布置受山区地形影响明显，实际很多项目会采取不同装机容量甚至不同厂家的风机进行混排以达到发电量最优排布，因此风电场存在多种机型（不同厂家光缆通信不能共用，后台监控相互独立），光缆通信应采用不同芯线物理隔离，因此光缆芯数会根据实际情况进行选择。

风电场风机光纤连接如图 4-8 所示。

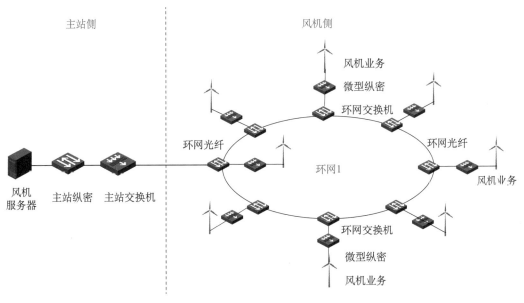

图 4-8 风机光纤连接示意图

■ 4.4.4 集电线路连接方式与设计

山区风电项目的集电线路气候条件恶劣，通常在海拔1000m以上，常伴随10～20mm覆冰，偶尔有20mm以上覆冰情况，受地形的影响较大。为了克服以上环境特点，通常采取选用自立式铁塔、20mm及以上重冰区的悬垂绝缘子串采用大小伞插花 I 型绝缘子串等应对措施。

架空与电缆直埋混合方式是山区风电场集电线路常采用的架设方式。但在以下情况时不推荐采用架空方式：

（1）路径长度小于5km时：由于线路路径长度越短，架空架设方式的单公里造价越高，通常线路路径长度在5km以下时单公里造价会偏高，在比较方案经济性时宜以实际工程量计算为准。

（2）路径处于重冰区时：架空线路路径在重冰区时，造价会增加，根据经验统计，35kV集电线路20mm重冰区单公里造价约为10mm轻冰区的1.7倍，且通常35kV冰区划分最高为20mm覆冰，当超过20mm覆冰时，不建议采用架空方式。确需采用架空方式时，应做好方案的经济技术对比。

山区风电场集电线路沿线地质通常以松砂石、碎石土、岩石为主。综合考虑地质、交通、施工等因素，铁塔基础优先采用原状土基础，常用的原状土基础有掏挖基础、挖孔桩基础。当地质为坚硬、完整岩石，受力条件较好时，也可采用岩石基础，常用的岩石基础型式有岩石锚杆基础、嵌固式基础等。

4.5 应用实例

选取有代表性的贵州WJY风电场为例，简要阐述山区风电场电气设计。

■ 4.5.1 项目简况

贵州WJY风电场位于贵州省毕节市某县境内，该风电场由BCP、DF、ZAS、HZ、GF、WL共6个风电场组成，总装机规模为6×49.5MW，安装了6×33台1500kW风力发电机组，总装机规模297MW，属于贵州建成最大风电场。在BCP

风电场中部建 1 座 220kV 升压变电站，简称"WJY 220kV 升压站"，6 个风电场共用此变电站。风电场的电气二次部分设计包含了本风电场内风电机组和相关 220kV 升压变电站内电气设备的监视、控制和保护。

风电场从 2011 年建设至今，电气设备除日常备品备件外，其余未做大件更换。

4.5.2 主要电气一次设备选型

本项目平均海拔 2650m，属于典型的位于高海拔山区、高寒地区的低风速风电场，在设备选型时按 3000m 海拔要求进行设备外绝缘修正，主要设备选择如下。

1. 主变压器

本风电场依据接入系统专题报告，连接组别采用 Ynd11；本项目设计采用了分级绝缘设计，中性点采用经过隔离开关接地。主变压器主要参数如表 4-24 所示。

表 4-24 WJY 风电场主变压器主要参数表

序号	项目名称	参数或规格型号
1	型式	三相双圈油浸自冷式有载调压变压器
2	型号	SZ11-100000/230
3	冷却方式	ONAF
4	额定频率 /Hz	50
5	额定容量 /（MV·A）	100
6	额定电压比 /kV	230 ± 8 × 1.25%/35
7	调压方式	高压侧有载调压
8	阻抗电压	13.5%
9	连接组别	Ynd11
10	极性	负极性
11	中性点接地方式	经隔离开关接地

2. 220kV 高压配电装置

本项目处于高海拔山区，选择户内 GIS 作为变电站高压配电装置，减少了占地面积，提高了供电可靠性。220kV 高压配电装置主要参数如表 4-25 所示。

表 4-25　WJY 风电场 220kV 高压配电装置主要参数表

序号	项目名称		参数或规格型号
1	型式		SF$_6$ 全封闭组合电器
2	使用环境条件及通用技术条款		
2.1	安装条件		户内
2.2	额定电压 /kV		252
2.3	额定电流 /A		2000
2.4	额定频率 /Hz		50
2.5	相数 / 相		3
3	材料	外壳	铝
		导体	铝

3. 35kV 高压配电装置

本项目 35kV 高压配电装置选用 KYN61 开关柜，制造厂提供高海拔试验报告。35kV 高压配电装置主要参数如表 4-26 所示。

表 4-26　WJY 风电场 35kV 高压配电装置主要参数表

序号	项目名称	参数或规格型号
1	断路器	
1.1	型式	真空 /SF$_6$
1.2	型号	KYN
1.3	额定电压 /kV	40.5
1.4	额定电流 /A	2000/800
1.5	额定频率 /Hz	50
1.6	额定短路开断电流 /kA	31.5
1.7	额定短路关合电流（峰值）/kA	80

4. 35kV 箱式变压器

选择 1600kV·A 容量箱式变压器，箱式变压器高压侧采用熔断器 + 负荷开关组合电器，低压侧采用框架式断路器，在本项目上设计考虑降容影响。35kV 箱式变压器主要参数如表 4-27 所示。

表 4-27　WJY 风电场 35kV 箱式变压器主要参数表

序号	项目名称	参数或规格型号
1	型式	预装式变电站
2	额定电压	
2.1	高压 /kV	40.5
2.2	低压 /kV	0.62
3	额定频率 /Hz	50
4	额定绝缘水平	
4.1	1min 工频耐压 /kV	118
4.2	冲击耐压 /kV	215
5	三相双圈油浸式变压器	
5.1	型号	S11-1600/38.5
5.2	额定容量 /（kV·A）	1600
5.3	接线组别	Dyn11
5.4	额定电压比 /kV	40.5 ± 2 × 2.5%/0.69
5.5	调压方式	无载调压
5.6	阻抗电压	6%
5.7	中性点接地方式	直接接地

4.5.3　主要电气二次设备选型

1. 风电场调度自动化

根据《贵州 WJY 6×49.5MW 风电场工程接入系统设计》报告和南方电网的现行调度管理体制，贵州 WJY 风电场工程由贵州电网公司省调和地区供电局地调进行调度管理，相关远动信息送往省调和地调。

远动信息的传输采用电力调度数据网和 2Mb/s 专用通道 2 种方式与省调通信，远动系统通过以太网口接入风电场内电力调度数据网接入设备，电力调度数据网接入设备以 2×2Mb/s 传输速率接入贵州电力调度数据网 2 个相邻节点。同时，远动系统通过 2Mb/s 方式以点对点远动通道与省调的 DEMS 系统相连。数据网通信规约采用 IEC 60870-5-104。

2. 风电场计算机监控系统

风电场自动化系统按照"无人值班"（少人值守）的运行管理方式设计，全场的机电设备分风力发电机组和220kV升压变电站2个局域网进行监控。2个局域网结构上相对独立，均采用全计算机监控系统、分层分布式结构，必要时两局域网之间可通过以太网交换机进行信息交换，组成全场计算机监控系统。

风电机监控系统采用光纤以太环网结构，监控范围为全风电场所有风力发电机组设备。220kV升压变电站监控系统采用双以太网结构，监控范围为升压站内220kV设备、35kV设备、0.4kV配电设备和站内直流电源系统、火警系统等公用设备及布置在风电机组现地的35kV箱式变电站。

（1）风力发电机组计算机监控系统。

风力发电机组计算机监控系统随风力发电机组一起配套供货。

监控系统由上位机系统和风机现地控制系统组成。风力发电机组正常采用集中监控方式，由中控室运行人员通过风力发电机上位机系统的操作员站人机接口，对风电场内所有风机进行集中远程监视和控制。本风电场风力发电机组监控上位机系统布置在220kV升压变电站中控室内。

（2）220kV升压变电站计算机监控系统。

220kV升压变电站计算机监控系统设备分为系统层、通信层和间隔层。

系统层配置2台系统服务器、2台操作员兼工程师站、2台远动工作站、1台五防工作站、1台继保工作站、GPS时钟同步装置及打印机等设备，布置在升压站中控室内，主要完成变电站内所有变配电设备和风电场箱式变电站的监视和控制。

通信层配置通信服务器、前置机、交换机等网络部件，负责站内数据传输和实时监视设备的通信状态，具备系统的在线或离线诊断等功能。

间隔层配置35kV进线、站用及接地变、220kV主变压器、220kV送出线路、箱式变电站的保护测控装置和多功能电能表及交直流电源系统设备，主要完成开关站各电气量、非电气量、各开关的状态位置等的数据采集和处理，安全运行监视、状态监视、越限报警、过程监视以及对断路器的现地分合闸控制。

3. 保护、测量、信号和现地控制

（1）风力发电机保护、测量、信号和现地控制。

风力发电机配置如下保护和监测装置：温度升高保护、过负荷保护、电网故障保护、振动超限保护和传感器故障信号装置等。保护装置动作后跳开发电机出口与电网连接的断路器并发出信号。风力发电机的保护装置还具有风力发电机升压变压器保护跳闸的接口。当升压变压器发生故障时，经此出口跳开风力发电机出口与电网连接的断路器并发信号。

风力发电机配有各种监测装置和变送器，反映风力发电机实时状态。显示内容包括：当前日期和时间、叶轮转速、发电机转速、风速、环境温度、风电机组温度、功率、偏航情况等；也可在显示屏幕上显示风电机组的事故或故障、数量和内容等信号。

风力发电机的保护、测量和信号装置随风力发电机组一起配套供货。

（2）风力发电机 35kV/0.69kV 箱式变压器的保护及现地控制。

每台风力发电机的 35kV/0.69kV 箱式变压器内装升压油浸全密封变压器和负荷开关－限流熔断器组合电器等，配置变压器重瓦斯、轻瓦斯、压力释放、油温等非电量保护，作用于跳闸和信号。以上测控装置及其辅助设备安装在箱变，并通过现地光纤环网接入升压站计算机监控系统。

光纤通道采用 1 根 24 芯单模光缆，该光缆与风机监控光缆合用，但纤芯独立。

（3）升压站保护及测控。

35kV 进线、无功自动补偿装置、站用及接地变配置微机型保护测控一体化装置，安装在相应 35kV 开关柜中。35kV 保护测控装置通过光纤以太网络接入站控层以太网。35kV 风机进线每回配置 0.5s 级电子式多功能电能表，采用三相三线接线。电能表通过 RS-485 串口接入通信服务器。

220kV 线路、主变压器的保护装置、测控装置等分别组屏安装在继保室，通过网络交换机直接接入站控层以太网，或者通过 RS-485 串口接口接入通信服务器，再与站控层以太网连接。

（4）220kV 与系统连接的保护。

系统继电保护根据规程、规范和电网公司接入系统批复，220kV 系统相关部分装设下列保护：

①线路保护。

在 220kV 线路两侧各配置 2 套全线速动的主保护，1 套采用分相电流差动保护，2 个通信口均为复用光纤通道，另 1 套采用微机型高频距离保护，采用复用载波通道。2 套保护均具有阶段式相间方向距离保护、阶段式零序方向保护、非全相保护及检同期和检无压的综合重合闸。2 套保护各自独立组屏。

②母线保护。

220kV 母线配置 2 套由不同厂家生产的微机型母线差动保护。每套保护均含 1

套断路器失灵保护。

③故障录波。

220kV 升压站配置微机型故障录波器，录取 220kV 线路、主变压器以及 35kV 系统的电流电压和保护动作信息，以便于故障分析。容量配置为 72 路模拟量、128 路开关量。

④故障测距。

因该工程位于高海拔、重冰区，且送出线路距离超过 50km，故在 WJY 风电场 220kV 变电站配置 1 套行波故障测距装置。

⑤保护及故障信息管理子系统。

配置 1 套保护及故障信息管理系统。保护装置采用以太网口连接至交换机，并应就地完成规约的转换，同时将筛选过的信息送至监控系统双网，将全部保护信息直接接入子站系统。

为提高可靠性，使保护信息和故障录波信息数据互不影响，故障录波采用以太网连接至另 1 台交换机后直接接入子站系统。

⑥线路保护通信接口。

设置 1 面 220kV 线路保护通信接口柜：分相电流差动主保护，2 个通信口均采用复用光纤通道，通过 2Mb/s 通道与光接口设备相连；微机型高频距离主保护，采用复用载波通道、专用载波机传输、相 - 相耦合方式。

4.5.4　升压站布置

升压站长 180m、宽 99m，变电站内分为主变压器场、无功补偿装置场、35kV 配电装置室、GIS 设备室、主控楼、生活楼、值班室及车库等。

主变压器场位于升压变电站中部，共布置 3 台 220kV 升压变压器及中性点设备；无功补偿装置场位于升压站的西面，场内布置有 3 套 SVG 设备及设备控制室；35kV 配电室位于主变压器场北面，室内共布置有 40 面 35kV 高压开关柜、3 套接地变及电阻器和 2 套站用变设备。主控楼以及生活楼布置于变电站的东面。

另外，在升压站四周布置了 6 根 30m 高的独立避雷针。

升压站内设置了路面宽度为 4.5m 的双环形场内公路供设备运输用。

■ 4.5.5　防雷接地设计

1. 风电机组接地

风电机组的接地应充分利用每个风力发电机组基础内的钢筋以及混凝土预制桩内的钢筋作为自然接地体，再敷设必要的人工接地网，以满足接地电阻的要求。

本风电场风电机组基础为直径 17m 的扩展基础，因此初步考虑利用混凝土的钢筋作为风电机组的接地装置，并在基坑内沿外缘铺设一圈接地扁钢。为降低接地电阻，拟将机组基地网与箱变接地网连接，并在接地网内设置 12 根左右长 2.5m 的垂直接地体，然后用 60mm×6mm 的镀锌扁钢连接起来形成复合式接地网。

2. 220kV 升压站接地

本变电站为有效接地系统，对保护接地、工作接地和过电压保护接地使用一个总的接地装置。

升压变电站的接地网以水平均压网为主，并采用部分垂直接地极构成复合环形封闭式接地网。水平接地线采用 60mm×6mm 热镀锌扁钢，敷设深度不小于 1m，垂直接地极采用孔深 30m 深井接地。接地工程量如表 4-28 所示。

表 4-28　WJY 风电场升压站接地工程量表

序号	名称	单位	数量	技术规格	备注
1	镀锌扁钢	km	17.5	60mm×6mm	
2	镀锌钢管	km	3.5	ϕ50mm，δ=3.5mm	
3	降阻剂	m³	159.0	物理型	
4	黏土	m³	2385.0	电阻率小于 100Ω·m	

■ 4.5.6　集电线路设计

1. 集电线路设计概况

35kV 集电线路工程：导线型号：JL/G1A-150/35，地线架设 1 根 24 芯 OPGW 光缆及 1 根 JLB20A-50 铝包钢绞线；线路沿线海拔 1800～2000m，覆冰为 20mm 冰区，基本设计风速 25m/s，c 级污区。

2. 运行情况

项目竣工带电，截至 2022 年 5 月，项目运行过程中集电线路未发生倒塔、断线、雷击等停电事故。

3. 分析评价

（1）接线方式。

选用链形结构，为工程节约投资。

（2）架设方式。

选用架空与电缆直埋混合方式，风电机组升压变压器高压侧采用直埋电缆，引接至距离风电机组位置 100m 以上的位置上塔，采用架空方式。

（3）路径选择。

由于全线处于 20mm 重冰区，路径选择时考虑了风电机组脱冰对集电线路的影响，塔位均距离风电机组位置 100m 以上，保证了线路的安全。

（4）导地线。

使用的 JL/G1A-150/35 导线相对于 JL/G1A-150/25 导线来说，弧垂特性较好，水平档距利用率较高，节约铁塔高度且数量较优，同时满足覆冰过载的需求。

所选择的 JLB20A-50 铝包钢绞线地线与导线进行了良好的配合，导地线间距除满足过电压保护要求的距离外，还满足不同期脱冰时动态和静态接近距离。

（5）串型设计。

绝缘子串采用悬式玻璃绝缘子，悬垂串为 5 片绝缘子，耐张串为 6 片绝缘子，悬垂串采用大盘径绝缘子进行插花布置，以有效减少冰闪发生的概率。

导线悬垂串悬垂线夹处采用预绞丝护线条，地线悬垂金具串采用双预绞丝，光缆采用防振鞭进行防振，有效地保护了导地线及光缆，防止线夹处的断线事故。

（6）防雷接地。

采用双地线，绝缘子片数满足污秽等级的要求，铁塔逐基接地，并根据现场实际地质情况选择合适的接地形式，满足防雷要求，减少雷灾事故的发生。

（7）铁塔和基础。

选择电网标准设计塔型，大档距、大高差和微地形处进行了合理加强（如选用使用条件大一个等级的塔型），避免倒塔事故的发生。

线路全线采用人工挖孔桩基础及高低腿，有效地减少护坡堡坎量，同时满足环保要求。

第 5 章 ●●●
山区风电场工程土建与施工组织设计

风机基础与吊装平台设计

　　山区风电场的风机机位多位于陡峭山脊、独立山包及山间缓坡地带，风机基础建基面下伏岩土层以基岩居多，但也常会遇到深厚覆盖层、软弱土层或夹层、矿产采空区及有溶槽、溶洞的可溶岩区等复杂地质情况。山区风电场风机基础设计应根据每台风机机位点的不同地质条件，通过技术经济比选，选择安全、经济、适用、便于施工的基础型式。风机吊装平台应因地制宜，在满足风机吊装需求的前提下，尽量减少开挖，做到土石方平衡，依据实际地形布设风机吊装平台，合理确定场平高程，降低大件运输难度，确保风机基础的长期安全稳定。

■ 5.1.1　设计原则

　　（1）风机基础和吊装平台设计应做到安全可靠、技术先进、施工便利、经济合理、环境友好。

　　（2）风机基础设计应因地制宜，针对具体地形、地质条件做出合适的设计，在确保安全可靠的前提下，尽量降低工程投资。

　　（3）吊装平台设计应因地制宜，依据具体的地形地貌和地质条件，并结合所采用的风机机型，确定风机吊装工艺及吊装区域，在满足风机吊装安全的前提下，尽量减少用地面积，降低土石方工程量。

　　（4）风机基础和吊装平台设计应统筹考虑，相互兼顾。

■ 5.1.2　风机基础设计

5.1.2.1　风机基础型式

由于风向的不确定性，风机基础需承受360°方向重复荷载和大偏心受力，因此，风机基础需具有较高的稳定性。基于此，风机基础一般按大块体结构设计，风机基础的底面宜设计成轴对称形状，如采用正多边形或圆形，充分发挥材料的强度，节省工程投资。

山区风电场风机基础设计时，一般根据工程地质、气象条件、地震烈度、施工条件、材料供应等，选择安全可靠、技术先进、经济合理、施工便利的基础型式。山区风电场常用的风机基础型式有扩展基础和梁板基础，岩石预应力锚杆基础及桩基础在特定地质条件下会使用到，但总体而言使用较少。其中，以圆形扩展基础和圆形梁板基础应用最为广泛，桩基础则以圆形承台桩基础为主，八边形扩展基础及八边形承台桩基础总体而言应用较少。

风机基础型式的选择需根据场址工程地质条件和上部结构、荷载对基础的要求，通过技术经济分析比较后确定。不同场址工程地质条件风机基础适用的基础结构型式如表 5-1 所示。

表 5-1 不同场址工程地质条件风机基础适用的基础结构型式

序号	场址工程地质条件	基础结构型式
1	砂土、碎石土、全风化岩石，且地基承载力特征值不小于 180kPa 的地基	扩展基础
2		梁板基础
3	中硬岩以上完整岩石地基	岩石预应力锚杆基础
4	软弱土层或高压缩性土层地基	桩基础

5.1.2.2 设计等级及标准

山区风电场风机基础设计时，应根据风机类别、地基类型等，合理确定设计级别和基础结构安全等级。依据遭受地震破坏造成后果的严重性，采用不同的抗震设防标准；根据风机地基基础的级别，确定风机基础的洪水设计标准；根据环境腐蚀性、水文气象条件，确定基础的防腐、抗冰冻标准。

1. 设计等级及结构安全等级

根据能源行业标准 NB/T 10101—2018《风电场工程等级划分及设计安全标准》，风机基础设计级别根据风机单机容量、轮毂高度和地基类型等划分为甲级、乙级、丙级共 3 级，不同级别的风机基础对应的基础结构安全等级不同，具体如表 5-2 所示。

表 5-2　风机基础设计级别及结构安全等级

设计级别	单机容量、轮毂高度、地基类型等	基础结构安全等级
甲级	单机容量 2.5MW 及以上； 轮毂高度 90m 及以上； 地质条件复杂的岩土地基或软土地基； 极限风速超过 IEC I 类风电机组	一级
乙级	介于甲级、丙级之间的地基基础	
丙级	单机容量不大于 1.5MW； 轮毂高度小于 70m； 地质条件简单的岩土地基	二级

随着风电技术的不断进步和发展，同时为了节约风电场建设用地，避免与土地生态功能保护、国土空间规划的冲突，风电机组单机容量向更大方向发展成为趋势，自 2020 年开始，山区风电场单机容量以 2.5MW 及以上为主，以后 5MW 及以上将成为主流，轮毂高度普遍超过 90m，因此，在未来山区风电场风机基础设计中，基础设计级别将以甲级为主，基础结构安全等级将以一级为主。

2. 抗震设计标准

山区风电场风机基础抗震设防类别一般为标准设防类，简称丙类。国家标准 GB 51096—2015《风力发电场设计规范》中规定，抗震设防烈度为 6 度及以上地区的新建风力发电工程，必须进行抗震设计；抗震设防烈度 9 度及以上，或参考风速超过 50m/s（相当于 50 年一遇极端风速超过 70m/s）的风力发电场，重要建（构）筑物地基基础设计应进行专题论证；抗震设防烈度应符合现行国家标准 GB 18306—2015《中国地震动参数区划图》中的有关规定，对已编制抗震设防区划的地区，可按批准的抗震设防烈度或设计地震动参数进行抗震设防。

3. 防洪设计标准

风电机组地基基础的防洪设计标准根据风电机组地基基础的级别确定，具体如表 5-3 所示。

表 5-3　风电机组地基基础的防洪设计标准

风电机组地基基础级别	洪水设计标准（重现期）/年
甲级、乙级	50
丙级	30

4. 防腐蚀设计标准

风机基础设计应考虑地下水、环境水和基础周围土壤对风机基础的腐蚀作用，并应结合地质详勘对环境水土腐蚀性做出的分析评价，进行适应性设计，防腐应符合国家标准 GB/T 50046—2018《工业建筑防腐蚀设计标准》中的有关要求。

5. 抗冰冻设计标准

山区风电场在冬季一般气温较低，可能存在季节性冻土，需考虑土壤冻融循环对风机基础造成的影响。为保证基础结构的耐久性，环境温度达到冰冻条件区域的风机基础应考虑抗冻要求，混凝土抗冻等级应按现行能源行业标准 NB/T 35024—2014《水工建筑物抗冰冻设计规范》的有关规定确定。一般对于土层渗水性能较差的山区风电场，严寒地区混凝土抗冻等级不宜小于 F150，寒冷地区混凝土抗冻等级不宜小于 F100，温和地区混凝土抗冻等级不宜小于 F50。

5.1.2.3 基础荷载及荷载组合效应

山区风电场风机基础设计应考虑的荷载（作用）主要包括：风电机组荷载、基础自重、回填土重和地震荷载。

风电机组荷载：风电机组在运行、故障、停机和运输等多种可能工况下产生的荷载一般以荷载分量的形式给出，即笛卡尔坐标下的 3 个荷载分量和 3 个弯（扭）矩分量，弯矩值一般为塔架底端的弯矩。风电机组荷载计算需要采用结构动力学模型，并包含风电机组整个寿命期内所有可能出现的风况条件与风电机组运行工况（或电网运行工况）的组合。结构动力模型分析应能反映风电机组基础结构所具有的刚度特性，必要时应根据样机试验数据来修正动力计算模型和工况，从而使模型计算结果与风电机组受力情况更吻合。风电机组荷载通常由风电机组制造商提供，其荷载计算取决于风电机组设计时采用的相关标准，国际上一般以 IEC 标准 IEC 61400-1《风电发电系统 第 1 部分：风力发电机设计要求》的规定为主，也可依据如德国劳埃德船级社（GL）规范 GL 4-1:2010《规则和指南　4 工业用途 第 1 部分：风力发电机认证指南》，两者略有不同。

地震荷载：对于有地震设防要求的场地，上部结构传至基础顶面的荷载还需包括风电机组正常运行时分别遭遇该场地多遇地震作用和罕遇地震作用的地震惯性力作用。地震惯性力作用包括竖向惯性力、水平向惯性力及其引起的弯矩。地震时，地面原来静止的结构物因地面运动而产生受迫振动，因此结构地震反应是种动力反

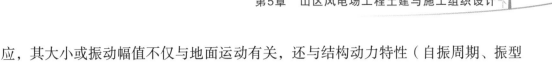

应，其大小或振动幅值不仅与地面运动有关，还与结构动力特性（自振周期、振型和阻尼）有关，一般需采用结构动力学方法来进行计算，如地震反应谱法和振型分解反应谱法。

5.1.2.4　设计工况及荷载效应组合

1. 设计工况

风机基础设计通常按正常运行工况、极端荷载工况、疲劳工况、多遇地震工况和罕遇地震工况等工况进行分析计算。

正常运行工况应为上部结构传来的正常运行荷载叠加基础所承受的其他有关荷载，主要荷载应包括风电机组及塔筒自重、基础结构自重、回填土重、正常运行状况下风电机组荷载。极端荷载工况应为上部结构传来的极端荷载叠加基础所承受的其他有关荷载，主要荷载应包括风电机组及塔筒自重、基础结构自重、回填土重、极端状况下风电机组荷载。疲劳工况应为上部结构传来的疲劳荷载叠加基础所承受的其他有关荷载，主要荷载应包括风电机组及塔筒自重、基础结构自重、回填土重、风电机组疲劳荷载。多遇地震工况应为上部结构传来的正常运行荷载叠加多遇地震作用和基础所承受的其他有关荷载，主要荷载应包括风电机组及塔筒自重、基础结构自重、回填土重、正常运行状况下风电机组荷载、多遇地震作用。罕遇地震工况应为上部结构传来的正常运行荷载叠加罕遇地震作用和基础所承受的其他有关荷载，主要荷载应包括风电机组及塔筒自重、基础结构自重、回填土重、正常运行状况下风电机组荷载、罕遇地震作用。

2. 荷载效应组合

作用于风电机组基础上可能同时出现的荷载效应，应分别按承载能力极限状态和正常使用极限状态进行组合。承载能力极限状态应采用荷载效应的基本组合和偶然组合；正常使用极限状态应采用荷载效应的标准组合。

风电机组基础极限状态、设计状况、荷载效应组合、计算内容、荷载工况及主要荷载应按如表 5-4 所示的规定选用。

风电机组基础设计采用的荷载效应与相应的抗力限值应符合下列规定：

（1）按地基承载力确定基础底面积及埋深或按单桩承载力确定桩基础桩数时，荷载效应应按正常使用极限状态下荷载的标准组合；相应的抗力应采用地基承载力特征值或单桩承载力特征值。

（2）计算地基基础沉降和倾斜变形、基础结构抗裂或裂缝宽度时，荷载效应应按正常使用极限状态下荷载的标准组合；相应的限值应为地基变形允许值、应力限值和裂缝宽度允许值。

（3）计算地基基础抗滑稳定和抗倾覆稳定时，荷载效应应按承载能力极限状态下荷载的基本组合，但其分项系数为1.0。

表5-4 设计极限状态、设计状况、荷载效应组合、计算内容、荷载工况及主要荷载

极限状态	设计状况	荷载效应组合	计算内容	荷载工况					主要荷载							
				正常运行	极端荷载	疲劳强度	多遇地震	罕遇地震	F_{rk}	M_{rk}	F_{zk}	M_{zk}	G_1	G_2	F_{e1}	F_{e2}
承载能力极限状态	持久设计状况	基本组合	截面抗弯计算	√	√		**		√	√	√		√	√	*	
			截面抗剪计算	√	√		**		√	√	√				*	
			截面抗冲切计算	√	√		**		√	√	√				*	
			抗滑稳定计算	√	√		**		√	√	√		√	√	*	
			抗倾覆稳定计算	√	√		**		√	√	√		√	√	*	
			疲劳强度验算			√										
	偶然设计状况	偶然组合	抗滑稳定计算（罕遇地震）					√	√	√	√	√	√	√		√
			抗倾覆稳定计算（罕遇地震）					√	√	√	√	√	√	√		√
正常使用极限状态	持久设计状况	标准组合	地基承载力验算	√	√		**		√	√	√	√	√	√		
			地基软弱下卧层承载力复核	√	√		**		√	√	√	√	√	√	*	
			抗裂度或裂缝宽度验算	√					√	√	√		√	√	*	
			变形计算	√	√		**		√	√	√		√	√	*	

注：1.* 表示多遇地震工况应考虑多遇地震作用。

2.** 表示当多遇地震工况为基础设计的控制荷载工况时才进行该项验算。

（4）计算基础结构及基桩内力、确定配筋和验算材料强度时，荷载效应应按承载能力极限状态下荷载的基本组合。

（5）验算基础结构疲劳强度时，荷载效应应按承载能力极限状态下荷载的基本组合，但其分项系数为1.0。

（6）多遇地震工况下地基承载力验算时，荷载效应应按正常使用极限状态下荷载的标准组合；截面抗震验算时，荷载效应应按承载能力极限状态下的基本组合。罕遇地震工况下，基础抗滑稳定和抗倾覆稳定计算的荷载效应应按承载能力极限状态下荷载的偶然组合。地震作用计算和地基基础抗震验算应符合现行国家标准GB 50011—2010《建筑抗震设计规范》（2016年版）、GB 50191—2012《构筑物抗震设计规范》的规定，地基基础抗震设计还应符合国家标准GB 50007—2011《建筑地基基础设计规范》和建筑行业标准JGJ 94—2008《建筑桩基技术规范》的有关规定。

3. 分项系数与组合系数

风电机组基础结构重要性系数应按如表5-5所示的规定确定。

表5-5　风电机组基础结构重要性系数

基础结构安全等级	结构重要性系数
一级	1.1
二级	1.0

荷载效应组合下的分项系数应按下列规定取值，基本组合荷载分项系数应按如表5-6所示的规定确定。偶然组合和标准组合荷载分项系数均为1.0。

表5-6　基本组合荷载分项系数

荷载名称	分项系数
基础自重、回填土重	1.3/1.0
风电机组竖向荷载	1.3/1.0
风电机组其他荷载	1.5

注：荷载效应对基础结构不利时取1.3，有利时取1.0。

地震作用分项系数应同时考虑水平与竖向地震作用，水平地震作用分项系数取1.3，竖向地震作用分项系数取0.5。

主要荷载分项系数应按如表5-7所示的规定确定。

表 5-7 主要荷载分项系数

极限状态	设计状况	荷载效应组合	计算内容	主要荷载								
				F_{rk}	M_{rk}	F_{zk}	M_{zk}	G_1	G_2	F_{e1}		F_{e2}
承载能力极限状态	持久设计状况	基本组合	截面抗弯计算	1.5	1.5	1.3/1.0		1.3/1.0	1.3/1.0	H	1.3	
										V	0.5	
			截面抗剪计算	1.5	1.5	1.3				H	1.3	
										V	0.5	
			截面抗冲切计算	1.5	1.5	1.3				H	1.3	
										V	0.5	
			抗滑稳定计算	1.0	1.0	1.0	1.0	1.0	1.0	1.0		
			抗倾覆稳定计算	1.0	1.0	1.0		1.0	1.0	1.0		
			疲劳验算	1.0	1.0	1.0	1.0	1.0	1.0			
	偶然设计状况	偶然组合	抗滑稳定验算	1.0	1.0	1.0	1.0	1.0	1.0			1.0
			抗倾覆稳定验算	1.0	1.0	1.0		1.0	1.0			1.0
正常使用极限状态	持久设计状况	标准组合	地基承载力验算	1.0	1.0	1.0		1.0	1.0	1.0		
			地基软弱下卧层承载力复核	1.0	1.0	1.0		1.0	1.0	1.0		
			抗裂或限裂验算	1.0	1.0	1.0		1.0	1.0	1.0		
			变形计算	1.0	1.0	1.0			1.0	1.0		

注："/"—荷载效应对结构不利 / 荷载效应对结构有利；H—水平方向惯性力；V—竖向惯性力。

5.1.2.5 扩展基础和梁板基础设计

扩展基础按大块体结构混凝土设计，依靠自身重量及覆土重量来维持稳定，满足风电机组对地基稳定性要求。梁板基础与扩展基础类似，也是依靠自身重量及覆土重量来维持稳定，但是相比于扩展基础，减少了混凝土方量，地基反力通过底板传力给肋梁，肋梁成为主要的受力结构。

1. 设计流程图

扩展基础和梁板基础设计流程如图 5-1 所示。

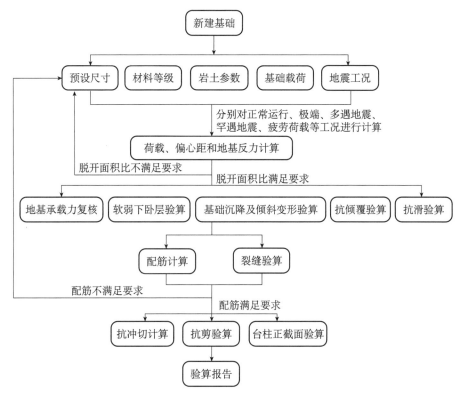

图 5-1　扩展基础和梁板基础设计流程图

2. 设计控制指标

风机基础设计主要控制指标如表 5-8 所示。

表 5-8　扩展基础设计主要控制指标表

序号	项目	不同工况控制指标			
		正常运行荷载工况	极端荷载工况	多遇地震工况	罕遇地震工况
1	承载力复核				
1.1	压应力 P_k（轴心荷载）/kPa	$<f_a$	$<f_a$	$<f_{ae}$	
1.2	压应力 P_{kmax}（偏心荷载）/kPa	$<1.2f_a$	$<1.2f_a$	$<1.2f_{ae}$	
1.3	偏心距 e/基础底面半径 R（控制脱空面积）	0.25	0.43	0.43	

続表

序号	项目	不同工况控制指标			
		正常运行荷载工况	极端荷载工况	多遇地震工况	罕遇地震工况
2	变形验算				
2.1	地基沉降量 s/mm	＜100	＜100	＜100	
2.2	地基倾斜率 $\tan\theta$	＜0.004	＜0.004	＜0.004	
3	稳定验算				
3.1	抗滑稳定：抗滑力 F_R/滑动力 F_s	$\geq 1.3\gamma_0$	$\geq 1.3\gamma_0$	$\geq 1.3\gamma_0$	$\geq 1.0\gamma_0$
3.2	抗倾覆稳定：抗倾力矩 M_R/倾覆力矩 M_s	$\geq 1.6\gamma_0$	$\geq 1.6\gamma_0$	$\geq 1.6\gamma_0$	$\geq 1.0\gamma_0$
4	裂缝控制				
4.1	基础底板底面/mm	≤0.2			
5	抗剪验算	最大剪力设计值＜截面受剪承载力			
6	抗冲切验算	冲切力设计值＜截面受冲切承载力			

注：1. f_a—地基承载力特征值，单位为 kPa。

2. γ_0—结构重要性系数，一级取 1.1，二级取 1.0。

3. 偏心距 e/基础底面半径 R 为 0.25、0.43 时，对应基础底面脱空面积比例分别为 0%、25%。

3. 地基计算

根据能源行业标准 NB/T 10311—2019《陆上风电场工程风电机组基础设计规范》，对基础进行地基承载力复核、沉降变形验算、倾斜变形验算、抗倾覆稳定验算和基础抗滑稳定验算。除特殊说明外，圆形基础包含扩展基础和梁板基础。

（1）地基抗压计算。

①圆形梁板基础承受轴心荷载：

$$P_k = \frac{N_k + G_k}{A} \tag{5-1}$$

式中　P_k——荷载效应标准组合下，基础底面处平均压力，单位为 kN；

　　　N_k——荷载效应标准组合下，上部结构传至梁板基础顶面竖向力标准值，单位为 kN；

　　　G_k——荷载效应标准组合下，梁板基础自重和梁板基础上覆土重标准值，单位为 kN；

　　　A——基础底面积，$A=\pi R^2$，单位为 m²，R 为基础底面半径，单位为 m。

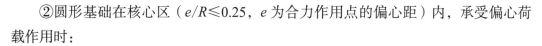

②圆形基础在核心区（$e/R \leq 0.25$，e 为合力作用点的偏心距）内，承受偏心荷载作用时：

$$P_{kmax} = \frac{N_k + G_k}{A} + \frac{M_k}{W} \tag{5-2}$$

$$P_{kmin} = \frac{N_k + G_k}{A} - \frac{M_k}{W} \tag{5-3}$$

$$M_k = M_{rk} + H_k h_d \tag{5-4}$$

式中　P_{kmax} ——荷载效应标准组合下，基础底面边缘最大压力值，单位为 kN；

$\quad\quad$ P_{kmin} ——荷载效应标准组合下，基础底面边缘最小压力值，单位为 kN；

$\quad\quad$ M_k ——荷载效应标准组合下，上部结构传至基础顶面力矩合力标准值，单位为 kN·m；

$\quad\quad$ H_k ——荷载效应标准组合下，上部结构传至基础顶面水平合力标准值，单位为 kN；

$\quad\quad$ W ——基础底面的抵抗矩，单位为 m³；

$\quad\quad$ M_{rk} ——荷载效应标准组合下，上部结构传至基础顶面力矩合力标准值，单位为 kN·m；

$\quad\quad$ h_d ——锚笼环顶标高至基础底面的高度，单位为 m。

③当圆形基础在核心区（$e/R > 0.25$）以外承受偏心荷载，且基底脱开面积不大于全部面积 1/4，圆形基础底面部分脱开地基示意图如图 5-2 所示，基础底面压力可按下列公式计算：

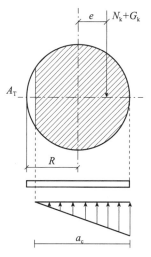

图 5-2　圆形基础底面部分脱开地基示意图

$$P_{k\max} = \frac{N_k + G_k}{\xi R^2} \qquad (5-5)$$

$$a_c = \tau R \qquad (5-6)$$

式中　τ、ξ——与 e/R 有关的系数；

a_c——基础底面受压宽度，单位为 m。

基底最大压力计算系数如表 5-9 所示。

表 5-9　基底最大压力计算系数表

e/R	τ	ξ	e/R	τ	ξ
0.25	2.000	1.571	0.35	1.661	1.279
0.26	1.960	1.539	0.36	1.630	1.252
0.27	1.924	1.509	0.37	1.601	1.224
0.28	1.889	1.480	0.38	1.571	1.197
0.29	1.854	1.450	0.39	1.541	1.170
0.30	1.820	1.421	0.40	1.513	1.143
0.31	1.787	1.392	0.41	1.484	1.116
0.32	1.755	1.364	0.42	1.455	1.090
0.33	1.723	1.335	0.43	1.427	1.063
0.34	1.692	1.307	0.44	1.399	1.037

（2）地基沉降变形计算。

计算地基沉降时，地基内的应力分布可采用各向同性均质线性变形体理论假定。其最终沉降值可按下式计算：

$$s = \psi_s s' \qquad (5-7)$$

式中　s——地基最终沉降值，单位为 mm；

s'——按分层总和法计算出的地基沉降值，单位为 mm；

ψ_s——沉降计算经验系数。

$$s' = \sum_{i=1}^{n} \frac{p_{0k}}{E_{si}} \left(z_i \overline{a}_i - z_{i-1} \overline{a}_{i-1} \right) \qquad (5-8)$$

式中　n——地基沉降计算深度范围内所划分的土层数；

p_{0k}——荷载效应标准组合下，扩展基础底面处的附加压力，根据基底实际受压面积（$A_s = b_s l$）计算，单位为 kPa；

E_{si}——扩展基础底面下第 i 层土的压缩模量，应取土自重压力至土的自重压力与附加压力之和的压力段计算，单位为 kPa；

z_i、z_{i-1}——扩展基础底面至第 i、$i-1$ 层土底面的距离，单位为 m；

$\bar{a}_i$、$\bar{a}_{i-1}$——基础底面计算点至第 i、$i-1$ 层土底面范围内平均附加应力系数。

（3）地基稳定计算。

①抗滑稳定计算。

除罕遇地震工况外的其他荷载工况，抗滑稳定最危险滑动面上的抗滑力与滑动力应满足下式要求：

$$\gamma_0 F_S \leqslant \frac{1}{\gamma_d} F_R \qquad (5-9)$$

式中　F_R——荷载效应基本组合下的抗滑力，单位为 kN；

　　　F_S——荷载效应偶然组合下的滑动力，单位为 kN；

　　　γ_0——结构重要性系数；

　　　γ_d——结构系数，取 1.3。

对罕遇地震工况，抗滑稳定最危险滑动面上的抗滑力与滑动力应满足下式要求：

$$\gamma_0 F'_S \leqslant \frac{1}{\gamma_d} F'_R \qquad (5-10)$$

式中　F'_R——荷载效应偶然组合下的抗滑力，单位为 kN；

　　　F'_S——荷载效应基本组合下的滑动力，单位为 kN；

　　　γ_0——结构重要性系数；

　　　γ_d——结构系数，取 1.0。

②抗倾覆稳定计算。

除罕遇地震工况外的其他荷载工况，沿基础底面的抗倾覆稳定计算，其最危险计算工况应满足下式要求：

$$\gamma_0 M_S \leqslant \frac{1}{\gamma_d} M_R \qquad (5-11)$$

式中　M_R——荷载效应基本组合下的抗倾力矩，单位为 kN·m；

　　　M_S——荷载效应基本组合下的倾覆力矩修正值，单位为 kN·m；

　　　γ_0——结构重要性系数；

　　　γ_d——结构系数，取 1.6。

对罕遇地震工况，沿基础底面的抗倾覆稳定计算，其最危险计算工况应满足下式要求：

$$\gamma_0 M_{\mathrm{S}}' \leqslant \frac{1}{\gamma_{\mathrm{d}}} M_{\mathrm{R}}' \qquad (5-12)$$

式中　M_{R}'——荷载效应偶然组合下的抗倾力矩，单位为 kN·m；

　　　M_{S}'——荷载效应偶然组合下的倾覆力矩修正值，单位为 kN·m；

　　　γ_0——结构重要性系数；

　　　γ_{d}——结构系数，取 1.0。

4. 基础结构计算

（1）抗冲切计算。

基础台柱边缘、基础环与基础交接处的基础受冲切强度计算应满足下式要求：

$$\gamma_0 F_1 \leqslant 0.35 \beta_{\mathrm{hp}} f_{\mathrm{t}} (b_{\mathrm{t}} + b_{\mathrm{b}}) h_0 \qquad (5-13)$$

式中　γ_0——结构重要性系数；

　　　F_1——荷载效应基本组合下，冲切破坏体以外的荷载设计值，单位为 kN；

　　　β_{hp}——承台受冲切承载力截面高度影响系数；

　　　f_{t}——混凝土轴心抗拉强度设计值，单位为 N/mm²；

　　　b_{t}——冲切破坏锥体斜截面的上边圆周长，单位为 m；

　　　b_{b}——冲切破坏锥体斜截面的下边圆周长，单位为 m；

　　　h_0——承台冲切破坏锥体计算截面的有效高度，单位为 m。

梁板基础底板受冲切承载力验算应符合下列规定：

$$\gamma_0 F_1' \leqslant 0.7 \beta_{\mathrm{hp}} f_{\mathrm{t}} U_{\mathrm{m}} h_0 \qquad (5-14)$$

$$F_1' = P A_{\mathrm{j}} \qquad (5-15)$$

式中　F_1'——荷载效应基本组合下作用在 A_{j} 上的地基净反力设计值，单位为 kN；

　　　U_{m}——计算截面周长，取距离局部荷载或集中反力作用面周边 $h_0/2$ 处板垂直截面的最不利周长，单位为 m；

　　　P——荷载效应基本组合下基础底板近似均布地基净反力，单位为 kPa；

　　　A_{j}——冲切验算时取用的部分基底面积，单位为 m²。

（2）抗剪计算。

扩展基础底板斜截面受剪承载力应满足下式要求：

$$\gamma_0 V \leqslant 0.7 \beta_{\mathrm{h}} f_{\mathrm{t}} b h_0 \qquad (5-16)$$

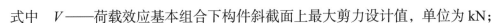

式中 V——荷载效应基本组合下构件斜截面上最大剪力设计值，单位为 kN；

β_h——受剪切截面高度影响系数，$\beta_h = \sqrt[4]{\dfrac{800}{h_0}}$，$h_0<800$mm 时取 $h_0 = 800$mm，

$h_0 \geqslant 2000$mm 时取 $h_0 = 2000$mm；

f_t——混凝土轴心抗拉强度设计值，单位为 N/mm²；

b——截面宽度，单位为 m；

h_0——截面的有效高度，单位为 m。

梁板基础底板斜截面受剪承载力验算按双向板进行计算，应满足现行国家标准 GB 50007—2011《建筑地基基础设计规范》中的有关规定。

（3）配筋计算和裂缝宽度验算。

扩展基础底板可按承受均布荷载的悬臂构件进行计算，梁板基础底板的弯矩可按三边固定、一边简支的双向板进行计算，主梁内力可按悬臂梁分析计算，次梁内力可按两端固定分析计算，抗弯承载力验算和配筋计算应满足现行国家标准 GB 50010—2010《混凝土结构设计规范》（2015 年版）中的有关规定。

基础底板和顶面按荷载标准组合或准永久组合并考虑长期作用影响的最大裂缝宽度，可按下列公式计算：

$$\omega_{max} = \alpha_{cr}\psi\frac{\sigma_s}{E_s}\left(1.9c_s + 0.08\frac{d_{eq}}{\rho_{te}}\right) \tag{5-17}$$

$$\psi = 1.1 - 0.65\frac{f_{tk}}{\rho_{te}\sigma_s} \tag{5-18}$$

$$d_{eq} = \frac{\sum n_i d_i^2}{\sum n_i v_i d_i} \tag{5-19}$$

$$\rho_{te} = \frac{A_s + A_p}{A_{te}} \tag{5-20}$$

式中 α_{cr}——构件受力特征系数；

ψ——裂缝间纵向受拉钢筋应变不均匀系数；

σ_s——按荷载准永久组合计算的钢筋混凝土构件纵向受拉普通钢筋应力，单位为 N/mm²；

E_s——钢筋的弹性模量，单位为 N/mm²；

c_s——最外层纵向受拉钢筋外边缘至受拉区底边的距离，单位为 mm；

ρ_{te} ——按有效受拉混凝土截面面积计算的纵向受拉钢筋配筋率，在最大裂缝宽度计算中，当 $\rho_{te}<0.01$ 时，取 $\rho_{te}=0.01$；

A_{te} ——有效受拉混凝土截面面积，对轴心受拉构件，取构件截面面积，单位为 m^2；

A_s ——受拉区纵向普通钢筋截面面积，单位为 m^2；

A_p ——受拉区纵向预应力筋截面面积，单位为 m^2；

d_{eq} ——受拉区纵向钢筋的等效直径，单位为 mm；

d_i ——受拉区第 i 种纵向钢筋的公称直径，单位为 mm；

n_i ——受拉区第 i 种纵向钢筋的根数；

v_i ——受拉区第 i 种纵向钢筋的相对粘结特性系数。

根据国家标准 GB 50010—2010《混凝土结构设计规范》（2015 年版）中的第 7.1.4 条规定，在荷载准永久组合或标准组合下，钢筋混凝土构件受拉区纵向普通钢筋的应力可按下式计算：

$$\sigma_{sq} = \frac{M_q}{0.87h_0A_s}\qquad(5-21)$$

式中　A_s ——受拉区纵向普通钢筋截面面积，单位为 m^2；

　　　M_q ——按荷载准永久组合计算的弯矩值，单位为 kN·m；

　　　h_0 ——截面有效高度，单位为 m。

根据国家标准 GB 50010—2010《混凝土结构设计规范》（2015 年版）中的第 7.1.1 条规定，允许出现裂缝的构件按荷载效应的标准组合并考虑长期作用影响计算的最大裂缝宽度应符合下列规定：

$$\omega_{max} < \omega_{lim}\qquad(5-22)$$

式中　ω_{max} ——按荷载效应的标准组合并考虑长期作用影响计算的最大裂缝宽度；

　　　ω_{lim} ——最大裂缝宽度限值。按国家标准 GB 50010—2010《混凝土结构设计规范》（2015 年版）中的第 3.4.5 条规定进行取值，单位为 mm。

5.1.2.6　桩基础设计

山区风电场由于基岩埋深浅甚至基岩裸露，一般以重力式基础为主，但也有部分山区风电场会遇到覆盖层分布较厚的情况，桩基础会有一定的应用。桩基础由基桩和承台组成，基桩常用的有混凝土灌注桩和混凝土预制桩，按竖向承载性状可分为摩擦型桩和端承型桩。

桩基础设计流程如图 5-3 所示。

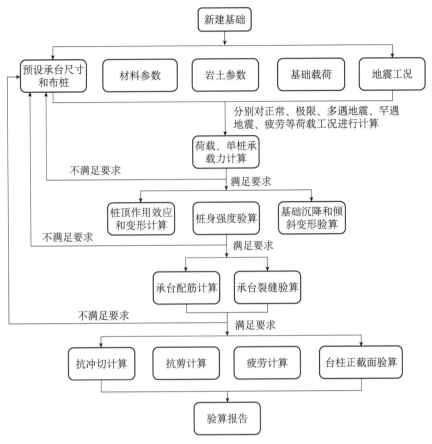

图 5-3 桩基础设计流程图

1）桩抗压承载力验算。

（1）根据能源行业标准 NB/T 10311—2019《陆上风电场工程风电机组基础设计规范》中的第 7.5.6 条的式（7.5.6-1）、式（7.5.6-2）、式（7.5.6-3），荷载效应标准组合下轴心竖向力作用、偏心竖向力作用按下式计算。

$$N_{ik} = \frac{N_k + G_k}{n} \tag{5-23}$$

$$N_{ik} = \frac{N_k + G_k}{n} \pm \frac{M_{Xk}y_i}{\sum y_i^2} \pm \frac{M_{Yk}x_i}{\sum x_i^2} \tag{5-24}$$

式中　N_{ik}——荷载效应标准组合轴心或偏心竖向力作用下第 i 基桩或复合基桩的竖向力，单位为 kN；

　　　　N_k——荷载效应标准组合下作用于桩基承台顶面的竖向力，单位为 kN；

G_k——桩基承台和承台上土自重，对地下水位以下部分扣除水的浮力，单位为 kN；

n——桩数；

M_{Xk}、M_{Yk}——荷载效应标准组合偏心竖向力作用下作用于承台底面，绕通过桩群形心的 X、Y 主轴的力矩，单位为 kN·m；

x_i、y_i——第 i 基桩或复合基桩至 x、y 轴的距离，单位为 m。

（2）单桩竖向极限承载力标准值的计算。

根据能源行业标准 NB/T 10311—2019《陆上风电场工程风电机组基础设计规范》中的第 7.5.12 条的式（7.5.12-1），计算单桩竖向极限承载力标准值，即：

$$Q_{uk} = Q_{sk} + Q_{pk} = u\sum q_{sik}l_i + q_{pk}A_p \qquad (5-25)$$

$$Q_{sk} = u\sum q_{sik}l_i \qquad (5-26)$$

$$Q_{pk} = q_{pk}A_p \qquad (5-27)$$

式中 Q_{uk}——单桩竖向极限承载力标准值，单位为 kN；

Q_{sk}、Q_{pk}——总极限侧阻力标准值和总极限端阻力标准值，单位为 kN；

u——桩身周长，单位为 m；

A_p——桩端面积，单位为 m²；

q_{sik}——桩侧第 i 层土极限侧阻力标准值，单位为 kPa；

q_{pk}——极限端阻力标准值，单位为 kPa；

l_i——桩穿越第 i 层土的厚度，单位为 m。

（3）单桩竖向承载力特征值计算。

根据能源行业标准 NB/T 10311—2019《陆上风电场工程风电机组基础设计规范》中的第 7.5.10 条的式（7.5.10），计算单桩竖向极限承载力标准值：

$$R_a = Q_{uk}/K \qquad (5-28)$$

式中 K——安全系数，取 2.0。

（4）根据能源行业标准 NB/T 10311—2019《陆上风电场工程风电机组基础设计规范》中的第 7.5.9 条规定，基桩竖向承载力计算应符合下列要求：

①荷载效应标准组合。

轴向竖向力作用下：

$$N_k \leqslant R_a \qquad (5-29)$$

偏心竖向力作用下：

$$N_{kmax} \leqslant 1.2R_a \qquad (5-30)$$

②地震作用效应和荷载效应标准组合。

轴向竖向力作用下：

$$N_{Ek} \leqslant 1.25R_a \tag{5-31}$$

偏心竖向力作用下：

$$N_{Ekmax} \leqslant 1.5R_a \tag{5-32}$$

式中 N_k——荷载效应标准组合轴心竖向力作用下，基桩或复合基桩的平均竖向力，单位为 kN；

N_{kmax}——荷载效应标准组合偏心竖向力作用下，基桩或复合基桩的最大竖向力，单位为 kN；

N_{Ek}——地震作用效应和荷载效应标准组合下，基桩或复合基桩的平均竖向力，单位为 kN；

N_{Ekmax}——地震作用效应和荷载效应标准组合下，基桩或复合基桩的最大竖向力，单位为 kN；

R_a——基桩或复合基桩竖向承载力特征值，单位为 kN。

2）桩的抗拔承载力验算。

根据能源行业标准 NB/T 10311—2019《陆上风电场工程风电机组基础设计规范》中的式（7.5.16）、式（7.5.17），基桩的抗拔承载力按下式计算：

$$N_k \leqslant \sum \lambda_i q_{sik} u_i l_i / 2 + G_p \tag{5-33}$$

式中 λ_i——抗拔系数，按建筑行业标准 JGJ 94—2008《建筑桩基技术规范》中的表 5.4.6-2，$\lambda_i = 0.7$；

u_i——桩身周长，单位为 m；

G_p——基桩自重，单位为 kN。

3）桩的水平力承载力验算。

（1）根据能源行业标准 NB/T 10311—2019《陆上风电场工程风电机组基础设计规范》中的第 7.5.6 条的式（7.5.6-3），荷载效应标准组合下水平力作用计算按下式：

$$H_{ik} = H_k / n \tag{5-34}$$

式中 H_{ik}——荷载效应标准组合下作用于第 i 基桩或复合基桩的水平力，单位为 kN；

H_k——荷载效应标准组合下作用于桩基承台底面的水平力，单位为 kN。

（2）根据建筑行业标准 JGJ 94—2008《建筑桩基技术规范》中的式（5.7.2-2），计算单桩水平承载力特征值：

$$R_{ha} = 0.75 \frac{\alpha^3 EI}{v_x} \chi_{0a} \tag{5-35}$$

式中　α——桩的水平变形系数，按建筑行业标准 JGJ 94—2008《建筑桩基技术规范》中的第 5.7.5 条确定；

　　R_{ha}——单桩水平承载力特征值，压力取"+"，拉力取"－"，单位为 kN；

　　EI——桩身抗弯刚度，对于钢筋混凝土桩，$EI=0.85E_cI_0$，其中 E_c 为混凝土弹性模量，I_0 为桩身换算截面惯性矩，圆形截面 $I_0=W_0d_0/2$，单位为 $N \cdot m^2$；

　　χ_{0a}——桩顶允许水平位移，单位为 m；

　　v_x——桩顶水平位移系数，按建筑行业标准 JGJ 94—2008《建筑桩基技术规范》中的表 5.7.2 进行取值，取值方法同 v_M。

（3）根据建筑行业标准 JGJ 94—2008《建筑桩基技术规范》中的第 5.7.1 条规定，单桩基础和群桩中基桩应满足 $H_{ik} \leqslant R_h$。

4）变形验算。

桩基础沉降不得超过基础的沉降允许值，并应符合规范规定。桩基础最终沉降量宜按单向压缩分层总和法计算。地基内的应力分布宜采用各向同性均质线性变形体理论，计算方法应符合现行建筑行业标准 JGJ 94—2008《建筑桩基技术规范》中的有关规定。

5）承台验算。

承台受边桩冲切承载力计算（如图 5-4 所示）应满足下式要求：

$$\gamma_0 N_{max} \leqslant 0.7\beta_{hp} f_t A_s \tag{5-36}$$

式中　N_{max}——荷载效应基本组合下，扣除承台及其上填土自重后的边桩桩顶竖向力设计值最大值，单位为 kN；

　　A_s——边桩冲切截面面积，单位为 m^2。

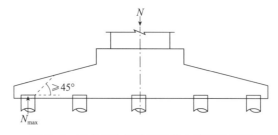

图 5-4　承台受边桩冲切承载力计算示意图

5.1.2.7　岩石锚杆基础设计

山区风电场的风机机位多位于山顶或山脊，当风机机位处的基岩条件较好时，风机基础可考虑采用岩石预应力锚杆基础。岩石预应力锚杆基础由基础承台和预应

力锚杆组成，锚杆锚固段宜置于中硬岩以上完整岩石地基中，且与基岩连成整体。

岩石预应力锚杆基础可以充分发挥原状岩体的力学性能，提供良好的抗拔性能，且具有较好的社会、经济、环保效益。

岩石预应力锚杆基础计算主要包括下列内容：

（1）基础台柱边缘、基础环与基础交接处受冲切承载力验算。

（2）基础底板抗弯计算、斜截面受剪承载力验算。

（3）锚杆预拉力计算、锚杆杆体抗拉承载力计算。

（4）锚杆锚固段注浆体与筋体、注浆体与岩体的抗拔承载力计算。

锚杆的预拉力设计值可按下式计算：

$$N_d = 1.35\gamma_w N_k \qquad (5-37)$$

式中　N_d——锚杆预拉力设计值，单位为 kN；

　　　γ_w——工作条件系数，取 1.1；

　　　N_k——荷载效应标准组合下作用在单根锚杆上的最大拔力标准值，单位为 kN。

单根锚杆杆体受拉承载力应满足下式要求：

$$0.7f_y A_s \geq N_d \qquad (5-38)$$

式中　f_y——锚杆的屈服强度，单位为 kPa；

　　　A_s——锚杆的截面积，单位为 m^2。

锚固段的设计长度应取设计长度的较大值，单根锚杆锚固段的抗拔承载力应按下式计算：

$$\frac{f_{mg}}{K}\pi D L_a \varphi \geq N_d \qquad (5-39)$$

$$f'_{ms}\pi d L_a \varepsilon \geq N_d \qquad (5-40)$$

式中　f_{mg}——锚固段注浆体与岩体极限粘结强度标准值，应通过试验确定，当无试验资料时，可按如表 5-10 所示的规定取值，单位为 MPa；

　　　K——锚杆段注浆体与岩体的粘结抗拔安全系数，取 2.0；

　　　D——锚杆锚固段钻孔直径，单位为 mm；

　　　L_a——锚固段长度，单位为 m；

　　　φ——锚固段长度对极限粘结强度的影响系数建议值，可按如表 5-11 所示的规定取值；

　　　f'_{ms}——锚固段注浆体与筋体之间粘结强度设计值，单位为 MPa，灌浆体抗压强度为 40MPa 的永久预应力锚杆取 1.6MPa；

d——锚杆直径，单位为 mm；

ε——界面粘结强度降低系数，取 0.85。

表 5-10　锚固段注浆体与岩体的极限粘结强度标准值

岩土类别		极限粘结强度标准值 f_{mg}/（N/mm²）
岩石	坚硬岩	1.5～2.5
	中硬岩	1.0～1.5
	较软岩	—

表 5-11　锚固长度对粘结强度的影响系数 φ 建议值

锚固段长度 /m	9～12	6～9	6	6～4	4～2
φ	0.8～0.6	1.0～0.8	1.0	1.0～1.3	1.3～1.6

锚杆基础基岩抗剪强度验算如图 5-5 所示，应满足下式要求：

$$N_d \leqslant \frac{P_R}{K} \tag{5-41}$$

$$P_R = G + P_c \tag{5-42}$$

式中　P_R——锚杆周围岩体竖向抗拉能力，单位为 kN；

　　　K——安全系数，不小于 2.0；

　　　G——锚杆周围岩体圆锥体自重，单位为 kN；

　　　P_c——锚杆周围岩体粘聚力竖向分力，单位为 kN。

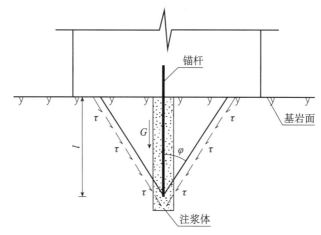

图 5-5　锚杆基础基岩抗剪强度验算示意图

l—锚杆锚固长度；τ—粘聚力；φ—摩擦角；G—锚杆周围岩体圆锥体自重

5.1.3　风机基础地基处理

由于山区风电场地质条件复杂的特点，风机基础地基常常会遇到不良地质条件，需要对基础地基进行处理。例如溶岩地区常见的溶蚀破碎带、溶槽及溶洞等，覆盖层深厚、风化岩层区域土层与岩石不均匀地基。风机基础一般对地基承载力要求不高，但对不均匀沉降（基础倾斜）较为敏感，因此，地基处理的目的主要是提高地基或地基复合体的承载力、均匀性和抗压缩性。

地基处理方案的选择需综合考虑地质条件、上部结构特点、环境条件（气象、噪声、振动等）、材料供给、工程费用以及工期等诸多因素，并经技术经济综合比较后，选择技术可靠、经济合理、施工进度快的方案。一般情况下，地基的深层处理往往施工工艺技术复杂、工期较长，处理的费用较高，因此，在实际工程中，应优先采用浅层地基处理方案，只有在天然地基或浅层处理均无法满足工程需要时，才考虑采用深层处理方案或桩基方案。

1. 可溶岩区地基处理

在碳酸盐（灰岩、白云岩）为主的可溶性岩石地区，当存在岩溶（如溶洞、溶蚀裂隙等）、土洞现象时，应考虑其对地基稳定的影响。根据国家标准 GB 50007—2011《建筑地基基础设计规范》，岩溶场地按岩溶发育程度划分为 3 个等级，设计时应根据具体设计情况，按如表 5-12 所示选用。

表 5-12　岩溶发育程度

岩溶发育等级	岩溶场地条件
岩溶强发育	地表有较多岩溶塌陷、漏斗、洼地、泉眼；溶沟、溶槽、石芽密布，相邻钻孔间存在临空面而且基岩面高差大于 5m；地下有暗河、伏流；钻孔见洞隙率大于 30% 或线岩溶率大于 20%；溶槽或串珠状竖向溶洞发育深度达 20m 以上
岩溶中等发育	介于强发育和微发育之间
岩溶微发育	地表无岩溶塌陷、漏斗；溶沟、溶槽较发育；相邻钻孔间存在临空面而且基岩面相对高差小于 2m；钻孔见洞隙率小于 10% 或线岩溶率小于 5%

对于规模较小的溶沟、溶槽，建议按溶沟、溶槽 2~3 倍的宽度将溶沟、溶槽内的充填物清除，用毛石混凝土回填，保证风机基础地基的完整性和稳定性。对于溶洞、溶槽、裂隙局部较为发育的强风化岩石地基，除对岩石表面的溶沟、溶槽、裂

隙充填的黏土、碎石进行清除外，也可采用毛石混凝土填充。

毛石应选用坚实、未风化、无裂缝的洁净石料，强度等级不低于MU30。毛石尺寸不应大于所浇部位最小宽度的1/3，且不得大于300mm。掺用的毛石体积应不超过回填毛石混凝土体积的30%。毛石铺放应均匀排列，使大面向下、小面向上，毛石间距一般不小于100mm，离开模板或槽壁距离不小于150mm，以保证能在其间插入振动棒进行捣固和毛石能被混凝土包裹。振捣时应避免振动棒碰撞毛石、模板和基槽壁。

对于可溶岩区较大的岩溶洞隙，可在洞隙部位设置钢筋混凝土底板，底板宽度应大于洞隙，并采取措施保证底板不向洞隙方向滑移。如下部溶洞较深，采取块石填充、灌浆等措施不经济时，或遇采矿区一定深度采空范围时，可考虑采用灌注桩处理，确保基础持力层坐落于稳定基岩。

2. 非可溶岩地区地基处理

若地基持力层为浅层软弱土体，通常采用换填垫层法进行浅层处理。主要适用于地基持力层埋藏较浅，且无软弱下卧层的情况。若基岩面起伏较大，可采用部分或局部超挖换填毛石混凝土方案。对风化强烈、覆盖层厚度较大的地基，当采用级配碎石换填时，换填厚度不宜超过2m，级配碎石分层碾压夯实，分层厚度不大于30cm，压实系数不小于0.97；对软硬不均的地基，宜采用毛石混凝土换填并振捣密实。

当软弱土层较厚，或地基存在下卧软弱层，埋藏较深，通过换填垫层法处理不经济时，在不造成发电量较大损失的前提下，宜优先考虑将风电机组移动至地质条件较好的位置；机位无法移动时，则应考虑更换基础型式或采取复合地基处理措施。

复合地基设计应满足基础承载力和变形要求。当地基土为欠固结土、膨胀土、湿陷性土时，设计要综合考虑土体的特殊性质，选用适当的增强体和施工工艺。对湿陷性土，常采用灰土挤密桩法和土挤密桩法、单液硅化法、碱液法进行处理；对欠固结土地基，地基变形较大，可采取强夯、预压等方式进行处理；对于膨胀土地基，机位布置时应尽量避开，无法避开时，对于浅层膨胀土可采取置换的方式进行处理，对于较深层的膨胀土可采用桩基穿越膨胀土层支撑于非膨胀土层或支撑在大气影响层以下的稳定层上。

影响复合地基承载力的主要因素有桩体承载力、桩土应力比、置换率，其中桩体承载力主要取决于桩径、桩长、桩周土性能以及桩体材料强度，桩土应力比取决于桩土相对的刚度。在复合地基设计时应注意以下几个方面的问题：对于散体桩复合地基，一定深度以下桩的侧阻和端阻都难以发挥，桩身不宜过长；基底应设置合理厚度的褥垫层，充分发挥桩间土的承载作用；根据原土的类型、承载力等具体情况，确定合理的置换率，一般情况下，置换率越高，复合地基的承载力就越高；在置换率确定的情况下，细桩密布能够达到较高的复合地基承载力。

■ 5.1.4　风机吊装平台设计

1.常规风机吊装平台设计

风电场施工及设备存放场地主要有 2 种类型：一种是在现场设立临时存放场地，风电机组设备到货后集中存放在临时仓库，安装时再二次运输到吊装点；另一种是直接将风电机组设备运输到吊装现场存放，不再二次运输。采用风电机组设备一次到位的方式对安装场地的要求较高，每个安装场地必须可以存放一台套风电机组的全部设备，并能让大型吊机和辅助吊机有吊装设备的位置。

山区风电场受风机机位处实际地形限制，风机吊装平台应尽量压缩，满足吊装需求即可，一般可不考虑整套风机设备的堆存。山区风电场一般需要在风电场内或风电场附近设置临时堆存场，再通过特种运输车辆随吊随运。

建标〔2011〕209 号《电力工程项目建设用地指标（风电场）》附录 A.0.3 中对风电机组拼装、安装场地用地指标进行了规定：单机 2MW、2.5MW、3MW 风机拼装和安装场地用地指标不超过 4200m²。在实际工程中，山区风电场一般会尽量压缩吊装平台，一般 2~3MW 风机的吊装平台不超过 40m×50m；3MW 及以上风机的吊装平台为 40m×60m 或 50m×60m。

山区风电场风机机位点多位于山脊、山包或山间缓坡地带，设备堆存场地有限，同时，考虑尽量降低土石方工程量，风机安装平台可堆存部分设备，主要用于主、辅吊设备操作站立。

山区风电场风机吊装平台场地布置不应局限于矩形布置方式，应在满足主吊装机械工作要求的条件下，结合场地条件，合理布置吊装场地，尽量使风机吊装平台的长边或多边平行于等高线布置，跨越等高线的数量尽量少。风机吊装平台设计应尽量减少用地面积，降低土石方工程量，减少水土保持及植被恢复的费用，从投资方面提高项目的经济效益；同时，降低山顶挖方高度，间接抬高风机机位处的高程，这样可提高风机的发电量和项目的经济效益。

山区风电场风机吊装平台场地布置不应局限于单一场地高程的布置方式。山区风电场风机布置多沿山脊展布,受省界、县界划分的界线限制,山体单薄狭长、道路无法按规定转弯半径延伸至山顶,为降低占地面积和土石方开挖量,吊装平台可分台阶开挖,风机设备堆放至各个台阶指定区域,设备按规定吊装顺序依次吊装,塔筒或叶片等超重、超长设备可放置于道路上吊装,此种布置方式对吊装工艺及施工组织存在一定考验。

2. 小风机吊装平台整体解决方案设计

针对山区风电场风机机位处地形狭窄、陡峭,常规吊装平台土石方工程量大的问题,国内出现了小风机吊装平台整体解决方案。小平台方案的核心是改变传统的叶轮组装方式,并采用车板随车吊装。小平台方案一般需与主机厂家配合完成,根据每台机位1:500地形图进行吊装三维仿真模拟,提出每台风机机位的平台布置方案。小平台吊装方案主要有预埋叶轮组对基座方案和象腿工装方案。小平台方案可以将吊装平台的用地面积压缩在1000m^{2}以内。

预埋叶轮组对基座方案是在风机基础上浇筑一个混凝土基座,基座顶部周围预埋锚栓,先将叶轮轮毂通过预埋锚栓固定于基座上,调整好轮毂的方位,再将3个叶片依次固定于轮毂上,叶片安装采用车板随车吊装。叶轮固定好之后,使用辅吊配合主吊完成整个叶轮的吊装工作。此种叶轮组装方式,不需要辅吊提吊,减少了2台辅吊的使用,可大大减少平台面积。该种方案预埋基座为永久性结构,后期大部件更换可重复利用,但整体而言利用率不高,造价较高。此方案如图5-6所示。

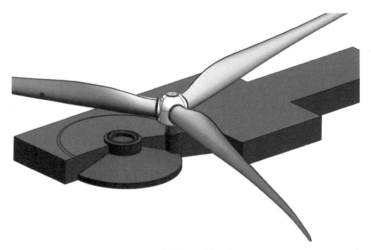

图5-6 预埋叶轮组对基座方案示意图

为解决叶轮组对基座利用率不高、造价较高的不足，国内风机厂家提出了象腿工装解决方案，如图5-7所示。象腿工装为分段式可拆卸结构，采用螺栓连接，可重复使用。象腿的长支腿能够产生反力矩，可以平衡叶轮组对过程中叶片产生的倾覆力矩。象腿工装方案与预埋叶轮组对基座方案的吊装工艺相同，可以达到节省安装平台面积的目的。象腿工装方案在国内一些山区风电场项目已有应用，效果不错。

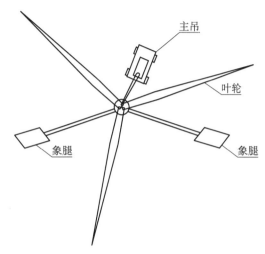

图5-7 象腿工装方案示意图

3. 风机吊装平台挖填要求

风机吊装平台一般为临时用地，现场施工时吊装平台高程、大小及方位角可根据现场地形及开挖揭示的地质情况进行合理调整，但需满足吊装要求。用地范围不能占用敏感因素区域，如未办理用林手续的林地、生态红线等。

风机吊装平台开挖坡度应根据地质情况确定，一般为1:0.5～1:1.5。位于半坡处的平台，需考虑风机运行时叶片的安全距离。坡度高时采用台阶式布置，每10m左右设置1级马道。必要时需设置挡土墙。坡顶设截水沟，坡脚设排水边沟。

风机吊装平台一般采用坡率法进行回填，一般按1:1～1:1.5放坡；对于地形较陡或受敏感因素限制不能采用坡率法的地段应砌筑挡土墙。

风机吊装平台承载力和平整度须满足风机及塔筒的吊装要求，压实度应不小于94%，且不得低于场内道路的压实要求；若遇软弱覆盖层或溶蚀破碎带，需换填碎石土并进行分层碾压密实。

■ 5.1.5 技术总结

山区风电场常用的风机基础型式有扩展基础、梁板基础、桩基础及岩石预应力锚杆基础，基础型式比选应以基础下伏岩土体地质条件为前提，首选结构安全可靠、施工难度适中、经济效益良好的基础型式。在软弱土层、软硬土岩不均匀地基上，首选浅层换填处理方案，上部采用常规扩展基础或梁板基础；在可溶岩区溶沟、溶槽微发育地带，在探明溶沟、溶槽发育情况后，选择填充、灌浆等加固处理方案；如遇岩溶中等以上发育地带或厚度不大的采空区域，应结合物探手段进一步查明溶洞发育情况和采空区范围，尽量避开缺陷区域，如不能避开，则采取桩基础处理。对风机机位处基岩出露较多，下伏基岩强度较高的情况，可考虑选取岩石预应力锚杆基础。风机吊装平台应在考虑施工难度、施工工艺和地质条件基础上，选取合适的场平高程和平台方案，平台轮廓应顺地势进行布置，在满足安全吊装前提下，尽量减少工程量。小平台布置方案可以大大减少用地面积，可有效解决山区风电场地形陡峭、平台土石方工程量大、敏感因素影响多的问题。

■ 5.1.6 应用实例

5.1.6.1 应用实例1——贵州 SJT 风电场

贵州 SJT 风电场场区大部分地区海拔在 1750～1950m，相对高差小于 500m，属剥蚀、溶蚀低中山地貌类型，风电场为一近似东西向山脊。风电场装机容量 42MW，共安装 21 台单机容量 2.0MW 的风机，轮毂高度 85m，叶轮直径 115m。工程规模为中型，机组塔架地基基础设计级别为甲级，基础结构安全等级取一级，结构设计使用年限为 50 年。

根据现场地质调查、测绘，山顶（脊）拟布风机部位从上至下岩土结构大致为：地表 0～0.3m 为灰黑、褐黑色腐殖土，零星分布，局部达 0.5m；残坡积层，厚度一般为 0.5～2m，为灰黑、黄褐色砂质黏土夹碎石及少量块石；全风化岩体，厚 3～5m；强风化岩体，厚度达 10m 以上；中风化基岩。当地的锑矿开采历史较长，地表多处见开挖痕迹，但总体规模不大，山体局部存在地表变形开裂、山体塌滑及地表塌陷等。

由于多数机位点处腐殖土、残坡积层及全风化岩体层厚度超过 2～3m，岩石锚杆基础不适用于本风电场。经比较分析后，风机基础型式选择天然地基扩展基础，部分风机机位点结合地质条件对基础地基进行适当的处理方案。

（1）对位于下伏强风化岩体完整，无岩溶发育和采空区影响的风机机位，无须对风机基础地基进行处理，风机基础型式直接采用圆型扩展基础。圆型扩展基础底板直径18.0m，翼缘高度1.1m；上部台柱直径6.8m，台柱高度1.0m；基础埋深3.3m，开挖边坡1∶0.3。

（2）对不受采空区影响，存在软弱土层、溶蚀沟槽的风机机位点，采用垫层换填、碾压处理，部分地基局部泥化超挖和溶蚀沟槽掏挖，再采用毛石混凝土或级配碎石回填处理，经处理后的地基稳定性好。

（3）对处于矿产采空区影响范围内的风机机位，采取尽量避让的方式。若不能避让，则对地基进行相应处理，地基处理主要有以下3种方式：

①规模较小的巷道或矿渣堆积体采取明挖揭露、清除，回填毛石混凝土或级配碎石。

②对于受采矿影响形成的较大泥槽，对泥槽内的黏土、周边破碎岩体及矿渣进行清除，并采用C15毛石混凝土进行换填处理，在换填基础上设置钢筋混凝土底板，底板宽度应大于洞隙，如图5-8所示。

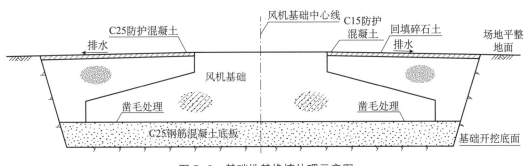

图5-8　基础地基换填处理示意图

③对处于采空区影响范围内的机位点，通过物探成果分析采空区深度和厚度，采取钢套筒护壁＋灌注桩的基础处理方案，桩端持力层选择采空区之下的灰岩，对地表较大裂缝清理填土后采用毛石混凝土封闭。其基础地基处理如图5-9所示。

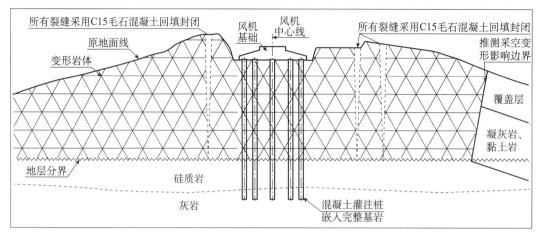

图 5-9　基础地基桩基加固处理示意图

贵州 SJT 风电场自 2016 年全部投产以来，各个风机机位点的风机基础外观良好，风机基础变形和沉降检测表明，风机基础的变形和沉降均在国家标准允许范围内，风机运行状况良好，说明该风电场的风机基础型式选择和地基处理方案是合理的。

5.1.6.2　应用实例 2——山西××风电场

山西××风电场地处山西省某县境内，场址海拔超过 1400m，场区面积约 32km^2，风电场安装 38 台单机容量 2000kW 的风机和 10 台单机容量 2200kW 的风机，总装机容量为 98MW。工程规模为中型，机组塔架地基基础设计级别为甲级，基础结构安全等级取一级，结构设计使用年限为 50 年。

该风电场场区位于吕梁山脉的最南端，场区内海拔较高，处于吕梁山向西侧黄土区域过渡的地貌单元，属于山地地貌、黄土地貌及两者过渡地貌，地质条件复杂。根据场区土层厚度分布情况和地质勘察成果，将风电场区划分为 3 个地质区域。Ⅰ区为基岩出露或覆盖层较薄区域，风机基础可置于基岩上，采用扩展基础。Ⅱ区土层厚度一般在 20m 以内，区域内植被茂盛或为荒草地，属于黄土地貌向山地过渡带地貌。土层结构为黄土或粉质黏土，黄土普遍具有湿陷性，属自重湿陷性黄土，湿陷性中等，地基湿陷等级为Ⅲ级（严重），下部为中厚层灰岩。Ⅱ区土层相对较薄，采用端承桩基础，桩端置于基岩上。Ⅲ区土层厚度一般在 20m 以上，区域内植被稀疏，属于黄土梁、黄土峁地貌。土层结构为上部黄土，中部粉质黏土夹数层结核，下部中厚层灰岩。黄土层厚 10～30m，一般具有中等湿陷性，地基湿陷等级Ⅲ～Ⅱ级（由上至下）；粉质黏土及结核层厚 20～50m。Ⅲ区土层较厚，采用摩擦桩基础，桩端置于下部硬塑状粉质黏土层上。

山西××风电场桩基采用扩底桩，其桩基基础示意图如图 5-10 所示。

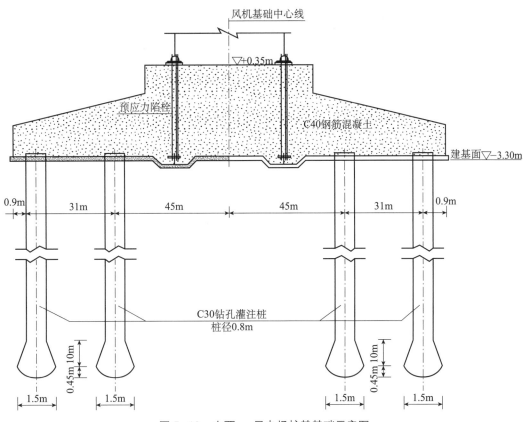

图 5-10　山西××风电场桩基基础示意图

 风电场升压（开关）站土建设计

5.2

风电场升压（开关）站的土建设计应根据工程规模、电压等级、功能要求、自然条件等因素，结合电气布置、进出线方式、消防、节能、环保等要求，合理进行建（构）筑物的平面布置和空间组合，在满足生产工艺的基础上，充分考虑建筑造型和结构的安全可靠性，注重建筑单体和群体的效果，并与周围环境相协调。土建设计要注意结构的选型和布置规则，优先选择结构抗力性能好且经济合理的结构体系，满足结构承载能力、稳定、变形、裂缝控制及抗震等要求。同时应坚持因地制宜、就地取材、保护环境和节约资源的原则，积极采用工程领域内的新技术、新工艺、新材料。

■ 5.2.1 设计原则

风电场升压（开关）站土建设计通常应遵循以下设计原则：

（1）做到安全可靠、先进适用、经济合理、环境友好。

（2）符合国家土地使用政策，因地制宜，节约用地。合理利用地形，减少场地平整土石方量。

（3）根据山区特殊的自然条件进行设计，并符合现行国家和行业有关标准的相关规定要求。

（4）根据工程规模、电压等级、功能要求和自然条件等，结合电气布置、进出线方式、消防、环保、节能等要求，合理进行建筑的平面布置和空间组合。

（5）满足强度、稳定、变形、抗裂及抗震等要求。

■ 5.2.2 站址选择

风电场升压（开关）站站址应经技术经济和效益的综合比较分析后，选择最佳的站址位置。

（1）站址宜布置在风电场区的中间区域，综合考虑送出线路和场内集电线路的影响，站址位置与风电场远期规划规模相匹配，满足出线条件要求，留出架空和电缆线路的出线廊道，避免或减少架空线路相互交叉跨越。

（2）站址应与当地自然保护区规划或旅游区规划相协调，应避开滑坡、泥石流、塌陷区、采空区和地震断裂带等不良地质构造区域，应避让基本农田、生态红线、公益林、自然保护区、水源保护区等敏感区域，站址不宜压覆矿产及文物，避免或减少破坏环境自然地貌。

（3）站址尽量靠近原有山区道路，方便进站道路引接和大件设备运输。站址应考虑地形、山体稳定、边坡开挖、洪水及内涝的影响。在有洪水及内涝影响的地区建站时，应采取可靠的防洪、防涝措施，并充分利用当地现有的防洪、防涝设施。

（4）站址应遵循节约用地、合理使用土地的原则。尽量利用荒地、劣地、坡地，不占或少占耕地和经济效益高的土地，并注意尽量减少土石方开挖量。

（5）站址附近应有可靠的生产和生活用水水源。当采用地下水为水源时，应进行水文地质调查或勘探，并提出报告。

5.2.3　升压（开关）站站内建筑物布置

5.2.3.1　总平面布置

（1）升压（开关）站的建（构）筑物的平面布置、空间组合，应根据工艺要求，充分利用自然地形，布置宜紧凑合理、扩建方便。

（2）升压（开关）站的辅助和附属建筑布置，应根据工艺要求和使用功能统一规划，宜结合工程条件，采用联合建筑和多层建筑，提高场地使用效益，节约用地。

（3）升压（开关）站的配电装置选型，应因地制宜，技术经济指标合理，宜采用占地少的配电装置形式。

（4）升压（开关）站的各级配电装置的布置位置，应使通向升压站的架空线路在入口处的交叉和转角的数量最少，场内道路和低压电力、控制电缆的长度最短，以及各配电装置和主变压器之间连接的长度也最短。

（5）升压（开关）站内各建（构）筑物的火灾危险性分类、耐火等级及防火间距应满足能源行业标准 NB 31089—2016《风电场设计防火规范》中的规定。

升压（开关）站内建（构）筑物的火灾危险性分类及其耐火等级应符合如表5-13 所示的规定。

表 5-13　升压（开关）站内建（构）筑物的火灾危险性分类及其耐火等级表

建（构）筑物名称		火灾危险性分类	耐火等级
中控室、通信室		丁	二级
继电保护室（包括蓄电池室、直流盘室）		丁	二级
电缆夹层、电缆隧道		丙	二级
配电装置楼（室）	单台设备油量 60kg 以上	丙	二级
	单台设备油量 60kg 及以下	丁	二级
	无含油电气设备	戊	二级
屋外配电装置	单台设备油量 60kg 以上	丙	二级
	单台设备油量 60kg 及以下	丁	二级
	无含油电气设备	戊	二级
油浸式变压器室		丙	一级
干式变压器室		丁	二级
电容器室（有可燃介质）		丙	二级

续表

建（构）筑物名称		火灾危险性分类	耐火等级
干式电容器室		丁	二级
油浸式电抗器室		丙	二级
干式铁芯电抗器室		丁	二级
总事故贮油池		丙	一级
生活、消防水泵房、水处理室、消防水池		戊	二级
雨淋阀室、泡沫设备室		戊	二级
污水、雨水泵房		戊	二级
材料库、工具间	有可燃物	丙	二级
	无可燃物	戊	二级
锅炉房		丁	二级
柴油发电机室及其储油间		丙	二级
汽车库、检修间		丁	二级
办公室、警传室		—	二级
宿舍、厨房、餐厅		—	二级

注：1. 户内升压站将不同使用用途的变配电部分布置在一幢建筑物或联合建筑物内时，其建筑物的火灾危险性分类及其耐火等级除另有防火隔离措施外，需按火灾危险性类别高者选用。

2. 当电缆夹层采用 A 类阻燃电缆时，其火灾危险性可为丁类。

3. 生产和存储物品的火灾危险性分类，应符合 NB 31089—2016《风电场设计防火规范》附录 A 的有关规定。

升压（开关）站内各建（构）筑物及设备的防火间距不应小于如表 5-14 所示的规定。

表 5-14　升压（开关）站内建（构）筑物及设备的防火间距表　　　　单位：m

建（构）筑物名称			丙、丁、戊类生产建筑		屋外配电装置	可燃介质电容器（室、棚）	总事故贮油池	办公生活建筑	
			耐火等级		每组断路器油量 /t			耐火等级	
			一、二级	三级	< 1			一、二级	三级
丙、丁、戊类生产建筑	耐火等级	一、二级	10	12		10	5	10	12
		三级	12	14	—	10	5	12	14
屋外配电装置	每组断路器油量 /t	<1	—	—	—	10	5	10	12

续表

建（构）筑物名称			丙、丁、戊类生产建筑 耐火等级		屋外配电装置 每组断路器油量 /t	可燃介质电容器（室、棚）	总事故贮油池	办公生活建筑 耐火等级	
			一、二级	三级	< 1			一、二级	三级
油浸式变压器和电抗器	单台设备油量 /t	5～10	10		NB 31089—2016《风电场设计防火规范》中 5.5.4～5.5.8 条的规定	10	5	15	20
		>10～50						20	25
		>50						25	30
可燃介质电容器（室、棚）			10		10	—	5	15	20
总事故贮油池			5		5	5	—	10	12
办公生活建筑	耐火等级	一、二级	10	12	10	15	10	6	7
		三级	12	14	12	20	12	7	8

注：1. 建（构）筑物防火间距应按相邻两建（构）筑物外墙的最近距离计算，如外墙有凸出的燃烧构件时，则应从其凸出部分外缘算起。

2. 相邻两座建筑两面的外墙为非燃烧体且无门窗洞口、无外露的燃烧屋檐，其防火间距可按本表减少 25%。

3. 相邻两座建筑较高一面的外墙如为防火墙时，其防火间距可不限，但两座建筑物门窗之间的净距不应小于 5m。

4. 生产建（构）筑物侧墙外 5m 以内布置油浸变压器或可燃介质电容器等电气设备时，该墙在设备总高度加 3m 的水平线以下及设备外廓两侧各 3m 的范围内，不应设有门窗、洞口；建筑物外墙距设备外廓 5～10m 时，在上述范围内的外墙可设甲级防火门，设备高度以上可设防火窗，其耐火极限不应小于 0.9h。

5. 屋外配电装置与其他建（构）筑物的间距，除注明者外，均以架构计算。

6. 生产建筑和办公生活建筑宜各自单独设置，若场地受限或其他原因使生产建筑和办公生活建筑需相邻设置时，两幢建筑之间应设置防火墙，防火墙上若需设门，需采用能自动关闭的甲级防火门。两幢建筑均需按独立的防火分区设置出入口，两侧建筑物门窗之间的净距不应小于 5m。

7. 设置带油电气设备的建（构）筑物与贴邻或靠近该建（构）筑物的其他建（构）筑物之间应设置防火墙。

5.2.3.2 竖向布置

（1）升压（开关）站竖向设计应与总平面布置同时进行，且与站址外现有和规划的道路、排水系统、周围场地标高等相协调，宜采用平坡式或阶梯式。站区场地设计标高应根据升压（开关）站的电压等级确定。

（2）站区竖向布置应合理利用自然地形，根据工艺要求、站区总平面布置格局、土石方平衡及交通运输、场地土性质、场地排水等条件综合考虑，因地制宜确定竖向布置形式、总平面布置方位，并使场地排水路径短捷。

（3）站区自然地形坡度在 5%～8% 以上，且站区范围内的原地形有明显单向坡度时，站区竖向布置宜采用阶梯式，阶梯宜平行自然等高线布置，并应根据土石方工程量的计算比较确定台阶的位置。

阶梯的划分应满足工艺和建（构）筑物的布置要求，方便设备运输、检修及管沟敷设，并尽量保持原地形坡度。

（4）场地设计综合坡度应根据自然地形、工艺布置、场地土性质、排水方式等因素综合确定，宜为 0.5%～2%，有可靠排水措施时，可小于 0.5%，但应大于 0.3%。局部最大坡度不宜大于 6%，必要时宜有防冲刷措施。

（5）升压（开关）站建筑物室内地坪应根据站区竖向布置形式、工艺要求、场地排水和场地土性质等因素综合确定。

①建筑物室内地坪一般应不低于室外地坪 0.3m。

②在填方区、地质不均匀地段等不良地质条件下，还应计算建筑物的沉降影响，适当留有裕度。

（6）场地排水应根据站区地形、地区降雨量、场地土性质、站区竖向及道路布置，合理选择排水方式，宜采用地面自然散流渗排、雨水明沟、暗沟、暗管或混合排水方式。

（7）扩建、改建升压站的竖向布置，应与原有站区竖向布置相协调，并充分利用原有的排水设施。

5.2.3.3　管沟布置

（1）地下管、沟道布置应按升压（开关）站的最终规模统筹规划，管、沟道之间及其与建（构）筑物之间在平面与竖向上相互协调，近远期结合，布置合理，便于扩建。

（2）地下管、沟道布置应符合下列要求：

①满足工艺要求，管、沟道路径短捷，便于施工和检修。

②在满足工艺和使用要求的前提下，应尽量浅埋，尽量与站区竖向设计坡向一致，避免倒坡。

③地下管、沟道发生故障时，不应危及建（构）筑物安全和造成饮用水源及环境污染。

④管、沟道应设计防化学腐蚀和机械损伤的措施，在寒冷及严寒地区，应采取

防冻害措施。

⑤应根据工艺要求、地质条件、管材特性、管内介质、场地内建（构）筑物布置等因素，合理确定管线敷设方式，如直埋、沟道、架空等。

（3）在满足安全运行和便于检修的条件下，可将同类管线或不同用途但无相互影响的管线采用同沟布置。

（4）地下管线不宜布置在建（构）筑物基础压力影响范围以内，应保持一定的间距。

（5）沟道侧壁宜高出地面 0.1～0.15m。沟道排水应通畅，设置排水坡度，纵坡不宜小于 0.5%，在困难地段不应小于 0.3%，并应有排水措施。

（6）沟（隧）道应设置伸缩缝，伸缩缝间距应根据气象条件、沟（隧）道材料、按有关规程和经验确定，并宜在地质条件变化处设置。

5.2.3.4 道路布置

（1）升压（开关）站内应设置消防车道。当升压（开关）站内建筑的火灾危险性为丙类，且建筑物的占地面积超过 3000m²，或升压（开关）站电压等级为 220kV 及以上时，站内的消防车道宜布置成环形；当成环有困难，布设尽端式车道时，应设回车场或回车道。回车场的面积不应小于 12m × 12m。

（2）消防车道的净宽度和净空高度均不应小于 4m，转弯半径不小于 9m。220kV 升压（开关）站大门至主控通信楼、主变压器的主干道可加宽至 4.5m。

（3）屋外配电装置内的检修道路宜为 3m。站内巡视小道路面宽度宜为0.6～1.0m。接入建筑物的人行道路宽度宜为 1.5～2.0m。

（4）站内道路应结合场地排水方式选型，可采用城市型或公路型。当采用公路型时，路面宜高出场地设计标高 100mm。在湿陷性黄土和膨胀土地区宜采用城市型。

■ 5.2.4 建（构）筑物设计

5.2.4.1 一般规定

（1）建筑布局应根据地域气候特征，防止和抵御寒冷、暑热、疾风、暴雨、积雪和沙尘等灾害侵袭。建筑单体应考虑安全及防灾（防洪、防涝、防海啸、防震、防滑坡等）措施。

（2）建（构）筑物的设计应做到统一规划、造型协调、整体性好、生产及生活方便，同时结构的类型及材料品种应合理并简化，以利备料、加工、施工及维护。

（3）升压（开关）站建筑各单体工程名称宜统一。主要建筑单体（如有）名称概括如下：综合楼（包含控制室、办公、宿舍等功能用房）、主控楼（包含继保室、控制室、办公等功能用房）、生活楼（包含食堂、宿舍等功能用房）、配电装置楼（室）、SVC设备楼（室）、水泵房。其余辅助建（构）筑物如备品仓库、工具间、柴油发电机室、油品库、检修间、危废品间等按工程所需设置。

（4）升压（开关）站建（构）筑物的承载力、稳定、变形、抗裂、抗震及耐久性等应符合现行国家标准 GB 50009—2012《建筑结构荷载规范》、GB 50007—2011《建筑地基基础设计规范》、GB 50010—2010《混凝土结构设计规范》（2015年版）、GB 50011—2010《建筑抗震设计规范（附条文说明）》（2016年版）和 GB 50017—2017《钢结构设计标准（附条文说明［另册]）》中的有关规定。

（5）建筑结构设计应根据使用过程中在结构上可能同时出现的荷载，按承载能力极限状态和正常使用极限状态分别进行荷载（效应）组合，并应取各自的最不利的效应组合进行设计。

5.2.4.2 建筑物设计

（1）升压（开关）站内建筑物一般包括主控楼、生活楼、配电楼、其他辅助生产及附属生活等建筑物。其功能应满足运行的工艺及规划、环境、噪声、景观节能等方面的要求。

（2）应合理对站区建筑物进行规划，有效控制建筑面积，提高建筑面积利用系数，尽量采用联合建筑，节省建筑占地。

（3）主控室宜具备良好的朝向和视线，便于对屋外配电装置进行观察，控制室宜用天然采光。

（4）当主控室、继保室、配电室、变压器室、电缆夹层等建筑面积超过 $250m^2$ 时，其安全出口不应少于2个。

（5）屋内配电室等建筑不宜用开启式窗，配电室的中间门应采用双向开启门。配电室内通道应畅通无阻，不应有与配电装置无关的管道通过。墙上开孔洞的部位，应采取防止雨、雪、小动物的措施。

（6）配电室、蓄电池室、变压器室、电缆夹层的门应向疏散方向开启，当门外为公共走道或其他建筑物的房间时，应采用非燃烧体或难燃烧体的实体门。

（7）根据抗震设防烈度、地质条件、使用功能，建筑物可采用混凝土框架结构、砌体结构或轻钢结构等结构型式。

5.2.4.3　构筑物设计

（1）构架、设备支架等构筑物应根据升压站的电压等级、规模、施工及运行条件、制作水平、运输条件及当地的气候条件来选择合适的结构，其外形应做到相互协调，支架还应与上部设备相协调。

（2）220kV 及以下构架柱可采用水泥杆或 A 字柱钢管结构。梁宜用三角形或矩形断面的格构式钢梁。当 A 字柱平面外稳定不能满足要求时，应设置端撑。

（3）屋外构支架应采用热镀锌、喷锌或其他可靠防腐措施，构筑物基础宜采用混凝土刚性基础或钢筋混凝土扩展基础。

5.2.4.4　地基稳定性

位于稳定土坡坡顶上的建筑，当垂直于坡顶边缘线的基础底面边长小于或等于 3m 时，其基础底面外边缘线至坡顶的水平距离 a 如图 5-11 所示，应符合下式的要求，但不得小于 2.5m。

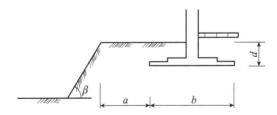

图 5-11　基础底面外边缘线至坡顶的水平距离示意图

条形基础：

$$a \geqslant 3.5b - \frac{d}{\tan\beta} \tag{5-43}$$

矩形基础：

$$a \geqslant 2.5b - \frac{d}{\tan\beta} \tag{5-44}$$

式中　a——基础底面外边缘线至坡顶的水平距离，单位为 m；

　　　　b——垂直于坡顶边缘线的基础底面边长，单位为 m；

　　　　d——基础埋置深度，单位为 m；

　　　　β——边坡坡角，单位为 °。

当基础底面外边缘线至坡顶的水平距离不满足上式的要求时，可根据基底平均压力按国家标准 GB 50007—2011《建筑地基基础设计规范》中的规定，确定基础距坡顶边缘的距离和基础的埋深。

当边坡坡角大于45°、坡高大于8m时，应按国家标准 GB 50007—2011《建筑地基基础设计规范》中的规定，验算坡体的稳定性。

填方区围墙基础底面外边缘线至坡顶线的水平距离一般不小于1.5m。

5.2.5 边坡及挡土墙设计

（1）山区风电场升压（开关）站站址往往会有较大高差，挖填后会形成一定规模的边坡。边坡工程是山区风电场升压（开关）站设计的重要内容，它关系升压（开关）站的长期安全运行。边坡设计应符合国家标准 GB 50330—2013《建筑边坡工程技术规范》中的有关规定。

（2）边坡支护结构型式应考虑场地地质和环境条件、边坡高度、边坡侧压力的大小和特点、对边坡变形控制的难易程度以及边坡工程安全等级等因素。对于有放坡条件的山区风电场升压（开关）站站址可采用坡率法，坡率法适用于边坡高度不大于10m的土质边坡和不大于25m的岩质边坡。但多数山区风电场升压（开关）站站址征地面积受限，不具备坡率法的放坡条件。因此，多数山区风电场升压（开关）站站址需设置支护结构。

（3）开挖区挡土墙宜采用仰斜式，回填区挡土墙宜采用俯斜式；挡土墙墙背填土选用砂夹石进行回填，不应采用淤泥、耕植土、膨胀性黏土等软弱有害的岩土体作为填料。挡土墙每间隔10m应设置一道伸缩缝。墙身高度不一处、墙后荷载变化较大处、地基岩性变化处、与其他建（构）筑物连接处应设沉降缝，以上变形缝宜结合设置。变形缝宽度为20~30mm。缝内沿墙的内、外、顶三边填塞沥青麻筋或涂沥青木板，塞入深度不宜小于200mm。挡土墙中应设置排水孔，直径不小于100mm，外倾坡度不小于5%；间排距宜为2m，并宜按梅花形布置，最下一排泄水孔应高出地面或排水沟底面不小于200mm，在泄水孔进水侧应设置反滤层或反滤包。岩质开挖边坡可采用挂网喷射混凝土支护，土质开挖边坡及回填边坡可采用骨架植物护坡。

（4）排水。

山区风电场升压（开关）站挡土墙或边坡坡顶应根据需要设置有截水沟或泄洪沟，如图5-12所示。截水沟至坡顶的距离不应小于2m，当土质良好、边坡较低或对截水沟加固时，该距离可适当减少。截水沟不应穿越站区。

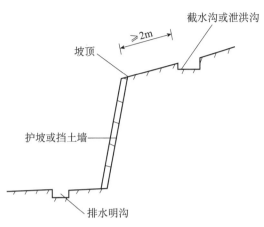

图 5-12　截水沟或泄洪沟位置示意图

（5）挡土墙工程安全等级。

按照国家标准 GB 50330—2013《建筑边坡工程技术规范》，挡土墙按如表 5-15 所示划分为 3 个安全等级。

表 5-15　挡土墙工程安全等级表

安全等级	破坏后果	挡土墙结构重要性系数
一级	很严重	1.1
二级	严重	1.0
三级	不严重	1.0

（6）挡土墙选型及材料。

山区风电场升压（开关）站一般选用结构简单、施工方便、可以就地取材的重力式挡土墙或衡重式挡土墙。

地基承载力应满足挡土墙的设计要求，当地基承载力不满足要求时可采用扩展基础。

挡土墙基底纵坡不宜大于 5%，当大于 5% 时，应在纵向将基础做成台阶式。

挡土墙材料根据墙高、地震烈度、安全等级及气候条件确定，可按如表 5-16 所示选用。

表 5-16　挡土墙材料要求

挡土墙类型及不同墙高		挡土墙材料要求（最低要求）
重力式和衡重式挡土墙墙身	≤6m	挡土墙安全等级为二级、三级，6 度（0.05g）、7 度（0.1g）地区，采用 M7.5 级混合砂浆砌筑 MU30 片石，7 度（0.15g）、8 度（0.2g）地区采用 M15 级砂浆砌筑 MU40 片石。 严寒地区或安全等级为一级时，无论何种设防烈度均采用 C20 级毛石混凝土

挡土墙类型及不同墙高		挡土墙材料要求（最低要求）
重力式和衡重式挡土墙墙身	>6m	挡土墙安全等级为二级、三级，6度（0.05g）、7度（0.1g）地区，采用C15级毛石混凝土，7度（0.15g）、8度（0.2g）地区采用C20级毛石混凝土。 严寒地区或安全等级为一级时，无论何种设防烈度均采用C20级毛石混凝土
挡土墙的扩展基础		严寒地区、7度（0.15g）和8度（0.2g）地区、安全等级为一级时采用C30级毛石混凝土
台阶式基础		C15级毛石混凝土

■ 5.2.6 技术总结

在选择山区风电场升压（开关）站站址时，站址应避开滑坡、泥石流、塌陷区和地震断裂地带等不良地质构造区域；应满足防洪及防涝的要求；宜避开溶洞、采空区、易发生滚石的地段；尽量避免或减少破坏林木；宜布置在山下，特别是有凝冻天气的山区。

在山区风电场升压（开关）站设计中，由于地形地质复杂，外加基本农田、生态红线、公益林地、压矿区等敏感区域，以及送出线路、进站道路等综合因素的影响，山区风电场升压（开关）站的选址相对困难，很多山区风电场很难选出一块满足常规布置方案的地块。因此，山区风电场升压（开关）站布置应尽量紧凑，在满足生产、生活需求的前提下，减少用地面积。同时应因地制宜，结合地形及周边限制因素，可采用 L 型或 T 型或其他不规则的多边形布置，以满足功能要求为第一要务，不过多追求规则、漂亮的平面布置。预制舱式升压（开关）站布置方案在山区风电场应用也越来越多，此种方案可有效减少占地面积，同时可加快建设进度。

站址自然地形坡度在 5%～8% 以上时，可考虑采用阶梯式布置，阶梯的高度应根据工艺、交通、地质和施工条件确定。阶梯的划分应满足工艺和建（构）筑物的布置要求，便于运行、检修、设备运输和管沟敷设，并尽量保持原有地形。台阶的长边宜平行自然等高线布置，并宜减少台阶的数量。

边坡工程是山区风电场升压（开关）站的重要设计内容，关系升压（开关）站的长期安全运行，需引起重视。多数山区风电场升压（开关）站站址征地面积受限，不具备坡率法的放坡条件。因此，多数山区风电场升压（开关）站站址需设置支护结构。重力式挡土墙是常用的支护形式，必要时需配合采用锚杆＋挂网喷混凝土、框格梁或植物骨架措施。

5.2.7　应用实例

5.2.7.1　项目概况

贵州 LSK 风电场工程位于贵州省某县境内，风电场场址呈不规则多边形，东西宽约 12km、南北长约 13km，面积约 46.67km²。场区海拔在 1140～1683m，附近有 G60 高速经过，X928 县道从场区内经过，风电场对外交通较为便利。

本风电场新建 1 座 110kV 升压站，场区 25 台风电机组通过 35kV 集电线路接入该升压站升压至 110kV 后送出。

5.2.7.2　升压站选址

经现场选址及敏感因素排查后，确定本风电场升压站站址选择在风电场中部区域，该处地形相对开阔，便于升压站的布置，送出线路条件较好，施工条件也相对较好，且场内集电线路总体较为经济。站址海拔在 1355～1368m，整体高差 13m 左右，东高西低，西侧地形较陡，东侧有一乡村道路经过，交通较为便利。贵州 LSK 风电场升压站站址地形地貌情况如图 5-13、图 5-14 所示。

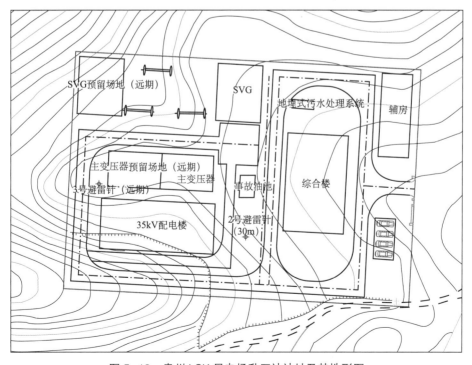

图 5-13　贵州 LSK 风电场升压站站址及其地形图

图 5-14　贵州 LSK 风电场升压站现场地形地貌

5.2.7.3　升压站总平面布置

为利于生产、便于管理，在满足工艺要求、自然条件、安全、防火、运行检修、交通运输、各建筑物之间的联系等因素的前提下，进行站区的总体布置，生产区和生活区分开布置。进站道路由站区东侧进入，站内东区布置综合楼、辅房、一体化消防水箱、地埋式污水处理系统等，西区布置配电楼、主变压器场及事故油池、无功补偿装置、SVG 设备，以及 2 座 30m 高避雷针。最终确定本风电场升压站站区长105m、宽 70m，总占地面积为 7350m²，升压站四周围墙为实体砖围墙，大门为电动推拉门，站内道路采用城市型道路布置。贵州 LSK 风电场升压站总平面布置图如图5-15 所示，升压站建（构）筑物主要技术指标如表 5-17 所示。

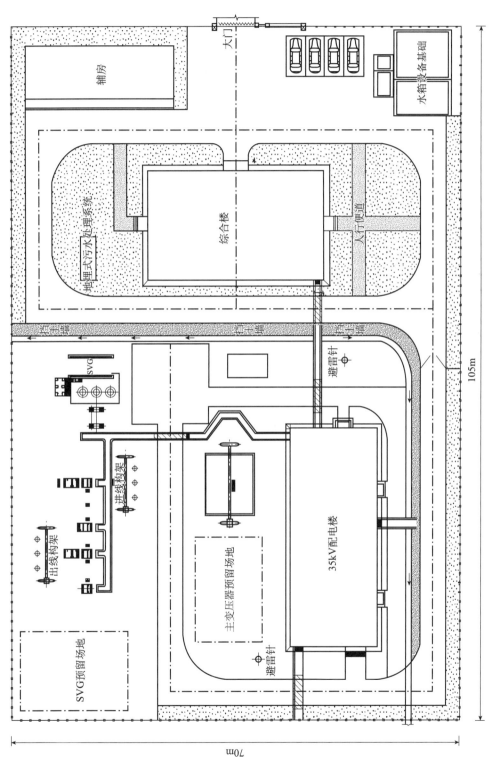

图 5—15 贵州 LSK 风电场升压站总平面布置示意图

表 5-17 贵州 LSK 风电场升压站建（构）筑物主要技术指标表

序号	项目		数量
1	站址总用地面积 /m²		11 210
2	围墙内用地面积 /m²		7350
3	站内外挡土墙体积 /m³		1010
4	站内外护坡面积 /m²		1650
5	场区场地平整	挖方 /m³	11 781
		填方 /m³	10 752
6	总建筑面积 /m²		1550.94
6.1	综合楼 /m²		918.5
6.2	配电楼 /m²		442.2
6.3	辅房 /m²		190.24
7	容积率		0.21
8	停车位 / 个		4

5.2.7.4 升压站竖向布置

根据本站址自然地形，东高西低，高差约 13m，采用常规布置会形成较高的边坡，且土石方工程量较大，回填区不利于建（构）筑物的布置，适合阶梯式布置。阶梯设在生产区和生活区之间，两个阶梯高差 5m。阶梯处设挡土墙，南侧道路连通生活区和生产区，生产区设回车场。升压站地势相对较高，不受洪水的影响。站内排水考虑采用有组织排水的方式，设排水明沟和管道，站内雨水经过管道排入附近自然表面。建筑物室内外高差按 0.3m。贵州 LSK 风电场升压站站址剖面图如图 5-16 所示。

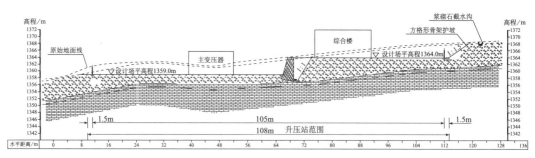

图 5-16 贵州 LSK 风电场升压站站址剖面图

5.2.7.5 场地平整

（1）边坡施工开挖时，应自上而下有序进行。弃土应分散处理，不得将弃土堆置在坡顶及坡面上。同时，施工过程中，任何情况下都不应在坡脚及坡面上积水。

（2）本场地填方边坡坡率采用 1 : 1.5，边坡 8m 高设置一级马道，马道宽 2m。

坡面采用菱形骨架绿化护坡，防治雨水冲刷及浸泡。

（3）填方边坡填筑材料不应使用未经处理的红黏土、膨胀土、盐渍土、膨胀岩、淤泥、冻土以及有机质含量大于 5% 的土。本次场平开挖产生的耕土不能作为回填材料使用。填方区内原始坡度大于 1:5 时，应在场地设计标高下 8m 范围内沿顺坡方向开挖坡度为 1:2 的台阶，台阶高度为 1m，宽度为 2m，顶面向内倾斜，坡度为 2%。

（4）开挖边坡坡面泄水孔沿着横竖两个方向设置，间距为 2m×3m，泄水孔外斜坡度为 10%，孔内内置 PVC 排水花管，花管外包土工布厚 2mm，进入坡面的长度为 3m，花管长 3m，最下一排泄水孔应高出地面或排水沟面不小于 200mm。

（5）场地压实填料采用级配良好的砂石土或碎石土。以卵石、砾石、块石或岩石碎屑做填料时，分层压实时其最大粒径不宜大于 200mm，分层夯实时其最大粒径不宜大于 400mm。当采用土夹石做填料时，土石比为 1:1。

（6）修建砌体（框架）结构房屋时，在地基主要受力层范围内〔条形基础底面下深度为 3b（b 为基础底面宽度），独立基础下为 1.5b，且厚度均不小于 5m 的范围〕，压实系数不小于 0.97；在地基主要受力层范围以下，压实系数不小于 0.95；地坪垫层以下及基础底面标高以上的压实填土，压实系数不小于 0.94；其余场地回填区范围，压实系数不小于 0.94。贵州 LSK 风电场升压站场地平整示意图如图 5-17 所示。

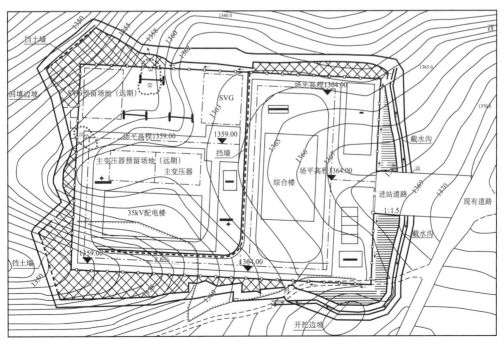

图 5-17 贵州 LSK 风电场升压站场地平整示意图（单位：m）

回填边坡采用浆砌石挡墙 + 方格骨架护坡支护，典型断面示意图如图 5-18 所示。

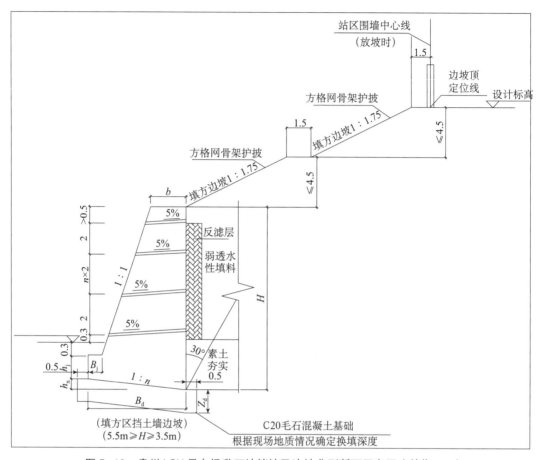

图 5-18　贵州 LSK 风电场升压站挡墙及边坡典型断面示意图（单位：m）

5.2.7.6　建筑结构设计

贵州 LSK 风电场升压站内主要建筑物包括综合楼、配电楼、辅房等，总建筑面积为 1550.94m²。综合楼和配电楼采用框架结构，下部基础采用钢筋混凝土独立基础，基础埋深约 2m。辅房采用砌体结构，下部基础均采用条形基础，基础埋深约 1.8m。内外墙采用 200mm 厚混凝土空心砖，M7.5 混合砂浆砌筑。

屋外配电构架采用钢结构，室外设备基础采用天然地基上的浅基础，户外架构基础采用钢筋混凝土杯口基础，事故油池采用钢筋混凝土箱型基础。基础混凝土强度等级 C30，垫层混凝土等级 C15，混凝土保护层厚度为 30mm。

5.3 场内外道路设计

山区风电场工程的地形地势复杂、山高谷深、高度落差大、地形起伏较大，而山区风电场道路的特点是地理位置较为偏远，对外交通条件较差，周边道路等级低、路况差，道路设计难度大，工程量较大，工程造价偏高。山区风电场道路设计是山区风电场设计内容中重要的一环，道路设计的优劣直接影响到风电场项目开发是否顺利以及工程建设成本大小。

山区风电场工程道路设计按用途一般分为场外道路设计和场内道路设计。

■ 5.3.1 设计原则

（1）风电场道路设计标准应与风电场重大件设备运输车辆要求相匹配。

（2）重大件设备运输车辆选型应综合考虑风电设备重量与尺寸、道路新建及改扩建成本。

（3）风电场道路应尽量利用原有道路，对其改建和扩建，减少新增占地；应适当结合森林防火通道、机耕道、村村通公路等；与现有道路连接应平顺，综合考虑平、纵、横组合设计，使线形在视觉上保持连续、圆滑、顺适；合理利用地形、地物条件，并与周围环境相互协调；选择组合得当的合成坡度，以利于路面排水。

（4）风电场道路设计控制点主要包括与现有交通网络接入位置、道路平交及立体交叉标高、村庄房屋及吊装平台标高等。

（5）路线应避让基本农田、国家公益林及生态红线；避免不良地质影响区；综合考虑风机机位的布设位置，以及地方道路、城镇规划等多种因素。在条件许可的情况下，尽量采用较高的技术指标。

（6）设计中对小桥、涵洞、通道等控制路基填土高度的构筑物进行合理布置，结合地形及水利设施，在满足功能的前提下，尽可能考虑以顺排为主，改、截、堵为辅的原则。

（7）应对场外道路运输线进行多方案比选，选出改造难度相对较小、拆迁量小、经济合理、对现有交通运输影响较小的对外交通路线。

（8）山区风电场场外道路因道路宽度较窄、弯道较多且转弯半径较小，重大件运输车辆一般要选用特种举升车辆，为满足超长、超重运输车辆的通行，并避免设备扫尾，在平曲线转弯路段，道路应进行不同程度的加宽处理。通常情况下，选择特种运输车辆能降低道路改造难度和成本。

■ 5.3.2 场外道路设计

山区风电场场外道路一般是指驶出高速收费站起至风电场区之间的路段。场外道路一般利用现有国家公路网，需对沿线部分道路的路基、路面宽度、转弯半径、净空范围、桥涵构筑物等进行改造设计。

5.3.2.1 场外道路设计特点

风电场场外道路改造设计一般是指国道、省道、县道、乡道的局部改造，国道、省道、县道的原有道路技术指标较好，乡道及其他低等级道路的原有道路技术指标较差。通常情况下，场外道路沿线房屋建筑较多，线路网复杂，需对沿线桥梁、涵洞的承载能力、弯道半径、净空范围等进行评估，并结合风电场需运输的风机叶片、塔筒、轮毂、主变压器等重大件设备运输要求，对不满足重大件设备运输要求的路段进行改造。

通常情况下，山区风电场的场外道路沿线现状复杂，对重大件设备运输有影响的主要是道路宽度、净空、转弯半径等问题。局部路段难以满足重大件设备运输要求，改造难度较大，改造需征得当地相关政府部门同意，手续审批复杂。

5.3.2.2 场外道路设计步骤

第一，先根据项目选定的风机机型及其他重大件设备，收集和调查重大件设备运输的详细尺寸（长×宽×高）和重量，如风机发电机、机舱、叶片、塔筒的重量和尺寸，以及主变压器、箱式变压器等设备的重量和尺寸。通常风电场最重的设备是主变压器或风机机舱，最长的设备是风机叶片，次长的设备是风机塔筒。

第二，沿着拟定的运输路线进行现场实地勘察，对道路沿线净高、净宽、弯道、房屋等进行实地测量，模拟大件运输车辆轨迹和大件设备扫空范围，对道路沿线进行改造和清障。运输路线通过居民区，应从运输安全、拆迁难度、拆迁工程量、协调难度、选址绕行方案等方面进行详细的模拟和论证，最终确定通行方案。

第三，对沿线桥涵进行重点观测和详细勘察。先观察桥、涵外观现状：如桥头是否有限重等标志牌，确定桥梁类型；再初步确定桥长、桥面宽、桥梁结构物高、桥下净高、桥上净高；确定桥梁上部结构型式（如管涵、空心板桥、T梁、箱梁等）、下部结构型式、桥台（如重力式桥台、轻型桥台等）、桥墩（薄壁墩、双柱式桥墩、单柱式桥墩等），观察桥面铺装路面是否有坑槽、观察桥头搭板是否有沉降变形；有条件的情况下，可观察梁身是否开裂、裂缝宽度、承台桥台是否有变形沉降；观察桥梁是否有上部结构变形，异常的竖向振动与横向摆动；观察桥梁基础是否有冲刷损坏、外露脱空等；观察翼墙、侧墙有无开裂、倾斜、滑移等异常变形；观察锥坡、护坡等结构物是否有塌陷等现象；收集桥梁档案资料（设计图、施工文件、竣工图、检查维修记录等）。最后进行桥梁承载力检测评定，确定是否能通过风电场重大件设备运输，并将重大件运输设备报有关部门核准。

第四，收集资料并完成现场勘测后，开始场外道路设计内业工作。内业设计基于的地形图精度不宜低于1:2000，场外道路设计包括确定改造段、改造方案、改造工程量以及测算改造工程投资等。

■ 5.3.3　场内道路设计

风电场场内道路的功能主要是连接风电场各风机机位，以及连接场区和场外道路，在风电场区内形成一个通畅的运输道路网，满足施工期各施工车辆、重大件运输车辆以及后期运维检修车辆的通行要求。

5.3.3.1　设计标准

（1）公路等级：参照四级公路（等外公路）。
（2）设计行车速度：15km/h（一般路段）、5km/h（特殊路段）。
（3）汽车荷载：公路-Ⅱ级。
（4）设计洪水频率：参照四级公路标准，桥涵及小型排水构造物则不做规定。

5.3.3.2　道路选线

1.选线原则

山区风电场一般远离城镇居民区，需利用现有或新建道路连接国家公路网至风电场区域。场区内通常地形条件复杂、高差大，场内道路展线困难，道路选线应在充分做好场区区域内及周边交通情况调查的情况下开展。

山区风电场场内道路选线应包括确定路线引接现有道路方案、路线基本走向、路线总体布置方案。道路选线应合理选择控制点，控制点主要包括与现有交通网络接入位置、道路平交及立体交叉标高、村庄房屋及吊装平台标高等。

2. 选线要点

（1）对于山体外形不规则、起伏变化较大的复杂地形，应首先确定地形控制点，拟定路线布设原则。

（2）对于长大纵坡路段，应调整平面线形，使之与纵断面相适应。

（3）路线宜选择在坡面整齐、横坡平缓、地质条件好、无支脉横隔的向阳一侧。

（4）展线路段纵坡宜接近平均坡度，不宜采用反向坡度。

（5）山体坡度较缓时，宜采用半填半挖形式；山体坡度较陡时，宜采用全挖方路基形式。

（6）路线布设应考虑土石方综合平衡。

5.3.3.3 平面设计

道路平曲线形应由直线加圆曲线 2 种线形要素构成，可不设缓和曲线。道路平曲线半径应尽可能满足风机设备厂家或运输单位提出的最小指标要求，条件允许时，应采用较高的平曲线指标。

道路平面不论转角大小均应设置圆曲线，圆曲线应符合下列规定：

（1）叶片采用平板挂车运输时，圆曲线最小半径宜按叶片运输尺寸设计；叶片采用举升车运输时，圆曲线最小半径宜按最长一节塔筒的运输尺寸设计。圆曲线最小半径应符合如表 5-18 所示的规定。

表 5-18　山区风电场工程道路圆曲线最小半径值表

设计条件		I 类		II 类	
		内弯	外弯	内弯	外弯
圆曲线最小半径 /m	一般值	35	30	30	25
	极限值	30	25	25	20

注：1. 山区风电场重大件设备一般选择特种运输车辆。特种运输车辆的使用一般分为两类条件：第一类条件为当叶片采用举升车辆时，则圆曲线最小半径宜按最长一节塔筒的运输尺寸确定；塔筒采用常规平板半挂车运输时，圆曲线最小半径为外弯 25m、内弯 30m。第二类条件为当塔筒和叶片都采用后轮转向车运输条件时，内弯和外弯半径可适当缩小。

2. 内弯为运输车辆扫尾区有障碍物时的弯道，外弯为运输车辆扫尾区无障碍物时的弯道。

3. "一般值"为正常情况下采用的值；"极限值"为条件受限制时可采用的值；设备尺寸较大时不应采用极限值。

4. 实际运输车辆尺寸与常规运输车辆尺寸相差较大时，应进行设计参数论证。

（2）圆曲线最小长度不宜小于 20m。

（3）两圆曲线间直线长度不宜小于 20m。

（4）圆曲线半径小于 100m 时，应在曲线上设置超高，圆曲线最大超高值不宜超过 4%，超高过渡段长度不应小于 10m。

（5）圆曲线半径小于 150m 时，应设置弯道加宽。加宽值应根据道路宽度、圆曲线半径、挂车轴距、车宽、牵引车轴距等参数计算确定。圆曲线加宽宜设置在圆曲线内侧，当圆曲线半径小于 50m 或加宽值很大（超过 5m）时，宜将单侧加宽修正为双侧加宽。

（6）风电场工程道路的视距应采用会车视距，长度不应小于 40m。

（7）受地形、地质条件或其他控制因素影响，当不能采取自然展线时，可考虑采用回头曲线。两相邻回头曲线之间应有较长的距离，由一个回头曲线的终点至另一个回头曲线起点间的距离不宜小于 60m；回头曲线圆曲线半径不应小于 20m，最大纵坡不宜大于 5.5%。

5.3.3.4　纵断面设计

山区风电场地形条件较差，场区高差大，道路纵坡大，一般主线道路最大纵坡不宜大于 15%，支线道路最大纵坡不宜大于 18%。当实际地形条件无法满足最大纵坡要求时，可考虑装载机牵引方式适当增大道路纵坡，道路平纵横组合应满足牵引条件，应符合如表 5-19 所示的规定。

表 5-19　山区风电场工程道路最大纵坡值表

设计条件	主线道路		支线道路	
	上坡	下坡	上坡	下坡
最大纵坡 /%	15	12	18	15

注：1. 上坡、下坡方向均为装载设备时车辆的行驶方向。
　　2. 在山区风电场建设的应用实践中，经充分论证后，支线局部路段最大纵坡可突破至 21%。

（1）坡长应符合下列规定：

①道路纵坡不宜小于 0.3% 的排水坡度。

②道路纵坡的最小坡长不应小于 40m。

③道路纵坡的最大坡长应符合如表 5-20 所示的规定。

表 5-20 山区风电场工程道路坡度对应最大坡长值表

纵坡坡度 / %		5～7	8～11	12～14	15～18
最大坡长 /m	一般值	600	300	150	100
	极限值	1200	600	300	200

（2）按照风机叶片运输要求进行设置，以叶片不刮蹭地面和车底板不碰地面为原则，竖曲线最小半径与长度应符合如表 5-21 所示的规定。

表 5-21 山区风电场工程道路竖曲线最小半径值表

凸形竖曲线最小半径 /m	一般值	200
	极限值	100
凹形竖曲线最小半径 /m	一般值	300
	极限值	200
竖曲线长度 /m	一般值	50
	极限值	20

5.3.3.5 横断面设计

风电场道路应采用整体式路基，路基横断面应由车道和路肩组成，路基宽度包括车道宽度和两侧路肩宽度。场内施工道路路基宽度应符合如表 5-22 所示的规定。

表 5-22 山区风电场工程场内施工道路路基宽度值表

道路等级		路基宽度 /m	车道宽度 /m	单侧路肩宽度 /m
主线道路	一般值	6.00	5.00	0.50
	极限值	5.50	5.00	0.25
支线道路	一般值	5.00	4.00	0.50
	极限值	4.50	4.00	0.25

注：检修道路路基宽度不宜小于 3.5m。

5.3.3.6 路基设计

山区风电场道路在山体坡度较缓时，宜采用半填半挖形式，以保证路基排水的需要；山体坡度较陡时，宜采用全挖方路基形式，以保证路基的天然稳定性，减少

陡坡上填筑土石方和修建挡土墙的施工难度，加快施工进度。

（1）路基工程的地基应满足承载力要求。

（2）路基填料应符合交通行业标准 JTG D30—2015《公路路基设计规范》的相关要求。

（3）路基压实度要求应符合如表 5-23 所示的相关规定。

表 5-23　山区风电场工程路基压实度要求表

挖填类别	零填及挖方	填方		
路床顶面以下深度 /m	0～0.8	0～0.8	0.8～1.5	＞1.5
压实度 / %	≥94	≥94	≥93	≥90

（4）路基防护。

自然放坡过长时，在坡脚设护脚墙或路肩、路堤挡土墙。大开挖边坡不稳定路段，宜设置路堑挡土墙或边坡防护。边坡防护形式应结合现场条件考虑，防护结构材料应结合场地材料进行选择，坡率应符合如表 5-24 所示的规定。

表 5-24　山区风电场工程路基边坡坡率取值表

项目名称	土质边坡	石质边坡
挖方边坡坡率	1:0.5～1:1.0	1:0.3～1:0.75
填方边坡坡率	1:1.5～1:1.75	1:1.3～1:1.5

（5）路基排水。

根据现场地形条件设置边沟，一般土质路基路段宜设置浆砌石、素混凝土边沟，以防止雨水冲刷和下渗，排水坡度宜与道路纵坡一致。石质路基路段施工条件允许的可考虑矩形边沟。

圆曲线处于陡坡坡底路段处可设置过水路面，过水路面所处的上下坡段之间应有不小于 2m 的水平地段，漫水时路面上水深一般不超过 0.5m。当汇水量较大时，应考虑设置沉沙池和涵洞。

5.3.3.7　路面设计

路面材料选择应遵循因地制宜、就地取材的原则，根据风电场道路的性质、使用要求、运输任务、自然条件、材料供应、施工方式和养护条件等进行设计。

路面等级及面层类型应根据道路功能及用途确定，可按如表 5-25 所示的规定划分。

表 5-25　风电场道路路面等级及面层类型表

路面等级	面层类型
高级路面	水泥混凝土
	沥青混凝土
	热拌沥青碎石
次高级路面	沥青贯入碎石、沥青贯入砾石
	沥青碎石表处、沥青砾石表处
	半整齐块石
中级路面	泥结碎石
	级配碎石、级配砾石
	不整齐块石
低级路面	粒料加固土、砂砾石

（1）路面结构可分为单层、双层和多层 3 种形式。双层路面应包括面层和基层，多层路面宜包括面层、基层和垫层。山区风电场道路土质路基路段宜采用双层路面，石质路基路段宜采用单层路面。

（2）泥结碎石、级配碎石、级配砾石面层厚度宜为 15～30cm，当地质条件较好时厚度可适当减小，但不宜小于 10cm。

（3）路面材料中，作为面层材料的碎石、砾石，针片状、颗粒状含量不应超过 20%，最大粒径不应大于压实厚度的 70%，并不应超过 5cm。各层材料粒径最大不应超过压实厚度的 90%。

（4）泥结碎石路面黏土的塑性指数宜采用 10～20，用量宜采用 15%～20%；天然混合料黏土的塑性指数宜采用 8～15，用量宜采用 15%～25%。

5.3.3.8　交通安全管理及沿线设施设计

风电场道路交通安全和管理设施应根据交通运输需要进行设计。交通安全设施应包括交通标志、护栏、避险车道等。

（1）交通标志的布设应满足下列要求：

①道路交叉口应设置指示标志或警示标志。

②视距不良、急弯、陡坡、高路堤、地形险峻等路段应设置警示标志。

③严重积雪和强风影响路段，以及漫水桥、过水路面路段均应设置警示标志。

④交通标志应设置在道路前进方向的行车道上方或右侧。

（2）护栏的布设应符合下列规定：

①路侧有悬崖、深谷、深沟时应设置护栏。

②柱式护栏外侧至路肩边缘的距离宜采用 25～50cm。

③墙式护栏应建在挡土墙顶、岩石或坚实基础上。

（3）避险车道应设置配套的交通标志标线及隔离、防护、缓冲等设施。

（4）视距不满足要求的弯道外侧应设置凸面镜。

交通标志及安全设施的其他要求应满足交通行业标准 JTG D81—2017《公路交通安全设施设计规范》中的有关规定。

5.3.4 技术总结

山区风电场地形复杂、山高林密，且多分布有国家公益林、基本农田、生态红线等各种敏感性因素地块，给道路选线带来很大困难。道路选线既要避让各类敏感因素地块，又要满足平、纵、横设计参数指标，还需要考虑工程建设投资成本，最终在各因素中找到平衡点，形成最佳道路设计方案。通过多年山区风电场工程道路设计实践，可得出以下几点技术总结。

1. 技术难点

（1）随着风机设备尺寸逐渐增大，对外交通改造难度增加。

国家并未统一特种运输车辆标准，运输能力参差不齐。如目前内蒙古某地区在建项目，塔筒运输高度超过 5m，下穿或上跨通过必经铁路桥均有难度。山区风电场场外运输经常涉及房屋拆迁、桥梁加固、三杆五线迁改等问题，随着设备尺寸的增大，改造难度和投资也在逐渐增加。

（2）国家"三区三线"保护，留给运输道路的设计走廊空间不多，难以满足设计规范要求。

随着山区风电场陆续建设投产，可用场区越来越有限，工程建设条件越来越苛刻，运输条件越来越差，场区留给运输道路的设计走廊空间有限。场内道路展线空间有限，地形陡峭，克服高差难度大。常常由于地形受限，不得不考虑回头弯展线，但其实此种展线方式会削弱大件运输车辆的爬坡能力。另外，山区地形冲沟多，冲沟发育好，造成平面线形设计中小半径弯道多，靠山体一侧空间障碍多，不利于大件设备运输。

（3）相对于公路工程，风电场道路工程投入不足。

道路工程是山区风电场的重要组成部分，关系到风电场设备的安全运输，在土建工程中所占比例较高，但行业现状是建设单位普遍对道路设计工作重视不够，设计费用严重不足，设计时间被严重压缩，无法投入足够的道路沿线勘察工作，从而给道路设计工作带来较大困难，山区风电场道路一般会形成较多高陡边坡，若投入不够，边坡治理工程措施不及时，会导致后期水土保持费用增加，并造成水土流失。

2. 技术创新点

目前国内风电场道路设计主要依据能源行业标准 NB/T 10209—2019《风电场工程道路设计规范》和一系列公路设计规范。仅针对山区风电场道路，规范中所要求的设计指标相对保守，难以满足实际设计要求。通常，在同一段路线中，既涉及陡坡，又涉及急弯；既要考虑线形，又要考虑车辆爬坡能力。在越来越多的工程实例中，在经过充分论证的前提下，为求得平纵横最优化设计，可以适当突破设计规范。

3. 技术突破点

从实际工程经验得出，在遇到地形较困难、受敏感因素限制、无法展线的情况下，转弯半径可适当减小，通过圆曲线加宽值计算公式，算出满足大件设备运输的道路加宽值。对于风电场主线道路，由于道路承担风机运输任务较多，车辆多，会对安全造成风险，因此，不建议采用小转弯半径进行道路设计，只对个别支线机位，其发电量在全场中居高者、机位紧张及展线困难、施工困难的地段采用此方法，但应根据地形及安全情况进行充分论证分析。

5.3.5 应用实例

5.3.5.1 场外道路设计实例

一般风电场场外道路选线优先选择由城镇周边穿过的公路，避免因进入城镇区域人流和车辆多、建筑物与电线电缆网复杂等因素对重大件运输造成严重不利影响。然而在实际工作中，风电场场外道路选线通常较为复杂，如广西某风电场，进行场外道路调查与勘测时，发现城镇周边有现有乡道，宽度与线形各方面条件均满足运输要求，改造较小，是场外道路路径选择的最佳方案，然而其中有一座长约30m的石拱桥，建成时间较长，桥梁板比较薄，必须进行改造方可满足重大件运输要求。当到当地公路局收集该桥梁资料时，由于桥梁建造时间长，资料已丢失而不齐全，给结构受力复核造成困难，难以进行改造加固。设计决定采取新建临时钢便桥方案进行设计和投资测算，由于广西属于南方多雨区，为了能在雨季也可进行大件运输，

各单位决定不新建临时钢便桥和进行桥梁加固改造，改从县城中间避开早晚高峰进行运输，但需要交警部门的配合才得以实现。

从上述可以看出，场外道路设计的不确定性因素和方案的变化很大，可在场外道路设计时，多拟定几个备选方案供选择，场外道路设计人员在现场勘测时，应对风电场周边交通网逐一进行调查，并进行对比分析，以便为重大件设备运输提供更有力的保障。

5.3.5.2　场内道路设计实例及总结

选取有一定代表性的贵州 TCB 风电场一期工程为例，简要阐述山区风电场工程的场内外道路设计。

1. 工程简况

贵州 TCB 风电场位于贵州省毕节市某县境内，规划总装机容量为 100MW。本风电场采用分期开发建设，本期为该风电场一期工程，规模为 47.5MW（19 台风机）。一期工程场址区呈不规则多边形展布，总面积约 41.41km²，场址高程在 1300～2000m；场区植被以灌木、草丛为主。风电场中心距县城直线距离约 18km，距毕节市直线距离约 102km，距贵阳市直线距离约 73km；G76 厦蓉高速和 S307 省道从场址外的东北面通过，S209 省道从场址外的西面通过，有多条县乡道可以进入场址区，风电场对外交通较为方便。

根据贵州 TCB 风电场风机布置及现有交通现状进行展线设计，道路设计方案为进场道路 1 条，利用现有村道进行改扩建，长度约为 5.092km，新建道路总共有 20 条，其中包括 3 条主路和 17 条支路。新建场内道路总长 25.133km，道路路基宽度均采用 5.5m，路面宽度 4.5m，路面结构采用 10cm 泥结碎石路面 +20cm 填隙碎石基层。

2. 项目背景

（1）根据收到的林地色斑图，本风电场范围大面积位于国家公益林和地方公益林内，林地占比达到 90% 以上。

（2）根据《贵州省林业厅关于加强风电建设项目使用林地管理工作的通知》（黔林资发〔2017〕139 号），风电场建设使用地方公益林面积占总用地面积的比例不得超过 50%；严禁占用国家公益林中的有林地、特殊灌木林。

（3）风电场建设条件较差，场址范围大、地形起伏大、地势较陡；因风资源和地形等原因，经选址后风机布置较为分散，加之山体陡峭，不利于道路展线布置。

3. 典型路段设计

该风电场 5 号风机机位的路段是比较典型的山区风电场道路，5 号风机机位周边原始地形地貌如图 5-19 所示。

图 5-19　5 号风机机位周边原始地形地貌

（1）设计方案 1。

受国家公益林的限制（蓝色块为国家级公益林），地形较陡的 5 号风机机位支路总长 857.228m，纵坡 17.73%，转弯处 11%，上平台 17.63%，填方最深达到 23m，填方量约 196 432m³，挡墙量为 23 871m³，施工难度大。设计方案 1 如图 5-20 所示。

图 5-20　5 号风机机位道路设计图（设计方案 1）

（2）设计方案 2。

受国家公益林的限制（蓝色块为国家级公益林），为了减少挡墙量，将主路跨现有村道段设计为总长度 25m（跨径 ϕ6m 的波纹钢管）的桥涵，提高支线起坡高程，重新优化路径后，5 号机位支路总长 300.06m，挖方量 5791m³，填方量 16 207m³，挡墙量为 4128.4m³，最大纵坡 20.5%。设计方案 2 如图 5-21 所示。

图 5-21 5 号风机机位道路设计图（设计方案 2）

（3）实际施工方案。

根据现场实际，可得出虽然转弯半径 R=11m，小于风电场道路设计规范的最小半径 25m，但道路宽度为 19m，也能满足大件设备运输要求。按道路设计规范最小半径为 25m，加宽值取 6m，路基宽为 5.5m，道路总宽为 11.5m。最终实施方案如图 5-22 和图 5-23 所示。

图 5-22 5 号风机机位道路实施方案设计图

图 5-23　5 号风机机位道路最终实施效果

5.4　施工组织设计

山区风电场大多数处于偏远山区，场区自然及气候条件相对恶劣，地形相对复杂，场地山高坡陡，道路陡峭曲折，地貌多为植被茂盛、荆棘丛生。场区附近一般经济基础较差，对外交通、通信以及用电等基础设施均较为落后。因此，施工供水、供电、通信、建筑材料供应及保障、施工总布置、施工及设备安装等均较平原地区风电场更为复杂、困难。

■ 5.4.1　设计原则

山区风电场工程施工组织设计通常应遵循以下原则：

（1）遵守国家有关法律法规和国家、行业的有关标准，合理安排工程施工顺序和进度。工程施工方案应安全可靠、科学合理、易于操作、方便施工。

（2）工程施工总布置应紧凑合理，节约用地、合理利用土地，并应避开敏感性限制区域，如生态红线、自然保护区、林地、矿区等。

（3）满足环境保护、水土保持相关要求。

（4）结合项目的具体情况，提倡在工程中应用新材料、新设备、新技术、新工艺，在满足安全、质量和进度的前提下，努力降低成本；在经济合理的基础上，尽可能采用模块化施工。

（5）在实施过程中，加强综合平衡，实现科学管理，确保工程质量、保证安全和文明施工。

5.4.2　施工条件分析

1. 对外交通条件

山区风电场一般处于偏远山区，地理位置距离城镇较远，经济基础和基础设施都较差，对外交通不便。需结合重大件设备尺寸、重量及发货地点，分析项目对外交通条件，选择最优的交通路线，选择合适的运输车辆。

2. 场地条件

山区风电场地形地貌特征一般以山地、高原台地、峡谷以及低中山剥蚀地貌为主，沟壑发育，地势分布不均匀，整体起伏不平整，具有山高、谷深、坡陡等特点。场区总体呈不规则多边形展布，场区范围跨度大，场内交通距离长、路况复杂。场区相对高差大多在150m及以上，场区通常存在多个山峰或山脊。此外，场区内也会存在被多个河槽、峡谷隔断的地形地貌特征，场地地形条件较为苛刻，场地施工条件一般较差。山区风电场应根据场地条件合理地进行施工总平面布置。

3. 气候条件

山区风电场多位于高原地带，海拔较高，地形起伏较大，场区多属于高原亚热带季风气候区，气候变化异常，降雨量大。夏季多存在较长的高温季节和时段，在冬季气温会下降到零度及以下，并伴随大雾、凝冻、雾凇等极端低温天气发生。山区风电场应根据当地的气候条件合理安排工期，做好相应的防洪、防冻预案。

4. 水、电及建材供应条件

施工及生活用水根据工程区的条件确定，可采用山泉水、打井取水或拉水，山区风电场一般无市政供水条件。施工用电可从附近农用电或高压线路引接，并配备适当的柴油发电机。建材供应应结合当地的市场情况分析确定。

■ 5.4.3　施工总布置

1. 布置原则

根据山区风电场的建设要求，结合山区风电场的自然条件，在保障项目安全的前提下，为确保工程建设有序推进，通常按以下原则开展山区风电场的施工总布置。

（1）宜先进行生活设施建设，后进行生产设施建设，以满足项目管理需要。

（2）工程永久设施和临时设施应尽可能做到永临结合，有利于节约用地，减少工程投资。

（3）场内施工道路、仓库、临时辅助建筑、风机地基处理、混凝土基础等项目的施工可以同步进行，平行建设。其他部分项目可以流水作业，以加快进度，保证工期。

（4）工程施工期间应避免环境污染，施工总布置必须符合环保要求。

（5）施工总布置应充分考虑风机的布置特点，因地制宜，选择利于生产、生活，方便运行管理，安全可靠又经济适用的布置方案。

（6）应合理布置施工场地，使施工的各个阶段都能做到交通便捷、运输畅通，以便人流、物流能顺利到达目的地。

（7）施工区域本着满足生产需要、方便施工、便于管理的原则进行划分，紧凑布置、节约用地。布置应满足有关规程对安全、防洪、防火、防爆、环保的要求。

2. 施工辅助设施布置

（1）施工管理及生活区应考虑永临结合。结合场区风机分布及对外交通情况，一般将施工营地及施工临时设施布置于风电场中部区域，通常布置在靠近风电场升压变电站附近。

（2）混凝土拌和系统布置：混凝土拌和系统应结合工程规模及混凝土用量而定。混凝土系统的生产能力受控于风机基础混凝土浇筑的仓面面积、混凝土高峰月浇筑强度，同时，还应考虑混凝土初凝时间的影响。混凝土拌和系统设置砂石成品料堆料场，通常将砂石成品料堆料场与混凝土拌和站集中布置在一起。风电场工程建设的砂石骨料用量不大，考虑环水保要求以及手续办理难易程度等，通常考虑就近从砂石骨料市场购买。

（3）施工营地及设备堆场布置：施工营地一般考虑和施工加工厂及仓库一起布

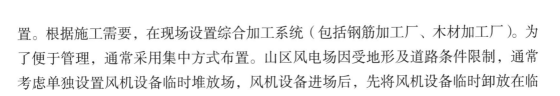

置。根据施工需要，在现场设置综合加工系统（包括钢筋加工厂、木材加工厂）。为了便于管理，通常采用集中方式布置。山区风电场因受地形及道路条件限制，通常考虑单独设置风机设备临时堆放场，风机设备进场后，先将风机设备临时卸放在临时堆放场，然后再采用专用运输车辆将风机设备运送至各风机机位处进行风机安装。

3. 施工供水、供电、通信以及建筑材料供应

（1）施工用水：由于山区风电场场区地下水埋藏一般较深，施工用水通常考虑从附近村寨取水或从稳定的地下泉眼点取水。个别场区可结合地下水分布情况，考虑在场内打深井取水，采用水泵抽水贮存于蓄水池，供施工营地生产、生活等使用。蓄水池可按永临结合考虑。风机基础施工用水通常采用水罐车直接拉水送至各风机机位点，以供基础浇筑、养护等使用。

（2）施工用电：山区风电场附近通常有 10kV 农网线路，施工用电可考虑从 10kV 农网线路 T 接，以供混凝土搅拌站、钢筋制作场、生产生活房屋建筑等辅助工程用电。风电场每个风机机位处一般不单独架设施工线路，而是采用移动柴油发电机供电，以供基础混凝土泵送、振捣，配合风机吊装使用。另外，考虑低温、雨雪以及凝冻天气影响，常存在不能正常供电的情况，因此，施工营地及工场区域考虑采用移动柴油发电机作为备用电源。

（3）施工通信：山区风电场采取永临结合方式，风电场施工现场的对外通信一般采用当地电信通信网络。在通信网络信号不好的区域，其内部通信则采用无线电对讲机的通信方式。

（4）建筑材料供应：山区风电场工程建设所需的材料主要有砂石、水泥、钢材、木材、油料和火工材料等。砂石骨料通常在附近市场上购买，工程其他主要建设物资从附近县城购买，火工材料由工程所在地公安部门统一组织供货并接受管理。

4. 土石方平衡及弃渣场布置

由于山区风电场地形起伏较大，风机多位于山顶及山脊较高处，机位处场地狭窄，应合理选择吊装平台高程，以尽量减少场地平整工程量。工程施工时，风机吊装平台大小及形状可根据现场实际地形、地质条件进行调整，以满足风机安装的场地需求为准。针对地形较陡且开挖工程量较大的平台开挖，可考虑在平台回填区设置挡土墙，避免随意弃渣。

风机吊装平台场地平整经土石方平衡后，通常会产生一定量的开挖弃渣。为防止水土流失，保护生态环境，通常在场区内考虑布置一定数量的弃渣场，工程开挖产生的多余弃渣不能就地平衡的全部集中在弃渣场堆存，弃渣场需进行排水措施设计与绿化，以防止水土流失。

弃渣场选址应可行、经济，同时应尽量减少对植被的破坏，弃渣场的布设应结合工程实际和项目区水土流失现状，按照因地制宜、因害设防、防治结合、合理布局、科学配置的原则；应减少对原地表和植被的破坏，合理布设施工场地，同时对砂石料、弃土（石、渣）采取分类集中堆放；应避开居民点、公路、重要建（构）筑物及环保敏感点；应根据地质情况判定渣场的地质稳定性及堆渣后的稳定性，选择弃渣场的位置。

弃渣场应采取截排水及拦挡措施，弃渣形成的平台及边坡应采取灌草结合的植被恢复措施，并对临时堆放表土采取临时挡护、覆盖措施。应根据弃渣场的容量、堆渣高度、使用期限、失稳可能对下游造成的危害程度等选用适宜的工程防护措施，并考虑与植物措施的结合，做到既经济合理，又安全可靠。

■ 5.4.4 施工交通运输

5.4.4.1 运输方式

山区风电场重大件运输方式一般都选择公路运输及特种车辆运输，以减小道路修建、改建、协调难度。

（1）根据风电场的地理位置、运输对象、交通运输条件及场内外交通衔接方式，选择合适的运输方案和路线。

（2）重大件运输方案选择需考虑下列因素：

①风机机舱、塔架、叶片、轮毂及主变压器等重大件的运输尺寸和重量。

②可选的设备运输能力。

③运输道路的通行能力。

（3）根据选定的运输线路走向，提出道路的新建、改扩建方案或临时通行措施。

（4）考虑满足物资设备运输及运行管理要求，结合工程区域的地形地质条件、地方运输要求、施工期运输强度等因素，合理确定运输方案。

5.4.4.2 运输车辆选择

（1）发电机总成运输车型：发电机总成运输车辆要求牵引车头在 420 马力 [①] 以

---

① 1 马力 =0.735kW。

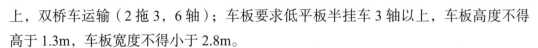

上，双桥车运输（2 拖 3，6 轴）；车板要求低平板半挂车 3 轴以上，车板高度不得高于 1.3m，车板宽度不得小于 2.8m。

（2）机舱总成运输车型：机舱总成运输车辆车板高度不得高于 1m，车板宽度不得小于 2.8m，牵引车头在 375 马力以上，双桥车运输（2 拖 3，6 轴），车辆载重量不小于 35t，车板长度 15～16m。

（3）轮毂总成运输车型：轮毂总成运输车辆要求牵引车头在 375 马力以上，车板高度不得高于 1.2m，车辆载重量不小于 30t，双桥车运输（2 拖 3，6 轴），车板长度 14m（1 车 1 台运输）。

（4）叶片倒运车型：建议使用发动机功率在 380 马力以上双桥牵引车头配备改装车厢，改装车厢包括后轮转向车辆、前举升车辆、后举升车辆、叶片 360° 旋转车辆及叶片 360° 旋转同步举升车辆。

（5）塔架运输车型：塔架的尺寸和重量都有较大的不同。建议 40t 以上的塔架使用发动机功率在 380 马力以上的牵引车头和重型运输平板车厢，并且为了保证现场卸车安全，牵引车头与车厢之间应使用特制钢架硬性连接，而不应将塔架作为连接体。

■ 5.4.5　主体工程施工及主要设备安装

山区风电场工程施工及设备安装主要包括风机基础和箱变基础的施工、场内道路施工、风机吊装平台施工、升压站土建工程施工、风机吊装、箱变设备吊装以及升压站内电气设备的安装等。

1. 风机基础施工

风机基础的施工顺序为：定位放线→基坑开挖→基槽验收→地基处理→基础垫层混凝土浇筑→放线→锚栓组件（或基础环）安装→基础钢筋绑扎→预埋管、件安装→支模→验收→基础混凝土浇筑→混凝土养护→拆模→土石方回填。

风机基础施工包括基础土石方开挖和基础混凝土浇筑 2 部分。

（1）风机基础开挖：基坑开挖深度根据基础高度而定，开挖宽度以钢筋混凝土结构尺寸周边加宽 0.5～1.0m 为宜，为防止脱落土石滑入基坑影响施工，开挖坡比根据地质情况可按 1：0.3～1：1.5 放坡。通常采用机械开挖并辅助以钻爆法施工，出渣就近堆放，待基础回填结束后，剩余弃渣就近处理，用来做场平、填筑道路或拉至渣场集中堆放。

（2）风机基础浇筑：基坑开挖后，应及时浇筑垫层混凝土，待垫层强度达到设计强度的 70% 以上后，便可进行风机基础混凝土施工。按施工图绑扎钢筋、架设模板并浇筑混凝土。

风机基础混凝土可采用现场搅拌站集中搅拌，也可从商混站购买。通过罐车运输至风机机位处，再采用泵车浇筑、插入式振捣器振捣的施工方式。需要特别注意控制运输时间，即混凝土从搅拌机卸出后至入模的时间，保证混凝土和易性与流动性。浇筑混凝土过程中，必须设专人监视模板、锚栓及埋管等情况，发现问题及时解决。为保证混凝土外表美观，浇筑时不允许出现施工缝，一是浇筑应连续进行，防止接茬部位造成过多人为冷缝；二是应有应急措施，以防止搅拌站发生故障或停电造成混凝土供应中断形成施工缝。

（3）温控措施：①选择水化热较低的水泥，掺加高效缓凝减水剂，推迟水化热峰值出现，减少水泥用量，从而降低水化热；②优化混凝土配合比设计，减少水泥用量，以降低混凝土水化热；③降低混凝土入仓温度；④应加强对混凝土的保养，及时用塑料薄膜覆盖混凝土表面，来封闭混凝土中多余拌和水，防止水分蒸发，以实现混凝土自身养护。终凝后覆盖篷布和草袋，篷布和草袋的覆盖层数应根据实测温差情况及时进行增减，使混凝土内外温差小于 25℃；⑤做好混凝土的保温和保湿，目的是减少混凝土表面热扩散，延长散热时间，减少混凝土表面温度梯度，防止表面裂缝，保证温度缓慢升降，充分发挥混凝土徐变特性，降低温度收缩应力，混凝土洒水养护不小于 14 天。

（4）基础环安装调平及支撑件安装：支撑件的安装应根据厂家提供的预埋件，进行测量放样并复核，根据预埋件的高差、基础环顶面设计高程调节支撑调节杆，使安装后的基础环顶面处于同一高程上。基础垫层混凝土的强度达到 75% 方可吊装基础环，用吊车起吊一定高度后，连接支撑调节杆和地脚螺栓，同时紧固并达到规定的力矩值，配备自动安平水准仪进行跟踪观测测量。

（5）预应力组件的安装：预应力锚栓套件安装以及调平应按照厂家技术资料执行。浇筑混凝土时应严格控制锚栓套件水平偏移以及下沉，验收时应及时复查固定底环以及顶部安装工装的水平度和垂直度。

（6）施工过程中，降雨时不宜浇筑混凝土。混凝土浇筑后须进行洒水保湿养护，待混凝土强度达到 90% 以上方可安装机组塔架。

2. 箱变基础施工

箱变基础施工工序与风机基础基本相同，主要包括基础土石方开挖和基础混凝土浇筑 2 部分。

（1）箱变基础开挖：基坑开挖深度一般为 1.5～1.8m，开挖宽度为钢筋混凝土结构尺寸每边各加宽 0.5～1.0m。

（2）箱变基础浇筑：基坑开挖完成后先洒少量水，夯实、填平，再浇垫层混凝土，然后立模浇筑基础混凝土，其施工方法与风机基础混凝土浇筑相同。

3. 场内道路施工

场内道路施工主要工序为：

（1）测量放线：采用全站仪按设计图纸要求，精确定出道路中线及两侧边线，撒石灰标识。

（2）地表清理：施工前进行施工区场地清理（如地表植被、腐殖土、垃圾以及其他有碍物），场地清理采用推土机推土，推距 40～80m。

（3）路基开挖及填筑：开挖采用反铲挖掘机施工，自卸汽车转运，高挖低填，施工中力求土方尽量达到挖填平衡。填筑采用推土机推料，平地机平整，振动碾压实，小型手扶振动碾清理边角，然后采用光辊压路机压实，使道路施工各项指标（如高程、转弯、坡度、压实度）达到设计技术要求后，方可进行路面施工。

（4）路面铺设：路面石料人工掺和，推土机推料，平地机摊铺，振动碾压实，小型手扶振动碾清理边角，最后采用光辊压路机进行压实，直至石料无松动，达到设计图纸要求为止。

4. 风机吊装平台施工

风机吊装平台根据各机位地形及道路布置合理确定位置，应保证吊装机械通行顺畅。吊装平台一般按矩形布置并结合实际地形进行布置，风机基础靠近平台边位置。吊装平台与风机基础场平宜按同一高程同时进行，尽量按挖填平衡考虑。开挖方法可根据各机位地质条件采用爆破整平或推土机推平并碾压。

5. 升压站土建工程施工

升压站场地清理，一般采用推土机配合人工清理，然后用 10t 振动碾将场地碾平至达到设计要求。升压站内所有建筑物的基础开挖，一般采用小型挖掘机和人工开挖清理。

升压站内主要建筑一般为框架结构。框架结构的施工顺序为：施工准备→基础开挖→基础混凝土浇筑→框架柱、梁、板、屋盖混凝土浇筑→砖墙垒砌→电气管线敷设及室内外装修→电气设备入室。

结构施工设钢脚手架，柱、梁、楼板、屋盖施工采用满堂脚手架立模浇筑，混凝土振捣采用插入式振捣器振捣。混凝土施工过程中，应对模板、支架、预埋件及预留孔洞进行观察，如发现变形、移位应及时进行处理，以保证质量。浇筑完毕后12h内应对其进行养护，在其强度未达到1.2N/mm²时，不得在其上踩踏或安装模架及支架。具体施工要求遵照施工技术规范执行。

6. 场内集电线路施工

风电场场内集电线路通常采用架空线路和直埋电缆敷设或者两者相结合的方式。为了不影响升压站（开关站）的美观，在集电线路进入升压站（开关站）时，架空集电线路采用电缆埋地接入升压站（开关站）。

直埋电缆敷设要先开挖电缆沟，将沟底用沙土垫平整，电缆敷设后填埋一层沙土，再铺设钢筋混凝土保护板，上部用原土回填。

架空线路施工主要工序为：施工准备及线路复测→分坑→土石方开挖→绑筋、支模→混凝土浇筑→混凝土养护→杆塔组立→放线→紧线→附件安装。

7. 特殊季节施工

（1）雨季施工。为保证雨季正常进行混凝土施工，需做好以下几点防护措施：应做好天气预报工作，尽量避免在雨天浇筑混凝土；施工时准备足够的防雨布，以在突然降雨时覆盖用；对道路和排水沟要经常维修和疏通，以保证暴雨后能及时排水。规划施工现场的排水，防止雨水灌入基坑；对现场的机电设备搭防雨棚，避免遇水漏电及损坏机器。

（2）冬期施工。当室外日平均气温连续5天稳定低于5℃，即进入冬期施工，因此，山区风电场土建工程可安排在4～10月份进行，若遇到抢工期，则应考虑采取混凝土冬期施工措施。

8. 风机安装

（1）主要吊装设备选择。

风电场安装最重件为机舱，最长件为风机叶片，山区风电场所选机型的安装起吊高度一般在90～120m。应根据现场情况及施工检修道路状况，参考同类型风电机组使用的大型机械资料，山区风电场采用汽车起重机较为方便快捷。另外，需配置2台辅助吊车，辅助主吊车抬吊立起部件、抬吊卸车大件设备等工作。

（2）塔架安装。

山区风电场所选机型的风机塔架高度一般为90～120m，塔架一般为钢管塔架，架立时可采用辅吊配合主吊将塔架逐节竖立固定，法兰之间紧固连接。塔架吊装前先将吊装用的架子在地面与塔架的底法兰和上法兰用高强螺栓进行连接，用力矩扳手紧到规定力矩，用辅吊吊住塔架的底法兰处，用主吊吊住塔架的上法兰处，两台吊车同时起钩离开地面达30cm后，吊车起钩并旋转大臂，当塔架起吊到垂直位置后，解除辅吊的吊钩，然后用主吊将塔架就位到基础预埋螺栓上，进行塔架调平，测量塔架的垂直度，再用力矩扳手将基础的每一个螺母紧到力矩值，经检查无误后，松掉主吊的吊钩。

（3）风机安装。

风机机舱、轮毂及叶片的吊装，一般使用1台主吊和2台辅吊配合完成。安装应选择在风机安装允许的天气，下雨或风速超过10m/s时，不允许安装风机的机舱和轮毂，在风速超过12m/s时，不允许安装风机的塔筒部分。

9. 箱变安装

箱变安装通常采用汽车吊吊装就位安装方式。施工吊装要考虑到安全距离及安全风速，吊装就位后，要及时调整加固，确保施工安全及安装质量，在安装完毕后，按国家有关规程进行交接试验。

10. 升压站主变设备安装

主变压器是升压站内较重要的设备，主变压器的安装质量直接影响升压站的运行质量。在主变压器安装过程中，应严格按照规范、规程以及作业指导书进行安装施工，主变压器安装应结合其重量，并推荐采用汽车起重机进行吊装，安装时要合理安排工序，提高工作效率，以减少暴露时间，安装中要注意密封，器身检查时必须严格按规范及厂家指导书要求进行。

■ 5.4.6　施工总进度与资源配置

1. 施工总进度

根据山区风电场的工程特点、工程规模、技术难度和施工水平等，编制施工总进度计划。施工总进度计划应符合下列要求：

（1）符合国家基本建设程序的要求。

（2）按照当前平均先进施工水平，合理安排工期，应考虑地质、气候、交通、社会环境等条件的影响。

（3）根据施工设备选型，确定升压站施工、风机基础施工和风机安装等关键项目的施工进度计划。

（4）单项工程施工进度与总进度相互协调，施工程序前后兼顾、衔接合理、干扰少、施工均衡。

（5）根据风电机组和主变压器的供货周期，合理安排风电机组安装、调试、启动和试运行工期。

（6）资源配置应均衡合理。

2. 施工资源配置

（1）施工队伍数量应根据总工期计划，按照国内平均先进施工水平，并考虑山区风电场的特殊性综合确定。

（2）根据施工总进度及单台风机基础体量，分析确定水泥、钢筋、混凝土骨料等主要建筑材料的供应计划。

（3）根据工程施工总进度计划，结合山区风电场的具体特点，进行资源优化配置，选择合适的施工机械。

■ 5.4.7 技术总结

山区风电场一般地处偏远山区，当地基础设施薄弱，场内外交通条件差，场区地形高差起伏大，施工场地狭窄，施工作业面小，环水保要求高，生态红线等敏感性因素多。场区气候多变，一般雨季降雨量大，存在一定程度的山洪，冬季多雾，部分地区还存在凝冻天气，这些均是制约山区风电场施工的不利因素。因此，合理进行施工组织设计是山区风电场工程建设的关键内容。其中，施工道路及风机吊装平台布置较为困难；风机布置分散，施工道路长，设备运输及安装难度较大。在遇到大雨、大雾、凝冻等极端天气时，将严重影响施工进度和难度。具体应结合山区地形、气候等特点，做好各分项工程的有序施工组织。还应做好风机基础混凝土浇筑、混凝土供应的保障，防止出现断仓浇筑。此外，由于山区风电场通常植被及生态条件好，对环水保要求高，施工过程中还应结合环水保方案同步实施，避免重复施工和随意乱丢乱弃给生态环境造成破坏。

5.4.8　应用实例

选取有代表性的贵州一山区风电场——贵州 TCB 风电场为例，简要阐述山区风电场的施工组织设计。

5.4.8.1　项目概况

贵州 TCB 风电场工程位于贵州省毕节市某县境内，场址地处云贵高原东部，区内地势西部高、中部稍低，向东北面倾斜，海拔在 1000~2000m，河流、溪沟较发育，河流切割深度达 200~500m 或更深，高原面多已被河流、冲沟切割成深山峡谷，相对高差小于 1000m，总体属溶蚀、侵蚀中高山地貌。场区出露可溶岩地层主要有茅口组（P_2m）、栖霞组（P_1q）、大塘 - 摆佐组（C_1d+b）、灯影组（Z_ay）灰岩、燧石灰岩、白云岩；非可溶岩主要有峨眉山玄武岩组（$P_2\beta$）玄武岩及龙潭组（P_2l）、梁山组（P_1l）、明心寺组（$\in_1m$）、蹄塘组（$\in_1n$）石英砂岩、砂质泥岩、黏土质粉砂岩、钙质页岩、黏土岩、页岩、炭质页岩。工程区岩溶发育较强烈，岩溶形态主要为落水洞、溶洞、岩溶洼地、溶沟、溶槽等。

贵州 TCB 风电场中心距县城直线距离约 17km，距毕节市市内约 102km，距贵阳市约 83km。本风电场工程共计安装 20 台风机，单机容量为 2500kW，总装机容量为 50MW。工程场区地形地貌如图 5-24 和图 5-25 所示。

图 5-24　TCB 风电场场区及周边地形地貌

图 5-25　TCB 风电场场区地形地貌

5.4.8.2　施工布置

1. 施工总体布置方案

由于 TCB 风电场范围较大，考虑将施工工厂、仓库及管理生活区集中布置在风电场升压站附近，该场地靠近进场道路，以便于各片区的施工、运输。各风机机位设不小于 40m×40m 的平台作为风机基础施工及风机设备安装场地。

2. 混凝土拌和系统、砂石料系统布置

TCB 风电场现场设置 1 套混凝土拌和系统，混凝土拌和系统配 2 个 150t 的散装水泥罐和 2 个 50t 的粉煤灰罐，生产能力满足浇筑强度要求。本项目不设砂石料加工系统，所有砂石料在附近市场外购；混凝土拌和系统设置砂石成品料堆料场，按满足混凝土高峰期 3 天砂石骨料用量堆存。经计算，本工程共需购买 3.1 万 t 成品砂石骨料，砂石料堆场堆高 4～5m。砂石料堆场采用 10cm 厚 C10 混凝土地坪，下设 10cm 厚碎石垫层，砂石料场设 0.5% 排水坡度，坡向排水沟。将砂石成品堆料场与混凝土拌和站集中布置在一起。管理生活区设临时办公、生活建筑，以满足现场人员的生产、生活和办公需求。

3. 施工用水、用电、通信以及建筑材料供应方案

本工程施工高峰用水量约 200m³/d，包括生产施工用水 170m³/d 和生活用水 30m³/d，生产用水主要为混凝土拌和与养护用水。本工程施工用水暂考虑选取场区普舍水库作为施工用水水源，抽至升压站通过水泵抽送至用水点。为保证用水的连续性，考虑在拌和站附近设容积为 300m³ 的高位水池 1 座，供混凝土拌和及其他生产、生活使用。风机基础施工用水采用水罐车直接拉水分别送至各风机基础点，供基础浇筑、养护等使用。

施工用电考虑从附近的农网 10kV 线路引接，到达本工程施工营地线路长度约 2km。在施工区设立 1 台 315kV·A 的 10kV/0.38kV 变压器，把 10kV 电压降到 380V/220V 电压等级，通过动力控制箱、照明箱和绝缘软线送到施工现场的用电设备上，供混凝土搅拌站、钢筋制作场、生产生活房屋建筑等辅助工程用电。风电场每座风机施工采用移动柴油发电机供电，以供基础混凝土泵送、振捣，配合风电机组吊装使用。另外，考虑极端凝冻天气施工线路不能正常供电的情况，施工营地及工场区域备用 2~3 台 50kW 移动柴油发电机作为备用电源。

施工通信考虑由当地电信通信网络提供 10 对通信线路的方式，场区内部通信则采用无线电通信方式解决。

本工程所需的砂石料、砖砌体、水泥、钢材、木材、油料等建筑材料考虑在当地县城采购，场址距县城约 26km 公路里程。

4. 风机安装场地布置方案

本风电场最大叶轮直径约 141m，轮毂高度 90m，风机多布置于山顶和山脊上，根据山区风电场的设计经验及风机厂家的要求，风机安装场地典型尺寸按 40m×45m（不含风机基础）进行设计，安装场地的大小及形状可根据现场实际地形做适当调整。

5. 土石方平衡方案

经计算，经土石方平衡后本工程弃渣共计约 42.3 万 m³。为保护环境和景观资源，考虑在风电场内设置弃渣场，工程开挖产生的弃渣不能就地平衡的全部集中在该弃渣场堆存，弃渣场需进行排水措施设计与绿化，以防止水土流失。

5.4.8.3 交通运输方案

1. 对外交通运输方案

经多次现场踏勘，确定 TCB 风电场对外交通运输路线为：贵阳市→坪上收费站（下高速）→X450 县道（18.0km）→等堆村→X018（6.0km）→格道村（35 公桩）段→X018（9.0km）→付家寨子附近→进场道路（5.5km）→TCB 风电场。

2. 场内交通运输方案

TCB 风电场场区地形起伏较大，风机分布于各山顶或山脊上，风机设备场内运输较为困难，场内交通道路采用施工主线与施工支线相结合的方式进行布置，先修建主线道路纵深连通场址，再从主线道路修建支线道路。施工主线道路及支线道路均参照四级道路标准设计；整个场内主线、支线道路与风机安装平台共同组成树枝状场内交通系统。

3. 重大件运输

TCB 风电场工程涉及较多重大件设备。针对不同的尺寸和重量选用专门的运输车辆进行运输，运输车型选择如下：

主机运输：主机运输车需要配置 420 马力以上，可以承载货物重量 90t 以上。车板有效装车长度需要 12～18m 的底板车。主机运输车辆如图 5-26 所示。

图 5-26　主机运输车辆示例

叶片运输：叶片运输车辆要求 5 轴或以上的卡车，一辆运输车辆装载一片叶片，用运输工装固定好，然后在叶片尾部装好信号灯。堆场倒运车辆车板长度为 14m，轴距为 8～9m，设备在倒运前需要对道路中的电力线缆及通信线缆进行处理，对于横跨道路的线缆给予撤除。叶片运输车辆如图 5-27 所示。

图 5-27　叶片运输车辆示例

塔筒运输：塔筒拟采用 350 马力以上的牵引车和重型运输平板车厢。塔筒运输车辆如图 5-28 所示。

图 5-28　塔筒运输车辆示例

5.4.8.4　主体工程施工及设备安装

TCB 风电场主体工程施工主要包括土建工程施工（含风机基础施工、箱变基础施工、升压站房屋土建施工、场内道路施工和吊装平台施工）、风机及箱变的安装、电气设备安装、电缆敷设等。

风机吊装平台考虑为 40m×45m 的矩形场地，短边紧靠风机基础边缘布置。风机的塔架高度约为90m。塔架采用钢管塔架，由4段组成，最重段约64.5t。吊装设备选用1000t汽车起重机和260t汽车起重机。吊装时应选择在安装允许的天气，下雨或风速超过10m/s时不允许安装风机的机舱和轮毂，在风速超过12m/s时不允许安装风机的塔筒部分。

5.4.8.5 施工进度安排

TCB风电场的规模不大，但风电场内的风机布置较为分散，场内地形复杂，场内道路长，施工难度较大；多数机位点地形陡峭，且以基岩为主，平台施工难度大。综合考虑，本工程建设总工期确定为12个月。

第6章 ●●●
山区风电场工程环境保护与水土保持设计

环境保护设计

■ 6.1.1 技术标准

针对风电场工程环境保护设计，国家和地方已发布实施的标准主要有国家标准 GB 51096—2015《风力发电场设计规范》、能源行业标准 NB/T 31087—2016《风电场项目环境影响评价技术规范》、贵州省地方标准 DB52/T 1183—2017《贵州山区风电场工程环境保护设计导则》、辽宁省地方标准 DB21/T 2354—2014《风力发电场生态保护及恢复技术规范》，在编的标准有能源行业标准《风电场工程环境保护设计规范》。

国家标准 GB 51096—2015《风力发电场设计规范》，适用于并网型风力发电场的设计，主要规定了噪声治理、废水治理、电磁污染防治方面的要求。

能源行业标准 NB/T 31104—2016《陆上风电场工程预可行性研究报告编制规程》和 NB/T 31105—2016《陆上风电场工程可行性研究报告编制规程》，分别对风电场工程预可行性研究阶段和可行性研究阶段的环境保护设计工作内容提出了要求。

能源行业标准 NB/T 31087—2016《风电场项目环境影响评价技术规范》，适用于新建、改建、扩建的并网型陆上风电场项目环境影响评价。规范的主要技术内容包括：基本规定、工程概况调查与分析、环境现状调查与评价、环境影响预测与评价、环境保护对策措施、环境管理、环境保护投资概算与环境影响经济损益分析、公众参与、评价结论与建议。

贵州省地方标准 DB52/T 1183—2017《贵州山区风电场工程环境保护设计导则》，适用于贵州山区新建风电场工程可行性研究阶段环境保护设计篇（章）的编制。标准规定了总则、陆生生态保护、水环境保护、环境空气保护、声环境保护、固体废弃物处理与处置、水土保持、电磁辐射防护、景观要求、其他环境保护措施、环境监测、环境管理和监理、环境保护措施实施、环境保护投资概算。

辽宁省地方标准 DB21/T 2354—2014《风力发电场生态保护及恢复技术规范》，适用于陆上风电场建设的生态环境保护、建设项目环境影响评价和建设项目竣工环境保护验收。标准规定了风力发电场工程选址总体要求及风力发电机组、输电线路、升压站、道路工程、集中生态建设区的生态环境保护与恢复的技术要求。

在编的能源行业标准《风电场工程环境保护设计规范》，适用于陆上风电场工程、海上风电场工程初步设计阶段的环境保护设计，其余阶段的环境保护设计可参照执行。规范的主要技术内容包括：总则、术语和定义、水环境保护设计、大气环境保护设计、声环境保护设计、生态环境保护设计、固体废物处理设计、电磁环境保护设计、环境风险防范设计、环境管理与监测、环境保护投资概算。

6.1.2 环境保护因素

山区风电场工程选址应尽量避开环境敏感区和生态保护红线范围，环境敏感区主要包括：

（1）国家公园、自然保护区、风景名胜区、世界文化和自然遗产地、饮用水水源保护区。

（2）除（1）外的生态保护红线管控范围：永久基本农田、基本草原、自然公园（森林公园、地质公园、海洋公园等）、重要湿地、天然林，重点保护野生动物栖息地，重点保护野生植物生长繁殖地，水土流失重点预防区和重点治理区。

（3）以居住、医疗卫生、文化教育、科研、行政办公为主要功能的区域以及文物保护单位。还要避开鸟类主要迁徙通道，风机选址与附近居民建筑物保持适当的噪声防护距离。

6.1.3 环境现状调查

6.1.3.1 调查范围

山区风电场工程环境现状调查总体范围包括工程项目占地范围及可能受影响的周边区域。

生态环境调查范围一般为最外围风机、升压站、施工区外扩 500m 范围。

山区风电场工程一般处于山脊处，基本无地表水分布和地下水出露。水环境调查范围一般为工程区流域范围及下游一定范围。

环境空气和声环境调查范围一般为施工作业区周围和道路两侧 200m 范围。

社会环境调查范围一般为工程直接涉及的乡镇。

电磁环境调查范围一般为升压站外扩 100m 范围。

6.1.3.2 调查内容

1. 自然环境调查

（1）地形地貌调查：主要调查工程区域地形特征、地貌类型。

（2）地质概况调查：主要调查工程区域地层、岩性、水文地质与工程地质条件、地质构造、地震烈度及矿产资源。

（3）水系水文调查：主要调查工程区域水系分布、水文特征、水资源利用和保护情况。

（4）气候气象调查：主要调查工程区域气温、降水量、蒸发量、风速、风向、冰冻和主要灾害性天气特征。

（5）土壤调查：主要调查工程区域土壤类型与分布。

（6）陆生生态调查：主要调查工程区域植物区系、植被类型及分布，野生动物区系、种类及分布，珍稀保护动植物的保护级别、种群规模、生态习性、生境条件、分布及保护状况。

（7）水生生态调查：工程区水生生境现状，水生敏感对象种类、保护级别、分布。

2. 社会环境调查

（1）调查项目所在行政区的社会、经济等基本情况，以及可能受项目建设影响的居民、学校、医院、疗养院等基本情况。

（2）调查工程区域可能受项目建设影响的自然景观、人文景观，以及具有纪念意义或历史价值的建筑物、文物等基本情况。

3. 环境质量现状调查

（1）地表水环境调查：应调查工程区域水环境功能区划或水功能区划、主要水污染源排放情况、水质现状；地下水环境调查：应调查工程区井（泉）出露情况、功能、周边污染源情况、水质现状。

（2）大气环境调查：应调查工程区域大气环境功能区划、主要大气污染物源排放情况、环境空气质量现状。

（3）声环境调查：应调查工程区域声环境功能区划、主要噪声源排放情况、声环境质量现状。

4. 环境敏感对象调查

（1）涉及自然保护区、风景名胜区、森林公园、地质公园、世界文化与自然遗产地等环境敏感区的，应调查环境敏感区的保护级别、面积、功能分区、相关保护和开发规划、与工程位置关系等情况。

（2）涉及饮用水水源保护区的，应调查地表水和地下水水源类型、规模、保护区划分、水质目标、保护要求、与工程位置关系等情况。

（3）如果涉及鸟类迁徙通道，说明迁徙鸟类的种类、数量、迁徙时间、迁徙通道的宽度及与工程的位置关系等情况。

6.1.3.3 环境现状调查方法

环境现状调查可根据调查对象采取收集资料、现场调查、遥感和地理信息系统分析等方法。

6.1.4 环境影响评价

6.1.4.1 预测评价内容

1. 水环境影响

根据施工布置和施工组织方案，主要预测与评价施工期砂石加工系统、混凝土拌和系统、机械维修厂等生产废水和施工人员生活污水以及运行期含油废水和生活污水对水质的影响。

2. 大气环境影响

根据施工布置和施工组织方案，预测与评价施工开挖、爆破、车辆运输等产生的扬尘以及机械设备和车辆运行产生的废气等对环境空气质量的影响。

3. 声环境影响

根据施工布置和施工组织方案，预测与评价施工期机械设备和车辆运行对声环

境的影响，重点评价风电机组运行产生的噪声对声环境的影响。

4. 固体废物影响

分析施工期工程弃渣、生活垃圾的影响和运行期生活垃圾的影响。

5. 土地资源影响

分析工程占地类型及其对区域土地资源的影响。

6. 景观资源影响

分析工程运行后景观资源的变化，评价风电场与人文景观、自然景观的协调性。

7. 电磁辐射和工频电磁场影响

预测与评价工程运行后电磁辐射和工频电磁场的强度。

8. 陆生生态影响

预测与评价工程建设对生态完整性、稳定性的影响，以及对动植物资源及其生境、各类保护区的影响。主要包括：

（1）生态完整性影响分析。包括工程建设对区域自然系统生产能力和稳定状况的影响分析。

（2）植被影响分析。重点分析预测工程建设对珍稀濒危和特有植物、古树名木的影响。

（3）动物影响分析。重点分析工程建设对珍稀濒危和特有动物种类、分布及栖息地的影响，尤其是对鸟类分布及栖息地的影响。对于可能会影响鸟类迁徙通道的，应重点说明工程与鸟类迁徙通道的位置关系、风电机组运行对鸟类的影响。

9. 水生生态影响

山区风电场工程所处区域河流水系规模小，且不扰动地表水体，根据实际情况，简要分析工程建设对水生生态的影响，主要是对鱼类的影响。

10. 环境敏感区及敏感对象影响

涉及环境敏感区及鸟类迁徙通道等环境敏感对象的，列专章重点分析评价工程建设对其造成的环境影响。

11. 经济社会及环境影响

分析工程建设对地方经济社会发展的促进作用、分析移民安置的环境影响。

6.1.4.2　预测与评价方法

环境影响预测与评价可采用类比分析法、统计分析法、景观生态学法、图解法、叠图法、生态机理分析法、专家判断法等方法。

■ 6.1.5　环境保护对策措施设计

6.1.5.1　陆生生态保护

1. 总体要求

陆生生态保护设计主要以保护区域陆地生态系统结构与功能的完整性和稳定性以及生物多样性为目标，重点保护国家及地方重点保护的物种及其栖息地、古树名木、特殊生态敏感区和重要生态敏感区。

根据工程建设对陆生生态的不利影响性质和程度可分别或综合采取避让、就地或迁地保护、引种繁育、动物救护、划定保护小区、生态修复等措施，并辅以必要的管理措施。

凡涉及不可替代、极具价值、极敏感、被破坏后很难恢复的陆生生态敏感对象时，要提出可靠的避让措施。涉及采取措施后可恢复或修复的陆生生态敏感对象时，要优先采取避让措施；当不能避让时，要制定减缓、补偿和修复措施。

2. 陆生植物保护

要保护工程建设用地范围的表层土壤和地表植被，提出表层土壤和地表植被的剥离和堆放要求，剥离的表层土壤宜就近集中堆放，并采取有关防护措施。

陆生植物就地保护。工程建设征地范围内涉及国家及地方重点保护的植物物种、古树名木时，工程不直接占用的，优先采取就地保护措施。根据保护对象的生态学特征、数量、分布、生长情况等，确定有效的保护范围，可采取避让、围栏、挂牌、划定保护小区等措施。

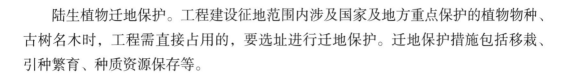

陆生植物迁地保护。工程建设征地范围内涉及国家及地方重点保护的植物物种、古树名木时，工程需直接占用的，要选址进行迁地保护。迁地保护措施包括移栽、引种繁育、种质资源保存等。

3. 陆生动物保护

陆生动物就地保护：根据保护对象的生物学特性、生态学特征，确定有效的保护范围，采取避让野生动物栖息场所和活动通道、减免施工干扰、划定保护小区等措施。

陆生动物迁地保护：根据保护对象特性、分布状况，以及影响数量和程度，采取辅助迁移、人工圈养、构建类似生境等措施。

风电场区域涉及鸟类迁徙路线或对鸟类有较大影响时，要在风机上设置驱鸟装置、叶片标识警示颜色，并设置鸟类观测设施。

4. 其他陆生生态保护

工程施工期需加强工程周边区域陆生生态保护宣传与教育工作。宣传方式包括海报、宣传册等，宣传对象主要包括施工人员及工程周边的居民。

加强施工活动的管理监控，设置警示栏等措施严格限定施工活动范围。

根据区域植被特征、占地类型，结合水土保持措施对施工迹地采取植被恢复等措施，恢复生态功能。

6.1.5.2　水环境保护

1. 总体要求

风电场工程废（污）水主要来自施工期施工人员生活污水、混凝土拌和系统冲洗废水；运行期为升压站（变电站）管理人员生活污水和变压器等设备检修及发生事故泄漏时产生的含油废水。应根据处理目标和管理需要，结合废（污）水类型、产生量、水质和场地等条件，确定废（污）水处理工艺和方案、设施布置。

2. 砂石加工、混凝土拌和系统冲洗废水处理

砂石系统、混凝土拌和系统废水处理工艺可采用二级沉淀工艺进行处理，必要时添加药剂。沉淀单元一般采用简易平流式沉淀池。

3. 生活污水处理

施工期生活污水处理系统根据场地地形、建筑物分布等布置在对周边环境影响较小处。一般采用人工湿地、污水成套处理设备处理。

运行期风电场升压站管理人员生活污水多采用小型生活污水成套设备进行处理。食堂含油污水先采取油水分离预处理措施后，方可进入生活污水处理系统处理。

4. 含油废水处理

风电场升压站内变压器附近一般考虑了设置事故油池，在检修及发生事故情况下，保证漏油和含油废水不外排。

5. 地下水保护

工程布置和施工布置尽量避让有饮用水功能的地下水出露点，无法避让时，再根据影响程度和方式，提出相应的保护措施。

6.1.5.3 环境空气保护

1. 总体要求

环境空气保护措施结合环境空气功能区划和环境空气敏感对象要求，对开挖与爆破、混凝土拌和、车辆运输等工程施工生产过程中的主要污染源、污染物，提出粉尘、扬尘、废气排放控制要求，开展消减与控制措施设计。

2. 开挖、爆破粉尘消减与控制

开挖、爆破粉尘的消减与控制多采用低扬尘开挖爆破技术。
开挖、爆破集中区，一般采用洒水、喷雾等降尘措施。

3. 砂石系统、混凝土拌和粉尘消减与控制

风电场砂石系统和混凝土拌和系统可采用封闭式，并设置除尘设备，同时，加强洒水降尘。

4. 交通扬尘和施工营地废气消减与控制

交通扬尘采用洒水降尘、硬化路面等措施，加强道路养护。

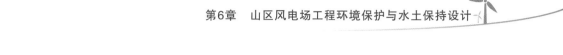

水泥等粉状材料采取封闭运输，储存、卸载采取遮盖等措施。

5. 施工营地环境控制

施工营地一般使用电力、天然气等清洁能源。

6.1.5.4 声环境保护

1. 总体要求

结合声环境功能区划和声环境敏感对象要求，对施工机械及设备运行、交通运输、爆破等工程施工过程中的主要污染源，提出噪声控制要求，开展消减与控制措施设计。

风机、升压站、施工工厂等选址一般要远离声环境敏感建筑物，依据环境影响评价文件要求，保持一定的噪声防护距离。

2. 施工工厂和施工机械噪声控制

合理布置施工工厂，将强噪声源设置于远离噪声敏感对象的位置。对于受施工总布置影响不能达到噪声控制标准的强噪声源采取封闭噪声源、阻隔噪声等措施，并合理安排作业时间。当工程措施不能满足要求时，对敏感对象采取搬迁或经济补偿措施。

施工机械采用低噪声设备、工艺和材料。加强施工机械设备的维护和保养。

在对噪声源或传播途径均难以采用有效噪声控制和消减措施的情况下，再对敏感对象进行防护。

3. 施工交通噪声控制

施工交通噪声对敏感对象有影响时，优先采取调整施工道路线位，避让敏感对象。当施工道路线位无法调整，敏感对象无法避让时，采取防噪、减噪等措施，主要包括：建筑物设置隔声设施、设置声屏障、栽植绿化林带、拆迁建筑物。

运输车辆及时进行维护与保养，道路加强养护，敏感路段采取控制车速、禁止夜间鸣笛等交通管制措施。

4. 爆破噪声控制

爆破作业时，选择先进的爆破技术，减小爆破噪声源强。

5. 运行期噪声控制

风机位置在设计阶段要尽量远离居民点等环境敏感对象，风机选择噪声源强低的设备，从源头降低噪声源强。

风电场升压站总平面布置中考虑利用站内建筑物的隔声、消声、吸声等作用，降低厂界噪声。选用低噪声设备，从源头降低噪声源强。

6.1.5.5　固体废弃物处理与处置

1. 总体要求

固体废物处理与处置需遵循资源化、减量化与无害化的处理原则，并将固体废物按生活垃圾、建筑垃圾和危险废物分别堆存和处置。

2. 生活垃圾处置

风电场施工期和运行期产生的生活垃圾一般采取集中堆放，设置垃圾分类收集桶，垃圾经分类后，能回收的尽量回收利用，其余不能回收的可定期外运，纳入当地垃圾处理体系。

3. 建筑垃圾处置

风电场产生的建筑垃圾，应优先进行资源化利用，不能利用的废物可运至渣场填埋处理或外运处置。

4. 危险固体废物处置

风电场工程危险废物来源主要为风机和变压器检修时产生的废机油、变压器事故泄漏时产生的漏油、废弃变压器和蓄电池等。按国家标准 GB 18597—2001/XG 1—2013《危险废物贮存污染控制标准》中的有关危险废物处理规定，提出堆存方式和处置方案、运行管理要求。

6.1.5.6　电磁辐射防护

1. 总体要求

风电场升压站选址及设计需符合国家标准 GB 50059—2011《35kV～110kV 变电站设计规范》和电力行业标准 DL/T 5218—2012《220kV～750kV 变电站设计技术规

程》中的有关规定要求。

风电场升压站产生的电磁辐射影响需符合国家标准 GB 8702—2014《电磁环境控制限值》和国家环境保护标准 HJ 24—2020《环境影响评价技术导则 输变电》的要求，对受电磁辐射影响超标的环境敏感目标，需提出防护或搬迁安置措施。

2. 电磁辐射防护

风电场升压站设备应选用电磁辐射水平低的设备。

风电场升压站进出线要选择避开环境敏感目标，主变压器及高压配电装置布置在远离环境敏感目标侧。对采取措施后仍超标的环境敏感目标，需采取搬迁安置措施，提出搬迁方式、搬迁人口数量。

6.1.5.7 景观生态保护

1. 总体要求

景观保护要以风电场工程中风机、集电线路、升压站、交通道路与区域自然景观、人文景观协调为目标，重点保护具有观赏、旅游、文化、科学价值的特殊地理区域、建筑和岩石、河流、湖泊、森林等自然景观。

景观保护根据工程特点采取优化工程布置、避让、景观恢复与再塑等措施。

景观保护与工程安全、水土保持、生态保护相结合，与周围景观保护规划、城市规划相结合。工程建筑物和绿化设计的布局、高度、造型、风格和色调与周围景观相协调。

2. 景观保护

风电场风机、集电线路、升压站的地上部分景观设计重点为永久性地面建（构）筑物。景观设计要结合地方民族特色，将民族元素融入景观设计之中，确保主体工程建筑风格与地方民族特色协调一致；也可采取仿自然、仿生态设计，与周围自然景观相协调。

3. 交通道路景观保护

风电场永久交通道路需考虑沿途地形、地貌、生态环境等方面进行全面设计，统一考虑道路两侧建筑物、绿化、历史文化、道路设施等综合因素。临时交通道路在有视觉景观保护需求的情况下，采取临时遮挡措施，避免对视觉景观造成不利影响。

6.1.5.8 其他环境保护措施

根据文物古迹的位置和保护级别合理确定风电场工程建设方案。采取防护、加固、避让、迁移、复制、录像保存、发掘等措施。

工程建设应尽量避免占压、影响周边的道路、水利、旅游、文化和宗教等设施。

6.1.5.9 环境监测

1. 总体要求

环境监测时段划分为施工期和运行期。施工期主要监测内容包括地表水监测、地下水监测、环境空气监测、声环境监测、生态调查与监测，具体工程的监测内容可根据工程区环境情况和实际环境影响选择开展监测。运行期主要监测内容包括声环境监测、生活污水监测、生态调查与监测、电磁辐射监测等。

2. 施工期环境监测

地表水监测断面或点位在工程施工影响水域或水系的上、下游及敏感水域布设。监测项目根据污染源、受纳水体功能要求确定。监测时段和频次根据施工废（污）水排放的时段和施工进度、水文特征等因素综合确定。

地下水监测主要对受施工活动影响的井（泉）的水质开展监测，监测项目根据污染源、地下水使用功能确定。监测频次依据施工进度安排确定。

环境空气监测点位依据环境空气污染源分布、敏感对象分布确定。监测项目包括 TSP、PM10 等。监测频次依据施工进度安排确定。

噪声监测点位根据噪声源分布、敏感对象分布确定。监测项目采用连续等效 A 声级，分昼间和夜间监测。监测频次依据施工进度安排确定。监测时段根据噪声源类型、施工活动时段确定。

生态调查与监测需符合以下要求：

（1）生态调查与监测包括陆生植物和陆生动物监测，监测范围包括工程建设用地区及周边。

（2）陆生植物监测内容包括植物种类、种群数量、生长状况，植被类型组成、群落结构特征等，重点监测国家和地方重点保护植物生长状况。监测点位在工程建设用地区及影响范围内布设。

（3）陆生动物监测内容包括两栖类、爬行类、鸟类、兽类等野生动物的种群类型、数量、分布等，重点监测国家和地方重点保护动物在工程建设用地区及其周边

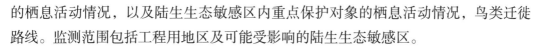

的栖息活动情况，以及陆生生态敏感区内重点保护对象的栖息活动情况，鸟类迁徙路线。监测范围包括工程用地区及可能受影响的陆生生态敏感区。

（4）监测频次依据施工进度安排和受影响的生态环境状况确定。

3. 运行期环境监测

声环境监测内容为声环境质量和噪声衰减情况，监测点位包含受影响的敏感对象、升压站（变电站）厂界，并对风机运行噪声衰减情况开展监测。监测项目采用连续等效 A 声级，分昼间和夜间监测。监测频次和时段根据环境影响评价文件要求、噪声源类型、运行工况等因素综合确定。

生活污水监测点位为风电场升压站的生活污水处理设施进水和出水口，监测项目包括 pH、SS、COD、BOD$_5$、TP、氨氮、粪大肠菌群等。监测频次根据环境影响评价文件要求确定。

生态调查重点监测工程建设用地范围的陆生生态恢复措施及其效果。

4. 电磁辐射监测

监测因子为工频电场、工频磁场；监测布点及测量方法需符合国家环境保护标准 HJ 24—2020《环境影响评价技术导则 输变电》和国家标准 GB 8702—2014《电磁环境控制限值》的规定。

■ 6.1.6 技术总结

6.1.6.1 山区风电场环境影响特点

陆上风电场工程开发建设对环境的影响主要表现为对风电场周围地区地表植被的破坏和土地的占用，以及由此引发的水土流失、植被减少、景观资源影响等；其次则为施工期废污水、噪声、粉尘扬尘、固体废弃物，运行期废污水、风机和升压站运行噪声、升压站电磁辐射、风机对鸟类的影响等。

陆上风力发电场按照建设区地形地貌特征可分为平原、丘陵、山区及滨海狭窄陆地地带 4 种类型。其中山区风电场一般都存在山峦起伏，山脊、山坳、沟壑交错，高差大，同时场区植被良好的特点。山区风电场区域的地形地貌条件直接影响到风机机位、集电线路、升压站、场内交通道路、吊装平台等选址布设，因此，相对平原风电场，山区风电场工程建设土建工程量大、扰动工程区地表范围相对要大，对工程区植被植物、水土流失的不利影响要严重，这是山区风电场工程环境影响的关键特点；对水环境、环境空气、声环境、固废、电磁辐射等影响方面，山区风电场与其他类型风电场无明显差异。

6.1.6.2 山区风电场环境保护设计技术难点、创新点及特点

根据山区风电场工程环境影响特点，主要是施工期间的土建施工活动对植被和水土流失的影响，这方面不利影响主要是通过预防避让、环境管理措施和水土保持措施予以减缓。如选址避让环境敏感区和生态保护红线范围，风机机位、升压站、施工道路和场地避让珍稀保护植物和古大树等；环境管理措施主要是通过强化环境管理、环境监理、环境监测等措施，限定施工扰动范围、限制施工活动方式避免对施工红线外植被植物进行扰动破坏；施工期施工活动产生的水土流失问题，是山区风电场工程主要的环境问题，受地形条件限制，如施工期不妥善采取水土保持措施，将对场区及周边环境产生严重的不利影响，包括引起水土流失等地质灾害问题，该部分措施在水土保持设计中已经予以考虑。因此，针对山区风电场工程对植被植物、水土流失的影响，基本无单独的环境保护措施工程设计内容。

针对施工期其他环境因素影响，因风电场施工周期短、施工强度低，施工期废污水治理、噪声污染控制、粉尘扬尘控制、固体废弃物处置措施设施均较简单及常规。运行期风机噪声影响在工程建设前已基本通过选址避让予以减缓，升压站区域事故油池已在主体设计中予以考虑，生活污水产生量极小，污水处理技术成熟。因此相对其他类型风电场的环境保护设计，山区风电场工程的环境保护设计工作重点应为施工期的生态保护和污染防治工作，结合施工组织设计重点对施工道路、风机基础、集电线路等区域提出符合生态保护要求的绿色施工方案。

■ 6.1.7 应用实例

以有一定代表性的贵州 JQ 风电场一期工程为例，简要阐述山区风电场的环境保护设计。

6.1.7.1 工程概况和环境现状

贵州 JQ 风电场一期工程位于贵州省黔南州某县境内，风电场距县城公路距离约 90km。该风电场一期工程主体工程包括 45 台单机容量 2200kW 的风电机组及箱式变压器，6 回埋地集电线路（总长 66.6km），1 座 220kV 升压站；施工辅助工

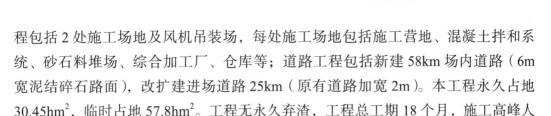

程包括 2 处施工场地及风机吊装场，每处施工场地包括施工营地、混凝土拌和系统、砂石料堆场、综合加工厂、仓库等；道路工程包括新建 58km 场内道路（6m宽泥结碎石路面），改扩建进场道路 25km（原有道路加宽 2m）。本工程永久占地 30.45hm²，临时占地 57.8hm²。工程无永久弃渣，工程总工期 18 个月，施工高峰人数 400 人。

该风电场工程不涉及自然保护区、风景名胜区、地质公园、森林公园等特殊和重要环境敏感区。在工程区南侧荔波县境内有樟江水源涵养林县级自然保护区，保护区位于荔波县樟江上游的佳荣镇境内，保护区面积 226km²，主要保护对象是亚热带常绿落叶阔叶混交林。工程南侧 33 号、34 号、35 号、36 号、37 号、44 号、45号共 7 台风机邻近保护区北侧外边界，但风机、架空线路和电缆沟、道路等主体工程和施工临时占地均位于一县境内，不跨越县界，因此，不涉及该保护区。

工程建设区受影响的植被类型主要为以马尾松、杉木、麻栎、枫香、丝栗栲、青冈为主的森林植被，以麻栎、枫香、槲栎等为主的灌丛，以及以蕨、芒、芒萁、黄茅等为主的灌草丛，主要影响的植物种类均为常见种类及区域广泛分布种类，无国家珍稀植物和古大树分布。评价区现状植被覆盖较好，具有良好的樟江流域水源涵养功能。评价区域仅发现有国家二级重点保护野生动物 4 种，即鸢、红腹锦鸡、红隼和草鸮，均为鸟类。有 24 种贵州省级保护动物，为两栖类无尾目种类、蛇类、鸟类。

工程建设影响区地处各水系源头陆域范围，无地表水体，周边地处溪沟，地表水体也无敏感取水对象。

各台风机及施工场地 300m 以内没有居民点分布，距离风机最近的居民点为 4号风机周围的水希和水甲居民点，距离风机直线距离 460m。在连接 40 号风机场内道路沿线，距离道路中心 70m 处有 1 处居民点，距离道路中心 120m 处有 1 处小学。工程建设不涉及居民搬迁。

风电场升压站周边 500m 范围内无居民点，评价范围内无广播电台、电视差转台、军事设施和微波站等无线电通信设施。

结合本工程特点，将占地区植被、区域分布的 4 种珍稀保护鸟类（均是国家二级重点野生保护动物）、24 种贵州省级保护动物、荔波县樟江水源涵养林县级自然保护区、1 处居民点、1 处小学作为敏感保护对象。环境敏感保护目标一览表如表6-1 所示。

表6-1　环境敏感保护目标一览表

环境要素	敏感对象	区位关系	工程影响源	保护要求
生态环境	占地区植被：以马尾松、杉木、麻栎、枫香、丝栗栲、青冈为主的森林植被，以麻栎、枫香、槲栎等为主的灌丛，以及以蕨、芒、芒萁、黄茅等为主的灌草丛	主体工程和临时工程占地区	施工占压和开挖，以及土石方堆放	控制占地范围，及时进行土石弃渣处理和植被恢复
	国家二级重点野生保护动物：鸢、红腹锦鸡、红隼和草鸮	评价区及周边	工程施工活动	控制占地范围，加强环境管理
	贵州省级保护动物24种，为两栖类无尾目种类、蛇类、鸟类	评价区及周边	工程施工活动	控制占地范围，加强环境管理
	荔波县樟江水源涵养林县级自然保护区	保护区面积226km²，主要保护对象是亚热带常绿落叶阔叶混交林。工程占地区均位于三都县境内，不涉及保护区。工程33号、34号、35号、36号、37号、44号、45号共7台风机邻近保护区北侧外边界	无影响	完全规避
环境空气和声环境	1处小学	在连接40号风机场内道路沿线，距路中心120m，有教师5人、学生90人	场内道路施工活动、施工交通运输	减缓施工期噪声、大气污染对其影响
	1处居民点	在连接40号风机场内道路沿线，距路中心70m，约13户40人		

6.1.7.2　环境影响评价

1. 生态环境影响

工程建设影响的植被类型为以马尾松、杉木、麻栎、枫香、丝栗栲、青冈为主的森林植被，以麻栎、枫香、槲栎等为主的灌丛，以及以蕨、芒、芒萁、黄茅等为主的灌草丛，主要影响的植物种类有马尾松、杉木、华山松、甜槠栲、锥栗、枫香、青冈、板栗、麻栎、川榛、茅栗、白栎、马桑、盐肤木、黄茅、蒲公英、小一点红、苦荬菜、朝天罐、五节芒、芒萁、蕨、芒等。由于受影响的植物群落以及植物种类

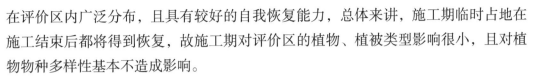

在评价区内广泛分布，且具有较好的自我恢复能力，总体来讲，施工期临时占地在施工结束后都将得到恢复，故施工期对评价区的植物、植被类型影响很小，且对植物物种多样性基本不造成影响。

评价区分布的红隼、鸢、草鸮和红腹锦鸡4种鸟类为国家二级重点保护的珍稀濒危动物，但由于鸟类的活动范围大，具有较强的飞行能力，其主要活动范围远远大于本评价范围，而周边与项目修建所破坏的生境类似的生境分布较广，总体上对重点保护鸟类的影响比较轻微，可以忽略。

评价区分布的贵州省重点保护野生动物种类较多，有24种，为两栖类无尾目种类、蛇类、鸟类。施工过程中的土石方开挖、施工人员活动均会导致其生境缩小。但在施工区外广泛分布着这些动物的栖息环境，施工活动仅使其生境小范围损失，不会对其种群数量产生大的影响。

2. 施工期主要污染影响

风电类项目施工期短，无较重污染源，污染影响简单且不严重，工程建设对区域声环境、环境空气、地表水环境影响很小。

（1）施工噪声影响：由于各台风机及施工场地300m以内没有居民点分布，在连接40号风机场内道路沿线距离道路中心70m处有1处居民点，距离道路中心120m处有1处小学，均在施工噪声达标距离以外，工程施工噪声不会造成噪声污染。

（2）环境空气影响：施工期的大气污染源主要是工程开挖和公路交通产生的扬尘。扬尘污染仅局限在天气干燥炎热时段，而且工程土石方开挖量较小、施工期短、场区周围无居民点分布，在采取洒水降尘措施后，施工扬尘污染对区域环境空气质量影响较小。

（3）生活污水排放影响：施工期水污染源主要来自生活污水，本工程施工期生活污水日排放量32m³/d，两处施工营地均位于山坡上，远离周边海拔低处的溪沟，由于生活污水总量小，施工营地下侧地表植被好，假如废水直接排放也难以形成地表径流，也就不会对下游溪沟水质产生影响。

混凝土拌和站冲洗废水量为2m³/d，由于量少，经处理回用后，对环境无影响。

（4）生活垃圾：施工期生活垃圾总量为64t，垃圾乱堆乱放将对人群健康和景观存在较大的不利影响，应将垃圾外运至附近乡镇，纳入乡镇垃圾处理体系。

3. 运行期污染影响

风电场运行期工程污染影响主要来自升压站和风机噪声，升压站管理营地生活污水很少，经处理后在场区内可综合利用不外排。

单台机组轮毂处声功率级为 104dB，各台风机附近 300m 范围内也无居民点分布，经预测，单台风机噪声和多台风机叠加噪声不会产生噪声污染。

风电场升压站区域由于厂界周围 500m 范围内无居民点分布，变压器噪声不造成噪声污染影响。

4. 社会环境影响

风电场风机群具有人工景观特征，风电场的引入为区域新增一处人工景点，对区域旅游业的发展存在一定有利影响。

本工程建设后，可为当地带来大量的财政收入，改善基础设施条件，对于带动地方经济快速发展将起到积极作用。

6.1.7.3　环境保护措施设计

1. 水环境保护措施

1）施工期生活污水处理。

该风电场施工期，每处施工营地每天污水排放量为 16m³/d，合计每天 32m³/d。生活污水中 COD_{Cr} 为 300mg/L，BOD_5 为 150mg/L。

生活污水经过处理后，达到国家标准 GB 8978—1996《污水综合排放标准》中的一级标准：COD_{Cr}≤100mg/L、BOD_5≤20mg/L、悬浮物≤70mg/L、NH_3-N≤15mg/L。生活污水经处理后用于施工场地及道路洒水。

对单独建设一体化地埋式生活污水处理设备、单独建设人工湿地系统、外运至升压站一体化处理设备处理 3 种方案进行经济技术比较。通过对上述 3 种污水处理方案的分析，针对施工营地单独采取一体化地埋式处理设备和人工湿地方案存在投资及运行成本较高、检修维护不便、实际中可操作性差等缺点，且在国内类似风电场项目中均没有实施的先例；结合本项目实际情况，施工期污水排放总量少，施工期短，可将污水外运至升压站内一体化污水处理设施处理，出水用于整个施工区洒水。

处理规模：按施工期 2 处生活营地合计污水量 32m³/d、1.5m³/h 设计，因运行期生活污水仅 2.4m³/d，处理规模也可满足运行期要求。

处理工艺：采用 WSJ-1 型地埋式一体化污水处理装置以及配套设施，所有粪便污水、食堂废水等排入化粪池后在一体化设备装置中进行处理，处理后用于施工区洒水。

生活污水经化粪池后先进入格栅井内，由格栅拦截去除大颗粒的机械杂物，经格栅后的污水自流进入调节池，调节池可调节水量及水质，保证进入地埋式污水处理设备的水质、水量的稳定。在池底设置穿孔曝气管，防止池中颗粒沉淀，起到预曝气作用，同时可去除水中部分有机物，以减轻后级系统的工作负荷。调节池内设2台污水泵，调节池内的污水经提升后进入一体化污水处理设备，通过供气及速分填料的共同作用，为污水提供缺氧及好氧环境，利用兼性菌及好氧菌分解有机物及氨氮，使污水得以净化。生化后的出水经氯饼消毒后的合格水溢流排放进入蓄水池内，供综合利用。在调节池设事故泵，系统事故时事故泵启动，污水经提升后直接进入蓄水池。升压站生活污水处理工艺流程如图6-1所示。升压站生活污水处理系统平面布置如图6-2所示。

图6-1　升压站生活污水处理工艺流程图

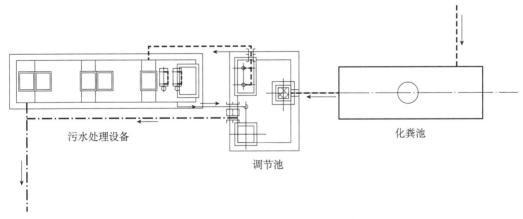

图6-2　升压站生活污水处理系统平面布置图

2）施工期混凝土拌和冲洗废水。

每处混凝土拌和站冲洗废水产生量约为2m³/d，其特点为不连续排放，平均每次冲洗废水约1m³，悬浮物浓度约5000mg/L。

经过处理后使SS浓度控制在70mg/L以下，达到国家标准GB 8978—1996《污水综合排放标准》中的一级标准。

混凝土拌和冲洗废水量很小，可就地沉淀处理后用于场地洒水降尘。每处混凝土拌和系统拟设置 2 个调节预沉池和 1 个清水池沉淀处理。调节预沉池和清水池尺寸均为长 2m、宽 2m、高 1m。2 个调节预沉池轮换使用，定期清理淤泥填埋。

3）运行期水环境保护措施。

本工程运行期影响主要是升压站产生的废污水。升压站事故油主体工程已设置事故油应急处理池，避免废油泄漏引起的污染可能。

主体工程设计中升压站已考虑采取雨、污分流，雨水采用设置雨水井等设施汇集外排，生活污水继续沿用施工期使用的一体化设备，因运行期生活污水产生量小于处理设施处理能力，不会影响处理效果。

2. 环境空气保护措施

1）施工开挖粉尘的消减和控制措施。

（1）施工工艺措施：施工单位应选用符合国家有关卫生标准的施工机械和运输工具，使其排放的废气能够达到国家标准。

（2）降尘措施：在开挖集中工区、施工公路等地非雨日早、中、晚来回洒水以减少扬尘。

（3）施工人员防护：在粉尘浓度高的施工作业中施工人员佩戴防尘口罩。

2）粉尘消减和控制措施。

（1）施工工艺措施：水泥在运输过程中应采用散装水泥罐运输，对水泥贮仓所有通气口安装合适的过滤网，运输和装卸过程采用全过程封闭，并经常对密封储罐、密封系统的密封性能进行检查和维修。

（2）降尘措施：购置洒水车实施洒水降尘。

3）燃油废气的消减和控制措施。

选用符合国家有关卫生标准的施工机械和运输工具使其排放的燃油废气达到有关标准。

4）厨房油烟控制措施。

施工营地和升压站在厨房油烟管道处安装抽油烟机。

3. 声环境保护措施

1）施工期。

施工机械和设备必须符合国家相关标准；对强声源施工设备和施工活动设置临时声屏障措施，减少噪声衰减距离；施工人员实施劳动保护；对于施工噪声，原则

上夜间不进行高噪声的施工作业，混凝土需要连续浇捣作业之前，应做好人员、设备、场地的准备工作，将搅拌机运行时间压到最低限度。

2）运行期。

运行期风机噪声和升压站噪声均不会造成噪声污染，但应该加强风机的管理和维护，减小由于机械本身产生的噪声。

4. 生活垃圾处理措施

（1）在每处施工营地附近设置一座临时垃圾收集站（长 2m、宽 1.5m、高 1.5m）和若干个垃圾桶，施工区垃圾收集后集中运至该处临时堆放，拟定期外运至九阡镇处理，纳入九阡镇生活垃圾处理体系。垃圾收集站应考虑防渗、防雨措施，避免临时堆放时产生渗滤液。

（2）运行期升压站生活垃圾定期外运至九阡镇处理。

5. 生态环境保护措施

1）施工活动生态保护总体要求。

工程对生态环境的影响主要在施工阶段，拟对施工活动提出如下环保总体要求及生态保护措施：

加强施工管理，做好环保宣传教育，合理安排施工时间。施工单位要做好施工组织设计，制定施工期的环境管理监控计划，从保护生态角度严格限定大型机械进入施工场地，防止因施工方式不当破坏环境。

严格控制施工作业区面积，减少临时占地。标明施工活动区，禁止施工人员随意到非施工区域活动。在场区南侧 44 号、45 号、33～37 号风机施工区设置警示牌和警戒线，禁止越界施工作业。

施工车辆必须沿规定的运输路线行驶，不得随意越界行驶。

采取表土保护措施，施工过程中，对各开挖面和占地区域要进行表土剥离，将表土和熟化土分开堆放，并按原土层顺序回填，以利于施工区植被恢复。

工程开挖土石料禁止随意丢弃。

做好场内公路、升压站、施工生产设施等区域的水土保持工程防护措施。

针对场内施工公路、施工场地、风机基础、电缆沟等区域进行生态恢复。

清理公路沿线渣料，对沿线裸露区域覆土恢复植被。

施工结束后清理场地后覆土恢复植被。

在不影响升压站电气设备安全的前提下对升压站围墙外区域植树，尽量采用植物遮挡措施。风机基础区采取覆土植草。对直埋式电缆开挖区域采取覆土后恢复植被。

2）不同施工活动生态保护要求。

（1）工程准备期施工活动。

该阶段内主要的施工活动包括水、电及场地平整，临时房屋等设施工程，场内外施工道路工程。提出如下符合环保要求的施工方案：

根据主体工程设计文件，该区域土石方可做到挖填平衡，因此该区域基本无多余弃土弃渣产生，提出在施工开挖活动中应单独剥离表层土壤就近集中堆放，开挖石渣料也应就近集中堆放，以利于回填，表土和石渣堆放点均需采用拦挡措施。

严格控制施工作业面范围，减少临时占地面积。

场内公路施工设计时，应合理选线以减少高边坡开挖；施工过程中，开挖等产生的土石方应及时处理，集中堆存，以方便回采。做好公路沿线边坡防护，道路两侧设排水沟。

对外公路局部弯道改造施工中，妥善处理好开挖土石，尽量用作弯道外侧路面平整，做到挖填平衡。对弯道内侧路面设置截水沟，内侧开挖边坡根据边坡稳定情况采取挡土墙措施。

进场公路加宽改造施工中，应尽量做到挖填平衡，采取设置挡土墙和截排水沟等措施，完善原有道路的水土保持措施。

（2）主体工程施工活动。

主体工程施工活动包括升压站及辅助生产生活建筑施工、风机基础施工、电缆敷设施工、风机机组安装施工。

① 220kV升压站和辅助生产生活建筑。

工程施工应严格控制用地面积。

对升压站场界采取设置挡土墙、截排水沟等防护措施。

施工辅助设施建筑物周边应修建截排水沟渠。施工营地应集中布置，减少零星分散布置对环境的扰动范围。

场地开挖废弃表土运至附近合适地点暂存。回填石料和土料就近分开堆放，并采取临时拦挡措施。

②风电机组基础和箱式变电站基础施工。

基础开挖土料、石料就近在基础附近堆放，方便回填。

电力动力电缆和通信电缆的架空和敷设，要严格控制开挖作业带，表土和石渣就近集中收集分开堆放，电缆铺设完毕后及时回填。

③风力发电机组的安装与调试阶段。

施工过程中，应按照设计要求严格控制风机临时安装场地占地，尽量少占地，并标明施工活动区域。

做好场地水土保持工程防护措施。

④施工生产生活设施区施工活动。

砂石堆料场、施工营地及施工场地施工前将场地表土集中收集就近堆放。

堆料场场地周边、施工营地及施工工厂区采取设置麻袋、挡墙等临时拦挡措施。

3）表土保护措施。

（1）风机、箱变基础及吊装场：在每处风机附近各设置一处表土临时堆存点，共45处，堆存点应选择地形相对平缓区域，在堆放区周边设置编织袋装土进行拦挡。

（2）集电线路：在电缆沟开挖过程中，沟一侧场地用于堆放表土，另一侧场区用于堆放土石弃渣。

（3）场内道路：按每2km设置一处临时表土堆存点，集中堆放在道路一侧，场内道路总长58km，共设置29个临时堆存点，每处临时堆存点占地约0.1hm²。在每处堆放区周边设置编织袋装土进行拦挡。

（4）升压站、施工场地：在施工中，将场地开挖表土集中堆存在附近平缓区域，并用编织袋装土进行拦挡。

4）施工后期生态恢复措施。

针对场内施工公路、施工生产生活区、风机基础等区域进行生态恢复。

（1）场内公路区：清理公路沿线渣料，对沿线裸露区域覆土恢复植被。

（2）施工营地、辅助设施区：施工结束后清理场地后覆土恢复植被。

（3）主体工程区（风机基础、升压站、电缆沟）：对升压站围墙外区域植树种草，尽量采取植物树木遮挡措施；风机基础区覆土植草；电缆沟沿线整地恢复植被。

5）动物保护措施和要求。

（1）开展宣传和教育。

规范施工人员活动，增强对施工人员以及当地居民的环境保护意识宣传，通过张贴海报、印发宣传册等活动让施工人员及当地居民认识、了解和保护野生动物。禁止施工人员食用及购买蛙类、蛇类，避免对贵州省重点保护动物的影响。施工活动过程中若发现受伤的保护动物应及时通知当地林业部门妥善救治。

（2）开展鸟类调查。

风电场建成后建设单位要委托专业调查单位开展场区鸟类调查，根据实际观测结果，决定是否采取对叶片和轮毂设置警示色或驱鸟装置。

6. 社会环境保护措施

由于工程需要重大件运输，因此，不可避免地对场外公路的交通畅通造成一定的影响，为此建设单位应协调交通管理部门进行必要的车辆疏导和交通管制。

7. 樟江水源涵养林自然保护区保护措施

本工程南侧 33~37 号、44 号、45 号共 7 台风机邻近保护区北侧外边界，在这几台风机及连接场内道路的下阶段设计中，应确保选址占地区均位于三都县境内，避免涉及荔波县境内，从而完全避开自然保护区。

在施工过程中应做好开挖弃土弃渣的拦挡措施，避免弃渣下坡。

在保护区边界处的施工区设置警示牌和警戒线，限定施工活动区域，避免施工作业干扰保护区。

8. 环境监测计划

施工期监测施工营地生活污水水质、1 处小学声环境质量。

运行期监测风机噪声源强、升压站厂界噪声和 2 处居民点声环境质量、生态恢复情况和鸟类观测调查。

环境监测和调查项目统计如表 6-2 所示。

表 6-2　工程环境监测和调查项目统计表

环境	区域	监测和调查项目	监测和调查频次
水环境	1 号施工营地	生活污水 pH、悬浮物、BOD_5、COD_{Cr}、$NH_3\text{-}N$、总磷	施工高峰月监测 1 期
声环境	1 处小学	环境噪声 Leq（A）	施工期监测 1 次，监测 2 天
	2 处居民点	风机噪声源强和环境噪声 Leq（A）	运行期正常运行工况下监测 2 天
	升压站厂界	厂界噪声 Leq（A）	运行期正常运行工况下监测 2 天
生态环境	施工临时占地区、场内公路	植被恢复效果	竣工运行初期调查 1 次
	场区及周边区域	鸟类种类组成、数量、分布区域、迁徙特征	竣工运行初期调查 1 次

6.2 水土保持设计

■ 6.2.1 水土流失特点

山区地形起伏，沟谷切割，流水汇集快，冲刷力强，土层较薄且土壤贫瘠，加之成土速度慢，汇流冲刷造成的水土流失严重，土壤流失后生态修复困难，是我国水土流失较为严重的区域之一。山区风电场工程水土流失的类型主要是水力侵蚀，同时存在滑坡、崩塌等重力侵蚀。水力侵蚀的表现形式主要是坡面面蚀，包括溅蚀、片蚀及细沟侵蚀，部分区域以沟蚀为主，包括溯源、沟岸扩张及下切 3 种形式，山区风电场工程水土流失特点如下：

（1）水土流失防治责任范围大。

山区风电场一般由风机及箱变、升压站、集电线路、施工及检修道路、弃渣场、表土堆存场、施工生产生活场地等区域组成，为达到一定的风速要求，风机多布设在山顶或山脊上，因此建设区域普遍较为偏僻，导致施工及检修道路工程量一般较大。加之山区地形起伏，各区域场平易形成高陡边坡，扰动面积广，水土流失防治责任范围大。

（2）弃方量大，渣场选址困难。

受山区风电场工程建设区域的地形地貌限制，施工及检修道路、风机及箱变、升压站等区域场平时，为防止边坡失稳，一般需对边坡进行放坡处理，开挖土石方量有所增加，为控制施工占地，开挖的土石方不得沿山体直接滚落，因此大部分开挖土石方均需按废弃处理，弃方量较大。山区风电场工程弃渣场选择时，严禁设置在对公共设施、基础设施、工业企业、居民点等有重大影响的区域；不得设置在河道、湖泊和建成水库管理范围内；应避开滑坡体、泥石流等不良地质条件地段；不宜设置在汇水面积和流量大、沟谷纵坡陡、出口不易拦截的沟道；还应遵循"少占压耕地，少损坏水土保持设施"的原则；此外还应满足其他法律法规和规程规范的要求。因此，山区风电场能堆渣的区域极其有限，渣场选址较为困难。

（3）水土流失量明显高于平原风电场。

平原区域风电场建设场地平缓，即使遇到雨季，雨水也易下渗，不易形成汇流，水土流失量相对较小，而山区风电场工程建设区域地形坡度较大，坡面长，工程建设破坏地表后，缺少覆盖物的保护，雨滴击溅、雨水下渗、坡面汇流等极易带走覆盖层土壤，沿荒沟向下游流失，水土流失量大，明显高于平原区的风电场工程。

（4）水土流失期较为集中。

山区风电场工程建设对水土流失的影响主要是在施工期。在施工过程中，施工占地、基础开挖等环节将不同程度地扰动地表、损坏土地及其植被，使水土保持设施的功能降低或丧失。

■ 6.2.2　水土流失防治责任范围及防治分区

1. 水土流失防治责任范围

山区风电场工程水土流失防治责任范围应包括项目永久征地、临时占地（含租赁土地）以及其他使用与管辖区域。永久征地主要包括风机及箱变、升压站、架空线路的塔基、升压站供水、检修道路等区域，临时占地主要包括弃渣场、表土堆存场、施工生产生活场地、直埋电缆等区域。

2. 水土流失防治分区

水土流失防治区一般划分为风电机组区、升压站区、集电线路区、交通道路区、弃渣场区、表土堆存场区、施工生产生活区等，部分山区风电场表土资源有限，尚需考虑取土场取土并进行土壤改良，以保障后期植被恢复覆土所需。

■ 6.2.3　水土保持措施总体布局

6.2.3.1　风电机组区

1. 措施体系分析

山区风电场工程的表土普遍稀缺，而表土为重要的资源，是天然种子库，需加以剥离保存，后期为植被恢复提供覆土土源。风机基础开挖过程中，开挖土石方容易沿山体滚落，造成大面积扰动，需在开挖下游侧设拦挡措施，同时对开挖形成的边坡采取临时苫盖防降雨冲刷。风机吊装平台需进行碾压，碾压后雨水下渗困难，普遍存在平台积水现象，需考虑吊装平台的排水设施。施工后期，对平台、挖填边坡等裸露迹地采取植被恢复措施。综上所述，山区风电场工程风电机组区的工程措

施有表土剥离、各类排水沟、沉沙池、土地整治等；植物措施有各类边坡综合护坡或生态防护、植树种草绿化等；临时措施有临时苫盖、拦挡等。

2. 措施布局

施工前进行表土剥离、集中堆存并做好防护；施工过程中，在吊装平台设排水沟，挖填边坡坡脚设拦挡、裸露区域进行苫盖；施工后期，对边坡采取综合护坡或生态护坡，其他裸露迹地采取土地整治、植树种草进行绿化。

6.2.3.2　升压站区

1. 措施体系分析

升压站多布置在宽缓地带，普遍有一定的表土资源，需考虑表土的剥离及防护。升压站场平形成挖填边坡，开挖边坡外围汇水和升压站内场地积水需布设截排水设施进行排出，坡脚采取措施进行拦挡，坡面设临时苫盖防止雨水冲刷。施工后期，挖填边坡设各类护坡，升压站内和其他裸露迹地采取植树种草恢复植被。综上所述，山区风电场工程升压站区的工程措施有表土剥离、各类排水设施、沉沙池、土地整治等；植物措施有各类边坡综合护坡或生态防护、植树种草绿化等；临时措施有临时苫盖、拦挡等。

2. 措施布局

施工前进行表土剥离、集中堆存并做好防护；施工过程中，在开挖边坡坡顶设截水沟，升压站场内设排水设施，挖填边坡坡脚设拦挡、裸露区域进行苫盖；施工后期，对边坡采取综合护坡或生态护坡，升压站内可恢复植被区域采取土地整治、植树种草进行绿化。

6.2.3.3　集电线路区

1. 措施体系分析

山区风电场工程集电线路一般采用直埋电缆，跨越荒沟或地形起伏较大区域也有采取架空线路的情况。电缆沟或塔基基础开挖前，需将扰动区域的表土资源进行剥离并堆放于电缆沟或塔基一侧，为避免松散的表土受冲刷造成水土流失，需考虑表土的临时拦挡、苫盖、排水和沉沙措施。针对坡地型塔基，需做好坡面来水的拦截和排导。施工后期，对施工裸露迹地进行植草绿化。综上所述，集电线路区工程措施有表土剥离、截水沟、土地整治等；植物措施有撒播草种；临时措施有临时拦挡、苫盖措施。

2.措施布局

施工前进行表土剥离、沿沟道或塔基一侧集中堆存并做好防护；施工过程中，在塔基开挖边坡坡顶设截水沟，裸露区域进行苫盖；施工后期，对边坡采取综合护坡或生态护坡，其他裸露迹地采取土地整治、植草绿化。

6.2.3.4 交通道路区

1.措施体系分析

山区风电场的道路工程量普遍较大，需注重表土资源的剥离保护以满足生态修复的需要。针对道路路基施工可能形成大量的路堤边坡及路堑边坡，考虑在路堑边坡坡顶设截水沟，边坡平台及路堤边坡坡脚设排水沟，路基两侧设边沟形成完善的排水系统，防止雨水冲刷边坡和路面。主体设计中一般考虑了道路的过水涵管、路肩墙及挡土墙，水保设计时，应注重施工过程中道路边坡、筑路材料的临时拦挡和苫盖，施工后期道路的各类边坡防护及裸露迹地的植树种草措施。此外，结合美丽工程、风电场旅游开发等需要，永久道路尚需考虑种植行道树对道路进行绿化美化。综上所述，交通道路区工程措施有表土剥离、截水沟、排水沟、道路边沟、土地整治等；植物措施有综合护坡或生态护坡、种植行道树等；临时措施有临时拦挡、苫盖等。

2.措施布局

施工前进行表土剥离、集中堆存并做好防护，沿较陡的开挖边坡坡脚设临时拦挡；施工过程中，在路堑边坡坡顶设截水沟，在边坡平台及路堤边坡坡脚设排水沟，路基两侧设边沟，纵坡较陡的截排水设施布设急流槽，截排水设施出口设沉沙池后顺接到自然沟道或路基过水涵洞，对裸露边坡采取临时苫盖措施；施工后期，在工程综合护坡内、边坡平台及沿线其他可恢复植被区域采取土地整治、喷播草灌、植树种草进行绿化。

6.2.3.5 弃渣场区

1.措施体系分析

山区风电场布置区域多位于山顶或山脊，地形起伏大，渣场多布置在荒沟或坡地，类型主要为沟道型或坡地型，需考虑堆渣前的表土剥离及保护措施，并设置拦挡措施对弃渣进行拦挡，防止渣体沿荒沟或坡地滚落。针对上游存在集雨面积的弃渣场，视情况配套拦洪坝及截水措施，避免汇水冲刷渣体，渣体渗水主要采用盲沟进行导排。堆渣结束后，进行土地整治、堆渣形成的边坡设综合护坡或生态护坡，根据渣场原占地类型采取相应的植被恢复措施。综上所述，弃渣场区工程措施有表土剥离、截排水设施、拦渣工程、土地整治等；植物措施有综合护坡或生态护坡、复耕、植树种草等；临时措施有临时苫盖等。

2. 措施布局

堆渣前剥离表土、集中堆存并做好防护；于渣场底部设盲沟，堆渣坡脚设拦渣工程，堆渣上游来水侧设截水沟，截水沟出口布置沉沙池，流水经沉沙池沉淀后顺接至自然沟道；堆渣结束后对堆渣边坡采取综合护坡或生态护坡，堆渣平台进行土地整治、复耕或植树种草进行绿化。

6.2.3.6　表土堆存场区

1. 措施体系分析

表土堆存场堆放各区剥离运至本区的表土，为松散堆积体，堆存后地表无植被防护，遇暴雨或上游来水下泄时，易造成水土流失。此外，表土若随意堆放或不采取措施防护，堆存的边坡坡面容易失稳，特别是暴雨期间容易受到雨水冲刷。因此，需在表土堆存前设临时拦挡，视情况对表土采取苫盖或撒播绿肥作物进行防护，表土上游来水侧设临时排水及沉沙措施。表土堆存结束后，为使其与周边地类相协调，采取复耕、植被恢复等措施。此外，针对表土资源不足的区域，可收集各区土壤，在表土堆存场内一并进行土壤改良。综上所述，表土堆存区主要工程措施有土壤改良、全面整地；植物措施有复耕、植树种草；临时措施有临时苫盖、撒播草籽临时防护等。

2. 措施布局

表土堆存前，在堆存边坡坡脚设拦挡措施，上游来水侧设截水沟，堆土过程中采取土壤改良；堆存场利用完毕，对施工迹地进行土地整治、复耕或植树种草绿化。

6.2.3.7 施工生产生活区

1. 措施体系分析

施工生产生活场地多布设在开阔区域，有一定的表土资源，考虑对占压区域的表土进行剥离保存。施工过程中对施工生产生活场地进行平整，损坏原地貌形态，场地易受到雨水冲刷，产生水土流失，因此需考虑场地内排水设施。施工场地利用过程中，存在堆料等情况，需考虑堆料的临时苫盖。场地利用完毕后，临建设施进行拆除会带来新的水土流失，需及时采取土地整治、复耕或植被恢复措施，及时控制场地内的水土流失。综上所述，施工生产生活区工程措施主要有表土剥离、土地整治等；植物措施主要有复耕、植树种草恢复植被；临时措施主要有临时排水沟、临时沉沙池、临时苫盖等。

2. 措施布局

施工前，剥离表土、集中堆存并做好防护；施工过程中，沿生活场地内建筑物周边设临时排水沟，并采取植树、种草等措施美化办公环境。生产场地内设临时排水沟，排水沟出口设沉沙池后顺接到自然沟道或施工便道排水沟；施工后期，进行土地整治，对原占地为连片耕地的区域进行复耕，其余区域植树种草恢复植被。

■ 6.2.4 水土保持措施设计

山区风电场涉及的单位工程主要包括拦渣工程、斜坡防护工程、防洪排导工程、土地整治工程、临时防护工程、植被建设工程。其中拦渣工程主要为挡渣墙，斜坡防护工程包括综合护坡或生态护坡，防洪排导工程包括截水沟、排水沟、沉沙池等，土地整治工程主要包括表土剥离、土地整治、全面整地、复耕等，临时防护工程主要包括临时拦挡、苫盖、排水、沉沙，植被建设工程主要包括种植行道树、种植乔木、种植灌木、撒播草籽。

6.2.4.1 拦渣工程

1. 弃渣场及拦渣工程建筑物级别

拦渣工程建筑物级别的确定需考虑弃渣场级别、项目所在区域是否涉及水土流失重点预防区和重点治理区。弃渣场级别主要根据堆渣量、最大堆渣高度以及弃渣场失事对主体工程或环境造成的危害程度进行确定。项目所在区域是否涉及水土流失重点预防区和重点治理区可从各级主管部门的水土保持规划、水土流失重点预防区和重点治理区划分等材料进行查阅。拦渣工程建筑物级别确定如表 6-3 所示。

表 6-3　拦渣工程建筑物级别确定表

弃渣场级别	堆渣量 V/万 m³	最大堆渣高度 H/m	渣场失事对主体工程或环境造成的危害程度	拦渣工程（挡渣墙）级别 项目所在区域是否涉及水土流失重点预防区和重点治理区	
				是	否
1	2000≥V≥1000	200≥H≥150	严重	1	2
2	1000＞V≥500	150＞H≥100	较严重	2	3
3	500＞V≥100	100＞H≥60	不严重	3	4
4	100＞V≥50	60＞H≥20	较轻	4	5
5	V＜50	H＜20	无危害	4	5
备注					

备注：
①根据堆渣量、最大堆渣高度、渣场失事对主体工程或环境的危害程度确定的渣场级别不一致时，就高不就低。
②渣场失事对主体工程的危害指对主体工程施工和运行的影响程度，渣场失事对环境的危害指对城镇、乡村、工矿企业、交通等环境建筑物的影响程度。
③严重危害：相关建筑物遭到大的破坏或功能受到较大的影响，可能造成人员伤亡和重大财产损失的。
较严重危害：相关建筑物遭到较大破坏或功能受到较大影响，须进行专门修复后才能投入正常使用。
不严重危害：相关建筑物遭到破坏或功能受到影响，及时修复可投入正常使用。
较轻危害：相关建筑物受到的影响很小，不影响原有功能，无需修复即可投入正常使用。
④山区风电场工程多处于山顶和山脊，拦渣工程普遍以挡渣墙为主。
⑤拦渣工程高度不小于 15m，弃渣场等级为 1 级、2 级时，挡渣墙建筑物级别可提高 1 级

2. 弃渣场设计

1）渣场堆置要素的确定。

弃渣场堆置要素包括堆渣总高度与台阶高度、平台宽度、综合坡度、容量、占地面积等。

（1）最大堆渣高度。

最大堆渣高度按弃渣初期基底压实到最大承载能力控制，按下式计算：

$$H=\pi C \cot\varphi\left[\gamma\left(\cot\varphi+\frac{\pi\varphi}{180}-\frac{\pi}{2}\right)\right]^{-1} \tag{6-1}$$

式中　H——弃渣场的最大堆渣高度，单位为 m；

C——弃渣场基底岩土的黏结力，单位为 kPa；

φ ——弃渣场基底岩土的内摩擦角，单位为°；

γ ——弃渣容重，单位为 kN/m^3。

（2）台阶高度。

弃渣堆渣高度超过 40m 时，应分台阶堆存，第一台阶高度原则上不应超过 20m，遇倾斜砂质土地基时，第一台阶高度不应大于 10m，山区风电场工程弃渣场一般每 10m 高设一个台阶。

（3）平台宽度。

山区风电场工程弃渣平台宽度一般按 2m 进行设置，若有通车需求的，平台宽度可视情况进行调整。

（4）综合坡度。

综合坡度根据堆渣坡比、平台宽度进行综合计算。堆渣坡比主要按工程地质资料进行确定。山区风电场工程弃渣场设计时，初步根据弃渣岩土组成，确定渣体的自然安息角，堆渣坡度初步按自然安息角除以渣体正常工况时的安全系数进行确定。山区风电场工程弃渣场的堆渣坡比一般介于 1：1.5～1：2.5 之间。

（5）容量。

容量计算方法较多，可采取常规的台体公式进行计算，也可通过多种软件建立三维模型进行体积计算。如采取 GIS 中的三维分析工具将带有高程信息的数据转化为三维模型进而生成栅格表面，利用原始地形栅格及堆渣表面栅格的填挖方计算工具，一次性计算出渣场规划容量。

（6）占地面积。

弃渣场的占地面积需结合地形、堆置要素、弃渣场防护建（构）筑物布置区域、堆渣量等进行综合确定。

2）渣场稳定计算。

（1）渣场地质条件。

设计阶段应对弃渣场及防护建（构）筑物布置区进行勘察，应调查弃渣场所在区域的地下水埋深，滑坡、崩塌及泥石流等不良地质情况，勘察清楚渣场地层岩性、覆盖层组成及厚度、不良地质情况、相关的物理力学参数等工程地质相关内容，明确渣场场址稳定性和建设用地适宜性。

（2）渣体特性及各地层物理力学参数。

渣体特性可根据弃渣场渣体来源、土石占比、相关地质试验、工程地质资料进行确定。各地层物理力学参数主要采用地质勘察的相关成果进行确定。

（3）计算工况分析。

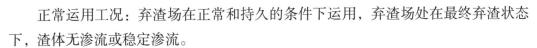

正常运用工况：弃渣场在正常和持久的条件下运用，弃渣场处在最终弃渣状态下，渣体无渗流或稳定渗流。

非常运用工况一（地震）：弃渣场在正常和持久的条件下遭遇Ⅶ度以上（含Ⅶ度）地震。

非常运用工况二（连续降雨）：山区风电场工程若处在多雨地区，还应核算连续降雨期边坡的抗滑稳定。

（4）计算方法。

弃渣场抗滑稳定计算可采用不计条块间作用力的瑞典圆弧滑动法；对均质渣体，宜采用计及条块间作用力的简化毕肖普法；对有软弱夹层和滑动面呈非圆弧形的弃渣场，宜采用满足力和力矩平衡的摩根斯顿－普赖斯法进行抗滑稳定计算；对于存在软基的弃渣场，宜采用改良圆弧法进行抗滑稳定计算。

山区风电场工程土石方开挖过程中土石混合，渣体一般不均匀。渣场选址时，应避开滑坡、崩塌及泥石流等不良地质区域，多避开软弱夹层，地质条件一般较为简单，故一般采用不计条块间作用力的瑞典圆弧滑动法计算，公式如下：

$$K = \frac{\sum\{[(W \pm V)\cos\alpha - ub\sec\alpha - Q\sin\alpha]\tan\varphi' + c'b\sec\alpha\}}{\sum(W \pm V)\sin\alpha + M_C / R} \qquad (6\text{-}2)$$

式中　b——条块宽度，单位为 m；

　　　W——条块重力，单位为 kN；

　　　Q、V——水平和垂直地震惯性力（向上为负，向下为正），单位为 kN；

　　　u——作用于土条底面的孔隙压力，单位为 kPa；

　　　α——条块的重力线与通过此条块底面中点的半径之间的夹角，单位为°；

　　　c'，φ'——土条底面的有效应力抗剪强度指标；

　　　M_C——水平地震惯性力对圆心的力矩，单位为 kN·m；

　　　R——圆弧半径，单位为 m。

（5）计算边界条件。

根据各渣场剖面，取单宽（即 1m）进行计算，不考虑侧向土压力的影响；不考虑边坡坡面加固支护措施（植被护坡）对边坡的有利作用；通过设置潜在滑动面搜索半径大于挡渣墙地面以上高度（2m）的方式，考虑挡渣墙对坡脚附近坡面的挡护作用，并在挡渣墙的稳定计算中单独对该部分进行分析；不考虑挡渣墙对弃渣场整体稳定性的加固作用。

（6）基本假定。

不考虑地震作用和土体内部拱效应；正常运用工况下渣体处于最终状态，物理力学参数采用天然状态下的参数；非常运用工况（连续降雨）下出于安全考虑渣体和覆盖层全部采用饱和参数，不考虑坡面渗流压力的影响。

（7）计算结果。

山区风电场工程弃渣场的堆渣体一般不均匀，多采用瑞典圆弧法计算弃渣场安全稳定系数，不同级别渣场的安全稳定系数不应小于如表 6-4 所示的数值。

表 6-4　弃渣场抗滑稳定安全系数

应用情况	弃渣场级别			
	1	2	3	4、5
正常运用	1.25	1.20	1.20	1.15
非常运用	1.10	1.10	1.05	1.05

3. 拦渣工程设计

1）挡渣墙形式选择。

山区风电场工程一般布置在荒沟或坡地，拦渣工程普遍采取挡渣墙，挡渣墙的形式应根据降雨和渣场周边汇水情况、弃渣堆置形式、地质、材料来源等进行综合确定。

2）断面设计。

（1）断面确定。

山区风电场弃渣场的挡渣墙设计时，一般先根据经验初步确定挡渣墙断面尺寸，再结合渣场工程地质相关材料，对挡渣墙的抗滑、抗倾覆、基底应力等进行验算，将各项验算均满足抗滑、抗倾覆、地基承载力要求，且经济合理的挡渣墙断面作为挡渣墙的设计断面。

（2）基底埋置深度。

挡渣墙多采用明挖基础，基底的埋置深度根据地形、地质、冻结深度、结构稳定性和地基条件等进行确定。

（3）伸缩和沉降缝。

根据地形地质条件、气候条件、墙高及断面尺寸等进行设置，伸缩和沉降缝设计时一般进行合并设置，沿墙轴线方向每隔 10～15m 设置一道宽 2～3cm 的伸缩沉降缝，缝内采用沥青木板、沥青麻絮或其他止水材料。

（4）排水。

当墙后水位较高时，应将渣体内降水形成的水流及时排出，一般在墙身设置排水孔，排水孔孔径 5～10cm，间距 2～3m，纵坡 5%～10%，排水孔进口端设反滤层，出口应高于墙前水位。

3）挡渣墙稳定性计算。

挡渣墙稳定性计算的目的是保证渣场不产生滑动破坏、绕前趾倾覆破坏、前倾变位等，同时保证地基不出现过大沉陷。

（1）计算工况。

正常运用工况：山区风电场弃渣场设置在坡地或荒沟，一般不受地下水影响，弃渣场顶部普遍无附加荷载，挡渣墙荷载组合通常为：挡渣墙自重＋土压力（自然状态参数）。

非常运用工况（长期降雨）：长期降雨情况，弃渣场在最终弃渣状态下，弃渣场顶部无附加荷载，挡渣墙不受地下水影响，但部分渣体受降雨浸润，采用饱和参数计算。荷载组合为：挡渣墙自重＋土压力（饱和状态参数）。

非常运用工况（地震）：正常挡渣情况，弃渣场顶部无附加荷载，挡渣墙不受地下水影响，部分地区可能受地震影响。荷载组合为：挡渣墙自重＋土压力（自然状态参数）＋地震荷载。

（2）计算参数。

计算参数依据建筑材料、工程地质材料进行确定。

（3）计算方法。

①基地抗滑稳定计算。

计算公式：

$$K_s = (W + P_{ay}) \mu / P_{ax} \qquad (6-3)$$

式中　K_s——最小抗滑安全系数；

　　　W——墙体自重，单位为 kN；

　　　P_{ay}——主动土压力的垂直分力，$P_{ay} = P_a \sin(\delta + \varepsilon)$，单位为 kN；

　　　μ——基底摩擦系数；

　　　P_{ax}——主动土压力的水平分力，$P_{ax} = P_a \cos(\delta + \varepsilon)$，单位为 kN；

　　　P_a——主动土压力，单位为 kN；

　　　δ——墙摩擦角；

　　　ε——墙背倾斜角度。

②抗倾覆稳定计算。

对墙趾 O 点取力矩，计算公式：

$$K_t = (W_a + P_{ay}b) / (P_{ax}h) \qquad (6-4)$$

式中　K_t——最小抗倾覆安全系数；

　　　W_a——墙体自重 W 对墙趾 O 点的力矩，单位为 kN·m；

　　　$P_{ay}b$——主动土压力的垂直分力对墙趾 O 点的力矩，单位为 kN·m；

　　　$P_{ax}h$——主动土压力的水平分力对墙趾 O 点的力矩，单位为 kN·m。

③基底应力计算。

计算公式：

$$\sigma_{min}^{max} = \frac{\sum G}{A}(1 + \frac{6e}{B}) \tag{6-5}$$

式中　σ_{max}、σ_{min}——基底最大和最小应力，单位为 kPa；

　　　$\sum G$——竖向力之和，单位为 kPa；

　　　A——基底面积，单位为 m²；

　　　B——墙底板的高度，单位为 m；

　　　e——合力距底板中心点的偏心距，单位为 m。

（4）计算成果。

弃渣场挡渣墙的抗滑安全系数、抗倾覆安全系数不应小于如表 6-5 所示的数值，基底应力应满足表 6-5 要求。

表 6-5　抗滑安全系数、抗倾覆安全系数及基底应力要求一览表

项目			挡渣墙级别				
			1	2	3	4	5
抗滑安全系数	土质地基	正常运用工况	1.35	1.30	1.25	1.20	1.20
		非常运用工况	1.10			1.05	
	岩石地基	正常运用工况	1.10	1.08		1.05	
		非常运用工况	1.00				
抗倾覆安全系数	土质地基	正常运用工况	1.60	1.50	1.45	1.40	
		非常运用工况	1.50	1.40	1.35	1.30	
	岩石地基	正常运用工况	1.45			1.40	
		非常运用工况	1.30				
基底应力要求	土质地基和软质岩石地基	各种运用工况	平均基底应力不应大于地基允许承载力，最大基底应力不应大于地基允许承载力的1.2倍；基底应力的最大值与最小值之比不应大于2.0，砂土宜取2.0~3.0				

6.2.4.2　斜坡防护工程

斜坡防护工程中，处理不良地质采取的锚杆护坡、抗滑桩、抗滑墙、挂网喷混等不应界定为水土保持措施，因此，水保设计时主要的斜坡防护工程包括综合护坡

和生态护坡。

1. 综合护坡

1）框格形式。

综合护坡工程将植被防护与工程防护相结合，山区风电场工程主要的综合护坡形式为框格护坡，框格有方形、拱形、菱形、人字形等多种形式，如图 6-3 所示，砌筑材料多采用混凝土、浆砌石等。

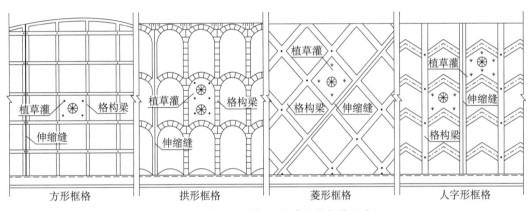

图 6-3　山区风电场工程常用的框格形式

2）框格布置。

（1）方形框格。

方形框格普遍沿边坡走向或顺边坡倾向进行布置，根据建筑材料的不同，设置不同的水平间距，其中采用浆砌石砌筑的框格水平间距应小于 3m，采用混凝土浇筑的框格水平间距应小于 5m。

（2）拱形框格。

在顺坡方向上设置浆砌石或混凝土条带，条带间砌筑浆砌石拱或混凝土拱，根据建筑材料的不同，设置不同的横向或水平间距，其中采用浆砌石砌筑的拱格横向或水平间距应小于 3m，采用混凝土浇筑的拱格横向或水平间距应小于 4.5m。

（3）菱形框格。

布置在平整边坡坡面上，采用浆砌石砌筑的框格间距应小于 3m，采用混凝土浇筑的框格间距应小于 5m。

（4）人字形框格。

在顺坡方向上设置浆砌石或混凝土条带，条带间砌筑人字形浆砌石拱或混凝土拱，采用浆砌石砌筑的框格横向或水平间距应小于 3m，采用混凝土浇筑的框格横向或水平间距应小于4.5m。

3）框格内植被设计。

（1）设计原则。

结合边坡水土流失特点，因地制宜、因害设防、总体设计、全面布局、科学配置；树立人与自然和谐相处的理念，尊重自然规律，注重与周边景观相协调。

（2）树草种选择。

山区风电场工程中，框格护坡多布置在坡度较陡区域，框格内多以撒播或液压水力喷播草籽为主，部分水热条件较好的山区风电场也考虑在框格内结合草灌绿化。树草种的选择应考虑适地适树，结合边坡功能要求，考虑山区风电旅游等景观需要，可适当选择景观植被。

（3）搭配方案。

尽量选择2~3种植被进行搭配，在所搭配的物种中，需考虑其竞争和相互抑制关系，选择具有种间促进作用的植被进行搭配种植。

（4）植被种植设计。

山区风电场工程框格内植被多采用撒播或液压水力喷播2种方式。

①撒播草籽。

框格骨架施工后，需在框格内进行客土回填，可将草籽一并掺混至回填土内，掺混均匀后填充框格。

②液压水力喷播。

液压水力喷播植草设计内容主要包括土地整治、覆土、拌料、液压水力喷播、无纺布苫盖、初期养护等。

坡面修整：对坡面进行清理、修整，清除不利草籽生长的大块石或建筑垃圾，对较硬的边坡进行槽挖（深度约5cm），为覆土或客土吹附提供条件。

覆土或客土吹附：对于具备覆土条件的缓坡，直接覆土，厚度10~20cm。对于坡度较陡区域，采用客土吹附，将种植土、种子、复合肥、纸浆纤维、保水剂、粘合剂等用搅拌机充分拌和（用量同拌料）后，在干料状态下用空压机和混凝土喷射泵输送，在喷射口与水混合吹附到修整后的坡面。

拌料：按配方将种子、复合肥、纸浆纤维、保水剂、粘合剂等加水拌和，用喷播机均匀喷洒在坡面上，设计时需说明配方用量。

现场喷播：利用水流原理，通过高压泵作用，将拌料混合物高速均匀地喷播到已修整完成的坡面，形成均匀覆盖物保护下的草种层。

无纺布铺设与揭开：喷播完毕后，立即苫盖无纺布，无纺布搭接处采用铁丝进

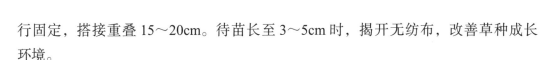

行固定，搭接重叠 15～20cm。待苗长至 3～5cm 时，揭开无纺布，改善草种成长环境。

初期养护：提出养护时间、养护内容、养护要求及相关工程量。

2. 生态护坡

山区风电场工程挖填形成的较陡边坡多采用综合护坡，生态护坡主要针对缓坡。生态护坡普遍采用液压水力喷播、生态植生袋护坡、植树种草等措施。

1）生态植生袋护坡。

清理坡面：先将边坡碎石、杂草、树根、泥土等进行清除，修整边坡，为植生袋砌筑提供条件。

袋底碎石铺垫：根据码放顺序，在植生袋底层铺设 5～10cm 碎石，用于边坡的积水排出。

种植土装填：将种植土、复合肥、有机肥、保水剂、草籽进行混合（1m³ 种植土添加有机肥 8kg、复合肥 80g、保水剂 24g，草籽用量根据千粒重等进行确定），混合后装填至植生袋。

植生袋垒砌：将装填好种植土的植生袋进行垒砌，其中碎石侧砌筑在底部，每码放好一排后均用脚踩实压紧再继续码放。以此类推，直至填满拱形框架为止。

其他要求：缓坡施工时植生袋直接码放即可，如果坡比大于 1:0.5，须按 1m×1m 的间距在每拱中间打固定桩，固定桩采用 ϕ14mm 钢筋，长 100cm，并用钢丝网拉紧。

2）植树种草进行边坡绿化。

边坡修整及覆土：清除边坡杂物，修整地形，结合边坡植被恢复方向确定覆土厚度，一般在 0.1～0.4m，所覆土壤质量较差的，需增加有机肥、复合肥等提升土壤肥力，每公顷土地有机肥用量 2～6t。

树草种选择：树草种的选择应考虑适地适树，需考虑搭配种的种间斗争问题。需明确所选树草种苗木规格。其他种植方法见植被建设工程。

6.2.4.3 防洪排导工程

1. 设计标准

山区风电场工程布置在山顶或山脊，截排水工程主要拦截和排出坡面汇水，设计标准宜采用 3～5 年一遇 5～10min 短历时设计暴雨，若项目所在区域涉及水土流失重点预防区和重点治理区，根据相关规程规范提高防洪标准。

2. 截排水设计流量计算

计算公式：

$$Q_m = 16.67\phi q F \tag{6-6}$$

式中 ϕ ——径流系数；

q ——设计重现期和降雨历时内的平均降雨强度，单位为 mm/min；

F ——汇水面积，单位为 km^2。

由于邻近地区无 10 年以上自记雨量计资料，需利用标准降雨强度等值线图和有关转换系数，按下式计算降雨强度：

$$q = C_p C_t q_{5,10} \tag{6-7}$$

式中 C_p ——重现期转换系数，为设计重现期降雨强度 q_p 与标准重现期降雨强度 q_5 的比值（q_p/q_5）；

C_t ——降雨历时转换系数，为降雨历时 t 的降雨强度 q_t 同 10min 降雨历时的降雨强度 q_{10} 的比值；

$q_{5,10}$ ——5 年重现期和 10min 降雨历时的标准降雨强度，单位为 mm/min。

降雨历时宜取设计控制点的汇流时间，其值为汇水区最远点到排水设施处的坡面汇流历时 t_1 与在沟（管）内的沟（管）汇流历时 t_2 之和。

其中坡面汇流历时及其相应的地表粗度系数应按柯比（Ker-by）式计算：

$$t_1 = 1.445 \left(\frac{m_1 L_s}{\sqrt{i_s}} \right)^{0.467} \tag{6-8}$$

式中 t_1 ——坡面汇流历时，单位为 min；

L_s ——坡面流的长度，单位为 m；

i_s ——坡面流的坡降，以小数计；

m_1 ——地面粗度系数。

计算沟（管）汇流历时 t_2 时，先在断面尺寸变化点、坡度变化点或者有支沟（支管）汇入处分段，分别计算各段的汇流历时再叠加而得，可按下式计算：

$$t_2 = \sum_{i=1}^{n} \left(\frac{l_i}{60 v_i} \right) \tag{6-9}$$

式中 t_2 ——沟（管）内汇流历时，单位为 min；

n、i ——分段数和分段序号；

l_i ——第 i 段的长度，单位为 m；

v_i ——第 i 段的平均流速，单位为 m/s。

沟（管）平均流速 v 可按下式计算：

$$v=\frac{1}{n}R^{2/3}I^{1/2} \tag{6-10}$$

$$R=A/X \tag{6-11}$$

式中　n——沟（管）壁的粗糙系数；

　　　R——水力半径，单位为 m；

　　　X——过水断面湿周，单位为 m；

　　　I——水力坡度，可取沟（管）的底坡。

3. 过流能力分析

过流能力按下式进行计算：

$$Q=AC\sqrt{Ri} \tag{6-12}$$

式中　A——过水断面面积，$A=(b+mh)h$；

　　　C——谢才系数，$C=\frac{1}{n}R^{1/6}$，n 为糙率，截水沟采用水泥砂浆抹面，取 0.015；

　　　R——水力半径，$R=A/\chi$，χ 为湿周，$\chi=b+2h_0\sqrt{1+m^2}$；

　　　i——截水沟纵坡，2%。

4. 消能措施

山区风电场工程的截排水沟不可避免存在陡坡段，需考虑急流槽或跌水，设计中以跌水坎消能较为常见。跌水坎示意图如图 6-4 所示。

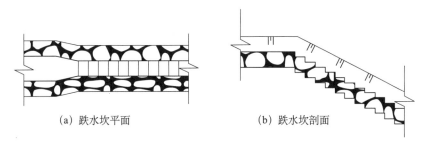

(a) 跌水坎平面　　　　　　　　(b) 跌水坎剖面

图 6-4　跌水坎示意图

5. 截排水沟出口处理

为避免汇流冲刷，山区风电场工程截排水沟出口一般设置扩散段，使出口水流分散后进行排出。

6. 沉沙措施

山区风电场沉沙措施主要为沉沙池，沉沙池宽宜取 1～2m，池长宜为池宽的 2 倍，池深宜取 1.5～2.0m。

6.2.4.4 土地整治工程

1. 表土剥离及防护

（1）表土剥离。

山区表土资源普遍稀缺，表土为重要资源，是天然种子库，表土的剥离保存尤为重要。表土剥离设计需在对区域表土资源全面调查的前提下，明确剥离厚度和施工方法，山区风电场表土剥离厚度一般介于 0.2～0.8m，表土剥离后进行集中堆存防护，设计时需明确剥离量、运距等参数。

（2）防护设计。

表土堆存场选址可参照渣场选址，尽量设置在荒沟或平缓区域，防护工程一般包括临时拦挡、苫盖或撒播草籽临时防护、临时排水、沉沙等。需明确拦挡、排水、沉沙断面形式及尺寸、苫盖材料、撒播草籽临时防护用量等情况。

2. 土地整治

山区风电场工程土地整治范围一般为征占地范围内需要复耕或恢复植被的扰动及裸露土地，主要整治内容包括土地平整、翻松、回覆表土、土壤改良等内容。土地平整主要包括削凸填凹，进行粗平整，对压实土地进行翻松，土壤改良一般添加有机肥、复合肥或其他肥料，针对土地利用恢复方向为林草地的，应优先选择具有根瘤菌或其他固氮菌的绿肥作物。覆土厚度需根据土地恢复利用方向进行确定，如表 6-6 所示。

表 6-6　山区风电场推荐覆土厚度一览表

分区	覆土厚度 /m		
	耕地	林地	草地（不含草坪）
西北黄土高原区的土石山区	0.60～1.00	≥0.60	≥0.30
北方土石山区	0.30～0.50	≥0.40	≥0.30
西南土石山区	0.20～0.50	0.20～0.40	≥0.10

注：1. 采用客土造林、栽植带土球乔灌木、营造灌木林可视情况降低覆土厚度或不覆土。
　　2. 铺覆草坪时覆土厚度不小于 0.10m。

6.2.4.5　临时防护工程

临时防护工程主要包括临时拦挡、苫盖、截排水、沉沙等。

1. 临时拦挡

临时拦挡的形式需根据周边建筑材料来源进行考虑，山区风电场工程临时拦挡一般采用袋装土临时挡墙、干砌石挡墙等。设计时需明确挡墙布置位置、基础埋深、挡墙断面尺寸、施工方法等内容。挡墙断面形式和堆高在满足自身稳定的基础上，根据拦挡区域的坡度进行砌筑，一般采用梯形断面，高度宜控制在 2m 以下。

2. 临时苫盖

山区风电场临时苫盖主要防止雨滴击溅、水流入渗或雨滴汇流形成的冲刷，覆盖材料较多，包括土工布、无纺布、密目网、塑料布等，设计时需明确苫盖区域、苫盖材料、苫盖固定措施、修补要求等内容。

3. 临时截排水沟

临时截排水沟包括土质沟、砌石沟、混凝土沟、种草排水沟等，其设计标准多采用 1～3 年设计重现期，计算方法同永久截排水沟。临时截排水沟多采用梯形断面形式，深度和底宽不宜小于 0.2m，若采用矩形排水沟，底部不宜小于 0.3m。

4. 临时沉沙池

临时沉沙池尺寸根据与其相接的临时截排水沟而定，一般池宽宜为截排水沟宽的 2 倍，池长宜为池宽的 2 倍，池深宜为池宽的 1～1.5 倍。

6.2.4.6　植被建设工程

1. 立地条件分析

说明区域原地表物质组成、土层厚度、土壤质地、水热条件。施工扰动后地形情况、地表物质组成、可恢复的土层厚度，综合分析区域立地条件。

2. 树种选择

树种选择应考虑适地适树，结合区域功能要求，同时考虑景观性和防尘等功能，树草种选择前，可调查并类比当地已建工程，最终明确可供选择的乔木、灌木、草本及藤本植物。

3. 植被搭配原则

（1）风电机组区域植被宜选用小灌木和草本植物。
（2）升压站植被建设宜按园林景观绿化要求进行。
（3）集电线路区植被恢复宜用草本。
（4）永久交通道路区宜种植行道树。
（5）弃渣场区植被搭配宜结合周边景观综合确定。
（6）施工生产生活区、表土临时堆存区利用完毕后宜按原土地利用类型进行恢复。

4. 整地

整地规格根据栽种树木的大小进行设计，山区风电场工程乔木整地规格多为0.7m×0.5m（穴径×穴深），灌木、藤本整地规格多为0.4m×0.3m（穴径×穴深），撒草区域采用片状整地。

5. 栽植方法

（1）乔木：栽植前应对乔木进行自检，不合格乔木不得使用。栽植乔木前2天，定期对树穴浇水，做好乔木栽植前的修剪工作，并用防腐剂对剪口进行处理。乔木栽植完毕后，针对较大乔木，宜围绕树穴埋设通气软管3～5根，内装珍珠岩，上露地面，提高土壤通透性。在地面以上10cm左右的树干处进行注孔，用含氮、磷、钾及乔木必需微量元素的营养液对大树进行"输液"。此外，在大树四周布设支撑物进行防护，并用绳索等物件做好衬垫，以防磨伤乔木树皮。

（2）灌木：灌木带土球移栽，栽植前进行穴状整地，并对土壤进行消毒灭虫，根据立地条件，必要时进行局部换土，将消毒后的表土置于坑底，把灌木放入穴中央，再填一些湿润熟土于根底，用脚踩实，然后填入生土，覆少许表土保墒，栽植过程中尽量让苗木舒展与土壤密接，栽植深度一般以超过原根系5～10cm为宜。

（3）藤本植物：种植前开挖种植穴，并于种植穴底部施足基肥，然后将幼苗移入种植穴，周围施入细土并压实，浇透水，覆土5～10cm保墒。

（4）草籽：宜采用2～3种草籽进行搭配种植，先覆土15cm后进行草籽撒播，播种后适当覆土并压实，覆土不宜太深，并用细齿耙轻轻拉平，做到不露出种子为好，适当浇水以保持表层土壤的湿润。

6. 栽植季节

根据栽植地区气候、土壤条件和栽植树种的生物学特性确定栽植季节，山区多在春、秋两季进行植树，根据实地条件可在冬季进行栽植，避免伏旱季节栽植。若采取在雨季栽植，其关键是掌握天气和土壤水分状况，当降雨充沛，有充足底墒时，选择阴天栽植容易成活。

7. 种植密度

种植密度根据各区域实际结合所选植被规格进行综合确定，如升压站区为营造景观，乔灌木可不定株行距，交通道路区行道树 3～5m 栽植一株，藤本植物 1m 可种植 1～4 株，不同草种用量差距较大，可根据搭配草种比例计算各草种用量。

8. 抚育管理

山区风电场工程植被措施实施后的管理年限一般为 1～3 年。抚育管理的主要内容包括补植，土、肥、水管理，防治病、虫，修剪及保护管理更新复壮等。

（1）补植：重点管护期的缺株，必须及时补植；草地覆盖率低于 80% 或有秃斑的，必须及时补植。一般管护期内行道树连续缺株路段超过 20m；场地绿化及防护林成活率在 41%～84% 的地块，或平均成活率虽然达到 85% 以上，但局部地段成活率低，以致影响幼林及时郁闭时，都要进行补植。补植季节可根据当地气候及树种生态习性确定，应选择相同品种、规格稍大的苗木。

（2）修剪：修剪是调节林木内部营养的重要手段，一般树木修剪为下部出现死枝时开始进行，以后又出现 1～2 轮死枝时进行第二次修剪。修枝时，小枝可用修枝剪或利刀紧贴树干由下向上进行剃削，较粗大的枝条，宜用锯子锯断，均应保持切口平滑，防止树体机械损伤。修剪时间为晚秋和早春较好，因为这正是树木休眠期。切忌在雨季或干热时期修剪。

（3）土壤管理：每年第一次松土应在杂草旺盛生长之前进行，以后各次视地区不同分别在生长中、后期进行。松土方式可采用全面松土、带状或块状松土等。松土深度一般为 5～10cm 为宜。

（4）施肥：重点管护期应根据植物的生物学特性、生长情况、土壤贫瘠程度以及气候等因素，合理确定施肥量和施肥次数。施肥应多采用有机肥。施肥可采用穴状、环状、辐射状和叶面施肥等方式。

（5）浇水：植被栽植前期，为保证成活，应适时浇水。

■ 6.2.5 技术总结

6.2.5.1 渣场设计

1. 渣场选址

弃渣场选址时，严禁设置在对公共设施、基础设施、工业企业、居民点等有重大影响的区域；不得设置在河道、湖泊和建成水库管理范围内；应避开滑坡体、泥石流等不良地质条件地段；不宜设置在汇水面积和流量大、沟谷纵坡陡、出口不易拦截的沟道；还应遵循"少占压耕地，少损坏水土保持设施"的原则；此外还应满足其他法律法规和规程规范的要求。

2. 渣场堆置要素

弃渣场堆置要素确定时，堆置最大高度需根据相关地质情况进行确定；堆存边坡初步可按渣体自然安息角进行明确，可初步按 1:2 的坡比进行设计；堆存高度多按 10m 一个台阶分级，马道宽 2～5m；堆存容量建议利用 GIS 中的三维分析工具进行计算，可提升计算效率；渣场占地面积需考虑弃渣场防护工程布置区域。

3. 稳定计算

稳定计算方法选取需结合渣场地质及渣体特性进行综合确定，山区风电场工程土石方开挖过程中土石混合，渣体一般不均匀。渣场选址时基本避开滑坡、崩塌及泥石流等不良地质区域及软弱夹层，地质条件一般较为简单，多采用不计条块间作用力的瑞典圆弧滑动法进行稳定计算。

6.2.5.2 表土堆存场设计

表土堆存场选址时，场址可参照渣场的要求进行选择。为减少运距，可沿施工道路、风机点位等进行分散布置，布置时需充分考虑施工时序、施工作业交叉等情况。表土堆存边坡可按 1:1.5～1:2 控制，拦挡措施多采用草袋或编织袋拦挡，编织袋内填土可就地取材，一般装剥离的表土。

6.2.5.3 拦渣工程设计

山区风电场弃渣场拦渣工程多采用挡渣墙，挡墙形式主要为重力式，建筑物级别需结合弃渣场级别、项目所在区域是否涉及水土流失重点预防区和重点治理区进行综合确定。基础不同，建筑物级别不同，对应的抗滑、抗倾覆、基地应力也不相同，需进行重点关注以保证安全系数的合理选取。渣体降水下渗可能抬升渣体内水位，一般采用排水孔排出渣体内积水，排水孔与渣体接触区域要考虑反滤料，避免排水孔堵塞。此外，拦渣工程还应设置伸缩缝以应对凝冻等造成的变形。

6.2.5.4 防洪排导工程设计

山区风电场工程布置区域普遍较为偏僻，大部分无 10 年以上自记雨量计资料，具体设计时可采用设计重现期和降雨历时内平均降雨强度进行相关计算，降雨强度利用降雨强度等值线图和有关转换系数进行确定。

■ 6.2.6 应用实例

以有一定代表性的贵州 JQ 风电场一期工程为例，简要阐述山区风电场的水土保持设计。

6.2.6.1 项目概况

贵州 JQ 风电场一期工程位于贵州省黔南州某县境内，工程等级为 II 等大（2）型，安装 45 台单机容量为 2200kW 的风力发电机组，装机容量 99MW，每台风机配置一个 35kV 箱式变压器。项目由风机及箱变基础、吊装场、升压站、交通道路、集电线路、施工生产生活设施等组成。

6.2.6.2 项目区概况

贵州 JQ 风电场一期工程项目区属于以水力侵蚀为主的西南土石山区，工程所在地属于柳江中上游省级水土流失重点预防区。项目区为亚热带湿润季风气候区，多年平均气温 16.5℃，不小于 10℃有效积温 4728℃，多年平均降水量 1335.1mm，区内主要土壤类型为黄壤，植被类型属于中亚热带常绿阔叶林亚带。

6.2.6.3 措施设计

1. 斜坡防护工程

贵州 JQ 风电场一期工程针对挖填形成的边坡采取了生态植生袋护坡，菱形框格综合护坡、结合乔灌草绿化及液压水力喷播措施。整体防治效果较好，坡面裸露情况基本得到治理。斜坡防护工程防治效果图如图 6-5 所示。

(a) 生态植生袋护坡　　　　　　　　　　(b) 菱形框格综合护坡

(c) 结合灌草进行缓坡防护　　　　　　　(d) 开挖边坡液压水力喷播植草

图 6-5　斜坡防护工程防治效果图

2. 植被建设工程

植物措施设计时，树草种的选择较为关键，贵州 JQ 风电场一期工程选择了当地适生的桧柏、小叶女贞、红叶石楠、大叶黄杨、法国冬青、月桂、茶树、紫薇、剑麻、丝兰、麦冬、三叶草、黑麦草等植被。植被根据各区植被恢复等级、景观需要进行配置，覆盖率普遍较高，水土流失防治效果较好。植被建设工程效果图如图 6-6 所示。

（a）道路沿线绿化

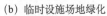

（b）临时设施场地绿化

（c）升压站绿化1

（d）升压站绿化2

图 6-6 植被建设工程效果图

3. 防洪排导工程

贵州 JQ 风电场一期防洪排导工程依地形而建，采用标准砖、混凝土、浆砌石等多种材料进行砌筑，排水沟出口设沉沙池，完善的排水系统可排出区域积水，起到较好的水土流失防治效果。防洪排导工程效果图如图 6-7 所示。

（a）道路沿线排水沟

（b）沉沙池

（c）边坡排水及沉沙池

（d）升压站周边排水沟

图 6-7　防洪排导工程效果图

第7章 ●●●

数字信息技术在山区风电场工程中的应用

7.1 无人机技术及工程应用

无人机技术在山区风电场工程中的应用，是指利用各类无人机系统，搭载不同类型的传感器，通过非接触测量方式获取地理实体数据，为山区风电场工程勘测设计、施工、管理运维等全生命周期提供数据支撑和技术服务。

7.1.1 无人机技术

7.1.1.1 无人机技术的定义

无人机技术，是指无人机系统、无人机工程及无人机相关的应用技术。

无人机的分类标准有很多，从山区风电场工程勘测设计的角度，常用的无人机分类如表 7-1 所示。

表 7-1 山区风电场工程勘测设计无人机分类表

动力来源	质量 W	飞行平台构型	活动半径 R	任务高度 H
汽油、锂电池、混合动力	微型无人机：$W \leqslant 7kg$； 轻型无人机：$7kg < W \leqslant 116kg$； 小型无人机：$116kg < W \leqslant 5700kg$； 大型无人机：$W > 5700kg$	固定翼、多旋翼、混合翼、无人直升机	超近程：$R \leqslant 15km$； 近程：$15km < R \leqslant 50km$； 短程：$50km < R \leqslant 200km$； 中程：$200km < R \leqslant 800km$； 远程：$R > 800km$	超低空：$H \leqslant 100m$； 低空：$100m < H \leqslant 1000m$； 中空：$1000m < H \leqslant 7000m$； 高空：$H > 7000m$

在山区风电场工程中，不同类型的无人机各有优缺点，针对不同的使用场景可以灵活选用。例如油动固定翼无人机，作业时间长，作业半径大、活动高度高，但噪音大且存在安全隐患。电动多旋翼无人机，作业方式灵活，起降方便，但续航能力较差。固定翼加多旋翼的混合翼无人机，兼顾了固定翼及多旋翼的优点，兼具作业效率及灵活性。在山区风电场工程中，无人机的活动半径基本在 200km 以内，飞

行高度一般不会高于 1000m，随着仿地飞行（飞机与目标物保持恒定高差）技术的出现，无人机作业相对地面高度进一步降低。

山区风电场工程中的无人机技术应用，需要根据不同的应用场景选择合适的无人机，同时需要根据不同的作业目的，搭载不同的传感器用以获取数据。山区风电场工程勘测设计中经常使用的无人机传感器如表 7-2 所示。

表 7-2　山区风电场工程勘测设计中经常使用的无人机传感器

分　类	用　途
相　机	拍摄像片，通过摄影测量的方法，用于测绘地形图、三维建模等
摄影机	拍摄视频影像，用于展示、浏览、巡查等
激光扫描仪	机载激光雷达系统（LiDAR），结合同步获取的影像，称为三维实景复制技术，用于植被茂密区域的高精度地形图测绘、高精度三维建模
红外线传感器	通过红外线传感器探测温度变化，用于安全检测
GNSS 定位系统	用于确定无人机准确位置，可以接收 GPS、GLONASS、北斗卫星信号；单点定位或者差分定位
IMU 惯性测量元	用于测量无人机三轴姿态角（或角速率）以及加速度

无人机传感器可以选择单一传感器也可以采用多种传感器的组合，例如典型的无人机航测系统就包含了相机、定位系统、IMU，能同时获取带有高精度位置及姿态信息的高分辨率像片，通过 Inpho 等航测系统进行航摄数据处理，生产 DOM、DEM、DLG 及三维地形模型。

7.1.1.2　无人机技术在山区风电场工程中的应用现状

近几年，无人机发展迅速，载重、续航能力大幅提升，自主避障、仿地飞行技术日臻完善，很多传感器都能集成到无人机上，从而带来了无人机技术应用的蓬勃发展。在山区风电场工程勘察设计中，无人机技术在前期踏勘选址、地形测绘、风机微观选址、架空输电线路选线、电力线巡检等方面都有广泛应用，可以极大地提高效率，降低风险。

山区风电场具有地形复杂（高差大、坡度陡、植被茂密、通视条件差）、交通条件差（道路狭窄、弯多路陡，甚至无路可行）、环境恶劣（高原、严寒）、天气变化大等特点。

踏勘选址阶段。在山区风电场前期踏勘选址时，可以利用微型多旋翼无人机机动灵活、操作方便、易于转场、起降受场地限制小、安全稳定等诸多优势进行航摄，从而可以获取画面清晰、大比例的立体航摄影像，再基于航空摄影测量原理，利用高清影像和相应的 IMU 姿态数据，经过空中三角测量和构建模型等过程生成踏勘区域模型分辨率达到厘米级的三维实景模型，地物清晰可见，让踏勘人员身临其境，实现虚拟现场踏勘的效果，可有效避免因植被茂密、交通不便等造成踏勘人员无法对地形地貌准确判断，特别在人员无法到达的区域，可以更好地帮助踏勘人员进行辅助判断，让踏勘视野更加直观，风险点识别更加精准。如果说传统的踏勘模式是二维到三维的转变，那么无人机技术的应用，则可以说是从三维到四维的实现。在选址汇报时，可以通过无人机航摄数据建立的实景三维模型直观感受到待选场址情况，为专家评审提供数据支撑，有效减少人员现场踏勘。在场址方案量化比选阶段，通过无人机数据建立待选场址三维模型，提取选址关注的参数，横向比较，如不同性质用地面积、拆迁费用、挖填方量、净空情况等，为选址提供数据支撑，从而提高工作效率。

勘察设计阶段。无人机技术最大的优势体现在地形图测绘上。在同一地形条件下，采用无人机航测技术进行大比例、多尺度的地形图测绘，可有效减少资源投入，大幅缩短工期、提高工作效率、降低安全风险、提升成果质量。同时，利用无人机航摄数据建立三维模型，基于 GIS、BIM 等技术，以三维模型为载体，将勘察、设计数据进行匹配，分层显示于 GIS、BIM 平台，从而实现勘察、设计工作的可视化。应用无人机航摄技术制作的三维实景地形模型，通过三维可视化设计平台，可开展山区风电场风资源模拟仿真，在充分了解地形地貌的情况下，可直观地进行风机排布、调整及优化设计，使设计更精准。对风机机位及升压站位置能准确地进行选定，通过设置最短路径、规避风险区域等智能算法，能自动实现场内道路、集电线路规划，合理准确预算投资成本，使设计更直观、准确性更高。利用无人机视频、实景三维模型、设计方案融合的方式，可直观展示设计方案的合理性，提升方案展示质量和效果。利用无人机航空摄影测量、机载三维激光扫描、倾斜摄影测量等先进的空间数据获取技术和数据处理技术，融合不同测量技术的优势，重构数字地面模型、三维实景模型，提升多尺度三维地形模型重建成果质量，可以为三维可视化设计提供丰富详实的基础数据，在风机微观选址、架空输电线路选线优化中，有效提升设计效率，同时有利于设计成果的发布与展示。

施工建设阶段。建设初期，利用无人机技术采集原始地形、影像、视频，复核设计工作量；建设不同阶段利用无人机进行定期巡检，计算施工工作量，留取进度资料，辅助开展施工组织安排。对风机基坑、场区道路等重点关注区域进行视频、影像采集及模型建立，对施工重点部位进行评估分析。项目竣工验收时，可利用无人机航拍，提供竣工后与施工前的数据对比分析，绘制竣工图及复核工作量。全施工周期提供宣传资料，进行宣传视频制作。

运行维护阶段。利用无人机搭载机载三维激光扫描系统、航摄系统、红外线传感器等采集多种数据，进行场区电力线巡检、场区安全巡查、地质灾害监测、制作宣传视频、提供宣传资料等。

7.1.1.3　山区风电场工程无人机技术应用前景

山区风电场工程勘测设计中，无人机技术已取得广泛的应用。现阶段，无人机从起飞到着陆的一系列任务都依赖操作员和地面控制站。随着无人机高度智能化发展以及 5G 通信技术的普及，自主飞行、任务智能规划、智能传感器等在内的高度自动化和智能化是无人机技术发展的主要趋势。同样的，无人机任务载荷也朝着小型化、多任务载荷集成、智能自主化发展。通过无人机及传感器的自动化、智能化发展，带来无人机技术新的应用前景。

1. 山区风电场工程全过程自动化数据采集

无人机技术在山区风电场工程规划、勘测设计阶段已取得很好的应用，但进入施工期、运维管理期，仍偏向于采用传统的数据采集和处理方式，作业手段落后、效率低、智能化程度不高、成果单一。现在越来越多的山区风电场工程采用 EPC 总承包模式进行建设，在勘测设计阶段，可以利用无人机技术辅助进行充分的优化，在项目建设阶段，通过无人机技术智能规划航线，自主采集数据，再经过多源数据处理展示平台对每期数据进行处理分析，可有效地对施工进度控制、质量控制进行精准的管理，保证投资控制的精确，从而提升山区风电场工程 EPC 项目的建设管理水平。

在山区风电场工程建成投产后的运营维护阶段，利用无人机技术进行自动化的巡检、监控，有效节省人力物力，从而提升管理水平及减少资源消耗。另外，山区风电场运行维护过程中可预见的风机塔筒、叶片检修等难题，无人机技术的使用为解决这些技术问题提供了便利。在运行维护阶段，无人机技术可以替代传统的人工巡检方式，利用高清摄像头获取影像资料，排查叶片、塔筒及场区线塔可能出现的问题，通过无人机搭载机械手臂和喷火装置，实现异物清除。

2. 数字山区风电场工程技术支撑

在数字山区风电场工程建设中，无人机技术是重要的支撑技术之一。"数字工程"强调全生命周期的覆盖，具体到数字山区风电场工程建设中，在选址、设计、建设、

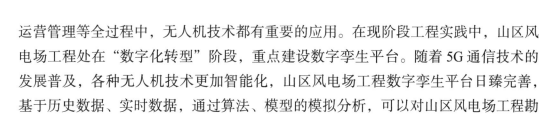

运营管理等全过程中，无人机技术都有重要的应用。在现阶段工程实践中，山区风电场工程处在"数字化转型"阶段，重点建设数字孪生平台。随着 5G 通信技术的发展普及，各种无人机技术更加智能化，山区风电场工程数字孪生平台日臻完善，基于历史数据、实时数据，通过算法、模型的模拟分析，可以对山区风电场工程勘测设计、建设管理、运营管理赋能，支持项目标准化、专业化、精细化管理。

7.1.2 应用实例

山区风电场工程勘测设计中无人机技术的应用，在 2018 年以前，主要在踏勘阶段使用消费级无人机，如大疆航拍无人机，获取人员到达困难区域的影像，辅助踏勘判断；在项目勘测设计阶段，大多采用固定翼无人机获取场区 1：2000 地形图，其他的无人机技术应用较少。在 2018 年以后，随着无人机续航及载重能力的提升，以及无人机传感器的发展，无人机技术的应用场景和对无人机技术的选择都更加多样化。虽然各个工程的条件不尽相同，各个作业单位的技术设备存在差异，但无人机技术的使用已经普及。

7.1.2.1 项目概况

某山区风电场工程，拟安装 31 台单机容量为 3600kW 的风电机组，风机轮毂高度为 100m，装机容量为 111.6MW，拟新建 1 座 220kV 升压站，升压站位于风电场中部区域，本风电场自动化系统按照"无人值班"（少人值守）的运行管理方式设计。场区呈东北－西南向分布，长约 26.3km、宽约 3.4km、面积约 99km²，毗邻已建成的某水电站，与坝址最近直线距离 13km。场区风机布置均位于山脊带顶部及较高的斜坡带上，地势相对较高，场区海拔多在 900～1924m，风机最高点位于场区东北部 10 号风机机位山包峰顶（海拔 1924m），最低处为场区中部（海拔 900m），相对高差大于 1000m。拟建场址内地貌特征以高中山剥蚀、溶蚀为主，地势整体中间高两边低，自然边坡整体稳定，场区内未见规模较大的岩溶塌陷、滑坡体、危岩体、崩塌堆积体、泥石流、采空区等存在，不良地质现象主要为可能存在的矿区采空区、岩体的不均匀风化、覆盖层内部或基岩全、强风化层边坡的局部塌滑及小范围的局部岩溶塌陷；地形地质条件基本上适宜风电场建设。

7.1.2.2 地形图测绘

山区风电场工程勘测设计，首先开展场区 1：2000 地形图测绘。因为场区邻近民航机场，最近点距离 17km，沿机场跑道方向距离 30km，项目 UAV 航空摄影选用混合翼电动无人机搭载垂直摄影测量单镜头相机，设备及参数如表 7-3 所示。因为混合翼无人机对起降场地要求低，通过合理划分航摄分区，选择合适的起降点，航摄作业兼具灵活性和效率。

表 7-3　UAV 航空摄影设备及参数表

UAV 航空摄影设备		
飞机参数		
机身长度	1.7m	抗风能力	6 级
翼展	3.54m	实用升限	8000m
最大起飞重量	15kg	最高起飞海拔	4500m
续航时间	160min	起降方式	垂直起降
巡航速度	65km/h	动力系统	电动马达
定位系统	RTK/PPK	无线电链路	35km
CA102 航测模块			
传感器类型	Exmor R CMOS	安装方式	内置固定
传感器尺寸	35.9mm × 24.0mm	整体尺寸	126.9mm × 95.7mm × 60.3mm
分辨率	7952 × 5304	最小曝光间隔	≤0.6s
有效像素	4200 万	存储格式	RAW，JPEG
镜头	F5.6/35mm 镜头	存储容量	128GB
CA103 航测模块			
传感器类型	Exmor R CMOS	安装方式	内置固定
传感器尺寸	35.7mm × 23.8mm	外形尺寸	119mm × 78.5mm × 48.4mm
分辨率	9504 × 6336	最小曝光间隔	≤0.6s
有效像素	6100 万	存储格式	RAW，JPEG
镜头	F5.6/50mm 镜头	存储容量	256GB

依据本项目测区特点，合理划分航摄分区，提升航摄效率。UAV 航空摄影参数如表 7-4 所示。

表 7-4 UAV 航空摄影参数表

序号	项目名称	指标	序号	项目名称	指标
1	摄影地面分辨率 /cm	10	5	UAV 航空摄影分区数量	3
2	航摄区域最低高程 /m	470	6	航摄区域平均高程 /m	1280
3	UAV 航空摄影面积 /km²	130	7	航向重叠度	85%
4	航摄区域最高高程 /m	1900	8	旁向重叠度	60%

本项目划分为 3 个航空摄影分区，共飞行作业 22 架次，获取影像总数为 8218 张，具体航空摄影分区如表 7-5 所示。

表 7-5 项目航空摄影分区基本情况表

项目名称	各分区值		
	Q1 区	Q2 区	Q3 区
最低海拔 /m	580	830	470
最高海拔 /m	1900	1763	840
平均海拔 /m	1285	1275	587
航摄基准面 /m	1285	1275	587
相对航高 /m	1331	638	638
绝对航高 /m	2616	1913	1225
航测模块	CA103	CA102	CA102
实际作业航速	19	19	19
作业架次数	9	6	1
航线长度 /km	563	208	28
航线数量 / 条	38	34	12
相机曝光间隔 /m	100	80	80
像片数量 / 张	5594	2158	466

场区 1:2000 地形图测绘投入技术人员 7 人、一辆 7 座运输车、6 套 GNSS 接收机、一套纵横 CW15 无人机、一套飞马 E2000 无人机。外业历时 15 天，内业数据处理 10 天。

根据场区 1:2000 地形图，项目进一步复核了前期设计成果，并制定了现场综合踏勘计划。场区风机机位均位于山脊带顶部及较高的斜坡带上，地势相对较高，风机布置较为分散，各风机机位之间需按相关标准修建道路以满足设备运输及施工期大型汽车吊装的通行。根据前期测绘的 1:2000 地形图、正射影像及现场踏勘情况，接下来开展内部道路、风机机位、外部道路改扩建位置 1:500 地形图测绘，进一步确定风机微观选址以及架空输电线路选择。

风机机位、连通道路及升压站 1:500 地形图测绘选择无人机机载激光雷达扫描，31 台风机中有 15 台处于茂密植被覆盖的山顶，测绘面积共约 10km²。仪器设备采用科卫泰六旋翼无人机，搭载 Riegl VUX-1LR 扫描仪、SONY 全画幅相机 ILCE-7RM3、Trimble 惯性导航系统 APX-15 UAV。具体参数如表7-6所示。无人机机载激光雷达同步获取三维激光点云，高清影像和定位定姿数据，能快速生产 DSM、DEM 和 DOM，制作 DLG 和 3D 模型。

表 7-6　无人机机载激光雷达扫描系统参数表

无人机机载激光雷达扫描系统			
飞机参数			
项目名称	规格参数	项目名称	规格参数
对称电机轴距	（1600±20）mm	最大翼展尺寸	（2311±20）mm
机体材质	碳纤维	机身高度	（560±20）mm
空机重量	（10±0.2）kg	标准起飞重量	（21±0.2）kg
最大起飞重量	36kg	最大作业载荷	15kg
工作电压范围	DC 42～52.2V	空载悬停时间（海拔1000m 以下，25℃）	空载：≥75min；5kg 负载：≥45min；15kg 负载：≥30min
最大飞行速度（限定）	18m/s（任务模式）；20m/s（GPS 模式）；不限速（姿态模式）	最大相对飞行高度	3000m（海拔≤2000m）；2000m（2000m＜海拔≤5000m）
最大下降速度（限定）	2m/s	最大爬升速度（限定）	4m/s（任务模式）；5m/s（GPS、姿态模式）
最大抗风能力	14m/s，不低于 7 级	最大起飞海拔	5000m（海拔，相对爬升1500m）
工作温度	-30～+55℃	存储温度	-40～+60℃
遥控器频率	2.4～2.483GHz	贮存相对湿度	（90±5）%（30～60℃）
遥控器控制距离	7km（通视无干扰）	数传电台频率	902～928MHz；中心频率：915MHz
GPS 悬停精度	水平方向：±2m（风力＜5 级）；垂直方向：±1.5m（风力＜5 级）	地面站控制距离	10km（通视无干扰）

续表

激光扫描仪参数			
项目名称	规格参数	项目名称	规格参数
系统重量	4.5kg	系统精度	±5cm
激光发散度	0.5mrad	角分辨率	0.001°
激光器频率	820kHz	转速	10～200 线 / 秒
激光测距精度	15mm@150m	重复测距精度	10mm@150m
激光等级	Ⅰ级（人眼安全激光）	扫描视场	330°
最大激光测距 60% 反射率目标	1350m	最大激光测距 20% 反射率目标	820m
激光扫描机制	旋转棱镜	激光脉冲回波次数	无穷次
典型功耗	≤75W，18～36V	存贮	1TB SSD
作业相对航高	530m	最大作业海拔	5000m
影像分辨率	4240 万	相机重量	600g
波段	近红外	作业环境	温度：最低 0℃，最高 40℃；湿度：80%
惯性导航系统参数			
项目名称	规格参数	项目名称	规格参数
俯仰 / 侧滚角精度	≤0.025°	航偏角精度	≤0.08°
水平精度	≤2.5cm	垂直精度	≤5cm
IMU 数据采样频率	200Hz	GPS 天线类型	航空专用 GNSS 天线
系统自带 GNSS 系统	通道数≥200 个，同时支持 GPS、GLONASS、北斗等	POS 系统数据处理	可解算并获取任意时间点相机、扫描仪等传感器的位置和姿态参数
航测相机参数			
项目名称	规格参数	项目名称	规格参数
相机总像素	4240 万	拍照间隔	1s
视场角	横向：67.4°；纵向：53.2°	感光度	50～6400
像片存储格式	RAW、TIF、JPG 等通用格式	配套存储	≥128GB

项目 1：500 地形图呈带状分布，根据测区情况合理划分航测分区，无人机机载激光雷达扫描航测参数如表 7-7 所示。

表 7-7　无人机机载激光雷达扫描航测参数表

项目名称		各分区值		
		Q1	Q2	Q3
航线规划参数	基准高 /m	1680	1570	1281
	航高 /m	450	300	320
	航线间距 /m	230	210	210
	航速 /（m/s）	10	10	10
	作业架次数	2（重复）	6	3
相机参数	地面分辨率 /m	0.084	0.056	0.061
	航向重叠度 / %	83	75	76
	旁向重叠度 / %	66	53	58
激光扫描仪参数	频率 /kHz	100	200	200
	有效视角 /°	90	90	90
	分辨率 /（线 / 秒）	50	51	51
	航向地面分辨率 /m	0.2	0.196	0.196
	旁向地面分辨率 /m	2.01	0.673	0.719
	航带重叠度 / %	74	65	69

项目投入技术人员 5 人、1 辆 5 座运输车、4 套 GNSS 接收机、1 套无人机机载激光雷达、1 套飞马 E2000 无人机。外业作业时间 12 天，内业数据处理 10 天。

7.1.2.3　无人机技术辅助设计

在本项目中，综合踏勘时，采用大疆精灵 PHANTOM 4 Pro 无人机，在当地向导无法领路的情况下，进行未知区域探查并进行道路选择，避免走错路，从而提升踏勘效率，同时也有效降低了迷路、跌落等意外风险的发生。

在山区风电场工程勘测设计中，为了提升航测效率及安全性，在正式航测采集数据前，都采用飞马 E2000 无人机，对航测区域进行前期影像获取，并快速生成 DSM 模型，用于对后期数据采集航测进行航线优化，同时用于排除潜在的航测危险源，保障航测顺利进行，同时也保障重要设备的安全。

采用 UAV 航空摄影测绘 1：2000 地形图时，同步生成了测区 DEM 及 DOM，可以生成测区三维模型。风机布设、场区道路、架空输电线路选线等设计成果均可直接地展示在模型上，设计成果表达直观真实，可以用于项目内部设计交流及对外展示汇报。采用无人机机载激光雷达测绘 1：500 地形图时，可以更新三维模型，对重点部位生成更加精细的模型，或者根据需要，采用倾斜摄影测量生成三维实景模型。

多源数据融合的山区风电场工程数字化平台，可以广泛应用于设计成果展示、更新、汇报，随着数据的更新，也可用于工程量计算、方案比选、进度控制，可以贯穿山区风电场工程的全过程。

7.2　BIM 技术及工程应用

建筑信息模型（Building Information Modeling，BIM），指在建设工程及设施全生命周期内，对其物理特性、功能特性、管理特性等进行数字化表达，并依此指导项目的设计、施工、运营等。在山区风电场的设计过程中，利用数字技术，各专业共建、共享工程信息三维模型，将工程的各专业信息整合于一个三维模型信息数据库中，提高设计过程中的信息集成化程度，节省沟通成本，以数字技术服务工程建设，达到提升生产效率、提高建筑质量、缩短工期、降低建造成本的效果。

■ 7.2.1　BIM技术

根据国家相关数字经济发展规划，数字经济是继农业经济、工业经济之后的主要经济形态，是以数据资源为关键要素，以现代信息网络为主要载体，以信息通信技术融合应用、全要素数字化转型为重要推动力，促进公平与效率更加统一的新经济形态。新能源数字经济是指将大数据、物联网、5G、数字孪生等新一代信息技术与新能源项目设备制造、资源分析、规划、工程设计与施工、智能运维等业务紧密结合，以"数字赋能，创新驱动"方式实现新能源数字经济高质量发展。贵阳院紧跟我国新能源数字经济发展的步伐，经历了十余年的发展历程，已经形成了具有贵阳院特色的风电项目全生命周期数字技术解决方案，可提供高效、直观、准确的设计成果。

1. 风电场的 BIM 技术体系及平台建设

（1）管理体系。

BIM 管理体系包括流程管理、任务管理、进度管理、质量管理、安全管理。建立了完善的 BIM 标准规范，包括编码标准、建模标准、协同规范、模型使用规定、归档规定等。

（2）软硬件平台。

BIM 技术的发展离不开稳定、安全、可靠的数字化云平台服务，需建立模块化、绿色化、高可靠的云数据中心，支撑测绘、勘察、建筑、施工、移交、运维等多项针对新能源项目各专业的软件平台解决方案。

（3）新能源专业族库。

新能源专业族库系统应包含所有专业的主要构件模型，所有构件都需要经过规范的校核审查流程才能入库，在项目应用时直接调用，不论是在效果上还是效率上都能很好地为项目服务。

2. 风电场 BIM 技术全生命周期解决方案

以 BIM 管理体系为指引、以软硬件平台为支撑、以新能源专业族库为基础、以数字模型为载体，为项目提供全生命周期数字化服务。

（1）勘察设计管理系统。

勘察设计管理系统主要提供项目全生命周期的管理功能，针对风电项目做了相应定制开发，系统主要功能包括项目信息登记、过程管理、变更管理、归档管理等，实现从任务分解到任务分配、校审管理、工程变更、归档等的产品全周期管理。

（2）虚拟建造系统。

利用工业 4.0 和精益建造理论，基于数字化精益制造集成式解决方案，主要为工程建造过程中施工技术复杂、投资高、周期长、资源占用多的环节提供最优解决方案，有效提高项目建造质量、节约资源投入、缩短施工周期、提高工程效益。主要应用于风电场大件运输模拟、超高超限设备穿桥穿洞模拟、风机基础钢筋绑扎模拟等。

（3）数字移交与数字巡检系统。

数字移交系统是基于 GIS、BIM 等技术开发的工程信息管理系统，主要包括轻量化浏览、数据管理、信息查询、数字巡检等功能，构筑工程数字孪生，为工程设计、施工和运维提供多维数据管理、展示和交付平台，为多个项目的集约化管理提供便利。

（4）大件运输模拟。

利用 BIM 技术优化风电场大件运输方案。风电场建设中的大件主要有机舱、叶片、塔筒等，涉及的运输难点主要是超长、超宽、超高，山区风电场地形条件复杂，桥梁、涵洞多，沿途村庄分布，且通村道路路况差，给山区风电场道路改造带来很大困难，采用 BIM 技术对项目实况进行模拟，根据模拟结果优化大件运输方案。

（5）培训检修及应急演练。

以 BIM 和 VR 技术进行运维检修培训和应急演练。该系统分为培训、检修、应急演练部分。培训系统针对风机内部结构及主要部件的参数、功能、检修、维护要点等信息进行展示；检修系统根据操作票流程将检修流程虚拟化，可根据操作结果进行打分，评价整个流程是否合规；应急系统模拟风机发生紧急情况时人员撤离演练。

■ 7.2.2　应用实例

以我国西南地区一山区风电场——SJT 风电场为例，阐述 BIM 技术在风电场全生命周期中的应用。

本项目将 BIM 技术应用于项目设计全过程，从项目策划到执行、建模到出图、施工到运维都充分发挥了三维设计的综合效益。采用的数字化设计平台有 CATIA、Revit、GOCAD、ENOVIA VPM、VisualFL、PKPM、3DVIA Studio 等。

1. 项目策划

（1）VPM 平台下创建工程产品结构树，分配任务节点，并将节点设计权限转移给相应专业技术人员。VPM 协同平台如图 7-1 所示。

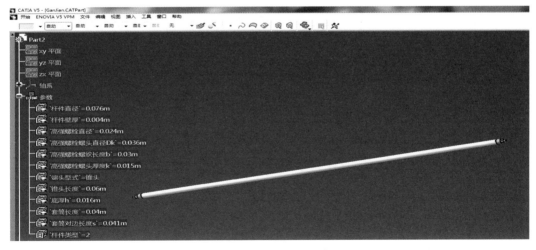

图 7-1　VPM 协同平台

（2）Revit 平台中建立项目定位轴线，设置基准高程。各专业在此基础上进行结构、建筑、电气、暖通等模型的搭建。升压站平面基准如图 7-2 所示，高程基准如图 7-3 所示。

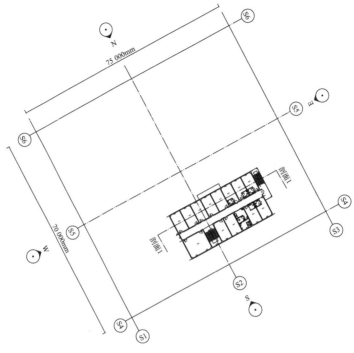

图 7-2 升压站平面基准

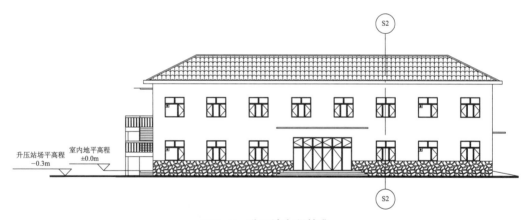

图 7-3 升压站高程基准

2. 施工模拟

（1）风机基础钢筋绑扎模拟。

风机基础钢筋绑扎施工模拟，将风机基础的结构图采用1:1建模，并将钢筋绑扎的全过程和局部绑扎顺序用视频方式进行演示，成功解决了施工人员水平参差不齐或国际项目语言不通而造成设计意图表达不清楚、不彻底的问题。风机基础钢筋绑扎模拟如图7-4所示。

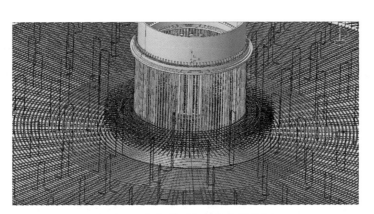

图7-4　风机基础钢筋绑扎模拟图

（2）山区风电场大件运输模拟。

山区风电场项目的大件运输是道路设计的重中之重，道路设计对山区风电场道路建设费用影响较大，道路建设费用在山区风电场的建设成本中占比较重，做好大件运输方案和道路改扩建方案，可以有效地降低工程成本，提高项目收益。充分利用 BIM 技术的实景模拟功能，对风电场大件运输遇到的限高、限宽路段进行运输模拟，制定契合工程实际的大件运输方案，从而达到降低工程建设成本的目的。风电场大件运输计算机模拟如图 7-5 所示。

3. 运行维护

（1）数字移交系统。

风电场建成投运后，如何进行资产管理是一个长期的任务。在已有数字模型的风电场，可在数字移交系统中加载多个风电场项目属性信息，方便项目建设单位对

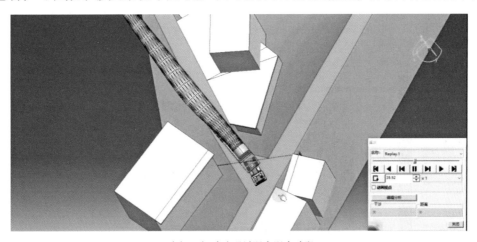

（a）风机叶片通过限高限宽路段

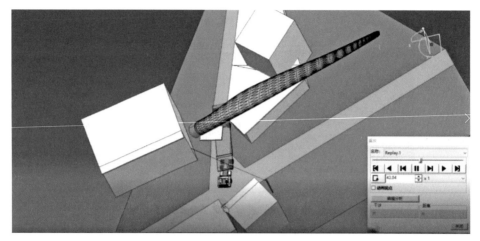

（b）叶片倾斜后旋转通过障碍物

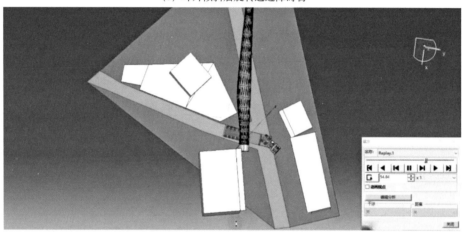

（c）叶片归位后通过限高路段

图 7-5　风电场大件运输计算机模拟图

风电场资产的集约化管理。风电场数字移交系统如图 7-6 所示。

图 7-6　风电场数字移交系统图

（2）风电场培训检修和应急演练系统。

借鉴游戏公司的沉浸式体验模式，让培训人员进入到培训界面中，更直观地学习风机培训检修的关键点和遇到紧急情况时的应急处理方式。风电场培训检修系统和应急演练系统如图 7-7 和图 7-8 所示。

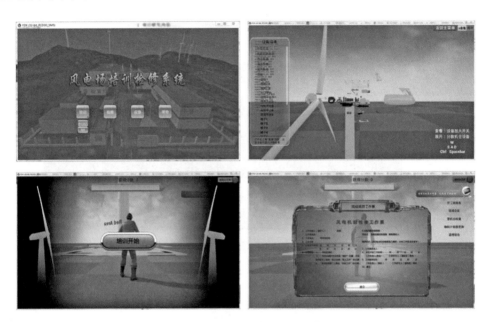

图 7-7　风电场培训检修系统

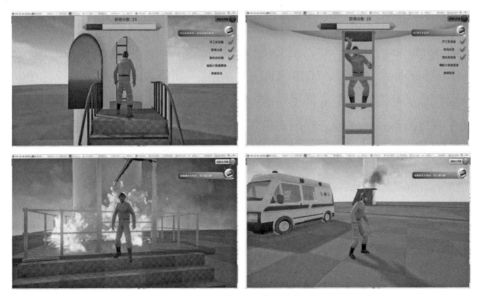

图 7-8　风电场应急演练系统

（3）风电场数字巡检系统。

采用 BIM 数据与 GIS 技术相结合，根据时间、任务完成情况、设备缺陷率等不同维度，对风电场以往的巡检任务进行统计分析，构建风电场数字巡检系统。风电场数字巡检系统如图 7-9 所示。

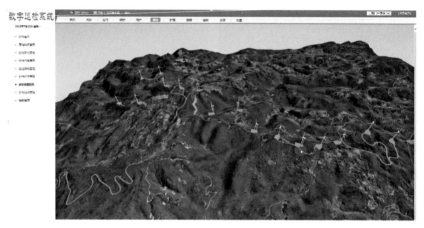

图 7-9　风电场数字巡检系统

 7.3　GIS 技术及工程应用

随着地理信息系统（GIS）的发展，延伸出各种对 GIS 的定义，从最初的 Geographic Information System，到 Geographic Information Science，再到 Geographic Information Service。近年来，GIS 技术正不断融入新能源工程的勘测设计中。在风电场规划选址、勘测设计中可采用 GIS 技术开展敏感因素筛查、区域风能资源评估、风电开发潜力测算、风电场工程风机微观选址等研究。

■ 7.3.1　GIS技术

GIS 是在计算机软硬件支持下，对整个或者部分地球表层空间中的有关地理分布数据进行采集、存储、管理、运算、分析、显示和描述的技术系统。GIS 处理和管理的对象是多种地理空间实体数据及其关系，包括空间定位数据、图形数据、遥感图像数据、属性数据等，主要用于分析和处理一定地理区域内分布的各种现象和过程，解决复杂的规划、决策和管理问题。

1. GIS 技术的功能

GIS 要解决的核心问题包括位置、条件、变化趋势、模式和模型，因此，GIS 具备以下 5 个方面的功能：

（1）数据采集与输入。

数据采集与输入指将系统外部原始数据传输到 GIS 系统内部，并将这些数据从外部格式转换到系统便于处理的内部格式的过程。多种形式和来源的信息要经过综合和一致化的处理过程。数据采集与输入要保证地理信息系统数据库中的数据在内容与空间上的完整性、数值逻辑一致性与正确性等。

（2）数据编辑与更新。

数据编辑主要包括图形编辑和属性编辑。图形编辑主要包括拓扑关系建立、图形编辑、图形整饰、图幅拼接、投影变换及误差校正等；属性编辑主要与数据库管理结合在一起完成。数据更新则要求以新记录数据来替代数据库中相对应的原有数据项或记录。

（3）数据存储与管理。

数据存储与管理是建立地理信息系统数据库的关键步骤，涉及空间数据和属性数据的组织。栅格数据、矢量模型或栅格／矢量混合模型是常用的空间数据组织方法。空间数据结构的选择在一定程度上决定了系统所能执行的数据分析的功能，在地理数据组织与管理中，最为关键的是如何将空间数据与属性数据融为一体。

（4）空间数据分析与处理。

空间分析是 GIS 的核心功能，也是 GIS 与其他计算机系统的根本区别。模型分析是在 GIS 支持下，分析和解决现实世界中与空间相关的问题，它是 GIS 应用深化的重要标志。

（5）数据与图形的交互显示。

GIS 提供了许多表达地理数据的工具，其形式既可以是计算机屏幕显示，也可以是诸如报告、表格、地图等硬拷贝图件，可以通过人机交互方式来选择显示对象的形式。

山区风电场风机微观选址需考虑地形条件的影响，除小部分山区风电场有山谷、低矮山丘地形组合外，绝大部分山区风电场需沿山脊线走向布置。选择山脊线布置风机有其理论依据，当气流越过山脊时，气流被压缩并加速，称为伯努利效应。当山脊走向与风向垂直时，过山脊时风速约为山脊前风速的 2 倍，风功率密度约为山脊前风速的 8 倍，如图 7-10 所示。

需要注意的是，根据山区风电场建于山脊的测风塔不同高度层实测风数据，伯努利效应仅仅发生在山脊以上厚度相对不大的空气层内，它对山脊以上某个高度以下空气层的风速影响显著，超过这个高度，则对风速影响很小，有的甚至出现负切变现象。因此，在出现这种现象的山脊风电场，风机轮毂高度不必太高。

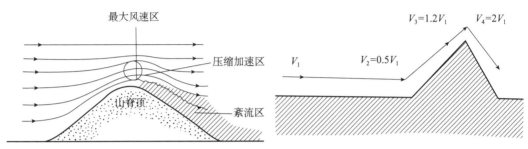

图 7-10　气流越过山脊时风速变化图

2. GIS 技术的应用

GIS 技术在风电场选址和勘测设计中主要应用在以下方面：

（1）资源调查。

风电场项目都会或多或少涉及生态红线、基本农田、林地等敏感性区域问题，为准确调查项目选址区域的敏感性因素，方法必须科学得当、先进。ArcGIS 软件具有强大的空间信息管理、属性数据查询、空间分析、三维影像显示等功能，利用现代空间遥感技术和 GIS 技术，调查、分析和直观表现项目场址内的敏感性要素分布，为项目前期规划选地提供基础资料及便捷的分析平台。使用此软件能方便将数据进行分类和存储管理、缩短工作时间、节省人力，降低劳动强度，提高工作效率。

（2）资源评估。

在风电场建设中，对风能资源的评估是一个非常重要的工作，它直接影响风电场的年发电量。结合提供的气象数据、DEM 数据及遥感数据，首先采用基于相应站点的风能资源评估方法对相应研究区的风能资源进行宏观评估分析，然后研究在不同风向、风速以及不同地形条件下的风机布置的风能资源评估，选择单位发电量成本最低、效益最高的风机点位。

（3）地形分析。

随着信息技术的发展，GIS 技术不断融入能源规划领域，对社会和经济发展产生深远的影响，如工程建设、气候分析、地貌分析等。目前在风电场风机布置过程中往往是利用等高线地形图，但是这种方法不利于直观和高效地进行地形分析，采用 GIS 技术基于 DEM 提取的地形因子包括坡度、坡向、剖面曲率、平面曲率、地

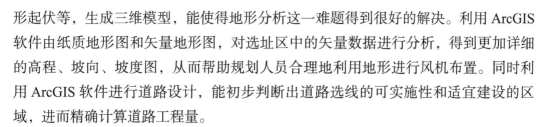

形起伏等，生成三维模型，能使得地形分析这一难题得到很好的解决。利用 ArcGIS 软件由纸质地形图和矢量地形图，对选址区中的矢量数据进行分析，得到更加详细的高程、坡向、坡度图，从而帮助规划人员合理地利用地形进行风机布置。同时利用 ArcGIS 软件进行道路设计，能初步判断出道路选线的可实施性和适宜建设的区域，进而精确计算道路工程量。

（4）风机选址。

目前风电场选址大多是基于 WT 或者 WAsP 等软件对场区资源进行分析，如依托 Google Earth 软件对场区进行选址，如利用 GIS 技术手段，将收集的资料进行矢量化，与风电场的风功率分布、风速分布图、地形图、遥感航片等资料进行叠加，基于山区风电场宏观选址的基本原则，采用地形地貌、综合风力、土地利用类型等影响因子对所选区域进行综合适宜度评价，通过对量化的各影响因子进行加权综合，建立风电场的宏观选址综合适宜度评价指标，据此选出建设条件较好、地势较平坦的位置优先开发建设，确保项目顺利实施。综合以往对风电场的选址方案进行的分析以及实际应用情况，考虑所有因素的影响，对风电场选址方案做出定量、全面、综合的评价，为风电场建设提供全生命周期的数据管理与技术支持。

7.3.2 应用实例

采用 GIS 技术提取山区风电场山脊线、确定风机布置山脊，提供初步的风机微观选址方案。山脊线的提取主要根据 GIS 的水文分析方法。采用地表径流模拟方法，通过模拟地形表面自然流水的状态，找出分水线与合水线。分水线（山脊线）即为水流的起源点，水流方向只有流出方向而不存在流入方向，经过地表径流模拟计算之后，栅格的汇流累积量为零，合水线（山谷线）即为河网，通过设置合适的汇流累积量阈值提取合水线。

以我国西南地区某山区风电场为例，根据区域 DEM 地形数据，采用 GIS 技术提取山脊线，结合区域阴影地图和等高线，避让辅山脊、海拔较低的背风坡山脊等，确定适宜风机布置的主山脊线，如图 7-11 所示。

GIS 技术提取的山脊线与实际情况较为接近，因此，GIS 技术提取的山脊线可用作山区风电场初步风机布置、微观选址的参照，具有一定的精度。需要说明的是，山区风电场风机布置方案受地形图精度影响较大，加之数据处理过程中投影变换导致的偏差，提取的山脊线位置存在一定偏差。实际工作中，山区风电场初步风机布置、内业微观选址后，仍需现场踏勘，核查机位现场建设条件，以明确各机位微观选址的科学性、可实施性、经济性。西南山区 YD 风电场提取山脊线及实际建设机位如图 7-12 所示。

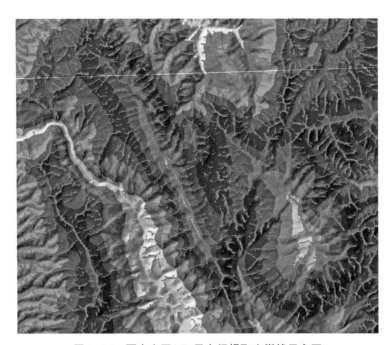

图 7-11　西南山区 YD 风电场提取山脊线示意图

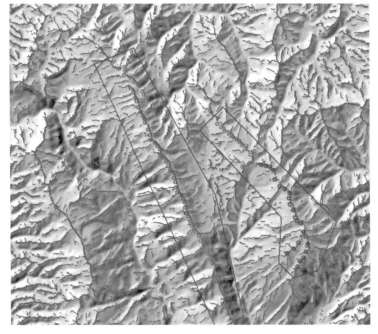

图 7-12　西南山区 YD 风电场提取山脊线及实际建设机位示意图

7.4 智能技术及工程应用

■ 7.4.1 智能技术

智能技术主要是结合智能控制技术、智能终端、智能图像识别、人工智能、三维重建、智能巡检等相关智能设备，基于测控技术、通信技术、信息化技术、大数据和云计算处理技术以及各类智能算法，实现对风机及其他主设备控制的自动化、设备状态感知及判断智能化、运维决策智慧化。

7.4.1.1 平台建设原则

1. 标准化

系统平台严格遵循硬件设备无关化、设备模型标准化和数据通信标准化，以便于系统功能扩充、数据获取和系统数据标准化。

2. 开放性

硬件平台应具有良好的开放性和广泛的适应性，基础支撑平台及应用功能模块均应基于相关国际、国家、行业及企业标准开发，基础支撑平台可插入任何符合相关标准的应用模块或子系统，并支持模块或子系统间的数据和功能交互，系统规模和功能可按需扩展。

3. 可靠性和稳定性

系统建设时应充分考虑可靠性要求，通过关键硬件设备及软件采用冗余配置、集群、容灾备用等技术手段，消除单点故障，确保不因部分软硬件故障而影响系统功能的正常运行。

4. 安全性

系统满足国家标准 GB/T 36572—2018《电力监控系统网络安全防护导则》和GB/T 38318—2019《电力监控系统网络安全评估指南》的相关要求，保证系统的网络安全、访问安全、数据安全以及资料安全。

5.可扩展性

系统设计与实施充分考虑今后发展的需要，系统建设完成后具备良好的扩展功能，系统容量可扩充，包括可接入的厂站数量、系统数据库的容量等，远期具备平滑扩容能力。

6.易用性

满足软件用户界面直观、友好、简单、便捷，可适应不同专业水平的人员使用。

7.4.1.2　智能技术在风电机组上的应用

在风电机组上应用前沿智能控制技术，优化风电机组载荷，延长主要机械部件使用寿命，降低维护成本；应用智能发电量提升措施，提高发电效益，保障项目收益率；应用在线监测及诊断，提前设备预警，为预防性检修提供依据，有效遏制缺陷扩大造成维修成本增加；应用智能监控手段代替人为巡视工作量，通过主控系统自动运算和告警，提前防控辅助系统缺陷引发的故障停运，降低故障损失电量和人为巡检工作量。

1.智能降载控制技术

利用激光雷达远程探测能力，实现对风轮前方风速、风向、湍流、风切变等多维风况信息的测量，基于来流实时变化的多维风况信息开发了激光雷达前馈控制技术。激光雷达前馈控制技术的应用，将有助于提升机组发电效率，降低机组运行疲劳载荷。具体功能如下：

（1）载荷优化。

利用雷达远程观测技术，超前感知来流三维风况信息，并将风况信息融入风电机组变桨控制动作中，提高风电机组在风况变化环境下运行载荷的平稳性。将雷达观测的风速信息引入雷达前馈控制环节，生成变桨速率前馈控制信号，并与传统的转速反馈控制环节的变桨控制信号相叠加，实现优化环境风速波动对机组载荷影响的目的，可以提前启动变桨动作，同时降低变桨动作的频繁性，最终实现降低机组运行载荷的目的。

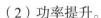

（2）功率提升。

雷达测风信息可进行风电机组的功率优化提升，如利用激光雷达测得的风速、风向信息进行偏航对风校正，提升偏航对风精度，提高风能捕获效率。风轮后端涡流引起的风向偏转以及风向标安装偏差等因素，影响风电机组对风精度，导致风电机组风能利用效率下降。借助激光雷达尾流观测，对偏航对风进行优化，从而提升整个场站的利用效率。

为了更好实现激光雷达智能降载控制技术的应用，考虑到载荷控制、功率优化、尾流管理、风电场协同控制等，激光雷达安装机位选定规则为：风电场风资源计算，筛选风电场各风向风资源特性代表机位；风电场湍流强度分析，筛选风电场湍流较大机位，作为风电机组载荷优化代表机位；风电场尾流影响分析，筛选风电场尾流影响较大的区域，作为风电场尾流优化代表机群。

2. 智能变桨技术

（1）辅助变桨技术。

为了降低风电机组在变化幅度较大阵风工况下载荷和功率的波动，提高机组运行稳定性，加快机组对阵风的响应速度。基于估计风轮气动转矩，建立辅助变桨控制环节的反馈回路，改善风轮转动惯量引起的滞后性，提高机组对快速波动阵风的响应速度和机组的运行安全，减少疲劳寿命对风机产生的不利影响。

（2）变速率变桨技术。

针对紧急停机工况，开发的变速率变桨技术可以减小变流器快速停机时产生的叶片载荷过大问题，从而提升风机寿命。

3. 智能发电量提升技术

（1）转矩自适应控制技术。

为了解决随着环境的变化造成风电机组发电量损失的问题，转矩自适应控制技术可以优化风电机组在最大风能跟踪阶段的发电效率，提升风电机组发电能力，理论上可提高机组发电效率0.8%～1.0%。

（2）偏航自适应控制技术。

为了解决机组尾流偏转和风速风向仪安装偏差导致的偏航对风精度下降，造成机组的发电量损失问题，偏航自适应控制技术可以优化风电机组的对风控制，有效减小尾流偏转对风的影响，提升风电机组发电量。

（3）大风软切出技术。

大风软切出技术提高了机组的切出风速，提高了风机结构部件的抗疲劳和结构刚度，在确保机组安全性和可靠性前提下，使机组能够捕获高于切出风速以上风速条件下的风能，可提高风电机组的发电量。

4. 智能诊断及监控技术

（1）传动链在线状态监测系统 CMS。

风力发电机组传动链在线状态监测系统的作用是监测风机传动链部件（主轴、齿轮箱、发电机）状态的相关变化，通过振动数据分析对部件的运行状态做出判断，以避免部件的意外损坏。并且可以通过提供风机部件振动数据的信息，为风机长期的维护计划提供数据支持，以实现对设备健康状态的提前预判。

（2）叶片振动监测系统。

叶片在线监测系统包括数据采集单元、传感器、带有分析软件和数据库的集控服务器等。传感器安装于叶片内表面，数据采集单元安装于风电机组轮毂内，可以通过风机叶片振动数据信息的收集处理，为风机长期的维护计划提供数据支持，以实现对设备健康状态的提前预判。

（3）主齿轮箱润滑油油液在线监测系统。

主齿轮箱润滑油在线监测系统可以对历史监测数据进行统计和趋势分析，及时发现油品性能指标及设备磨损等异常情况，为实现设备预知和主动维修提供依据。

（4）风电机组塔筒状态在线监测系统。

塔筒状态在线监测系统是通过在风电机组塔筒顶部安装加速度和动态倾角传感器以及在风机基础位置安装倾角传感器，获得塔筒晃动和基础的倾斜量等信号，并通过专用的数据采集分析系统进行信号的定时采集和分析处理，由此获得风电机组塔筒实时运行状况，保证塔筒及基础的安全。

7.4.1.3　智能技术在风电场升压站的应用

在风电场升压站配置智能电气监控与辅控系统，通过对风电场、升压站的电气数据的融合形成可靠的全厂状态监视。通过智能电气监控系统、智能功率调节一体化平台、高精度功率预测系统、辅控及智能联动系统等联合应用支撑风电场智能运维的提升。

整个智能联合系统应满足电力二次安防"安全分区、网络专用、横向隔离、纵向认证"要求。

1. 智能电气监控系统

智能电气监控系统集合了运行监视、操作与控制、信息综合分析与智能告警、运行管理、辅助应用功能。

（1）设备运行状态监视。

实时展示智能设备运行状态数据、装置异常、装置告警、装置失点、保护动作、重合闸出口，图形化显示设备光口强度、装置温度、电源电压、装置差流等关键信息，并支持历史数据查询、历史曲线分析功能和变化趋势预警、超限告警功能。

（2）数据辨识。

通过多种策略相结合的数据辨识方案，识别和剔除坏数据，并进行坏数据报警处理，为各级应用提供可信数据支撑。

（3）全景事故反演技术。

记录事故发生时的全景数据，以接线图、曲线、表格等声光色表示方式全方位展示故障数据变化过程，逼真再现当时的电网模型与运行方式。

（4）保护逻辑可视化。

采集装置的中间节点数据，基于可视化展示技术，结合保护装置逻辑图、故障波形进行综合展示，实现装置逻辑计算行为正确性校核。

（5）一键顺控。

具备远方程序化操作功能，并可融合标准化顺控操作界面、位置双确认技术、与智能防误主机交互校核等一键顺控功能。

2. 智能功率调节一体化平台

智能功率调节一体化平台采用国产安全操作系统，将传统的 AGC 服务器 +AVC 服务器 + 快速调频的配置模式修改为由功率快速调节装置完成目标值接收与反馈、系统电压频率采集、快速有功变化判别、AGC 与快速频率综合调节等功能，AVC 服务器完成无功调节功能，统一由功率调节平台完成调节展示、过程分析、数据存储等功能。

3. 高精度功率预测系统

（1）高精度数值天气预报。

通过中国气象局上万个基准站（含全要素）实测数据、历史数据及卫星观测 1km×1km 数据，最高可提供 100m 分辨率数值天气预报，同时，数值天气预报的更新频率最快可达到 15min 更新 1 次。同时结合高精度气象设备监测数据进入资料同化系统，提高超高精度的数值天气预报，解决对短时 24h 及第 4h 预报精度难题。

（2）高精度气象观测系统。

通过采用进口高精度环境监测设备，提供高质量数据监测结果。

（3）数据质量管理和模型管理软件。

专门推出高质量数据管理研发数据质量模型，输出高质量数据源提供给预报模型，是高精度预报的基础。

（4）系统应用管理平台。

通过系统管理人机交互界面，有效使非专业技术人员参与到整个预报过程中，做到提前预警、实时监测、自动处置与修复、人工干预等，指导现场人员进行功率预报工作的精细化管理。

（5）自适应短期预测和超短期预测模型。

通过最新短期预报算法和超短期预报算法，实时获取高精度气象观测数据和运行数据，能够不断调整现场数值预报与预报模型，自适应调整预报模型。

（6）气象订正与资料同化系统。

运用中国气象局历史数据和风电场高精度观测数据和运行数据，进入公有云数据计算平台中，进行气象订正和资料同化，可有效提高数值天气预报的精度。

4. 辅控系统

辅助设备监控系统部署在升压站，其监控主机部署在安全Ⅱ区，接入Ⅱ区在线监测、消防、安全防范、环境监测、SF$_6$监测、照明控制等辅助设备信息；通过防火墙接收Ⅰ区主设备监控系统联动信息，并通过安全隔离装置向Ⅳ区发送联动信息。

辅助设备监控系统集成升压站在线监测、消防、环境监测、SF$_6$监测、照明控制、智能锁控等子系统，实现辅助设备数据采集、运行监视、操作控制、对时、权限、配置、数据存储、报表以及智能联动管理，为变电站综合监控提供辅助信息支撑。

5. 智能箱变监控系统

智能箱变监控系统部署在升压站，集成智能箱变的在线监测、故障预警、巡检建议展示功能，作为全场智能化箱变的监视展示系统，同时与场站一体化监控通信，作为智能化箱变状态、数据的支撑系统。

7.4.1.4　智能技术在巡检系统中的应用

采用智能感知终端在线监测技术、轨道巡检机器人、无人机、电缆测温等，结合人工智能和大数据技术，建设风电场远程智能巡检系统，实现设备智能巡检、智能视频识别、人员行为识别、周界安防警卫、人脸识别及车辆识别门禁、语音广播和告警、智能联动，提高风电场设备监控质量，降低运维人员劳动强度和作业风险。智能巡检系统示意图如图 7-13 所示。

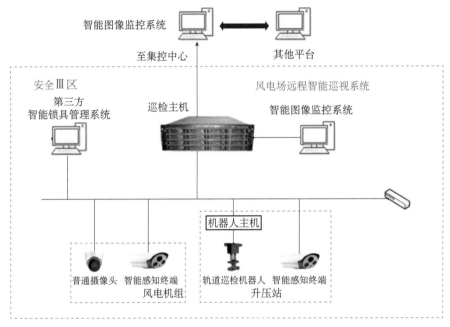

图 7-13　智能巡检系统示意图

1. 智能巡检系统技术要求

（1）智能感知终端。

智能感知终端具备视频、音频、红外热成像和夜视功能，满足特殊环境（高温、极寒、风沙天气）条件的使用要求，获得的图像、温度等数据传至远程智能巡检主机，根据必要性，快速与其他系统联动启动应急响应，形成智能化联动策略。

（2）轨道巡检机器人。

巡检机器人具有位置测定功能，搭载摄像机进行视频智能识别和行为分析，实现仪器仪表读数、状态等自动识别，获得的图像数据传至远程智能巡检主机，根据必要性，快速与其他系统联动启动应急响应，形成智能化联动策略。

（3）无人机。

无人机智能巡检系统具备风机叶片、塔筒、输电通道及升压站场区内设备的缺陷识别和红外测温功能。自动图像识别、三维重建；自动充电、换电；巡检全过程自动化，自主巡检飞行、精准降落、数据自动导入、分析，生成巡检报告。

（4）电缆测温。

电缆测温系统实时监测电缆本体表面的温度变化情况，可实现最高温度报警、温度上升速率报警、最高温度与平均温度差值（局部过热点）报警、光纤破坏报警、装置异常等报警，不同的区域应能独立报警。报警方式除主控机屏幕显示和音响报警基本要求外，还具有报警输出端口。

2. 智能巡检系统配置方案

根据设备巡检内容及要求，综合考虑设备结构、巡检类型、现场设备和道路布置方式等因素，选择合理位置安装一定数量的智能感知终端和智能感知双目终端，结合轨道巡检机器人、无人机和电缆测温等，实现风电机组、线路、变压器、配电房、继保室、GIS 和电抗器等设备设施重点巡检任务点位全覆盖。

（1）风电机组。

①机舱：在机舱安装 2 台智能感知双目终端（旋转式），对机舱内部前后左右的工作区域进行监测，充分利用缺陷检查、位置状态、红外测温等智能图像识别技术，实时获取安全作业生产、关键设备外观及环境等情况。

②塔筒底部：在塔筒底部安装 1 台智能感知终端（固定式），用于实现设备引线及接头等设备部位的智能分析、温度监测、人员行为识别和告警。

③安装平台：在塔筒门口安装 1 台智能感知终端（固定式），用于实现设备引线及接头等设备部位的智能分析、温度监测、人员行为识别、入侵诊断和告警。

（2）风电场升压站。

在风电场升压站配置各类智能感知终端和轨道巡检机器人，应用成熟的图像识别和红外测温技术，通过边缘计算，智能开展升压站设备设施巡检、作业人员入场检测、区域检测、运动检测、作业监控、安全管理识别、防外破智能识别、入侵诊断、异物分析、周界巡检和违规告警，实现运检人员、设备区、作业区的人人互联、人物互联，避免运检人员误入带电间隔或失去工作现场监护，确保运检人员人身安全。

①升压站大门：在大门处采用立杆方式安装 1 台智能感知终端（固定式），利用车牌识别技术，运行人员可以提前将车辆信息下发到门禁系统，实现远程许可出入

升压站管理和车辆数量统计。

②生产办公楼大门：在大门处采用壁装方式安装 1 台智能感知终端（固定式），用于人员出入统计。

③生产办公楼楼顶：在楼顶进入厂区方向两侧采用壁装方式安装 2 台智能感知双目终端，设置电子围栏，通过语音播报方式对进入场区人员进行安全提醒和告警。

④35kV 配电室：采用壁装方式安装 2 台智能感知双目终端，用于人员行为观察、跟踪抓拍及语音通话；采用吊装方式安装 1 台轨道巡检机器人，用于开关位置、表计读数、压板位置状态、设备外观及运行状态等智能识别及告警。通过与两票系统对接，实现操作设备时的自动监测。

⑤继保室：采用壁装方式安装 1 台智能感知终端（固定式）和 1 台智能感知双目终端，用于人员行为观察、跟踪抓拍及语音通话；采用吊装方式安装 1 台轨道巡检机器人，用于表计读数、压板位置状态、屏柜外观、保护装置运行状态等智能识别及告警。通过与两票系统对接，实现操作设备时的自动监测。

⑥蓄电池室：采用壁装方式安装 1 台智能感知双目终端，用于人员行为观察、跟踪抓拍和蓄电池外观等智能识别、温度监测、语音通话和告警。

⑦主变区域：采用立杆方式安装 2 台智能感知双目终端、1 台远距离智能感知双目终端和 2 台智能感知终端（旋转式）用于变压器本体及套管、冷却系统、储油柜、油位表计、气体继电器、温度表计、套管外观、设备外观、引线及接头等设备部位的智能分析、温度监测、人员行为识别和告警。

⑧GIS 室：采用壁装方式安装 2 台智能感知终端（旋转式），用于人员行为识别、语音通话、实时统计和告警。

⑨SVG 区域：采用立杆方式安装 2 台智能感知双目终端用于设备外观、模块、电抗器、引线和接头等设备部位的智能分析、温度监测和告警。

⑩停车监视：在停车场附近区域采用立杆方式安装 2 台智能感知终端（旋转式），用于车辆占道、违停等智能分析和告警。

⑪车库：采用立杆方式安装 1 台智能感知终端（固定式），用于车辆实时记录。

⑫生活楼：在大厅采用壁装方式安装 1 台智能感知终端（固定式），用于人员进出识别及统计。

⑬周界安防：在升压站围墙处采用立杆方式安装 10 台智能感知终端（固定式），设置电子围栏，完全覆盖升压站围墙四周，实时入侵诊断、异物分析、周界巡视、实时跟踪和自动告警。

（3）集电线路。

①架空集电线路：配置无人机智能巡检系统对线路缺陷识别和红外测温功能。

②地埋集电线路：配置电缆测温系统及沿电缆表面采用 S 形方式敷设一根感温光缆，实时监测电缆本体表面的温度变化情况。

■ 7.4.2 应用实例

为满足风电场高质量发展要求，我国内蒙古区域 ALS 风电项目实施智能化风电场建设方案。ALS 风电项目智慧化风电场智能系统如图 7-14 所示。

本智能化风电场通过设置智能控制技术、智能终端、智能图像识别、三维重建、光纤传感和定位导航等技术，结合大数据和云计算等智能算法建设统一的智能运维系统，实现对风电项目风电场的远程集中监控、故障诊断、工单及两票系统线上操作，逐步实现风电场"集中监控、无人值班、少人值守"的高效智能运维模式，最终实现集中化监控、集约化管理、高效化利用的跨越式发展，从而提高企业核心竞争力。

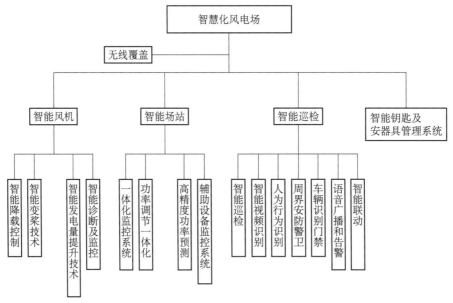

图 7-14 ALS 风电项目智慧化风电场智能系统示意图

参考文献

[1] 原鲲，王希麟. 风能概论 [M]. 北京：化学工业出版社，2010.

[2] 王承煦，张源. 风力发电 [M]. 北京：中国电力出版社，2003.

[3] 王世明，曹宇. 风力发电概论 [M]. 上海：上海科学技术出版社，2019.

[4] 徐大平，柳亦兵，吕跃刚. 风力发电原理 [M]. 北京：机械工业出版社，2011.

[5] 吴双群，赵丹平. 风力发电原理 [M]. 北京：北京大学出版社，2011.

[6] 赵振宙，王同光，郑源. 风力机原理 [M]. 北京：中国水利水电出版社，2016.

[7] 关新. 风电原理与应用技术 [M]. 北京：中国水利水电出版社，2017.

[8] 王海云，王维庆，朱新湘，等. 风力发电基础 [M]. 重庆：重庆大学出版社，2010.

[9] 卢为平，张翠霞，丁宏林. 风力发电基础 [M]. 北京：化学工业出版社，2011.

[10] 刘永前，施跃文，张世惠，等. 风力发电场 [M]. 北京：机械工业出版社，2013.

[11] 胡宏彬，任永峰，单广忠，等. 风电场工程 [M]. 北京：机械工业出版社，2014.

[12] 官靖远，贺德馨，孙如林，等. 风电场工程技术手册 [M]. 北京：机械工业出版社，2004.

[13] 杨校生，宣安光，王斯永. 风力发电技术与风电场工程 [M]. 北京：化学工业出版社，2012.

[14] 许昌，钟淋涓. 风电场规划与设计（第 2 版）[M]. 北京：中国水利水电出版社，2021.

[15] 中国水电工程顾问集团公司. 风电场规划及后评估 [M]. 北京：中国环境科学出版社，2010.

[16] 李宁，任腊春，李良县，等. 山地风电场工程设计关键技术 [M]. 北京：中国水利水电出版社，2017.

[17] 许轶. 风电场项目前期工作实用手册 [M]. 北京：中国电力出版社，2011.

[18] 华能国际电力股份有限公司. 风力发电场标准化设计 [M]. 北京：中国电力出版社，2014.

[19] 华能国际电力股份有限公司. 风力发电场初步设计 [M]. 北京：中国电力出版社，2014.

[20] 范海宽，聂晶，张志宇，等. 风力发电技术及应用 [M]. 北京：北京大学出版社，2013.

[21] 宋海辉，吴光军．风力发电技术与工程 [M]．北京：中国水利水电出版社，2014．

[22] 王建录，赵萍，林志民，等．风能与风力发电技术（第 3 版）[M]．北京：化学工业出版社，2015．

[23] 王志新．现代风力发电技术及工程应用 [M]．北京：电子工业出版社，2010．

[24] 中国气象局风能太阳能资源评估中心，中国水电工程顾问集团公司，中国电力科学研究院．风能评价及风电规划与并网 [M]．北京：中国环境科学出版社，2012．

[25] 肖松，刘艳娜．风资源评估及风电场选址实例 [M]．沈阳：东北大学出版社，2016．

[26] 张怀全．风资源与微观选址：理论基础与工程应用 [M]．北京：机械工业出版社，2013．

[27] 吴战平，帅士章，李霄．贵州省风能资源开发利用 [M]．北京：气象出版社，2014．

[28] 朱勇，王学锋，范立张，等．云南省风能资源及其开发利用 [M]．北京：气象出版社，2013．

[29] 水利电力部西北电力设计院．电力工程电气设计手册　电气一次部分 [M]．北京：中国电力出版社，1989．

[30] 中国电力工程顾问集团有限公司，中国能源建设集团规划设计有限公司．电力工程设计手册　架空输电线路设计 [M]．北京：中国电力出版社，2019．

[31] 水电水利规划设计总院．电力工程项目建设用地指标（风电场）[M]．北京：中国电力出版社，2012．

[32] 赵显忠，郑源．风电场施工与安装 [M]．北京：中国水利水电出版社，2015．

[33] 张正禄，黄声享，岳建平，等．工程测量学（第 2 版）[M]．武汉：武汉大学出版社，2013．

[34] 汤国安，杨昕，张海平，等．ArcGIS 地理信息系统空间分析实验教程（第二版）[M]．北京：科学出版社，2012．

[35] 中国电建集团贵阳勘测设计研究院有限公司．贵州省风电开发生态环境影响调查研究报告 [R]．2018．

[36] 中国电建集团贵阳勘测设计研究院有限公司．贵州三都九阡风电场一期工程环境影响报告书 [R]．2014．

[37] 中国电建集团贵阳勘测设计研究院有限公司．贵州桐梓县白马山风电场二期竣工环境保护验收调查表 [R]．2021．

[38] 徐星旻．计及风速相关性的发电系统灵活性评估及其在机组选型优化中的应用 [D]．重庆：重庆大学，2018．

[39] 李禹桥．基于旋翼无人机的风电叶片自主巡检系统研究 [D]．徐州：中国矿业大学，2021．

[40] 曹帅帅．无人机倾斜摄影测量三维建模的应用试验研究 [D]．昆明：昆明理工大学，2017．

[41] 王浩. 无人机航摄方案计算机辅助设计研究 [D]. 昆明：昆明理工大学，2020.

[42] 张林杰，黄筱，饶维冬，等. 网络 PTK 和 PPK 辅助水利工程免像控无人机倾斜摄影测量三维建模分析 [J]. 测绘通报，2023（4）：115-120.

[43] 黎发贵，巫卿. 浅谈风电场测风 [J]. 水力发电，2008，34（7）：82-84+92.

[44] 黎发贵. 浅谈贵州风电工程勘测设计 [J]. 水电勘测设计，2012（3）：15-19.

[45] 杜云，黎发贵，胡荣，等. 测风塔在风电场风能资源评估中的重要性和代表性 [J]. 水力发电，2018，44（7）：97-99.

[46] 黎发贵，郭太英. 风力发电在中国电力可持续发展中的作用 [J]. 贵州水力发电，2006，20（1）：74-78.

[47] 李良县，任腊春. 高海拔山地风电场风能资源分析与微观选址 [J]. 中国水利水电科学研究院学报，2014，12（4）：427-430+436.

[48] 钟天宇，刘庆超. 复杂地形测风塔选址研究 [J]. 中国电力企业管理，2011（8）：114-115.

[49] 徐丹，赵维，姚曦宇. 复杂山地风电场的风能资源分析及评估 [J]. 低碳世界，2015（36）：61-62.

[50] 张箭. 高海拔山区风电场风电机组选型探讨 [J]. 云南水力发电，2018，34（5）：13-16.

[51] 孙锐，陈安新. 基于 AHP 和数据定量分析相结合的风电机组选型推荐模型研究 [J]. 电工技术，2021（6）：32-34.

[52] 许昌，杨建川，李辰奇，等. 复杂地形风电场微观选址优化 [J]. 中国电机工程学报，2013，33（31）：58-64+7.

[53] 崇禅. 基于机组选型的陆上风电项目经济评价研究 [J]. 中国设备工程，2022（8）：102-103.

[54] 贾湛龙. 大功率风电机组经济性选型研究 [J]. 产业与科技论坛，2022，21（7）：222-223.

[55] 陶铁铃，付文军，陈玉梅. 山区风电场设计难点及对策 [J]. 人民长江，2015，46（18）：24-25.

[56] 张隆刚，唐志强，田佐全. GPS-RTK 测量技术在山地风电场勘察中的应用 [J]. 人民长江，2013，44（6）：72-73+79.

[57] 张济勇，闫建军. 风电场测绘中 ZY-3 卫星影像区域网平差研究 [J]. 电力勘测设计，2014（1）：23-26.

[58] 徐辉，胡吉伦，胡勇，等. 高分辨率卫星影像在植被密集高山区风电场测量中的应用 [J]. 中国电业（技术版），2014（10）：92-95.

[59] 张雅楠, 宋志勇. 基于 GeoEye-1 立体像对的风电场大范围地形测量方法 [J]. 遥感信息, 2013, 28 (3): 91-93.

[60] 黄文钰, 尚海兴, 张成增, 等. 航空摄影测量新方法在风电场大比例尺成图中的应用 [J]. 西北水电, 2014 (2): 13-16.

[61] 曹红新, 单龙学. 免像控无人机航测技术在风电场测图中的应用 [J]. 工程勘察, 2019, 47 (3): 59-61+66.

[62] 黄小兵. 无人机航测技术在风电场测图中的应用 [J]. 北京测绘, 2020, 34 (5): 700-704.

[63] 王君杰, 孙健, 王雁昕. 机载激光雷达在密林山区测绘中的应用 [J]. 北京测绘, 2022, 36 (4): 436-440.

[64] 常强, 陈潇, 刘祥刚, 等. 贵州山区风电勘察浅谈 [J]. 风能, 2020 (9): 54-56.

[65] 巫卿, 俞雷, 赵晓明. 某山区风电场电气主接线设计 [J]. 通信电源技术, 2017, 34 (6): 98-100.

[66] 温林子. 山地风电场弃渣场选址与设计探讨 [J]. 水力发电, 2018, 44 (7): 100-102.

[67] 魏徐良, 彭远春, 陆兰. 贵州山区风电场投资特点分析 [J]. 风能, 2014 (3): 50-52.

[68] 贾虎祥. 偏关县风电建设项目区生态修复对策探讨 [J]. 山西水土保持科技, 2020 (2): 5-7.

[69] 夏妍, 张溯明, 刘瑞龙. 山区风电场项目道路工程水土流失防护探讨 [J]. 安徽农学通报, 2019, 25 (7): 119-120+134.

[70] 尹传垠, 李文思. 山区风力发电场景观设计研究——以湖北大悟县大坡顶风电场为例 [J]. 湖北美术学院学报, 2019 (3): 112-116.

[71] 施泽平. 山区风电场建设快速恢复生态可行性分析 [J]. 居舍, 2017 (27): 13-15.

[72] 唐琦. 湖南省山区风电场项目水土保持重点防治区防治措施探讨 [J]. 湖南水利水电, 2016 (4): 86-88.

[73] 张栋. 山区风电工程特点与风机吊装技术 [J]. 中国水能及电气化, 2014 (4): 11-14+27.

[74] 洪祖兰, 张云杰. 山区风资源特点和对风电机组、风电场设计的建议 [J]. 云南水力发电, 2008 (3): 4-9+21.

[75] 高阳华, 张跃, 陈志军, 等. 山区风能资源与开发 [J]. 山地学报, 2008 (2): 185-188.

[76] 钟果, 黄翠, 刘云鹏. 微型多旋翼无人机在水电勘察中的应用 [J]. 水电站设计,

2017, 33（2）: 53-55+97.

[77] 毛克，刘江龙，黄会珍，等 . 无人机低空数字摄影测量技术在风电工程中的应用 [J].
电力勘测设计，2012（6）: 25-32.

[78] 王浩，杨德宏，李辉，等 . 无人机航摄方案计算机辅助设计研究 [J]. 全球定位系统，
2020, 45（5）: 97-102.

[79] RAJEEVAN A K, SHOURI P V , NAIR U. A Reliability Based Model for Wind Turbine
Selection[J].International Journal of Renewable Energy Development, 2013, 2(2):
69-74.

[80] 王若嘉 . 中国气象局评估称风能可开发量为 50 亿千瓦 [EB/OL]. （2015-08-26）[2015-
08-27]. http://www.cma.gov.cn/2011xwzx/2011xmtjj/201508/t20150827_291619.html.

[81] 北京国际风能大会暨展览会组委会 . 风电回顾与展望 2021[R]. 北京：2021.